Le piante e l'inquinamento dell'aria

Giacomo Lorenzini • Cristina Nali

Le piante e l'inquinamento dell'aria

Terza Edizione

Presentazione a cura di
Amedeo Alpi

Giacomo Lorenzini
Professore Ordinario
di Patologia Vegetale
Facoltà di Agraria
Università di Pisa

Cristina Nali
Ricercatore
Facoltà di Agraria
Università di Pisa

ISBN-10 88-470-0321-0
ISBN-13 978-88-470-0321-7

Springer fa parte di Springer Science+Business Media

springer.it

Stampato in Italia

Layout di copertina: Simona Colombo, Milano
Impaginazione: Kley & Sebastianelli, Milano
Stampa: Grafiche Porpora Srl, Cernusco S/N, Italia

La foresta precede l'uomo,
il deserto lo segue.

François-Renè de Chateubriand (1768-1848)

Presentazione della terza edizione

Durante la seconda metà del decennio 1960-70 mi avviavo alla carriera universitaria dedicando il mio tempo lavorativo pressoché esclusivamente alla ricerca scientifica. Una delle poche attività collaterali era la rassegna bibliografica che curavo, per la parte "floricoltura", per conto della *Rivista di Ortoflorofrutticoltura*, che usciva con cadenza bimestrale. Si dovevano segnalare soprattutto lavori di autori stranieri per contribuire a conferire un carattere internazionale a quella importante rivista del mondo della ricerca agraria italiana, indirizzata a una comunità scientifica che, in quegli anni, si mostrava ancora riluttante ad assumere la dimensione mondiale come unico vero riferimento per valutare la qualità della produzione sperimentale nazionale.

Fu così che, per la prima volta, mi trovai a leggere il resoconto di indagini, effettuate su piante di un giardino botanico di New York, concernenti gli effetti di alcuni inquinanti atmosferici. Questo articolo mi colpì per la sua originalità; era l'unico, fra i tanti di numerose riviste scientifiche agrobiologiche da me regolarmente consultate, che non avesse l'obiettivo del miglioramento delle tecniche agronomiche ai fini di una crescita quanti-qualitativa delle produzioni vegetali. L'argomento trattato mi sembrò come una forte provocazione intellettuale che doveva essere raccolta.

Dalla presentazione che Giovanni Scaramuzzi preparò per la seconda edizione di questo testo ho appreso, molto tempo dopo quella mia sorprendente lettura, che proprio alla comunità scientifica italiana del secolo XIX si devono studi antesignani sui rapporti tra piante e inquinanti; ma io, all'inizio della mia attività di ricerca, ignoravo tutto questo e le osservazioni sulle piante di New York mi parvero un segnale di preoccupante novità. In Italia non si era ancora prestato coscienza alle grosse problematiche ambientali che invece mi si presentarono, con tutta la loro inquietante realtà, quando nel 1969 mi recai negli Usa per un lungo periodo di studio. In quel paese era già cominciata, a livello di pubblica opinione, la grande discussione sull'"Ecologia"; con questo nome, infatti, si indicò – e ancora oggi si indica se pur impropriamente – il grande problema del degrado ambientale. Dopo qualche anno, anche in Italia giunse fortissima questa nuova percezione; si parlò allora di "crociata ecologica" e anche alcuni ricercatori cominciarono a orientare la loro attività su vari aspetti dell'inquinamento e degli effetti delle attività antropiche sulle piante. Io non seguii questo passaggio; rimasi però con un forte livello di interesse intellettuale sull'argomento. Consideravo queste "conversioni" di elevato significato scientifico e anche di indiscutibile valenza sociale. Rilevai, perciò, con molta soddisfazione, che, negli anni '70, un compagno di Facoltà, il giovanissimo Giacomo Lorenzini, si stava dedicando a questo nascente settore.

Sono passati molti anni ed è stato realizzato molto lavoro, al punto che si può parlare di una "scuola" pisana sugli effetti degli inquinanti atmosferici sulle piante. Il professor Giacomo Lorenzini è riuscito ad affermare questo settore di ricerca nella Facoltà di Agraria di Pisa, creando un gruppo di lavoro che opera assiduamente nel suo laboratorio, ma anche intensificando una serie di importanti collaborazioni, anche internazionali, che hanno consentito quell'approccio multidisciplinare che la complessità di questa materia richiede. Importante, ai fini del successo, è stata la sinergia scientifica con la dottoressa Cristina Nali; non è quindi un caso che questa terza edizione del volume trovi la Nali come coautrice. Conosco bene anche la dottoressa Nali; l'ineluttabile differenza anagrafica ha fatto sì che lei fosse mia allieva al corso di Fisiologia Vegetale. Già a quel tempo ebbi modo di apprezzarne l'intelligenza e l'impegno che non ha mai abbandonato, anzi ha rafforzato, nell'ormai lunga collaborazione con Lorenzini.

Non posso dimenticare che Giacomo Lorenzini, in virtù di questa sua specifica esperienza scientifica e della sua notevole capacità gestionale, ricevette dalla Facoltà di Agraria prima l'incarico di Presidente del Diploma Universitario e poi del Corso di Laurea in *Gestione del verde urbano e del paesaggio*. La sua competenza di patologo vegetale messo al servizio delle problematiche ambientali ne ha fatto una figura professionale molto adatta per processi formativi che sono di tipica interfaccia tra l'agricoltura e l'ambiente. Anche in quest'ambito, la collaborazione con Cristina

Nali è stata, ed è tuttora, fondamentale. Lo sforzo prodigato in questo percorso di laurea è stato coronato dal successo di molti allievi iscritti (e felicemente inseriti nel mondo del lavoro) e, ultimamente, la Facoltà di Agraria di Pisa ha aggiunto alla sua proposta didattica una laurea specialistica in *Progettazione e pianificazione delle aree verdi e del paesaggio.*

Ritengo che questo testo sia un ottimo compendio delle complesse problematiche dei rapporti pianta/inquinanti atmosferici, che vanno dai meccanismi fitotossici delle molecole nocive all'identificazione dei danni, dai vegetali come strumenti di monitoraggio alle piante come elementi di intossicazione della catena alimentare; pertanto, il volume è utile a studenti di corsi di laurea più diversi, per non parlare di tutte le figure professionali impegnate a vario titolo nelle tematiche trattate. Per gli studenti di Agraria, ma anche per i docenti della stessa Facoltà, vorrei aggiungere che il presente lavoro è testimone diretto di quella "mutazione" culturale che ha investito il mondo dell'insegnamento agrario negli ultimi 3-4 lustri. Se è vero che il processo produttivo rigorosamente agrario, quello della produzione primaria, pur rimanendo fondamentale, è ormai praticato da una percentuale molto piccola della popolazione attiva e contribuisce con percentuale ancor più piccola al PIL nazionale, è anche vero che la società di oggi guarda all'agricoltura e al mondo rurale con occhi nuovi e aspetta risposte per un'organizzazione della vita molto diversa da quella data tradizionalmente. Sta a noi interpretare queste esigenze e fornire, primariamente agli allievi che si rivolgono alla Facoltà di Agraria, gli strumenti culturali per concretizzare questa nuova aspettativa.

Il libro scritto da Cristina Nali e Giacomo Lorenzini va in questa direzione.

Pisa, Giugno 2005

Prof. Amedeo Alpi
Ordinario di Fisiologia Vegetale
Università di Pisa

Presentazione della seconda edizione

"*Le piante e l'inquinamento dell'aria*": non mi è facile immaginare un tema biologico che presenti maggiori implicazioni con le attività umane e con la qualità della vita e che si presti a momenti di analisi altrettanto interdisciplinari. Infatti, le piante sono innanzitutto "vittime" dell'azione diretta e indiretta degli inquinanti, e da ciò derivano conseguenze di ordine economico (riduzione delle prestazioni quali-quantitative delle specie agrarie e forestali) ed ecologico (vegetazione naturale); in certe condizioni, poi, le piante possono persino usufruire di taluni inquinanti, con "effetti fertilizzanti"; ma i vegetali possono anche costituire elemento di trasferimento nella catena alimentare di inquinanti persistenti, sì da interessare anche il tossicologo; la sottrazione di sostanze nocive dall'ambiente costituisce un ulteriore aspetto dei rapporti tra piante e inquinamento; idonee tecniche di monitoraggio biologico consentono allo specialista di formulare diagnosi accurate sulla salute ambientale di un comprensorio, spesso con la possibilità di coinvolgere anche il cittadino e lo studente; infine, vi sono casi in cui sono proprio le piante a generare contaminanti (in particolare, idrocarburi volatili), così che si viene a instaurare un bilancio dinamico tra gli inquinanti neutralizzati e quelli emessi.

Il soggetto in questione è in rapida evoluzione, sia perché gli scenari caratteristici dell'inquinamento ora sono ben diversi da quelli di alcune decine di anni fa – i quali, a loro volta, molto differivano da quelli precedenti – sia perché le tecniche di indagine oggi consentono valutazioni molto sofisticate, tali da mettere in evidenza anche effetti biologici di modesta entità.

La materia è certamente importante anche per il nostro Paese, che – a causa dei suoi livelli di urbanizzazione, motorizzazione e industrializzazione – si colloca in posizioni di rilievo mondiale anche per quanto riguarda le emissioni. E proprio agli italiani si devono brillanti studi nel secolo scorso, relativi alle interazioni tra piante e inquinanti. Poi, però, la materia ha per molto tempo raccolto scarso interesse nella comunità scientifica nazionale, al contrario di quanto si verificava in altri Paesi europei e nel Nord-America. Per lunghi anni abbiamo dovuto assumere le necessarie informazioni specialistiche rifacendoci soltanto a fonti straniere e trasferendo passivamente tali esperienze alle nostre condizioni (così diverse per colture, per varietà, per caratteristiche agronomiche e ambientali, ecc.), con una superficiale generalizzazione di conclusioni, di scarsa validità oggettiva e quindi spesso anche fonti di facili contestazioni, soprattutto in cavillose controversie legali in cui tali problemi di frequente confluiscono. La situazione, per fortuna, è mutata. Anche in Italia si sono attivati gruppi di ricerca specialistici, ben integrati tra di loro in una ottica interdisciplinare e adeguatamente collegati (e riconosciuti) a livello internazionale. Sono stati organizzati convegni di settore (tra i quali mi piace ricordare quello della Facoltà di Agraria di Pisa, che nell'Aprile 1994 ha visto la presentazione di una ottantina di contributi scientifici) e anche nella didattica universitaria sono cominciati ad apparire spazi dedicati ai temi fitotossicologici.

L'argomento è in costante crescita, tale da rendere opportuna una qualificata produzione editoriale in lingua italiana. È in questa ottica che ho il piacere di presentare questo lavoro che il Professor Giacomo Lorenzini offre alle stampe come seconda e aggiornata edizione di un volume che ha raccolto notevoli consensi e che è ormai esaurito. Lorenzini, che su mia sollecitazione opera nel settore dal 1974, può essere considerato un vero pioniere della materia per il nostro Paese, e ha maturato le sue esperienze in campo internazionale (anche come rappresentante italiano del *Working group of experts on air pollution effects on plants* della Commissione delle Comunità Europee), così da mettere in atto una serie di collegamenti interdisciplinari che gli consentono quella visione unitaria che il tema richiede. L'opera si rivolge agli studenti, ai ricercatori, ai funzionari delle agenzie per la protezione dell'ambiente e ai tecnici e professionisti che sono attivi nei settori delle Scienze e Tecnologie Agrarie, Scienze Forestali, Scienze Ambientali, Scienze Biologiche e Scienze Naturali, nell'ambito di importanti discipline che spaziano dalla Patologia Vegetale all'Ecologia, all'Ecofisiologia, alla Tossicologia Ambientale, alla Valutazione di Impatto Ambientale.

Pisa, Aprile 1999

Giovanni Scaramuzzi
Professore emerito
Università degli Studi di Pisa
già Ordinario di Patologia Vegetale

Prefazione alla terza edizione

L'aria è una risorsa naturale vitale per la salute degli esseri viventi: un uomo può vivere solo cinque minuti senza di essa (ne respira oltre 15 m^3 al giorno), mentre resiste cinque settimane senza cibo e cinque giorni privato dell'acqua! È intuibile, pertanto, la portata delle ripercussioni negative a carico degli organismi in caso di contaminazione. La credenza che l'atmosfera intorno alla Terra possa rappresentare un immenso "pozzo di scarico" è falsa: circa il 95% della sua massa è costituito dalla troposfera, che si estende per uno strato di soli 8-12 km dal nostro pianeta. A rendere ancora più grave il problema vi è la constatazione che i fenomeni correlati con l'inquinamento finiscono, in pratica, per interessarne solo un limitato spessore.

Le questioni ambientali sono prepotentemente balzate all'attenzione pubblica da poco tempo, ma sono di indubbia importanza in relazione al rapido deterioramento di molte situazioni: si consideri che, nel brevissimo corso degli ultimi 50 anni, l'inquinamento ha prodotto effetti maggiori di quelli verificatisi nei precedenti secoli presi globalmente. La costante ricorrenza del fenomeno è tale, che è possibile considerare questi parametri come caratteristici di una stazione, così che si comincia a parlare di "climatologia chimica". Conseguenze negative – ormai comuni e frequenti – si verificano sulla salute umana: in particolare, si tratta di disturbi dell'apparato respiratorio, dal momento che è stato accertato l'aumento dei casi di asma e di allergia nei paesi industrializzati (e inquinati). Ma non è tutto: si pensi che alcuni studiosi hanno correlato significativamente il livello di traffico alla nascita di soggetti con il rischio di schizofrenia! E ancora: il tasso di assenze nelle scuole elementari del Nevada aumenta del 13% in corrispondenza di un incremento di 50 ppb nelle concentrazioni di ozono! A proposito di questo inquinante, un'indagine condotta in 95 aree metropolitane nord-americane (che rappresentano il 40% della popolazione degli Stati Uniti) ha stimato che una sua riduzione di circa un terzo può salvare 4.000 vite all'anno (si pensi che l'Agenzia Europea per l'Ambiente, EEA, calcola che il 30% della popolazione urbana del continente sia esposta a livelli superiori ai limiti individuati per la protezione della salute umana). E in un mondo nel quale la globalizzazione è un dato di fatto, anche l'inquinamento ... è internazionale, e non solo semplicemente "transfrontaliero": alle emissioni asiatiche sono attribuibili significativi contributi al bilancio dell'ozono troposferico del Nord-America. È stato anche accertato il trasporto trans-atlantico, dagli Usa all'Europa.

Non sono, poi, da trascurare gli effetti su materiali e manufatti (si ricordino le notizie preoccupanti relative al complesso monumentale dell'Acropoli di Atene e ai cavalli in bronzo della Basilica di San Marco a Venezia), sul clima e sulla vegetazione. È appunto quest'ultimo argomento che viene trattato qui. Solo alcuni di tali temi sono di pubblico dominio e, pertanto, il problema attuale è quello di rendere manifesto alla popolazione e ai decisori che il degrado ambientale danneggia anche le piante.

Il fatto che gli inquinanti possano essere fitotossici è conosciuto da tempo dagli specialisti, ma le indagini in questo settore sono state generalmente meno intense rispetto a quelle relative ad altri aspetti, in primo luogo quelli igienico-sanitari e chimico-fisici. L'argomento merita, invece, attenzione, almeno per i seguenti motivi: (*a*) effetti negativi in termini economici ed ecologici sono subiti dalle specie coltivate e spontanee; (*b*) esiste, in molti casi, la possibilità di utilizzare la risposta delle piante per la valutazione dello stato di salubrità ambientale.

L'igienista G.B. Simon giustamente ha osservato: "*se le esalazioni industriali sono nocive per la vegetazione, a maggior ragione esse saranno sconsigliabili per l'uomo*". È, infatti, noto come i vegetali siano più sensibili – rispetto agli altri organismi – alla contaminazione atmosferica (salvo eccezioni, come il monossido di carbonio, l'acido cianidrico e l'idrogeno solforato); ciò può trovare giustificazione se si considera che essi, con il loro elevato rapporto superficie/volume hanno scambi gassosi assai maggiori di quelli che avvengono negli animali. Più precisamente, per l'uomo si considerano velocità dell'ordine di 10 l kg^{-1} h^{-1}, mentre per le piante superiori il dato è di qualche decina di migliaia di litri di aria per chilogrammo di foglie fresche per ora! Lo stabilire *standard* di qualità a salvaguardia della vegetazione comporta, pertanto, a maggior ragione, la tutela della salute umana. Possiamo, in merito, segnalare che la prima percezione di una problematica ambientale gravissima – quella relativa allo *smog fotochimico* – si è avuta nell'area di Los Angeles alla fine degli anni '40, proprio perché le piante manifestavano condizioni "anomale", non riconducibili ad alcuno degli agenti di *stress* sino ad allora noti.

Esiste pure la possibilità di impiegare individui selezionati per ridurre il livello degli inquinanti presenti nell'atmosfera (*detossificazione, aerofiltrazione*). La scienza, di origine recente, che indaga questo aspetto è definita *detossicoltura* e fonda i suoi princìpi sul fatto che le varie specie hanno diversa capacità di assorbire i contaminanti, e quelle più tolleranti possono assimilarne e metabolizzarne notevoli quantità, limitando, pertanto, gli effetti sull'ambiente circostante. Vi è, però, "il rovescio della medaglia": le piante svolgono la funzione di elemento di introduzione nelle catene alimentari di sostanze nocive persistenti (metalli pesanti, per esempio).

Le conseguenze ecologiche dell'inquinamento possono essere disastrose: vi sono aree prossime a sorgenti di grande portata in cui non è pensabile allevare proficuamente colture agrarie. Le implicazioni, anche sociali, di questi problemi dovrebbero essere adeguatamente considerate. Al fenomeno sono attribuite negli Usa perdite pari al 2-4% del totale. Più in generale, i livelli di contaminazione sono considerati importanti fattori limitanti per l'agricoltura di molti Paesi: è stato stimato, per esempio, che il 10-35% della produzione mondiale di cereali proviene da aree in cui la concentrazione di ozono è tale da ridurne significativamente la produttività. Verosimilmente, nel 2025 la percentuale triplicherà, se non saranno ridotte le emissioni antropogeniche di ossidi di azoto.

Rilevanti aspetti economici, quindi, riguardano la materia e chiari sono anche i segnali di un'evoluzione della sensibilità ambientale da parte di cittadini, amministratori e imprenditori. Si parla, ormai, di "chimica verde", ovvero della valutazione di impatto di tutte le fasi del processo di sintesi di una molecola, in termini di *Global Warming Potential* (GWP), *Acidification Potential* (AP) e *Ozone Formation Potential* (OFP), cioè dei grammi di anidride carbonica, ossidi di zolfo e idrocarburi rispettivamente emessi per produrre una mole della sostanza. Vi sono anche forti spinte verso la promozione dell'acquisto di beni e servizi ambientalmente preferibili ("*Green Procurement*"). Oggi è comunque l'ambito urbano a procurare i rischi maggiori per l'atmosfera, e ben il 50% della popolazione mondiale vive in città. Da alcuni mesi è in vendita in Europa una vernice che riduce l'inquinamento, applicabile sia in ambienti domestici sia all'esterno, il cui funzionamento è semplice: essa contiene particelle, in dimensioni nanometriche, di biossido di titanio che – in presenza di luce e di aria – convertono gli ossidi di azoto in sali minerali, poi lavati via dall'acqua.

Moltissimi sono i settori della vita civile condizionati dall'inquinamento dell'aria: per esempio, quando nel 2003 un *black-out* mandò fuori uso le centrali termoelettriche dell'occidente degli Stati Uniti, i livelli di contaminazione atmosferica crollarono (90% in meno di anidride solforosa e 70% in meno di particelle sospese) e la visibilità aumentò di una trentina di chilometri! Gli stessi interventi di prevenzione coinvolgono tutti i cittadini: nel 1992 una direttiva della Regione Lombardia raccomandava di "*non tenere accesi a lungo i fuochi di cucina*".

Le indagini sugli *stress* ambientali sono importanti a livello di ricerca di base per comprendere certi meccanismi biologici: spesso le informazioni sulla cellula alterata contribuiscono alla conoscenza della fisiologia di quella sana. Inoltre, aumentano le evidenze a favore dell'ipotesi di risposte generalizzate delle piante ad aggressori diversi (si pensi al caso delle "proteine di patogenesi", che si vengono a formare a seguito dell'attacco da parte di numerosi fattori, biotici e non). È, ormai, consolidato lo studio degli effetti dell'ozono come strumento per chiarire il comportamento dei vegetali nei confronti di altri agenti ossidanti (bassa temperatura, carenza idrica, radiazioni UV, senescenza fisiologica, ecc.).

Le conseguenze dell'esposizione all'inquinamento possono essere varie, in funzione di alcuni parametri. Innanzitutto, la "popolazione" dei composti tossici in questione è quanto mai eterogenea; volendo riferirsi ai soli gas, si passa da quelli naturalmente presenti nelle piante, seppure in quantità molto limitata (come l'etilene), ad altri che possono essere agevolmente metabolizzati, in quanto contengono ioni biologicamente indispensabili (come nel caso dell'anidride solforosa), ad altri, infine, che sono xenobiotici di recente origine antropica, dotati di spiccata azione nociva anche a concentrazioni minime (come il nitrato di perossiacetile).

Molti dei risultati sinora ottenuti sperimentalmente sono da considerarsi preliminari, così che non siamo ancora in grado di comprendere in dettaglio la sequenza degli eventi patogenetici per nessuno dei pur relativamente pochi principali inquinanti fitotossici. È stato avanzato un confronto per indicare lo stato attuale delle conoscenze riguardo alla fitotossicologia: si tratta di disegnare una mappa disponendo solo di dati parziali, come si verificava all'epoca delle esplorazioni geografiche. Pertanto, ciò che è noto è collocato correttamente, ma le frontiere sono distorte, o poste in modo errato, e gran parte del territorio inesplorato è lasciato in bianco, in attesa di future investigazioni. Qualche anno fa, sono stati analizzati oltre 4.000 articoli scientifici sull'argomento. Sono risultate oggetto di una qualche indagine circa 2.000 specie, tre quarti delle quali presenti nel Nord-America: ebbene, queste rappresentano soltanto il 7% del totale della flora di quella regione!

In questo settore le semplificazioni e le generalizzazioni degli effetti osservati sono difficili: l'esposizione a un dato contaminante che in una specie provoca una certa risposta negativa, in altre condizioni può essere addirittura benefica! La precarietà degli equilibri che regolano molti processi fisiologici li rende particolarmente sensibili a tutte le modificazioni dell'ambiente, ed è frequente riscontrare vistose contraddizioni tra esperimenti diversi, anche riferendosi a parametri relativamente semplici come, per esempio, l'influenza sull'apertura degli stomi. Olson e Sharpe si sono simpaticamente riferiti a quella che hanno rinominato *Legge di Murphy sulle aperture stomatiche*: ogni possibile risposta sarà osservata se esploriamo l'ampio spettro di specie e di condizioni ambientali. Eppure, vi sono preminenti ragioni per indagare a fondo questo aspetto: innanzitutto, gli stomi sono determinanti nel regolare i livelli di gas assorbiti dalle piante; inoltre, variazioni nel loro comportamento si ripercuotono sui normali processi di scambio di anidride carbonica, ossigeno e vapore acqueo tra organismi vegetali e atmosfera. Su un'ampia gamma di vegetali sono stati condotti studi di biologia molecolare indirizzati all'individuazione dell'espressione di geni legati ai sistemi di difesa messi in atto contro lo *stress* da inquinanti. Risultati recenti mostrano che, in seguito a trattamenti con gas tossici, i trascritti per i geni connessi alla fotosintesi diminuiscono, mentre quelli coinvolti nella generale risposta difensiva ai patogeni aumentano; a titolo di esempio, è stata osservata l'induzione di quelli codificanti per la biosintesi della parete cellulare, dell'etilene e delle proteine legate alla patogenesi, la via dei fenilpropanoidi e i composti antiossidanti.

La conoscenza dei processi fondamentali in biologia vegetale avviene generalmente a piccola scala, su sistemi semplici. Il trasferimento di queste informazioni a livelli maggiori in termini temporali e spaziali è operazione non semplice e ricca di rischi che derivano dall'eterogeneità e dall'irregolarità della distribuzione dei fenomeni e dalla non linearità di molte delle relazioni funzionali tra eventi e variabili ambientali. Non sfugge a questa regola lo studio degli effetti indotti dagli inquinanti sulla vegetazione, in quanto le esperienze in materia si avvalgono generalmente di simulazioni di breve periodo, realizzate su soggetti giovani e in trattamenti controllati.

Le condizioni ambientali presenti prima, durante e dopo l'esposizione di un recettore (ecosistema, pianta, organo, cellula) devono essere considerate fattori fondamentali nel determinare il comportamento del sistema biologico coinvolto e il destino dell'agente tossico al suo interno. È un dato di fatto che la risposta di una specie (o cultivar) non sia prevedibile sulla base delle conoscenze acquisite studiando altre entità tassonomiche. Analogamente, è improponibile una stima della reazione del soggetto a un contaminante, una volta noto come questo si comporta in presenza di un'altra sostanza. Individui giovani possono non reagire nello stesso modo di quelli adulti. Ma non basta: gli effetti di fumigazioni acute (alte concentrazioni per brevi durate) non sono correlabili alle conseguenze osservate in esposizioni di lungo periodo a livelli bassi. Quest'ultimo argomento merita particolare attenzione, perché gli scenari prevalenti di inquinamento sono mutati nel tempo. Oggi il problema principale non è rappresentato dalla presenza di condizioni tali da compromettere in maniera eclatante la vita delle piante – si pensi che negli anni '20 fu necessario trasferire il *National Pinetum* da Kew (Londra) a un sito remoto, perché l'inquinamento urbano era incompatibile con la sopravvivenza di alcune specie: la situazione attuale è caratterizzata dalla presenza diffusa e ricorrente di quantità anche minime di numerose sostanze, che possono interagire in un contesto che provoca fenomeni biologici di difficile identificazione.

Proprio quello degli effetti subliminali è stato uno dei temi che hanno caratterizzato le ricerche di questi ultimi decenni. Le acquisizioni, anche tecnologiche, in materia hanno delineato quadri preoccupanti, che prevedono la presenza di situazioni a rischio ormai generalizzate, così che – parafrasando un aforisma dello scrittore inglese Aldous Huxley (1894-1963) – possiamo affermare che "*la fitotossicologia ha compiuto tanti e tali progressi che oggi praticamente ... non c'è una sola pianta sana*!". Queste osservazioni coinvolgono in prima persona la figura del fitopatologo: nell'epoca moderna la Patologia vegetale (così come la Medicina umana) sta vivendo una transizione da un criterio di "causalità forte", caratteristico delle malattie infettive "del passato", a uno "debole", tipico delle alterazioni di tipo degenerativo, per le quali un rapporto causa/effetto non è facilmente individuabile, con la prevalenza, così, di un nuovo concetto di "fattore di rischio". La morbosità di natura tossicologica sta soppiantando quella infettivologica. Inoltre, sono sempre maggiori le evidenze di un "effetto memoria", in base al quale le conseguenze dell'esposizione si possono manifestare a distanza di tempo.

Le difficoltà nel riprodurre sperimentalmente le situazioni naturali contribuiscono a rendere complesso il problema. Si consideri, infatti, che le indagini di laboratorio spesso falsano in misura rilevante le condizioni reali (per esempio, di norma si opera con concentrazioni costanti di inquinanti, mentre, in realtà, queste dovrebbero fluttuare, anche ampiamente), mentre le esperienze di campo sono soggette all'influenza di fattori talvolta poco noti e spesso imponderabili. Si devono tenere presenti le diverse scale di lettura del problema e le complessità che le varie componenti ecosistemiche introducono a livello di effetti finali. Così, l'acidificazione delle precipitazioni comporta una riduzione delle popolazioni di gasteropodi terrestri, cui conseguono centinaia di modificazioni negli equilibri biologici (uccelli, microrganismi, piante vascolari, ecc.).

Si parla ormai di "*standard* per la protezione della vegetazione", e le complesse procedure di "valutazione di impatto ambientale" non possono più prescindere dal trattare i temi in questione. In un'elaborazione puntuale delle linee di intervento delle istituzioni pubbliche, argomenti quali quelli degli effetti degli inquinanti sulle popolazioni naturali – oltre che sulle specie agrarie e forestali – devono necessariamente trovare quegli spazi che loro competono, in relazione alle attuali condizioni culturali e scientifiche. Si rende necessario fornire agli amministratori risposte inequivocabili, che definiscano il reale impatto dell'inquinamento sui numerosi recettori, in particolare sulle piante.

In definitiva, dobbiamo conoscere gli effetti economici (in Europa le perdite annue del settore agricolo attribuite all'inquinamento dell'aria superano ormai i sei miliardi di euro) ed ecologici subiti dalle piante: solo allora saranno chiari i benefici che possono derivare da una riduzione del carico di contaminanti. Scopo di questo volume – che costituisce la terza edizione, aggiornata e integrata, di un'opera uscita nel 1983 che rappresenta il primo testo in lingua italiana sulla materia – è cercare di fornire un punto di riferimento per coloro che, a vario titolo e a diverso livello, sono interessati a conoscere i complessi rapporti che si vengono a instaurare tra i vegetali e gli inquinanti atmosferici. Delle precedenti edizioni (esaurite da tempo) vengono conservati lo "spirito" (finalizzato a evidenziare gli aspetti pratici e applicativi) e l'impostazione, che vede ridotta al minimo indispensabile la trattazione dei temi generali degli inquinanti (fonti di emissione, aspetti chimico-fisici e meteorologici), a vantaggio degli argomenti biologici; saranno discusse solo quelle sostanze la cui tossicità per le piante è superiore a quella nei confronti degli animali. Oltre che per una doverosa rielaborazione – in gran parte frutto di esperienze personali – questa edizione si caratterizza per il maggior spazio riservato all'ozono (che negli ultimi decenni ha scavalcato tutti gli altri temi fitotossicologici) e al monitoraggio biologico, che tanto interesse sta suscitando tra gli operatori di settore e per il quale si intravedono brillanti prospettive, anche nel campo dell'educazione ambientale.

Al fine di rendere agile la presentazione degli argomenti, si è ritenuto utile ridurre al minimo le citazioni e i riferimenti bibliografici, limitandoli alle tabelle e alle figure. Una letteratura selezionata, aggregata per capitoli, è inserita in fondo al testo e può rappresentare un punto di riferimento per coloro che fossero interessati ad approfondire determinati aspetti. Ai Colleghi che riconoscano specifiche osservazioni senza riferimento alla loro opera vanno le nostre scuse, con l'augurio che sia colto lo spirito di questo testo.

Infine, un doveroso e sentito ringraziamento va agli Autori e alle Case editrici che hanno procurato o concesso la riproduzione di una parte del materiale iconografico, o fornito preziose informazioni e manoscritti di lavori non ancora pubblicati. In modo particolare, la nostra gratitudine va ai seguenti studiosi, dei quali è indicata la sede all'epoca del contatto: R. Alscher (Blacksburg, Virginia, Usa), M. Badiani (Reggio Calabria), A. Ballarin Denti (Brescia), R. Bargagli (Siena), J.N.B. Bell (Ascot, Gran Bretagna),

V.S. Black (Loughborough, Gran Bretagna), J. Bonte (Montardon, Francia), D. Camuffo (Padova), H. Cole (University Park, Pennsylvania, Usa), A. Davison (Newcastle, Gran Bretagna), F. De Santis (Roma), L. De Temmerman (Tervuren, Belgio), W.A. Feder (Waltham, Massachusetts, Usa), M. Ferretti (Firenze), O.L. Gilbert (Sheffield, Gran Bretagna), B.S. Gimeno (Madrid, Spagna), R. Guderian (Essen, Germania), A.S. Heagle (Raleigh, North Carolina, Usa), W.W. Heck (Raleigh, North Carolina, Usa), P.R. Hughes (Ithaca, New York, Usa), J.S. Jacobson (Ithaca, New York, Usa), S.N. Linzon (Toronto, Canada), S. Loppi (Siena), F. Loreto (Roma), F. Manes (Roma), P. Medeghini Bonatti (Modena), P.L. Nimis (Trieste), G. Mills (Bangor, Gran Bretagna), E. Paoletti (Firenze), A.C. Posthumus (Wageningen, Olanda), O. Rigina (Lyngby, Danimarca), C. Saitanis (Atene, Grecia), L. Sanità di Toppi (Parma), T. Sawidis (Salonicco, Grecia), M. Schaub (Birmensdorf, Svizzera), G. Schenone (Milano), J.M. Skelly (University Park, Pennsylvania, Usa), W.H. Smith (New Haven, Connecticut, Usa), G.F. Soldatini (Pisa), O.C. Taylor (Riverside, California, Usa), R.O. Teskey (Athens, Georgia, Usa), M. Treshow (Salt Lake City, Utah, Usa), M.H. Unsworth (Corvallis, Oregon, Usa), D. Velissariou (Atene, Grecia), L.H. Weinstein (Ithaca, New York, Usa), C. Zerbini (Palermo).

Un grazie di cuore anche ad Antonio Paolucci, che ha contribuito alla realizzazione di gran parte delle figure. Giovanni Fochi, docente di Chimica della Scuola Normale Superiore di Pisa, si è cortesemente reso disponibile a commentare una bozza del manoscritto. Un sentito ringraziamento va anche a Giorgio Catelani, docente di Chimica Organica nella Facoltà di Agraria dell'Università di Pisa, per le utili discussioni su alcuni aspetti della patogenesi dell'ozono. Le indagini di microscopia elettronica relative alla deposizione di polveri sottili sulle superfici vegetali sono condotte in collaborazione con il gruppo di ricerca del Prof. Leonardo Tognotti, della Facoltà di Ingegneria dell'Università di Pisa. La realizzazione del testo è stata possibile anche con il contributo di molti giovani collaboratori, che vengono ringraziati in modo particolare per l'impegno e la creatività nello studio e nell'ottenimento dei risultati, che si sono resi fondamentali per le conoscenze degli Autori.

Il volume è dedicato al nostro comune Maestro, il Professor Giovanni Scaramuzzi, che ci ha introdotto alla materia, mai negandoci il costante incoraggiamento.

Pisa, Giugno 2005

Giacomo Lorenzini
Professore Ordinario di Patologia Vegetale
Facoltà di Agraria, Università di Pisa

Cristina Nali
Ricercatore
Facoltà di Agraria, Università di Pisa

Indice generale

Parte prima
Introduzione e parte generale

Parte seconda
Effetti fitotossici degli inquinanti

Parte prima

Introduzione e parte generale

Capitolo 1
L'inquinamento atmosferico

Per "inquinamento atmosferico" si intende: *"ogni modificazione della normale composizione o stato fisico dell'aria atmosferica, dovuta alla presenza nella stessa di una o più sostanze in quantità e con caratteristiche tali da alterare le normali condizioni ambientali e di salubrità dell'aria; da costituire pericolo ovvero pregiudizio diretto o indiretto per la salute dell'uomo; da compromettere le attività ricreative e gli altri usi legittimi dell'ambiente; alterare le risorse biologiche e gli ecosistemi ed i beni materiali pubblici e privati"*. Così recita l'art. 2 del D.P.R. n. 203 del 24 Maggio 1988; si tratta, quindi, di un fattore di *stress* per gli organismi ben definito dalla legislazione. Il fatto non è neppure nuovo, se si considera che già nel XIII-XIV secolo in Gran Bretagna e in Sassonia vigevano disposizioni tendenti a garantire la qualità dell'aria. Per gli scopi di questo testo, una valida definizione di contaminanti atmosferici è: "sostanze che si rinvengono nella troposfera in quantità eccedenti quelle normali", mentre l'inquinamento può essere descritto come "la presenza nell'aria di uno o più contaminanti, o combinazioni di questi, in quantità e/o con persistenza tali che possono causare, direttamente o indirettamente, un effetto nocivo misurabile agli esseri umani, agli animali e alle piante o interferire con il godimento della vita e dei beni". Per riprendere una definizione di Kenneth Mellanby, un agente tossico può essere considerato "un composto chimico nel posto non giusto e nella concentrazione sbagliata".

Non è facile individuare un aspetto della vita dell'uomo che non sia alterato dall'inquinamento: ovviamente il primo pensiero va alla salute (vengono aggravati stati patologici pre-esistenti e creati direttamente problemi: si stima che ogni tonnellata di anidride solforosa emessa provochi 3.000 dollari di danno alle popolazioni interessate), ma si pensi anche ai danni ai manufatti (per esempio opere d'arte, Figura 1). Le conseguenze negative sui vegetali sono uno dei principali aspetti da considerare nella valutazione dell'impatto sull'ambiente delle attività umane. Da qualche anno viene assunto, come modello organizzativo degli elementi fondamentali per l'integrazione delle conoscenze in materia ambientale, lo schema organico denominato "DPSIR": *Driving forces*, vale a dire i determinanti, le cause generatrici primarie di inquinanti; *Pressures*, come le emissioni in atmosfera; *States*, cioè lo stato e le tendenze (per esempio, in termini di qualità dell'aria, presenza di contaminanti chimici); *Impacts*, ovvero effetti, anche economici, su bersagli quali ecosistemi e salute; *Responses*, a indicare le misure politiche, amministrative, programmatorie, prescrittive/tecnologiche che possono agire sui determinanti (interventi strutturali, per esempio), sulle pressioni (limiti emissivi, tecnologie pulite), sullo stato (bonifiche). Tale schema (sintetizzato in Figura 2), sviluppato nell'ambito della *European Environmental Agency* e successivamente adottato anche dalle autorità nazionali, si basa su un'architettura di relazioni causali che raccordano i vari elementi, particolarmente utile per capire gli effetti prodotti dagli interventi, per valutare la necessità/opportunità di pianificare nuove misure, per stabilire priorità di attuazione di provvedimenti concorrenti. La Figura 3 illustra i rapporti tra le emissioni in atmosfera e la biosfera.

Fig. 1. Molti sono gli aspetti della vita civile interessati dall'inquinamento atmosferico: tra questi merita attenzione anche l'impatto sui manufatti. L'immagine si riferisce al degrado di un capitello marmoreo nel complesso monumentale dell'Acropoli di Atene. Si stima che il patrimonio archeologico greco abbia subito più danni nell'ultimo mezzo secolo che nei duemila anni precedenti

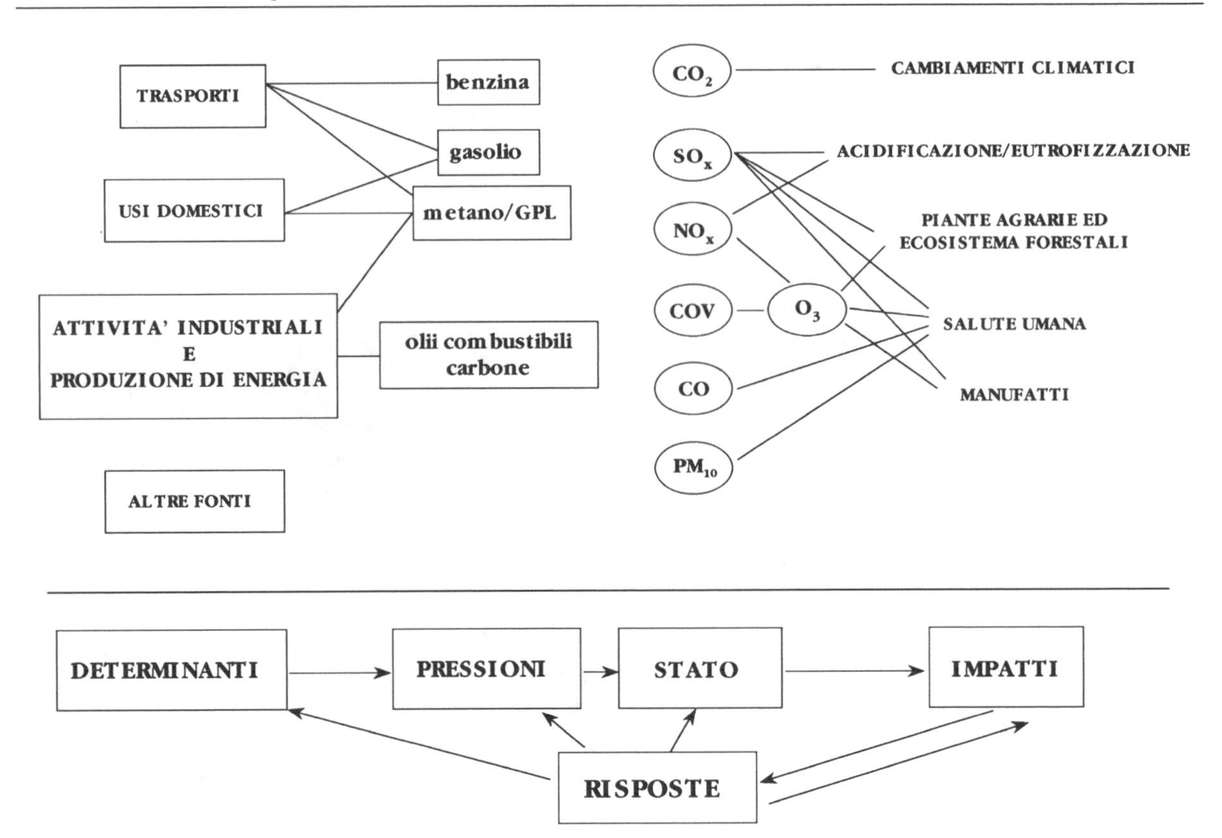

Fig. 2. Schema del modello DPSIR (*Determinanti-Pressioni-Stato-Impatto-Risposte*) della componente "aria" e relazioni di causalità tra categorie di fattori

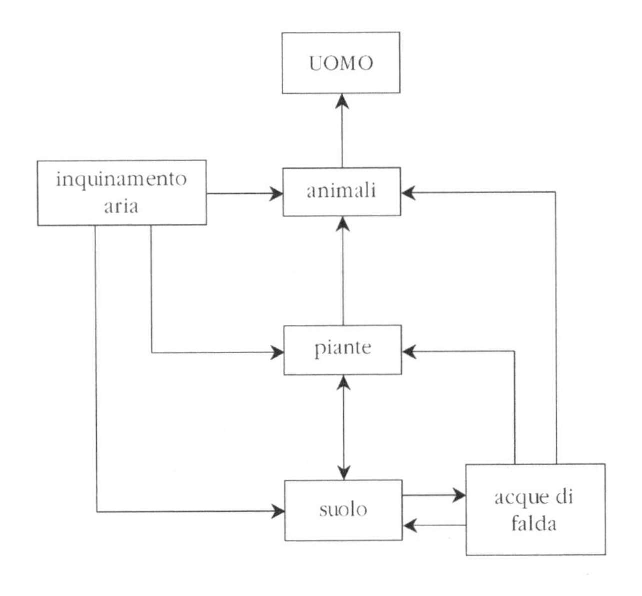

Fig. 3. Possibili effetti delle emissioni in atmosfera sui componenti della biosfera

1.1 Fonti degli inquinanti

Poiché gli esseri umani stanno contaminando da millenni l'aria, non è facile individuarne la composizione "normale". I dati più accettati sono riportati in Tabella 1. In essa prevalgono alcune specie chimiche (*gas permanenti*), la cui concentrazione non cambia apprezzabilmente nel tempo, quali azoto (N_2, il 78% dell'aria secca), l'ossigeno (O_2, il 21%) e i gas nobili (argon, neon, elio, xeno e idrogeno). Altre molecole, seppur presenti in misura estremamente ridotta, possono influenzare notevolmente la qualità della vita sul pianeta.

Diverse sono le possibili classificazioni degli inquinanti atmosferici. In primo luogo, essi possono essere distinti in *gassosi* e *particellari* (del diametro sino a 100 μm), che a loro volta si dividono in *liquidi* (aerosol, nebbie) e *solidi* (polveri, fumi). Questi ultimi sono, di solito, di minore importanza, anche

Tabella 1. Composizione media dell'aria secca e non inquinata

Costituente	Simbolo/Formula	Frazione molecolare	Per cento *in peso*	Massa* ($t \cdot 10^9$)
Componenti principali		%		
Azoto	N_2	78,09	75,37	3.920.000
Ossigeno	O_2	20,94	23,13	1.200.000
Argon	Ar	0,93	1,41	73.000
Componenti minori		ppm		
Anidride carbonica	CO_2	330		2.300
Neon	Ne	18		65
Elio	He	5,2		3,8
Metano	CH_4	1,5		3,7
Cripto	Kr	1		15,2
Idrogeno	H_2	0,5		0,19
Protossido di azoto	N_2O	0,25		1,95
Monossido di carbonio	CO	0,1		0,5
Componenti in tracce		ppb		
Ozono	O_3	10		0,2
Biossido di azoto	NO_2	2		0,018
Anidride solforosa	SO_2	5		0,060

* La massa è quella proprietà per cui i corpi si attraggono fra di loro; la forza con cui la Terra li attira si manifesta come peso

se – talvolta – possono costituire serio pericolo in determinati ambienti (per esempio, polvere di cemento o particelle fuligginose acide nelle vicinanze della fonte). Viceversa, alcuni gas sono di interesse pressoché universale, facilmente rinvenibili in ogni zona industriale e metropolitana: sono questi che saranno trattati con maggiore dettaglio.

Si definiscono *emissioni* le sostanze introdotte nell'atmosfera a livello delle rispettive sorgenti, *immissioni* quelle che raggiungono il recettore. Si parla di *deposizione secca* per indicare i fenomeni di diffusione e i moti browniani che caratterizzano gli spostamenti delle molecole gassose e delle particelle fini; la *deposizione umida* prevede fenomeni di *rain-out* (processi all'interno delle nuvole) e di *wash-out.* Rispetto alla loro origine, gli inquinanti sono classificati in primari e secondari. *Primari* sono quelli che manifestano la loro tossicità nella forma e nello stato in cui sono liberati a seguito di uno specifico processo chimico. Si tratta di agenti fitotossici noti già da tempo, come l'anidride solforosa (o biossido di zolfo, SO_2), l'acido fluoridrico (HF), gli ossidi di azoto (monossido, NO, e biossido, NO_2, collettivamente indicati con NO_x), l'etilene (C_2H_4), l'ammoniaca (NH_3), il cloro (Cl_2) e l'acido cloridrico (HCl). I composti che, invece, derivano dalla reazione tra questi, eventualmente con la partecipazione di componenti naturali dell'atmosfera e sotto l'influenza di catalizzatori chimici o fisici, sono detti *secondari*; essi non sono sempre facilmente definibili dal punto di vista chimico, sebbene alcuni siano responsabili di rilevanti effetti tossici. Alcune di tali sostanze sono di scoperta relativamente recente (ultimo dopoguerra) e si ritrovano, in particolare, tra i costituenti dello *smog fotochimico* (ozono, O_3, e nitrato di perossiacetile, PAN, in primo luogo).

Gli inquinanti possono derivare da *sorgenti naturali* e da *attività antropiche.* Tra le prime, le più importanti sono: eruzioni vulcaniche e geotermiche, metabolismo microbico, aerosol marini, incendi forestali, emanazioni gassose da parte di vegetali (idrocarburi in particolare), dispersione di polvere di terreno, formazione di O_3 a seguito di scariche elettriche o sue intrusioni dalla stratosfera. Forme di contaminazione di natura biologica, come spore e pollini – molto importanti per i loro effetti allergogeni sull'uomo – non vengono trattate in questa sede.

I processi naturali sono indiscutibilmente responsabili di rilevanti emissioni. Fortunatamente, di norma, essi sono ben distribuiti nel tempo e nello spazio, andando a interessare aree vaste; pertanto, la diluizione che subiscono è tale che raramente costituiscono un problema per l'ambiente. Al contrario, le fonti antropiche sono tipicamente concentrate nelle zone urbane e industriali; esse comprendono principalmente attività produttive e altre di

Fig. 4. Impianti industriali, centrali termoelettriche e inceneritori di rifiuti solidi urbani sono, insieme al traffico veicolare, importanti sorgenti di inquinanti dell'aria

vario tipo che comportano combustioni (specialmente impianti di riscaldamento, centrali termoelettriche, inceneritori di rifiuti solidi urbani e, soprattutto, motori dei veicoli). Sono ancora approssimative le conoscenze sul bilancio e sul ciclo degli inquinanti nell'aria; è evidente, comunque, come le piante svolgano un ruolo non secondario in questo contesto, specialmente negli eventi di rimozione.

La contaminazione determinata dai processi industriali è stata a lungo considerata al primo posto, non solo per l'aspetto quantitativo, ma anche perché si tratta in genere di turbative degli ecosistemi con carattere di continua presenza (Fig. 4). È, questa, una sorgente eterogenea di sostanze, in funzione delle tipologie di lavorazione, delle materie prime e dei catalizzatori impiegati, delle peculiarità degli impianti di scarico degli effluenti. È impossibile, pertanto, generalizzare l'aspetto qualitativo di tali emissioni *in toto*; tutti gli inquinanti primari possono avere anche questa origine.

Da tempo, però, sono le zone cittadine a costituire i principali elementi di preoccupazione e di rischio per la qualità dell'aria. I *trend* sono poco incoraggianti, se si pensa che nel mondo ormai il 50% della popolazione vive in ambienti con caratteristiche urbane, pari a non più del 5% della superficie terrestre (di converso, su oltre metà delle terre emerse si trova solo il 5% della popolazione mondiale); la Banca Mondiale stima che entro il 2025 sarà raggiunto il 66%. Il contesto cittadino, data la concentrazione al suo interno di individui e di attività economiche, è contraddistinto da un elevato livello di artificiosità, in cui i flussi energetici sono dominati da interventi antropici e sottratti alla regolazione naturale. Tipicamente, si registrano fenomeni di liberazione di energia, sia proveniente dalle combustioni che avvengono *in loco* sia importata dall'esterno. Ne consegue una massiccia produzione di scorie, spesso dotate di notevole impatto ambientale (rifiuti solidi e liquidi, rumore, calore, inquinamento chimico) (Fig. 5). Non desti, quindi, sorpresa il fatto che "l'aria di città" costituisca un fattore limitante lo sviluppo delle piante (Fig. 6).

Il riscaldamento domestico rappresenta una sorgente alquanto omogenea: produce, infatti, derivati della combustione di prodotti solidi (carbone, legna), liquidi (gasolio, kerosene, ecc.) o gassosi (metano). Anche se le sostanze che si liberano nel corso di queste reazioni sono moltissime (nelle emissioni di carbone sono identificati oltre 100 prodotti organici), gli inquinanti fitotossici che vengono rilasciati in concentrazioni pericolose non superano la decina e sono prevalentemente inorganici. Fra questi, i principali sono l'SO_2 e gli NO_x. Una caratteristica negativa di questa forma di contaminazione è quella di coincidere con la stagione più fredda, quando

Fig. 5. Le aree urbane rappresentano rilevanti fonti di inquinamento atmosferico: traffico veicolare e riscaldamento domestico sono le voci principali, ma talvolta nelle città si trovano anche insediamenti industriali e impianti termoelettrici; l'immagine si riferisce a Hong Kong e mostra la centrale di Castel Peak

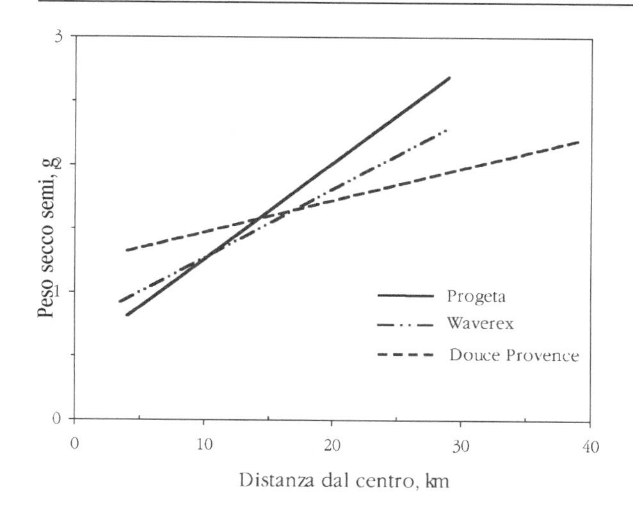

Fig. 6. Produzione di tre cultivar di pisello allevate in condizioni standardizzate lungo un gradiente est-ovest a partire dal centro di Londra. (Dati di Ashmore e Dalpra, 1985)

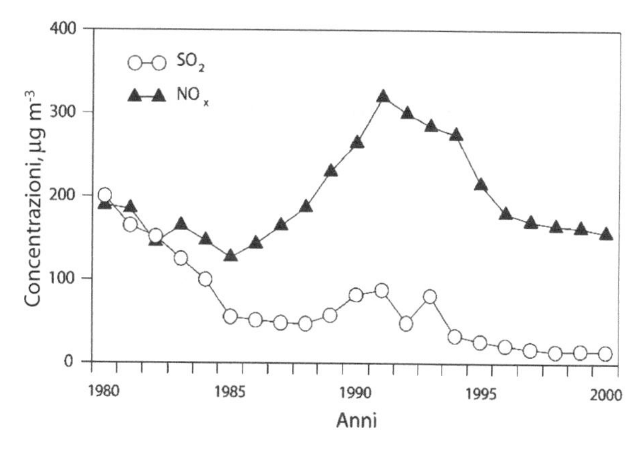

Fig. 7. Andamento delle concentrazioni medie annuali di anidride solforosa (SO_2) e di ossidi di azoto ($NO + NO_2 = NO_x$) nelle stazioni di rilevamento urbane di Milano nel periodo 1980-2000. (Dati Amministrazione Provinciale di Milano)

si hanno più frequentemente situazioni meteorologiche favorevoli all'accumulo di sostanze aerodiffuse (inversione termica, formazione di nebbie); comunque, in questo periodo è minore, di norma, la suscettibilità delle piante ai gas nocivi.

Oggi, è il traffico veicolare a determinare i più gravi fenomeni di degrado della qualità ambientale non solo limitatatamente ai grandi centri urbani, anche se proprio nelle aree metropolitane ha la sua massima incidenza. La rete stradale nazionale si estende per oltre $800 \cdot 10^3$ km e sono quasi $34 \cdot 10^6$ le autovetture circolanti, pari a 59 ogni 100 abitanti (erano 14 solo 50 anni fa), con punte di 70 nelle grandi città. In Europa, nel 1970, ogni cittadino percorreva in auto in media 17 km al giorno; attualmente, il dato ammonta a 35. I principali componenti dei gas di scarico che preoccupano sono: monossido di carbonio (CO), NO_x, idrocarburi incombusti e composti organici volatili (COV), tra i quali spiccano le aldeidi; la SO_2 emessa è relativamente modesta. Non si possono, poi, tralasciare altre fonti, come le centrali termoelettriche (che in Italia garantiscono il 64% della produzione energetica totale di ENEL e rappresentano importanti sorgenti di SO_2) e gli inceneritori di rifiuti solidi urbani, il cui impatto ambientale è quanto mai complesso, in relazione all'elevatissimo numero di composti che possono emettere (oltre 200, soltanto tra quelli organici).

È da rilevare come l'incidenza relativa delle principali sorgenti sia variabile da una situazione all'altra, in dipendenza, oltre che dal periodo stagionale, anche dalle peculiarità della zona. È interessante osservare come nel tempo gli scenari dell'inquinamento si siano modificati drasticamente, specialmente in relazione a variazioni delle sorgenti. Per esempio, in ambito urbano si è assistito a un costante declino dei livelli di SO_2 (grazie alla conversione degli impianti di riscaldamento domestico, ormai alimentati quasi esclusivamente a metano), affiancato da una notevole presenza di NO_x, per lo più attribuibile al traffico veicolare (Fig. 7). A Londra, la concentrazione media annuale di SO_2 è passata dagli oltre 350 $\mu g\ m^{-3}$ degli anni '70 a 3 $\mu g\ m^{-3}$ nel 2001; quella dell'O_3 ha subito, però, un incremento del 15% e le polveri fini sospese (PM_{10}) vanno nella stessa direzione.

Sulla base delle loro caratteristiche, le fonti possono essere distinte in *istantanee* e *continue* e, in relazione alla collocazione geografica, in:

- *localizzate* (o "puntiformi" o "puntuali"), ovvero impianti isolati, per i quali la diluizione e la dispersione degli effluenti sono tali che gli effetti che provocano sono di norma limitati a un raggio di qualche chilometro, in virtù dell'altezza dei camini e del regime dei venti; si conoscono, comunque, casi in cui l'impatto diretto di una sorgente di vasta portata dotata di camini elevati si è verificato per centinaia di chilometri;
- *lineari*, quali quelle connesse con il traffico veicolare extraurbano; le conseguenze dirette sono

generalmente apprezzabili in una fascia di alcune centinaia di metri dalla sede stradale; appartiene a questa categoria anche il fronte mare, in relazione alla presenza di aerosol salini;

- *di grossa ampiezza* (o "areali" o "diffuse"), costituite da un grande numero di piccole sorgenti distribuite su una vasta zona e aventi altezze simili tra di loro, come le aree urbane (riscaldamento, traffico) e gli impianti concentrati in comprensori industriali; in questi casi è praticamente impossibile interpretare le conseguenze sull'ambiente delle singole fonti.

In Tabella 2 sono riportate, per la Toscana, le emissioni di alcuni inquinanti distinte come sopra riportato. I COV, gli NO_x e i PM_{10} sono originati prevalentemente da sorgenti diffuse, gli ossidi di zolfo (SO_x) derivano quasi esclusivamente da quelle puntuali; le lineari contribuiscono in buona misura per NO_x e PM_{10}.

La dispersione nell'atmosfera di un pennacchio di gas o di particelle dipende – oltre che da elementi quali l'altezza del punto di emissione, la temperatura e la velocità di uscita degli effluenti, la natura chimica e fisica degli inquinanti – anche da fattori meteorologici e microclimatici. Senza voler entrare nel dettaglio, saranno trattate soltanto le differenze tra situazioni stabili e instabili, che influenzano in maniera totalmente differente le concentrazioni di inquinanti con cui le piante vengono in contatto. Le condizioni instabili generalmente ricorrono durante il giorno, quando il profilo verticale della temperatura diminuisce con l'altezza e si ha un energico rimescolamento, sia orizzontale che verticale. Indipendentemente dalla velocità, i movimenti di aria consentono la rapida dispersione delle sostanze introdotte in atmosfera. Le ore notturne, viceversa, sono di norma caratterizzate da stabilità, con ridotta turbolenza. Situazioni particolari possono rendere frequente e grave il fenomeno della "inversione termica" (vedi Capitolo 3): la dispersione diviene allora lenta e i livelli raggiunti sono verosimilmente centinaia di volte superiori a quelli rinvenuti in condizioni di instabilità. Tutti gli episodi più gravi di inquinamento sono associati a situazioni di ristagno dell'aria nelle aree interessate. Un ruolo importante è svolto anche dalle specificità dei vari luoghi (turbolenza meccanica), in particolare dall'eventuale presenza di ostacoli naturali.

In ogni caso, una caratteristica comune alla quasi totalità degli agenti tossici è la fluttuazione della concentrazione in un determinato sito. Queste variazioni – provocate da fattori ambientali e, eventualmente, anche da oscillazioni alla fonte – comportano che le medie cambino in continuazione, con modificazioni anche notevoli in breve tempo, potendosi avere assenza di contaminanti in una stazione relativamente vicina a un'altra che ne presenta, invece, elevate quantità. Tali variabili rendono difficile l'avanzare di previsioni circa le condizioni di inquinamento di una zona, anche qualora siano note nel dettaglio le caratteristiche quali-quantitative delle emissioni: si può dire che ogni giorno abbia la propria storia, con differenze anche sensibili tra siti vicini. Se nel breve periodo i parametri climatici tendono a mutare spesso rispetto alle sorgenti di inquinanti, è, però, vero che – considerando lunghi intervalli di tempo – sono le fonti a essere suscettibili delle più ampie e imprevedibili variazioni.

Alcune proprietà dei principali inquinanti atmosferici fitotossici sono riportate in Tabella 3. Il CO e l'anidride carbonica (CO_2), importanti contaminanti in crescente aumento, non causano effetti nocivi diretti alle piante alle concentrazioni attualmente riscontrate nell'ambiente e, pertanto, non sono presi in considerazione. Esula pure dagli scopi prefissati la trattazione degli aspetti relativi alle conseguenze derivanti dal riscaldamento generale della

Tabella 2. Emissioni totali degli inquinanti principali in Toscana, che si originano dall'insieme delle sorgenti diffuse, puntuali e lineari

Sorgenti	COV		NO_x		PM_{10}		SO_x	
	t	%	*t*	%	*t*	%	*t*	%
Diffuse	149.161	92,3	66.153	56,5	15.950	66,6	6.009	6,4
Lineari	7.874	4,9	22.437	19,2	6.082	25,4	2.123	2,3
Puntuali	4.575	2,8	28.460	24,3	1.919	8,0	85.056	91,3
Totali	*161.610*		*117.050*		*23.951*		*93.188*	

(Fonte: Regione Toscana – Dipartimento Politiche Territoriali e Ambientali, 2000)

Tabella 3. Proprietà chimico-fisiche dei principali inquinanti fitotossici gassosi

Composto	Formula	Peso molecolare	P.E. (°C)	Densità (aria = 1)	Solubilità in acqua (ml gas ml^{-1} H_2O)
Acido cloridrico	HCl	36,47	-85,0	1,269	0,82
Acido fluoridrico	HF	20,01	+19,5	0,713	446
Ammoniaca	NH_3	17,03	-33,4	0,596	0,9
Anidride solforosa	SO_2	64,07	-10,0	2,264	39,4
Biossido di azoto	NO_2	46,01	+21,2	1,448	si decompone
Cloro	Cl_2	70,91	-34,6	2,488	2,3
Etilene	C_2H_4	28,06	-103,8	0,975	0,09
Monossido di azoto	NO	30,01	-151,8	1,036	0,05
Ozono	O_3	48,00	-112,3	1,654	0,26
PAN	$CH_3(CO)O_2NO_2$	121,06	-	-	-

Tabella 4. Fattori di conversione a 25 °C e 101,325 kPa dei principali inquinanti fitotossici

Gas	Per convertire da ppb a μg m^{-3}, moltiplicare ppb per	Per convertire da μg m^{-3} a ppb, moltiplicare μg m^{-3} per
Acido cloridrico	1,52	0,66
Acido fluoridrico	0,83	1,20
Ammoniaca	0,71	1,41
Anidride solforosa	2,62	0,37
Biossido di azoto	1,91	0,52
Cloro	2,95	0,34
Etilene	1,16	0,86
Fluoro	1,58	0,63
Monossido di azoto	1,25	0,80
Ozono	1,96	0,50
PAN	4,37	0,23

Terra, a seguito dell'aumento di CO_2 nell'atmosfera, nell'ambito del fenomeno noto come *global change.*

Diverse sono le possibilità per quantificare i componenti minori e i contaminanti atmosferici. L'unità più comunemente adottata è "parti per milione" (ppm, vol./vol.), che esprime il numero di centimetri cubici di gas presenti in un metro cubo di aria inquinata. Se la presenza è in tracce, i gas si misurano in "parti per miliardo" (per gli americani *parts per billion*, ppb), o – in passato – in "parti per 100 milioni" (*parts per hundred million*, pphm); se il rapporto di diluizione è ancora più spinto, si parla di ppt (parti per trilione, $1 \cdot 10^{-12}$). In termini di rapporto di diluizione molare, 1 ppb equivale a $1 \cdot 10^{-9}$. Nella letteratura scientifica, in sostituzione di ppb è divenuto frequente l'uso della "nanomole su mole" ($nmol \cdot mol^{-1}$) o del "nanolitro su litro" ($nl \cdot l^{-1}$).

Per gli inquinanti solidi, ma talvolta anche per quelli gassosi, si usa un rapporto massa/volume, come i microgrammi su metro cubo ($\mu g \cdot m^{-3}$). Di norma, si assumono le condizioni *standard* di temperatura (25 °C, 298 K) e di pressione (101,325 kPa). La formula seguente consente il passaggio da un sistema di misura all'altro per i gas:

$$ppb = \mu g\ m^{-3} \frac{22,41}{\text{peso molecolare}}$$

La Tabella 4 riporta i fattori di interconversione per i principali agenti fitotossici.

Il rapporto "massa su unità di volume" non consente un immediato confronto tra inquinanti in termini di numero di molecole, mentre il riferimento "volume su volume" lo permette, indipendentemente dalla temperatura e dalla pressione (in quanto questi fattori influenzano anche l'aria nella stessa

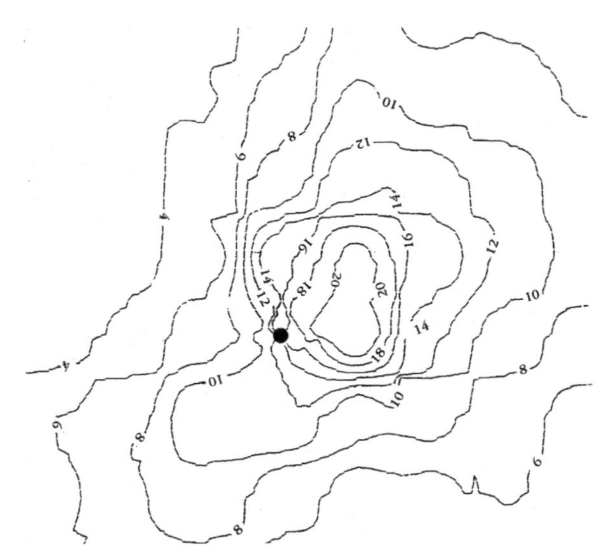

Fig. 8. Classica rappresentazione grafica della distribuzione al suolo di un inquinante aerodisperso in termini di media annuale. Il cerchietto nero individua la sorgente

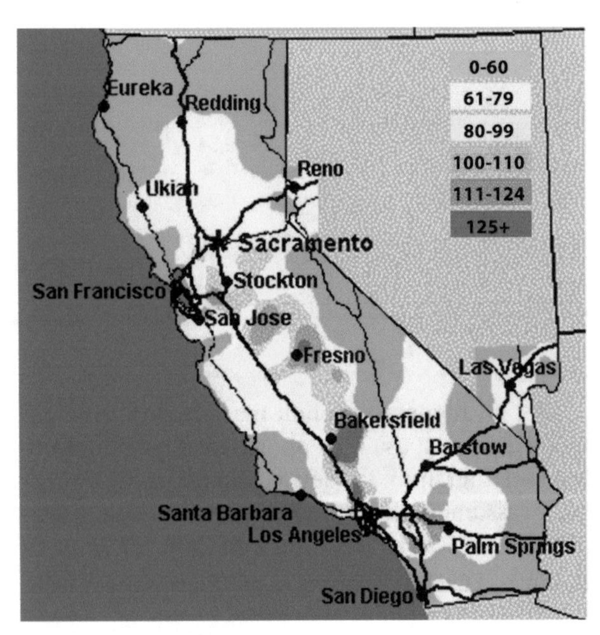

Fig. 9. Distribuzione delle massime orarie di ozono in California il giorno 11 Agosto 2004; i dati sono in ppb. *(http://www.epa.gov/airnow/showmaps.html)*

misura): 1 ppm di SO_2 include esattamente lo stesso quantitativo di molecole di 1 ppm di O_3, e così via (ciò perché il peso molecolare e il volume del gas che contiene una grammomolecola sono considerati nel computo); per questo motivo è stata adottata nel presente testo questa modalità di indicazione. In realtà, il riferimento sarà semplicemente a "ppm" o "ppb", omettendo che si tratta di rapporti "volume su volume". Si definisce "dose" il prodotto tra concentrazione dell'inquinante e durata dell'esposizione; le unità di misura maggiormente utilizzate sono "ppb·h" e "ppm·h".

Per gli inquinanti primari, il livello al suolo dipende dalle modalità di emissione (continue o no) e dai processi di dispersione atmosferica. I descrittori matematici usati in questi casi sono quelli *standard*: media delle 24 ore e massimi valori orari medi. Rappresentazioni grafiche del tipo di quella riportata in Figura 8 si basano sull'individuazione, mediante opportuni codici di calcolo, di curve di isoconcentrazione (isoplete). Sostanzialmente analoga è la procedura per la modellizzazione delle concentrazioni al suolo di O_3 (Fig. 9).

1.2 Cenni storici

La storia dell'inquinamento dell'aria e dei suoi effetti biologici, secondo un diffuso luogo comune, avrebbe inizio con la rivoluzione industriale; anche le civiltà del passato si sono comunque rese colpevoli di guasti ecologici. Nell'antica Grecia sono diversi gli episodi che testimoniano lo scarso rispetto dell'uomo nei confronti dell'ambiente circostante. L'aria di Roma era pesante: Seneca si esprime in termini di *gravitas urbis* e di *vapori pestiferi*, che rendevano faticosa la respirazione e imbrattavano le candide tuniche, e Orazio descrive lo sgradevole *fumus* che incombeva sulla città sotto forma di spessa cappa. Le attività domestiche (riscaldamento e cottura dei cibi) erano le fonti principali di contaminazione, ma anche i processi di estrazione dei minerali causarono deturpazioni ambientali notevoli, come nel caso dell'Isola d'Elba. Strabone riporta il primo esempio di "politica delle ciminiere alte", delle quali venivano dotati i forni di fusione dell'argento "*affinchè i vapori prodotti dalle pietre fossero immessi alti nell'aria, dal momento che sono soffocanti e mortali*".

Gli effetti dell'inquinamento urbano, industriale e naturale (vulcani) sono rintracciabili nell'arte e nella letteratura (Figg. 10, 11, 12). Nel 1556, Agricola raccomandava nella sua opera *De re metallica* di controllare la vegetazione, perché dove si estende una vena metallifera crescono piante e funghi differenti da quelli delle aree adiacenti. Diversi

Fig. 10. Un esempio di presenza del fenomeno dell'inquinamento atmosferico nell'arte: il quadro, dipinto da J.C.M. Ezdorf nel 1827, rappresenta esemplari di *Picea abies* danneggiati dalle emissioni di una fonderia in Scandinavia. (Per gentile concessione della Städtsiche Galerie im Lenbachhaus di Monaco di Baviera)

Fig. 11. Stampa inglese della metà del XIX secolo: i rapporti tra agricoltura e industria erano difficili già all'epoca

Fig. 12. Paul Cezanne: *Fabbriche nei pressi del Monte di Cengle*, 1870

sono gli Autori, anche italiani, che a cominciare dal XIV secolo parlano di "nebbie asciutte" responsabili della perdita di raccolto nei cereali; è verosimile che si trattasse di aerosol acidi di provenienza vulcanica. Risale ai Borboni il decreto che disponeva la riduzione o l'esenzione temporanea delle imposte per quei fondi nei quali venisse accertato il danno causato dall'azione vulcanica.

Lo scrittore inglese John Evelyn, nel suo classico trattato *Fumifugium* (1661), descrive gli effetti nocivi del "fumo pernicioso" prodotto dalla combustione del carbone a Londra ("*uccide le nostre api ed i fiori, non consentendo a nulla di sbocciare nei nostri giardini*") e segnala che, quando a Londra – a causa della guerra civile – fu eliminato il riscaldamento a carbone, gli alberi produssero frutti in quantità e qualità "*mai viste prima*". Egli propose al re Carlo III di circondare la capitale con una cintura di piante odorose per purificare l'aria puzzolente. Già qualche anno prima (1622), William Petty spiegava che la direttrice di espansione urbanistica di Londra doveva puntare verso occidente per cercare di sottrarsi "*al fumo, ai vapori, ai cattivi odori dei fitti abitati dell'Est, poiché il vento dominante soffia da Ovest*": è l'inizio della cosiddetta "urbanistica olfattiva". Ma gli effetti deleteri della combustione del carbone in città erano noti da secoli: nel 1273, re Eduardo I ne bandì l'uso in quanto "pregiudizievole alla salute", promulgando la prima legge sulla qualità dell'aria. Alla fine del XVI secolo, la regina Elisabetta vietò la combustione del carbone a Londra quando il Parlamento era riunito; nel 1648 i cittadini, in una petizione al Parlamento, chiesero di sostituire il carbon fossile proveniente da Newcastle perché responsabile dell'inquinamento dell'aria.

Tracce del disagio provocato ai cittadini dalla cattiva qualità ambientale sono rinvenibili anche nella letteratura italiana: Giuseppe Parini (*La salubrità dell'aria* – Le odi, 1759) narra "*... di sali malvagi/ammorba l'aria lenta,/che a stagnar si rimase/tra le sublimi case*"; inoltre, auspica che "*pèra colui che per lucro ebbe a vile la salute civile*".

Forse, la migliore descrizione letteraria delle condizioni ambientali che regnavano nella città preindustriale è l'*incipit* con il quale il romanziere Peter Süskind apre la sua opera *Parfume*, ambientata nella Parigi del XVIII secolo: "*... dai camini veniva puzzo di zolfo, dalle concerie ... di solventi*". Sempre a Parigi, Louis-Sébastien Mercier, nel suo *Tableau de Paris*, stila un primo inventario sulle fonti dell'aria cattiva che ristagna in città; tra le altre, camini (fumo di legna e di carbone) e manifatture (zolfo, arsenico e bitume). Nel 1830 Amédée de Tissot, nel suo *Paris et Londres comparés*, scrive che "*Parigi è il Purgatorio della gente che non ha ancora perduto interamente l'odorato*"! Nel 1866 il botanico finlandese Nylander osserva a Parigi i licheni sui tronchi degli alberi dei parchi e, notando lo scarso numero di specie presenti e le cattive condizioni di molti esemplari, ne attribuisce la causa alla scarsa "*salubrità dell'aria*".

È con l'inizio dell'era industriale che gli episodi di inquinamento divengono frequenti. Jonathan Swift (1729), l'autore dei *Viaggi di Gulliver*, riferisce del "*fumo che in inverno è talmente spesso che ha una influenza persino sullo sbocciare dei fiori in primavera*"; Benjamin Franklin (1774) segnala i pericoli ambientali legati alle emissioni dei primi motori a vapore (alimentati a carbone); Percy B. Shelley (1820) paragona Londra all'inferno ("*città popolosa e fumosa*"); Charles Dickens (1840) descrive desolatamente il destino delle piante che crescono nella "*orribile Wolverhampton ... dove niente di verde potrebbe vivere*". Edmondo De Amicis, nei suoi *Ricordi di Londra* (1874), parla di "*forme annerite dal fumo e dalla nebbia*". Nel Novembre 1895, una fitta caligine giallastra scese su Londra, tanto da costringere Sherlock Holmes a rimanere chiuso in casa, osservando le "*unte e pesanti volute marroni che continuavano a condensarsi sui vetri delle finestre*". Nella città, in quegli anni, vengono segnalate anche le drammatiche condizioni in cui versa il bestiame portato per il mercato e sofferente durante i periodi nebbiosi. Alla fine del XIX secolo, il centro di Londra, in inverno, riceve un quinto della luce solare che raggiunge una stazione periferica (Fig. 13).

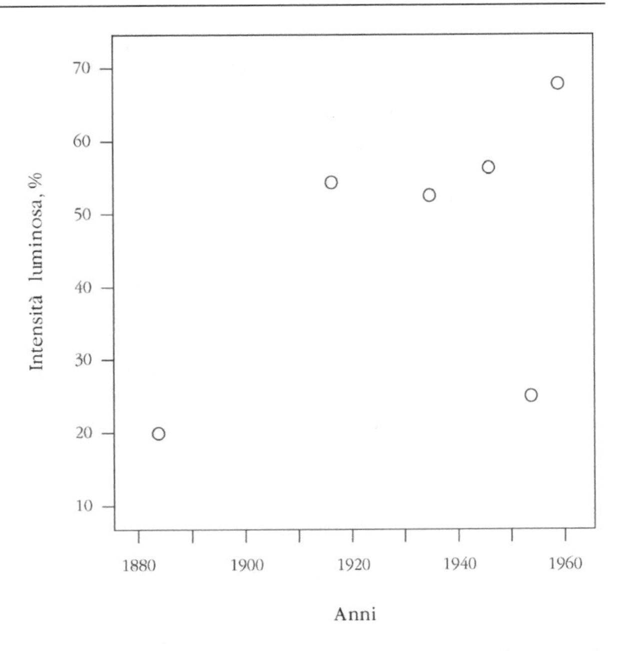

Fig. 13. Intensità luminosa solare invernale nel centro di Londra, in confronto a quella di Kew, 1881-1960. (Disegnato da dati di Clapp, 1994)

Nel secolo XIX cominciano a diffondersi le proteste dei proprietari terrieri e degli agricoltori, scatenate dai danni osservati a carico della vegetazione a seguito dell'esposizione ai fumi delle fabbriche. Un primo *Smoke Prohibition Act* (1821) è privo, però, di conseguenze pratiche. Altri progetti di legge si perdono nei meandri parlamentari e occorre attendere il 1853 per vedere approvato uno *Smoke Nuisance Abatement Act* che, con la formula minimalista "*best practicable means*", intende rischiarare un po' il cielo della capitale inglese. All'applicazione del provvedimento – relativo a ogni impianto presente in un elenco di attività (stamperie, tintorie, fonderie di ferro, distillerie, ecc.) – consegue, più che un effettivo controllo della quantità di emissioni, una graduale dislocazione delle strutture in territori limitrofi non soggetti ad alcun vincolo, a costituire una sorta di anello (*smoke belt*) attorno a Londra. Nel 1862 il conte di Derby – grande proprietario terriero del Lancashire danneggiato dalle emissioni acide dovute a una fabbrica di soda (vedi Figura 173) – diviene promotore presso la Camera dei Lord di un'inchiesta sui vapori nocivi. Viene promulgato rapidamente l'*Alkali Act*, legge organica in materia di inquinamento di origine industriale che prevedeva anche l'istituzione di uno speciale corpo di ispettori. Il primo *Alkali Inspector* fu il chimico Angus R. Smith, al quale si devono, oltre ad analisi sistematiche dei gas atmosferici, la descrizione del fenomeno oggi comune delle "piogge acide" e la definizione – ora di grande attualità – di "climatologia chimica". La fitotossicità delle sostanze presenti nell'acqua piovana era stata segnalata due secoli prima da Honoratus Fabri, il quale riportava che "*un certo tipo di pioggia causa un danno sotto forma di macchie sul frutto, e talvolta l'intero frutto è bruciato*"; già nel 1835, Wilhelm Lampadius aveva rinvenuto acido solforico (H_2SO_4) e arsenico nei campioni di pioggia prelevati in aree metallurgiche.

Il *Public Health Act* del 1875 indebolisce le normative preesistenti, introducendo – per i mezzi atti ad abbattere l'inquinamento da fumo – la clausola permissiva "*in quanto praticabili, avuto riguardo alla natura dell'industria o del commercio*". D'altra parte, occorre ricordare come il "fumo" sia stato a lungo considerato uno spiacevole, ma necessario, costo per la prosperità nazionale (*Commission of Noxious Vapours*, 1878), sinonimo di piena occupazione, progresso e profitto, coperto da un clima di benevolenza *bipartisan* (industriali e operai). Anche l'Ufficio di Sanità di Swansea – dopo aver tentato di imporre la presenza di un impianto "mangia fumo" alle fabbriche che si rendevano responsabili della defoliazione degli alberi circostanti – deve ritornare sui propri passi. Ma non solo: in ambito letterario, W. Cooke Taylor esalta i piacevoli e pittoreschi effetti del fumo sulla consistenza dell'atmosfera e sulla colorazione del cielo che sovrasta la valle di Bolton.

La politica urbanistica deve prendere atto dell'inconciliabilità della presenza di impianti industriali nelle aree urbane, ma dobbiamo giungere al 1944 con il *green belt* del piano urbanistico di Abercrombie, che impone una fascia di rispetto non edificata e non industrializzata tra la città storica e la *Greater London* (sostituendo un anello inquinato con uno verde), perché vi siano segnali di provvedimenti più drastici.

Sebbene risalga al 1850 la dimostrazione (dovuta al tedesco Julius Stöckardt) della correlazione tra contenuto in zolfo del carbone ed effetti tossici dell'SO_2 (sono di quegli anni le prime stime economiche dei danni) e al 1866 la raccomandazione di Alphonse de Candolle relativa alle responsabilità del fitopatologo nella formulazione della diagnosi dei danni da effluenti industriali ("*la rovina o di un industriale o di un agricoltore può derivare dalle dichiarazioni di un esperto; ne consegue che un uomo di scienza non dovrebbe pronunciarsi in assenza di adeguate prove*"), è solo nella seconda metà del XIX secolo che iniziano gli studi fitotossicologici veri e propri. Essi vengono condotti soprattutto in Germania e sono legati alle attività industriali e di estrazione dei metalli. Vengono osservate anche variazioni di popolazioni di insetti fitofagi.

Si segnalano i primi approcci ecofisiologici: William von Schroeder (1872) accerta che l'umidità atmosferica è un fattore decisivo nella risposta delle piante ai fumi industriali. Anche la scuola fitopatologica nazionale si distingue. Nel 1896, Ugo Brizi descrive in dettaglio gli effetti dannosi dell'SO_2 sulla vegetazione a seguito di prolungate ricerche nei dintorni di impianti per l'arrostimento dei minerali in Toscana. A questo Autore – oltre a una puntuale descrizione e rappresentazione grafica dei sintomi su molte piante (Fig. 14) e a ingegnosi esperimenti ecofisiologici (Fig. 15) –

Fig. 14. Tavola illustrante gli effetti acuti su foglie di vite della tossicità dei vapori cloridrici (*1* e *2*, pagina superiore e inferiore, rispettivamente) e dell'anidride solforosa (*3* e *4*, pagina superiore e inferiore, rispettivamente). (Da Brizi, 1903)

si devono brillanti osservazioni, quali quelle relative a:

- le risposte differenziali di cultivar nell'ambito di specie agrarie ("*le uve bianche in generale resistono meglio delle nere, ma fra queste la Isabella resiste grandemente all'azione dell'SO_2*");
- gli effetti della contaminazione ambientale sulla qualità delle produzioni ("*vini per la maggior parte imbevibili pel cattivo sapore e per uno sgradevole odore*");
- le complesse interazioni inquinanti-parassiti (le piante da frutto stressate risultano maggiormente parassitizzate da patogeni fungini, ma nelle aree fortemente deteriorate si assiste a "*un'oasi di viti immuni dalla peronospora*");
- la sensibilità all'SO_2 di licheni e muschi;
- il ruolo di esposizioni invernali su piante caducifoglie, indagato anche mediante trattamenti sperimentali in primordiali camere di fumigazione;
- gli effetti secondari dell'inquinamento, come la scarsa lignificazione dei tralci, che comporta la suscettibilità alle gelate.

Contributi qualificati, soprattutto nel campo degli effetti degli effluenti rilasciati da impianti industriali, sono stati forniti nella prima metà del XX secolo anche da altri eminenti fitopatologi italiani, da Lionello Petri a Giuseppe Cuboni.

Nel 1909, a Glasgow, si ha la prima conclusiva evidenza di un collegamento tra aumento di mortalità negli esseri umani ed episodi di inquinamento: un migliaio di morti furono attribuiti all'accumulo di sostanze tossiche nell'aria nel corso di un prolungato periodo di ristagno atmosferico. Altri ne seguiranno, purtroppo, in Europa e negli Stati Uniti d'America.

In Inghilterra, all'inizio del XX secolo, Julius B. Cohen e Arthur G. Ruston conducono un rigoroso esperimento che consente di verificare il ruolo dell'ambiente (zona centrale, periferica e suburbana di Leeds) sulla produttività di alcune specie coltivate, tra cui la lattuga: sono descritte significative differenze quali-quantitative nelle rese, con siti nei quali viene raggiunto solo un quarto del peso fresco dei "controlli" remoti (Fig. 16) e viene anche dimostrata una buona correlazione tra produtti-

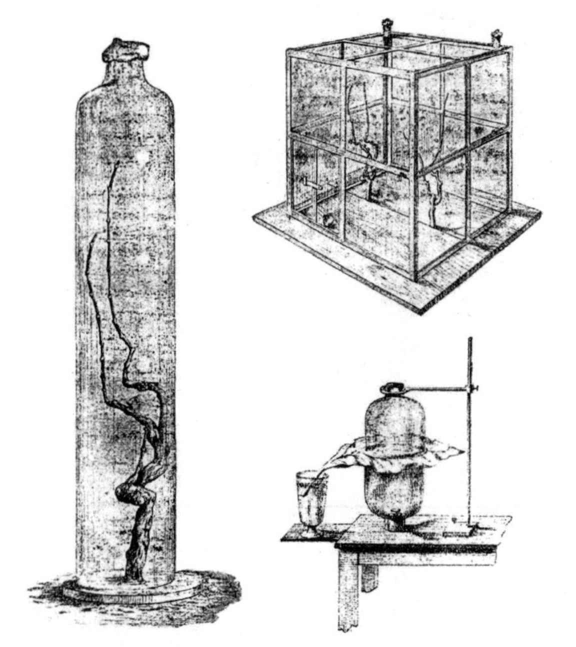

Fig. 15. Esperienze di inizio XX secolo relative ai fenomeni di assorbimento degli inquinanti da parte delle piante. *A sinistra*: campana di vetro imposta sopra una vite per indagare il ruolo dell'umidità relativa sulla fitotossicità dell'anidride solforosa. *In alto a destra*: primitiva "camera di fumigazione" per il trattamento di piante di vite con anidride solforosa. *In basso a destra*: foglia di barbabietola, con il picciolo immerso nell'acqua, esposta ai vapori di acido cloridrico. (Da Brizi, 1903)

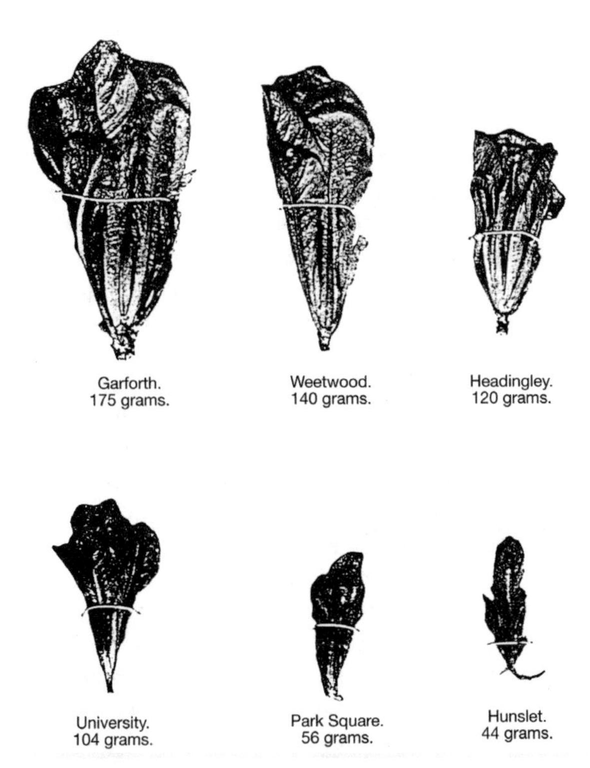

Fig. 16. Un pionieristico esperimento di fitotossicologia (siamo nel 1911): piante di lattuga, cresciute in aree a diversa distanza dal centro di Leeds (Inghilterra), mostrano vistose differenze nel peso fresco. Il fattore inquinante dominante è la combustione del carbone. (Da Cohen e Ruston, 1925)

vità e "libertà dallo zolfo"; delle piante di cavolo presenti nello stazioni più inquinate, solo una piccola parte superava l'inverno (Fig. 17). Oggi è noto che lo *stress* da bassa temperatura può amplificare l'effetto negativo dell'esposizione ad alcuni inquinanti. In un'esperienza simile, condotta nei primi anni '50 a Manchester, è stato dimostrato che il tasso di sopravvivenza delle piante di cavolo cresciute a 27 km dalla città raggiungeva il 96%, contro il 37% di quelle distanti solo 2 km dal centro urbano.

Nel 1924 il *National Pinetum* viene trasferito da Kew (presso Londra) a un sito rurale del Kent, in quanto gli alberi crescevano stentatamente. Rutger Sernander, nel 1926, sintetizza cartograficamente, per la prima volta, la qualità dell'aria relativa a Stoccolma a seguito di un accurato studio sulla distribuzione dei licheni epifiti, e introduce il concetto di "deserto lichenico" per evidenziare l'assenza di questi organismi in città. A Milano, nel 1931, il direttore della Clinica del Lavoro, Luigi Devoto, rileva che "*i fiori dei nostri terrazzi non resistono più*".

Una serie di episodi disastrosi – provocati per lo più da elevate concentrazioni di SO_2 e fumo – funesta gli anni '30-'50 del XX secolo: tra questi merita particolare attenzione il *killer smog* (*pea-souper smog* con visibilità tendente a zero) di Londra (5-9 Dicembre 1952), al quale sono stati attribuiti oltre 4.000 decessi (ma alcune fonti stimano 12.000!) per lo più di anziani. L'eccezionalità del fenomeno si rese tangibile attraverso il rapido esaurimento delle scorte di bare e l'impennata che subì la vendita di fiori. I teatri furono chiusi perché la maggior parte degli spettatori non riusciva a intravedere il palcoscenico; anche negli ospedali alcuni testimoni hanno riportato che non si potevano percepire i confini della stanza a causa della nebbia! L'inquinamento atmosferico diviene un fenomeno sociale. L'analisi dei livelli di sostanze contaminanti in quell'epoca lascia sbalorditi: nei periodi critici le medie orarie di SO_2 sono molto al di sopra di 1 ppm, il che significa all'incirca due ordini di grandezza superiori a quelle attuali. Il riscaldamento a carbone (centinaia di migliaia di comignoli emettevano a quote inferiori a 10 m) e la presenza di imponenti centrali termoelettriche in pieno centro (Fig. 18) furono individuati come i responsabili del disastro. Si impongono nuove norme e viene promulgato il *Clean Air Act*, legge relativa alla qualità dell'aria urbana.

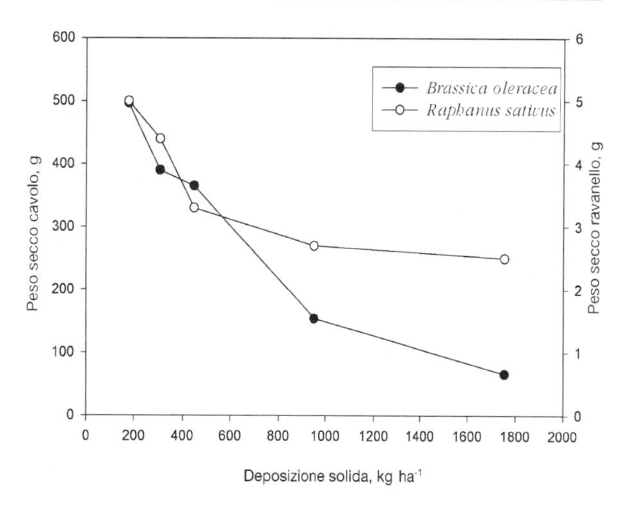

Fig. 17. Ancora sugli effetti dell'aria di Leeds sullo sviluppo di due specie orticole: sono confrontate le prestazioni produttive nel periodo 1911-1917 in sei località con diverso carico inquinante. (Disegnato da dati di Cohen e Ruston, 1925)

Fig. 18. Le terribili condizioni di inquinamento a Londra nel periodo invernale degli anni '50 del secolo XX erano prevalentemente dovute alla presenza di anidride solforosa e particelle (*black smoke*) emesse dagli impianti di riscaldamento domestico, alimentati a carbone. Inoltre, avevano un ruolo importante anche alcune centrali termoelettriche situate proprio in area urbana; tra queste, quella di Battersea, vero capolavoro di architettura (ora archeologia) industriale (progettata da Sir Giles Gilbert Scott, il *designer* delle mitiche cabine telefoniche rosse), la cui immagine è stata riprodotta nella copertina dell'album *Animals* del gruppo inglese dei Pink Floyd (1977). L'impianto, costruito in mattoni, è stato in attività dal 1933 al 1983

In quegli anni, in Inghilterra, Bleasdale realizza un'esperienza fondamentale – i cui risultati, peraltro, sono rimasti inosservati per lunghi anni – basata sull'esposizione di piante di *Lolium* all'aria della periferia di Manchester (in cui l'SO_2 è indicata come l'inquinante dominante), filtrata o meno attraverso acqua; pur in assenza di effetti macroscopici (ma in presenza di fenomeni di senescenza precoce), le piante esposte all'aria ambiente producevano biomassa significativamente inferiore a quelle mantenute in aria filtrata. Era la conferma della cosiddetta "teoria del danno invisibile", per lungo tempo negletta e contestata, ma oggi universalmente riconosciuta.

Nel frattempo si ebbe una profonda evoluzione nelle tematiche ambientali: al tradizionale inquinamento da SO_2 si affiancò il problema dello *smog fotochimico*, rappresentato soprattutto dall'O_3 e legato al traffico veicolare. Il ruolo essenziale della fitotossicologia è confermato dal contributo determinante che i patologi californiani svolsero nell'ultimo dopoguerra nel descrivere le gravi alterazioni subite da piante coltivate, forestali e spontanee (Fig. 19). Si comincia a parlare in termini di *gas-type injury* e si portano evidenze scientifiche sulle conseguenze biologiche della scarsa qualità ambientale. Sono state certamente queste segnalazioni – unitamente a quelle che indicavano nell'inquinamento la causa di gravi danni a manufatti, specialmente pneumatici – a coinvolgere direttamente l'opinione pubblica americana sui temi della contaminazione di origine urbana.

Inizia da qui la storia recente, che ha visto un progressivo allontanamento dell'attenzione dalle problematiche di tipo acuto (per lo più legate ad attività industriali) a vantaggio degli studi relativi alla contaminazione generalizzata. Oggi il quadro è dominato dalla distribuzione su vaste aree di livelli di inquinamento non particolarmente elevati, ma presenti per periodi lunghi. Miscele di composti chimici, spesso estranei al metabolismo vegetale, accompagnano la vita delle piante, con effetti che sfuggono alla percezione e che prevedono interazioni anche complesse. Se, da un lato, sono diminuiti i livelli ambientali di alcune sostanze nocive, dall'altro sono state acquisite evidenze che spostano verso il basso la soglia per l'attività fitotossica di queste molecole; inoltre, sono aumentate le superfici coinvolte.

In questi termini, è interessante un parallelismo con quella che Giorgio Cosmacini definisce la "svolta epistemologica nell'epidemiologia medica". Negli anni '50 la Medicina inizia la transizione da un criterio di causalità forte, tipico delle malattie "del passato", a uno debole, caratteristico delle alterazioni degenerative del presente. Il rapporto "causa-effetto" si rende più sfumato, meno ovvio, più dilazionato nel tempo, e il determinismo eziologico va evolvendosi nel nuovo concetto di "fattore di rischio" su base probabilistica. Moderne tecniche di indagine consentono di individuare effetti subliminali indotti dagli inquinanti sulla vegetazione in condizioni naturali. Oggi, però, alla contaminazione atmosferica sono forse troppo sbrigativamente riferite colpe non sempre dimostrate: dalla rarefazione dei saguari (i tipici *cactus* dell'Arizona) e di alcune rane (*sic!*) al deperimento delle foreste europee e nord-americane. Occorre cautela nell'attribuire a questo elemento ogni possibile situazione di *stress* delle piante non direttamente correlabile a un agente noto, anche per non far perdere credibilità alla disciplina.

Il problema attuale è quello di far conoscere al pubblico e ai decisori che l'inquinamento danneggia *anche* le piante. Si tratta di un dato da non trascurare nelle valutazioni di impatto ambientale e che può essere anche in parte convertito in termini economici; esso è capace di gettare nuova luce nelle analisi "costo-beneficio" e di contribuire a creare una coscienza ecologica ancor più vasta.

PLANT PHYSIOLOGY

VOLUME 27 JANUARY, 1952 NUMBER 1

INVESTIGATION ON INJURY TO PLANTS FROM AIR POLLUTION IN THE LOS ANGELES AREA

A. J. HAAGEN-SMIT, ELLIS F. DARLEY, MILTON ZAITLIN, HERBERT HULL AND WILFRED NOBLE

(WITH THREE FIGURES)

Received July 24, 1951

Introduction

The remarkable increase in population and number of industries in the Los Angeles area since 1940 has given rise to a serious problem of air pollution known as smog. Leaf injury to plants, particularly leafy vegetable crops, was first noted in 1944 and has increased in severity since then.

Fig. 19. Un articolo storico: nel 1952 vengono segnalati sulla prestigiosa rivista "*Plant Physiology*" (organo della Società americana di fisiologia vegetale) i danni alla vegetazione da "cause non note"; si tratta, in realtà, dell'ormai ubiquitario *smog fotochimico*, con il quale le aree urbane (e non solo) convivono da mezzo secolo

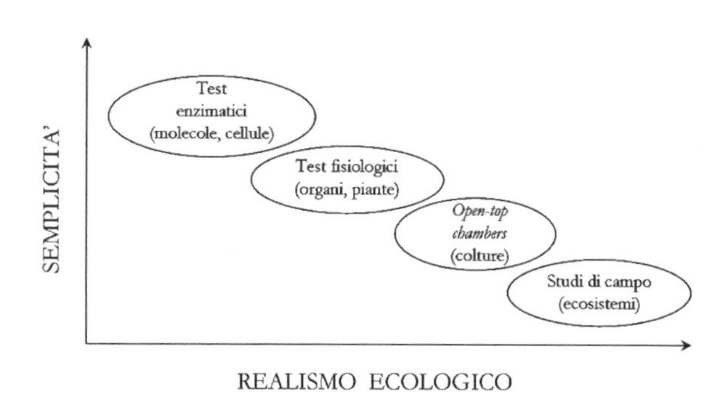

Fig. 20. Relazioni tra realismo ecologico e semplicità dell'approccio sperimentale nello studio delle interazioni tra piante e inquinanti

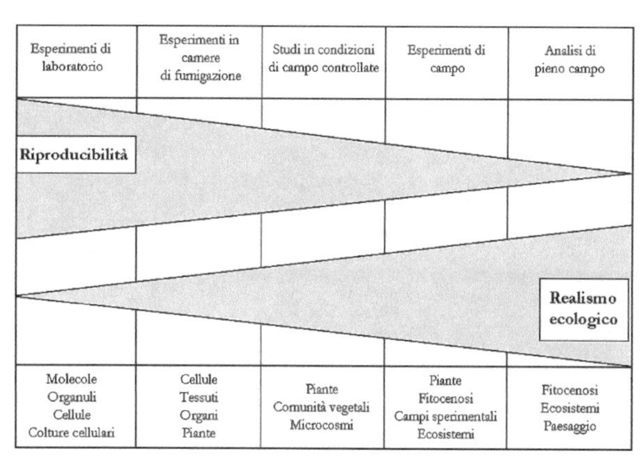

Fig. 21. Sintesi delle interrelazioni tra riproducibilità e realismo nei diversi metodi di studio degli effetti fitotossici degli inquinanti

1.3 Aspetti metodologici delle indagini sugli effetti degli inquinanti sulle piante

La principale differenza che incontra il fitopatologo nel trattare gli inquinanti atmosferici come "agenti di malattie" deriva dal fatto che, in questo caso, il patogeno è rappresentato da composti chimici – cioè sistemi non riproduttivi – e, quindi, occorre rinunciare, per formulare la diagnosi, a soddisfare "alla lettera" i postulati di Koch, ma si deve cercare di sviluppare metodi sperimentali allo scopo di simularli.

L'individuazione delle molecole fitotossiche presenti in una miscela di numerose sostanze (specialmente se di origine secondaria, come, per esempio, si verifica nel caso dello *smog fotochimico*, vedi Capitolo 3) può richiedere indagini laboriose: sono occorsi oltre dieci anni per accertare che era il PAN il responsabile di alcuni dei tipici sintomi che venivano osservati sulla vegetazione nell'area di Los Angeles già dagli anni '40.

Gli approcci metodologici di seguito descritti sono applicabili, oltre che per fini diagnostici, per migliorare le conoscenze sui meccanismi fitotossici, utili anche in eventuali programmi di miglioramento genetico; per la valutazione degli effetti sui processi produttivi, anche per l'accertamento delle perdite economiche; per verificare la presenza nell'ambiente di situazioni di contaminazione.

Le metodiche possono essere aggregate come segue:

- riproduzione sperimentale dei fenomeni naturali;
- analisi di gradienti naturali di concentrazione dell'inquinamento;
- confronti tra genotipi diversamente sensibili;
- trattamenti con prodotti protettivi.

In particolare, il primo punto presenta un'ampia gamma di aspetti applicativi, in funzione dell'obiettivo prefissato; così, si passa da impianti di laboratorio per il trattamento con livelli noti di inquinanti di cellule isolate (in cuvette, per studi fisiologici di base) a strutture per l'esposizione di piante intere, sino a indagini basate sull'esposizione di colture in pieno campo. Le relazioni inverse che intercorrono tra realismo ecologico, complessità di indagini e riproducibilità sono rappresentate nelle Figure 20 e 21.

1.3.1 Riproduzione sperimentale dei fenomeni naturali

a. Camere di fumigazione chiuse

Lo schema generale di funzionamento di impianti di questo tipo (Fig. 22) è il seguente:

- l'aria ambiente viene aspirata e filtrata per rimuovere eventuali inquinanti e polveri;
- questo flusso viene forzato all'interno di "camere" trasparenti (vetro, perspex) di dimensioni variabili (dell'ordine di alcuni metri, in genere) in cui sono poste le piante in contenitore; esse poggiano su uno strato basale di materiale inerte (sabbia, perlite) che viene mantenuto umido (in

Fig. 22. Esempi di attrezzature utilizzabili per lo studio degli effetti degli inquinanti atmosferici. (**a**) Primitive "cabine di fumigazione" chiuse, impiegate negli anni '60 (foto Du Pont). (**b**) Strutture utilizzate dall'IPO di Wageningen (Olanda) per lo studio degli effetti cronici di prolungate esposizioni agli inquinanti prodotti dal traffico veicolare; la cabina di destra è ventilata con aria filtrata attraverso carbone attivo, e funge quindi da "controllo", mentre l'altra riceve l'aria ambiente. (**c**) Mini-serre per il trattamento di specie arboree all'Università della California, Riverside. (**d**) Unità sperimentali (denominate *solardomes*) utilizzate dal Dipartimento di Scienze Biologiche dell'Università di Lancaster (Gran Bretagna) per esposizioni a lungo termine

genere mediante un sistema di microirrigazione automatizzato);

- alcune di queste strutture sono ventilate con sola aria ambiente filtrata e fungono da "controllo"; altre sono trattate con concentrazioni (costanti o variabili) del contaminante in studio, che vengono inserite nel flusso in ingresso, garantendo un opportuno rimescolamento;
- un adeguato sistema di aperture garantisce un continuo ricambio di aria all'interno, fissato in almeno due cambi globali per minuto, per prevenire fenomeni di ridotto assorbimento stomatico legati alla resistenza aerodinamica (vedi 1.5);
- una linea di campionamento è attiva in continuo ed è collegata ad analizzatori automatici del gas in indagine, così da garantire il monitoraggio in tempo reale delle condizioni all'interno; di norma, un singolo strumento è asservito a diverse camere e i campioni sono smistati mediante un sistema di elettrovalvole temporizzate. Le linee di adduzione dell'aria "inquinata" devono essere realizzate con materiali inerti (teflon, per esempio).

Sono possibili adattamenti tecnologici a questa tipologia di riferimento, quali quelli relativi a sistemi di retroazione (*feedback*) automatizzati, mediante i quali l'analizzatore comanda il flusso di ingresso del gas in studio per garantire la corrispondenza tra concentrazioni effettive e "bersaglio". Fattori limitanti sono costituiti dalle ridotte dimensioni delle piante trattate (per motivi logistici di ingombro fisico) e dalla quantità notevole di artefatti che si realizzano (condizioni microambientali, continuità dell'esposizione). Ciascuna istituzione scientifica, poi, adotta proprie metodologie, rendendo non facile il confronto tra esperienze diverse.

b. Esposizioni in campo in cabine "a cielo aperto" (open-top chambers)

Parte dei limiti evidenziati al punto precedente vengono superati operando con gli impianti *open-top*. Si tratta di strutture costituite da cilindri aperti, di materiale plastico trasparente, del diametro variabile da uno ad alcuni metri, sostenuti da intelaiatura metallica, che vengono posti attorno alla vegetazione da studiare (Figg. 23 e 24). Un flusso costante di aria viene pompato all'interno mediante un sistema periferico di tubi perforati; gli individui di controllo vengono allevati in ambiente filtrato, mentre quelli da esporre agli inquinanti ricevono o aria depurata e addizionata di concentrazioni note di uno o più gas, oppure semplicemente aria ambiente non trattata, nei casi in cui si operi in zone naturalmente inquinate. In proposito, si parla rispettivamente di "fumigazioni attive" o "passive". Di norma, si stima che la filtrazione riesca ad asportare circa il 90% del carico contaminante presente nell'atmosfera esterna.

Attrezzature di questo tipo sono particolarmente idonee per indagini di lunga durata sugli effetti di basse concentrazioni, anche su specie legnose adulte; il costo è relativamente contenuto e le apparecchiature sono (in teoria) trasportabili da un sito a un altro. Anche in questi casi, comunque, si realizzano inevitabilmente artefatti in quanto, per esempio, la somministrazione degli inquinanti viene operata dal basso e non dall'alto, e la velocità dell'aria al livello della vegetazione è tendenzialmente costante; i parametri microclimatici sono in parte modificati. Inoltre, per queste ricerche occorre conoscere e quantificare l'eventuale presenza di altre sostanze, oltre a quelle indagate. Nel tempo sono state proposte diverse soluzioni tecnologiche: per esempio, sono applicate appendici apicali per ridurre l'intrusione di aria dall'alto o, per escludere il ruolo

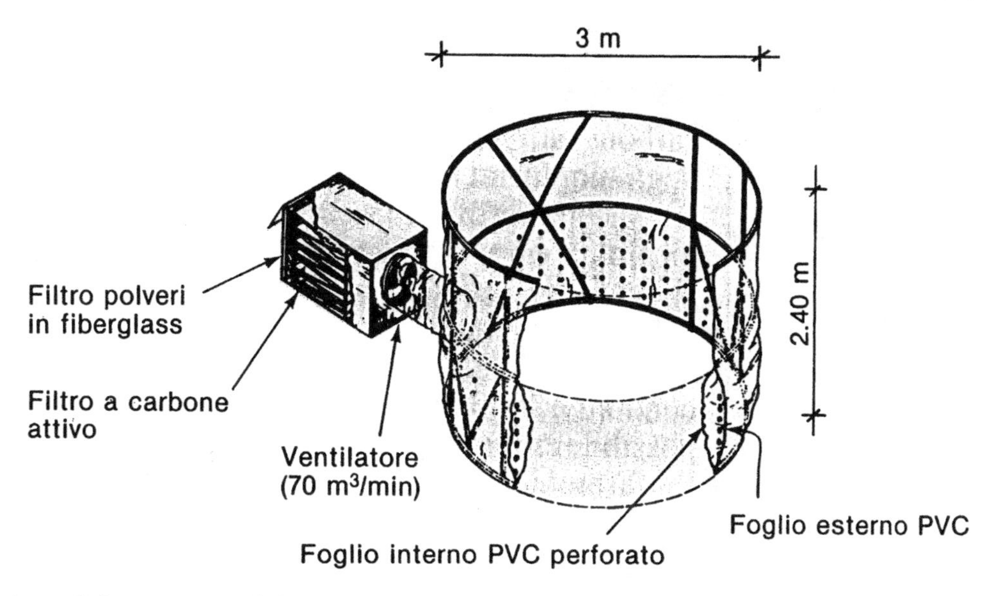

Fig. 23. Schema di funzionamento delle *open-top chambers*. (Da Lorenzini e Schenone, 1989)

Fig. 24. Gruppi di *open-top chambers* per lo studio degli effetti dell'inquinamento naturale sulla produttività delle piante agrarie e forestali. (**a**) Campo sperimentale ENEL di Segrate (MI) per indagini su specie erbacee. (**b**) e (**c**) Impianti dell'Università della California a Riverside per ricerche sugli agrumi e su altre specie legnose. (**d**) Indagini su piante forestali presso l'Università di Göteborg (Svezia)

Fig. 25. Impianti di *open-top chambers* modificati con l'introduzione di una sorta di coperchio per escludere le precipitazioni

delle precipitazioni, una sorta di coperchio sollevato (Fig. 25). Negli Usa negli anni '80 si è avuta una produzione industriale di questi impianti. In relazione anche ai limiti che caratterizzano gli altri approcci sperimentali, l'impiego di queste strutture risulta al momento il più applicato per valutare l'impatto degli inquinanti sulla produttività. Strettamente derivati da questa metodica sono i dispositivi finalizzati a indagare le attività fisiologiche di singole branche nelle specie arboree (Fig. 26).

c. Fumigazioni sperimentali in pieno campo

Sistemi di esposizione delle piante a dosi note di inquinanti senza l'impiego di cabine, o altre attrezzature a esse riferibili, sono stati messi a punto per SO_2, O_3 e fluoruri (Fig. 27). Gli impianti sono costituiti da una serie di tubi perforati, installati a diverse altezze da terra, attraverso i quali i gas sono immessi nelle parcelle sperimentali mantenute in normali condizioni agronomiche. Il vantaggio principale è rappresentato dal fatto che si evitano

Fig. 26. Mini "camere di fumigazione" per studi fisiologici applicate a singole branche di alberi in funzione presso l'Università della Georgia (Usa). (Per gentile concessione di R.O. Teskey)

Fig. 27. Impianti sperimentali per la fumigazione di piante in pieno campo. (a) Attrezzature per trattamenti con anidride solforosa presso il CEGB-CERL di Littlehampton (Gran Bretagna). (Per gentile concessione di G. Schenone). (b) Dispositivo utilizzato dal Laboratorio per lo studio dell'inquinamento atmosferico dell'INRA (Montardon, Francia) per le indagini sugli effetti dei fluoruri su vite. (Per gentile concessione di J. Bonte)

le possibili interferenze dovute alle particolari condizioni di allevamento all'interno delle strutture precedentemente descritte. Questa tecnica presenta, comunque, non pochi limiti, tra i quali: (*a*) variazioni anche modeste nella velocità del vento portano a cambiamenti nelle concentrazioni del contaminante a livello delle piante; (*b*) non è possibile escludere eventuali agenti tossici presenti naturalmente. Per ovviare al primo punto sarebbe opportuno trattare solo in presenza di venti moderati, costanti per velocità e provenienza, utilizzando sistemi coordinati di analizzatori ed erogatori di gas.

In passato sono stati messi a punto metodi "artigianali" per il trattamento di piante legnose con SO_2 in condizioni naturali (Fig. 28). Recentemente un gruppo di ricerca romano ha messo a punto una tecnica innovativa per lo studio degli effetti dell'O_3 sulle specie legnose, che riunisce i vantaggi di un trattamento in condizioni di campo alla precisione di una fumigazione localizzata a livello fogliare; il metodo, denominato *web-ozone-fumiga-*

Fig. 28. Originale apparecchiatura per il trattamento di branche di alberi con anidride solforosa in condizioni naturali. (Per gentile concessione di F.H.F.G. Spierings)

tion, si basa su un sistema di tubi di *teflon* microperforati che avvolgono alcuni rami e distribuiscono l'inquinante, generato *ad hoc*. Si vengono così a creare infinite situazioni, con gradienti di concentrazione del gas (monitorato in continuo), in relazione alla distanza delle foglie dalla porzione direttamente "trattata".

1.3.2 Gradienti naturali di concentrazione dell'inquinante

È possibile valutare gli effetti di un inquinante accertando le sue concentrazioni in diverse zone e misurando le prestazioni delle piante. Se queste operazioni si eseguissero in località simili tra loro per tutti gli aspetti, a eccezione dei livelli del composto in questione, sarebbe facile sviluppare analisi regressionali e avere indicazioni sugli effetti. Questo approccio metodologico è, però, attuabile solo in aree in cui si registrano marcate differenze di concentrazione nell'ambito di distanze ragionevolmente brevi attorno a una sorgente puntiforme. Quando, invece, per avere dati significativamente diversi di inquinamento sono necessarie indagini in postazioni notevolmente distanti tra loro, è inevitabile che le variazioni negli altri parametri ambientali si ripercuotano sulle piante; in tali casi è indispensabile il ricorso ad analisi multivariate.

Per limitare le conseguenze dovute ai molteplici fattori implicati nella risposta complessiva si procede a valutazioni di questo tipo con un criterio standardizzato, che prevede l'esposizione di soggetti coetanei e omogenei dal punto di vista genetico (un clone) e colturale (per esempio, in contenitori sullo stesso substrato).

1.3.3 Confronti tra genotipi sensibili e resistenti

Due cultivar di una specie, simili per tutti i caratteri salvo la sensibilità a un inquinante, potrebbero essere impiegate per valutarne gli effetti in condizioni naturali. A parte le difficoltà di caratterizzare per questa via le relazioni dose-risposta, idoneo materiale sensibile e resistente è stato identificato solo per poche specie e nei confronti di un ristrettissimo numero di contaminanti. Anche in questo caso è necessario un profondo lavoro preliminare per mettere a punto il metodo. Di indubbio interesse, al riguardo, è l'utilizzazione dei cloni di trifoglio bianco (*Trifolium repens* cv. Regal) selezionati negli Usa per il loro comportamento differenziale all'O_3: l'NC-S (NC per *North Carolina*, S per *sensitive*), sensibile, e l'NC-R, resistente. Confrontando la produzione di biomassa epigea di minicolture standardizzate (per età, tipo di substrato, approvvigionamento idrico, modalità di allevamento) esposte all'aria ambiente è possibile valutare il ruolo dell'agente ossidante sulla produttività (Fig. 29). Da una decina di anni sono in corso in numerose località europee esperienze coordinate alle quali prendono parte anche ricercatori italiani (vedi 13.9).

Fig. 29. Effetti dell'esposizone all'aria ambiente per quattro settimane dei cloni di trifoglio bianco NC-S, sensibile all'ozono (*a sinistra*) e NC-R, resistente (*a destra*). Sono note relazioni matematiche che correlano la riduzione di biomassa epigea e la dose di inquinante presente (vedi Figura 235). Indagini standardizzate di questo tipo vengono condotte a livello europeo da una decina di anni

1.3.4 Esperimenti con composti protettivi

Il metodo risulta applicabile solo per gli inquinanti per i quali siano noti prodotti che – somministrati preventivamente – esplichino azione protettiva. Anche se pure per i fluoruri si è dimostrato che è possibile intervenire in questo senso (con composti del calcio), soltanto nel caso dell'O_3 questa tecnica è stata utilizzata su vasta scala.

Diversi sono i composti chimici antiossidanti (*antiozonanti*) in grado di proteggere le piante, così che quelle trattate possano fungere da "controllo" rispetto alle altre in condizioni di pieno campo. La molecola che ha attirato i maggiori interessi del

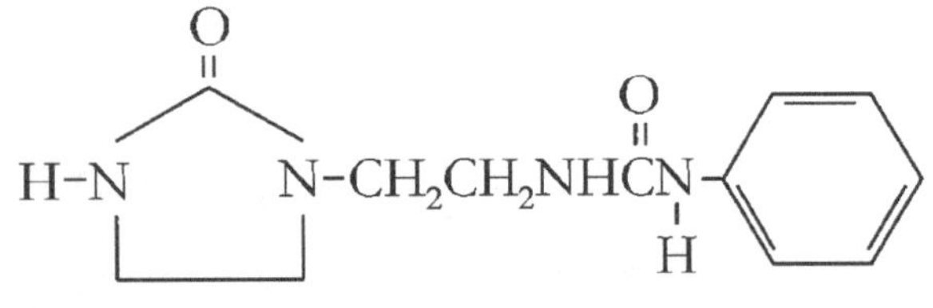

Fig. 30. Struttura dell'EDU, composto sistemico dotato di spiccata azione protettiva nei confronti del danno da ozono. La formula chimica è: N-[2-(2-osso-1-imidazolidinil)etil]-N'-fenilurea (abbreviato *etilen-diurea*)

mondo della ricerca per le sue notevoli proprietà è l'EDU (*etilen-diurea*) (Fig. 30). Essa presenta eccellenti capacità preventive a seguito sia di irrorazioni fogliari sia di trattamenti liquidi al substrato, ed è capace di buon movimento sistemico all'interno della pianta. Considerazioni di ordine economico (il prodotto non è disponibile a livello commerciale e per fini sperimentali viene prodotto *ad hoc* al costo di 1.200 euro al chilogrammo) ed ecologico ne rendono improponibile l'utilizzazione su vasta scala, ma rimane interessante la sua applicazione per finalità di studio, con la messa in evidenza di manifestazioni fitotossiche in condizioni normali. Operando con queste sostanze è possibile valutare l'impatto dell'O_3 su molte piante nelle medesime situazioni ambientali senza ricorrere all'impiego di strutture complesse. I principali limiti risultano, oltre naturalmente al fatto che la tecnica è applicabile soltanto per l'O_3: (*1*) i possibili effetti della sostanza sullo sviluppo e sulla produttività; (*2*) la difficoltà di conoscere il livello di protezione dal danno da O_3 garantito dai composti in esame per le diverse specie; (*3*) l'impossibilità di determinare correlazioni dose-risposta, in quanto si può operare con una sola concentrazione (quella ambiente), rispetto al controllo "esente" da O_3 (il materiale trattato con l'antiossidante).

1.4 Cenni di sintomatologia

Come è noto, i sintomi sono segnali di anormali condizioni di un organismo ("allontanamento dallo stato armonico"). Una pianta reagisce in molti modi agli *stress* indotti dalla presenza di uno o più inquinanti atmosferici. L'argomento è vasto, in considerazione della non indifferente varietà di risposte macroscopiche che ciascuna sostanza tossica può provocare sulle specie vegetali. Tipo e concentrazione dell'agente tossico, parametri ambientali e caratteristiche intrinseche dell'organismo (aspetti genetici e ontogenetici) sono i fattori che condizionano, caso per caso, la manifestazione macroscopica, così come – più in generale – influiscono sul comportamento (vedi 1.7).

È possibile distinguere in tre categorie fondamentali i principali sintomi indotti dagli inquinanti atmosferici: (*a*) variazioni di sviluppo; (*b*) clorosi; (*c*) necrosi. In condizioni naturali, essi possono essere tra loro variamente associati e/o succedersi nel tempo.

a. Variazioni di sviluppo

La risposta più frequente è una sua diminuzione o addirittura una soppressione (Fig. 31); eccezionali, nel settore considerato, sono i casi di ipertrofia e iperplasia. La riduzione di sviluppo, specie nelle piante legnose, può essere tipicamente asimmetrica, essendo il lato esposto direttamente alla sorgente di inquinanti il più compromesso (Fig. 32). Si tratta delle alterazioni forse più frequenti, ma non sempre di pronta e facile identificazione; il loro accertamento, in assenza di altre espressioni sintomatiche, richiede il confronto con piante cresciute in condizioni omogenee ma sottratte all'azione tossica.

Il processo alla base della regolazione dell'accrescimento è la fotosintesi, che – come è noto – determina la conversione dell'energia radiante (luminosa) in chimica, che viene conservata e liberata nel corso dei processi respiratori. Queste reazioni si svolgono nelle cellule del mesofillo, che sono quelle più esposte all'azione degli inquinanti aerodispersi, ed è naturale che il meccanismo fitotossico di questi preveda anche interazioni a tale livello. In particolare, la produzione di biomassa è funzione del prodotto tra intercettazione della radiazione solare ed efficienza della sua utilizzazione per unità di area. Una sostanza nociva può interferire con la cattura della radiazione attraverso: (*a*) riduzione dell'area fotosintetizzante (sottrazione di tessuto a causa di necrosi e/o accelerazione dei processi di senescenza e di filloptosi); (*b*) intercettazione fisica (azione schermante diretta, o attraverso l'induzione di necrosi fogliari, che implica un minore passaggio della luce nella struttura vegetale).

L'efficienza di utilizzazione unitaria della radiazione luminosa può essere alterata mediante:

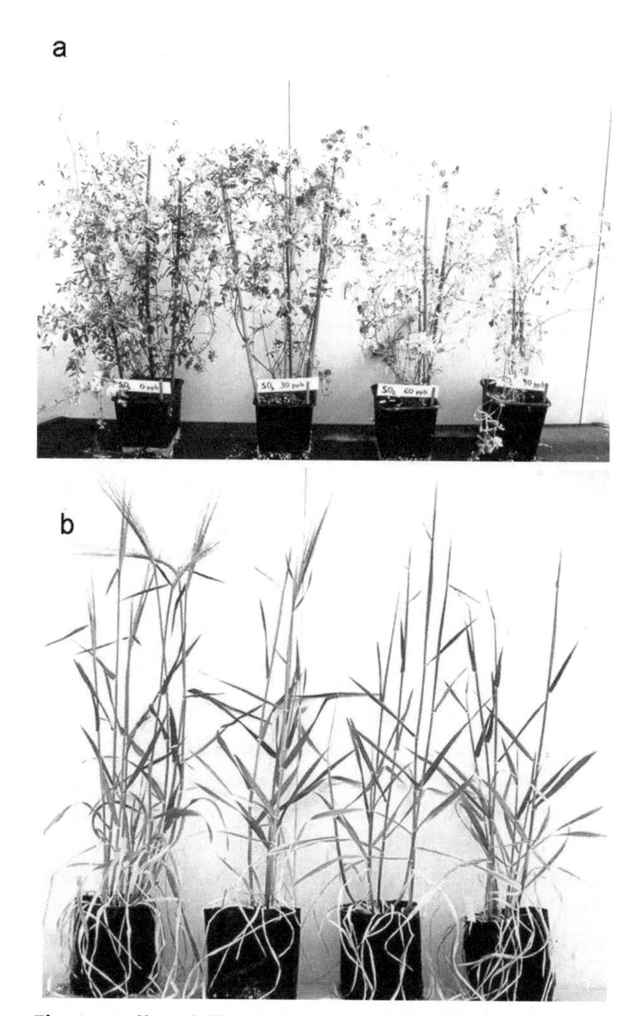

Fig. 31. Effetti dell'esposizione di lungo periodo all'anidride solforosa sulla crescita di specie erbacee. (**a**) Piante di erba medica cv. Manto dopo 60 giorni di trattamento (*da sinistra*: controllo in aria filtrata e tesi mantenute a 30, 60 e 90 ppb di SO_2). (**b**) Orzo cv. Panda dopo 90 giorni di esposizione (*da sinistra*: tesi di controllo allevata in aria filtrata e piante mantenute a 40, 80 e 120 ppb di SO_2). In entrambi i casi le notevoli riduzioni di biomassa e i ritardi di sviluppo nel materiale trattato si realizzano in assenza di sintomi visibili

Fig. 32. Localizzazione unilaterale degli effetti fitotossici degli inquinanti in relazione alla sorgente; il caso si riferisce alla defoliazione indotta dall'aerosol marino su una giovane pianta di ippocastano (*in alto*) e su un tiglio (*in basso*)

- depressione dell'*input* fotosintetico, a sua volta ascrivibile sia a variazioni del tasso (per esempio, diminuzione del contenuto e/o dell'efficienza della clorofilla e dell'assimilazione di CO_2, anomalie di struttura e/o funzionamento dei cloroplasti), sia all'induzione di un *deficit* idrico (come inibizione della chiusura stomatica, diminuzione di biomassa radicale);
- un incremento dell'*output* fotosintetico, attraverso un aumento del tasso respiratorio.

Le reazioni che costituiscono le varie tappe di questi processi fondamentali possono essere diversamente sensibili all'azione tossica; l'alterazione o la soppressione di uno o pochi di tali passaggi può essere sufficiente per comportare scompensi all'intero sistema biologico.

Un fenomeno ricorrente è lo squilibrio di sviluppo tra porzioni epigee e ipogee. Sono numerosi i casi per i quali viene dimostrata una maggiore risposta dell'apparato radicale rispetto al fusto e alle foglie: evidentemente, in condizioni di *stress* si vengono a realizzare interferenze nei meccanismi di trasferimento delle risorse prodotte nei processi fotosintetici. Quando un fattore ostile interviene in modo non uniforme sulle porzioni radicali e su quelle epigee, il dirottamento della distribuzione dei fotosintati a vantaggio delle regioni più soggette allo *stress* è normale, verosimilmente in relazione a fenomeni adattativi finalizzati a compensare con l'incremento di superficie attiva le riduzioni di attività fotosintetica per area unitaria. Alcune conseguenze possono essere rappresentate da un'alterazione del bilancio idrico complessivo e, specialmente nelle specie arboree, difficoltà nell'ancoraggio.

Nei casi in cui viene modificato il bilancio ormonico (come, per esempio, si verifica per l'etilene, vedi Capitolo 8, e l'acido 2,4-diclorofenossiacetico, vedi 11.5), la sindrome assume aspetti tipici: epinastia, modificazione nella geometria della lamina fogliare e defoliazione anticipata sono alcune tra le risposte più frequenti. Più in generale, la filloptosi risulta associata all'esposizione ad alte dosi di diversi inquinanti, dal momento che le sue basi fisiologiche risiedono nella formazione, all'interno degli organi colpiti, di etilene "da *stress*".

b. Clorosi

Con questo termine si definisce lo stato fogliare nel quale la pigmentazione passa dal caratteristico colore verde a varie tonalità di verde-giallastro o al giallo a seguito di disturbi a carico della clorofilla. In condizioni normali questa molecola è degradata in continuazione e contemporaneamente ne viene sintetizzata di nuova. L'azione degli inquinanti può rompere questi equilibri, così che la velocità di decomposizione risulta superiore a quella di sintesi e si viene, di conseguenza, a creare un *deficit*. Una limitata disponibilità di clorofilla può ridurre i processi fotosintetici e, quindi, la quantità di energia disponibile per la pianta. L'espressione e la distribuzione della clorosi possono variare considerevolmente. In particolare, sono interessate preferenzialmente aree ben delimitate (margini e apici, spazi tra le nervature) di foglie in varie condizioni (più o meno giovani). Inoltre, a seguito della scomparsa del pigmento possono evidenziarsi altre sostanze colorate già presenti, ma normalmente mascherate, così come possono formarsene altre *ex novo*. Di conseguenza, le foglie assumono diverse tonalità, per lo più rossastre o brunastre. Più precisamente, la sintesi di pigmenti anormali può avere almeno tre origini: (*1*) a seguito della distruzione dell'integrità delle membrane, i fenoli associati con i cloroplasti o con i vacuoli vengono esposti agli enzimi ossidativi, di norma localizzati in siti distinti e separati; (*2*) la loro ossidazione può anche essere provocata direttamente da certi inquinanti (o loro derivati), come nel caso dell'O_3; (*3*) si può ritenere che alcune pigmentazioni derivino da fenomeni di polimerizzazione di diversi composti (flavonoidi, per esempio).

c. Necrosi

La morte cellulare nel mesofillo porta al manifestarsi di aree di varia colorazione, dal bianco-avorio al bruno-nerastro, specialmente in relazione alle sostanze di degradazione (tannini, resine, ecc.) che si vengono a formare nei fenomeni degenerativi del citoplasma. Queste reazioni dipendono, tra l'altro, dal tipo di cellule colpite, dalla rapidità dei processi letali e da fattori ambientali e intrinseci all'individuo. Anche nel caso delle lesioni necrotiche, le dimensioni e la distribuzione dipendono dalle singole combinazioni pianta/inquinante (Fig. 33). Caratteristica è la loro presenza, o meno, su entrambe le lamine fogliari: ciò è in dipendenza della localizzazione cellulare del danno. Pertanto, sostanze che attaccano esclusivamente il tessuto a palizzata (è questo il caso dell'O_3, vedi Figura 101) produrranno sintomi di norma visibili soltanto a livello della superficie adassiale, a differenza di quelle che colpiscono indistintamente i tessuti a palizzata e lacunoso, così da provocare manifestazioni bifacciali. Elemento diagnostico sicuramente utile è l'eventuale presenza di un margine netto e di una cornice o alone di colore diverso, a separare i tessuti necrotizzati da quelli adiacenti.

Un effetto particolare, che deriva dalla morte delle cellule subepidermiche, è la "bronzatura" o "argentatura", causata per esempio dal PAN: lo strato di aria che si viene a creare in seguito alla separazione dell'epidermide dal mesofillo impartisce alla foglia (a una o a entrambe le pagine) un riflesso tipicamente metallico (vedi Figura 122); fenomeni del genere, comunque, non sono frequenti. Generalmente, la necrosi che si manifesta in conseguenza dell'esposizione a un inquinante deriva dalla plasmolisi e dal successivo collasso. Inizialmente si hanno alterazioni nel bilancio idrico e quindi variazioni strutturali. Il sintomo

Fig. 33. Rappresentazione schematica delle possibili localizzazioni delle lesioni fogliari indotte dagli inquinanti. *Da sinistra a destra* e *dall'alto in basso*: sintomi limitati al margine, concentrati nelle regioni internervali, circoscritti alle aree perinervali, uniformemente distribuiti sulla superficie (in questo caso delle sole porzioni distali)

incipiente è spesso costituito dalla comparsa di aree di aspetto "allessato", che in breve disseccano (Fig. 34).

Un cenno, infine, ai concetti di *convergenza* e *divergenza sintomatica*. È frequente che agenti diversi (biotici e non) provochino su una data pianta quadri clinici simili, se non praticamente identici; un esempio significativo è rappresentato dalla necrosi apicale degli aghi (*tip burn*) delle conifere (Fig. 35). Il fenomeno interessa anche gli inquinanti e rende difficile la diagnosi sulla base delle osservazioni degli effetti visibili condotte su una sola specie. Al contrario, si può verificare che un fattore di *stress* produca una gamma di sintomi alquanto differenti tra loro anche nell'ambito di un singolo individuo, come, per esempio, necrosi internervale su certe foglie e marginale su altre. Questo comportamento può derivare, tra l'altro, dallo stato fisiologico in cui si trovano i "bersagli" al momento dell'esposizione. Inoltre, certe sostanze provocano sindromi sensibilmente diverse su specie differenti.

Talvolta può essere necessaria la valutazione dell'intensità della necrosi fogliare, per lo più seguendo approcci sintetici basati sull'allestimento di scale patometriche che ripartiscono in classi definite i vari livelli di estensione del danno; la Figura 36 riporta un caso paradigmatico. Altri esempi sono descritti nel paragrafo 13.3.

Fig. 34. Foglia primaria di fagiolo cv. Pinto mostrante vistose allessature, sintomo precoce dell'esposizione acuta a ozono; in breve, i tessuti interessati collassano e necrotizzano

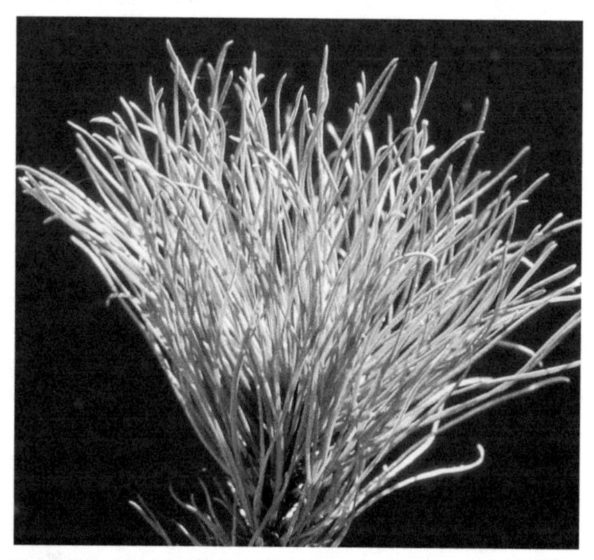

Fig. 35. Nelle conifere la necrosi apicale degli aghi è un sintomo aspecifico indotto da numerosi agenti di *stress*, biotici e non

Fig. 36. Tipica scala patometrica per la valutazione sintetica dell'intensità delle lesioni necrotiche causate dagli inquinanti. L'esempio è relativo agli effetti dell'anidride solforosa su foglie primarie (*sinistra*) e trifogliate (*destra*) di erba medica. Classe 1: superficie necrotica <10% del totale; classe 2: 11-25% di superficie necrotica; classe 3: 26-50% di superficie necrotica; classe 4: superficie necrotica >50%

1.5 Meccanismi di fitotossicità

L'effetto nocivo è il risultato finale di una successione di eventi che possono essere distinti in tre fasi: (*1*) esposizione; (*2*) assorbimento, distribuzione e metabolismo (*tossicocinetica*); (*3*) interazione con il bersaglio (*tossicodinamica*).

1. Fase di esposizione
Generalmente, gli inquinanti aerodispersi agiscono all'interno delle foglie (o, eccezionalmente, degli altri organi). Si sottraggono a tale comportamento soltanto gli effetti indiretti che si realizzano anche a distanza dalla pianta (per esempio, "schermanti" della luce operati da sostanze in forma particellata), i depositi di polveri inerti che esplicano azione tossica senza penetrare e i gas che, se in concentrazioni molto elevate, possono essere caustici per le cuticole e le epidermidi.

La deposizione in fase secca porta all'interazione fisica tra i gas e le superfici. Il processo inizia con il trasporto turbolento e/o la sedimentazione sino allo strato che circonda la struttura, il quale viene penetrato per convezione, diffusione o processi inerziali sino alla cattura chimica o fisica della sostanza. Molti fattori controllano i fenomeni in oggetto. È possibile individuare una "velocità di deposizione" (V_d), analoga a quella di caduta gravitazionale, che consente di stimare i flussi (F), una volta nota la concentrazione atmosferica, semplicemente come il loro prodotto ($V_d \cdot C$). Valori di V_d per l'O_3 sono dell'ordine di 0,2-0,8 cm s^{-1}; per SO_2 oscillano nel *range* di 0,1-4,5 cm s^{-1} e per HF tra 0,2 e 0,8 cm s^{-1}.

La cuticola è una struttura non cellulare, che ricopre l'epidermide di foglie, fusto e frutti delle piante superiori, composta principalmente da cutina, nella cui matrice si possono trovare diversi tipi e quantità di cere, acidi grassi, alcooli e zuccheri. Le cere epicuticolari sono estruse attraverso la cuticola in sviluppo secondo architetture tipiche della specie, in relazione anche alle condizioni ambientali. Si tratta di uno strato non impermeabile, dal momento che molte sostanze possono entrare (o uscire) attraversandola. I gas subiscono anche modificazioni durante tale passaggio (l'O_3 viene decomposto, per esempio). La velocità, di norma, è bassa perché la resistenza alla diffusione è considerevole. Lo spessore (variabile da 0,5 a 15 μm), i depositi cerosi e altri fattori, come l'età della foglia, condizionano la permeabilità a ioni organici e inorganici e a molecole indissociate. La presenza di eventuali soluzioni di continuità facilita la penetrazione di sostanze. Sono accertati fenomeni di iperproduzione di cere in risposta agli inquinanti.

Le aperture stomatiche, che rappresentano circa il 2% della superficie fogliare, costituiscono quindi le principali vie di scambio gassoso tra foglia e atmosfera. Il rapporto tra i bilanci di massa relativi ai passaggi stomatici e transcuticolari oscilla tra 125 (NO_2) e 10.000 (O_3); per SO_2 è 600. Contaminanti solidi (particellati), depositati sulle superfici, devono dissolvere la cuticola o, più facilmente, entrare in soluzione/sospensione e penetrare attraverso gli stomi aperti.

Nel descrivere gli scambi tra piante e atmosfera è opportuno considerare come il flusso di un gas sia funzione della differenza tra la sua concentrazione all'esterno e all'interno della foglia e sia limitato da una resistenza (che, come è noto, è il reciproco della conduttanza). Pertanto, in accordo con la legge di Fick:

$$\text{flusso} = \frac{\text{differenza di concentrazione}}{\text{resistenza}}$$

Il primo nodo da sciogliere riguarda la quantità effettiva del gas all'interno della foglia, elemento fondamentale per la caratterizzazione del numeratore della frazione. Esistono evidenze a indicare che per l'O_3 tale valore può essere assunto come zero.

In realtà, per indicare i fattori che governano il movimento di un gas (compreso il vapor d'acqua e la CO_2) si deve più propriamente parlare di una successione di resistenze al flusso (poste tra loro in serie, salvo quella cuticolare – peraltro di scarsa importanza – che è in parallelo a quella stomatica) per cui quella totale risulta dalla somma di tutte quelle che il gas incontra nel suo percorso, dall'esterno della pianta all'interno delle cellule. Si noti che, in questo caso, al termine "resistenza" viene attribuito il significato fisico, sebbene a esso possano corrispondere altrettanti aspetti di risposta (questa volta su base biologica).

Le componenti che regolano il passaggio sono: le condizioni di turbolenza nello strato di aria adiacente alla superficie (resistenza aerodinamica, r_a), le caratteristiche degli stomi (stomatica, r_s), quelle della cuticola (cuticolare, r_c) e della superficie all'interno del mesofillo (interna, r_i) (Fig. 37).

Intorno alla foglia si forma un sottile spessore (variabile tra 1 e 10 mm circa), detto "strato limite", caratterizzato da un rallentato flusso dell'aria in quanto la diffusione dei gas è di tipo molecolare (essi si muovono a strati paralleli alla superficie, con velocità crescente a maggior distanza da essa) e non turbolento, come invece si verifica nell'atmosfera libera. La velocità dell'aria a livello della pianta è inversamente proporzionale allo spessore di questo strato e, pertanto, influisce sul ritmo di assorbimento dell'inquinante. La foglia può esercitare un certo controllo su di essa e i fattori coinvolti sono: forma, orientamento, dimensioni ed eventuali scabrosità (pubescenza, rilevanza delle nervature). Le caratteristiche fisiche del gas (viscosità, diffusività) sono altri elementi che incidono sul suo comportamento. Lo spessore dello "strato limite" non è uniforme, dal momento che risulta maggiore in corrispondenza della nervatura centrale e diminuisce progressivamente verso i margini; inoltre, esso è minore nelle regioni poste nella direzione da cui soffia il vento. Purtroppo, le ricerche hanno sinora praticamente ignorato il ruolo della morfologia fogliare e del conseguente spessore dello "strato limite" come fattori determinanti la risposta di una pianta. È stato, comunque, accertato che individui allevati in ambiente inquinato possono presentare maggiore frequenza e lunghezza dei tricomi rispetto ad altri viventi in aree non contaminate.

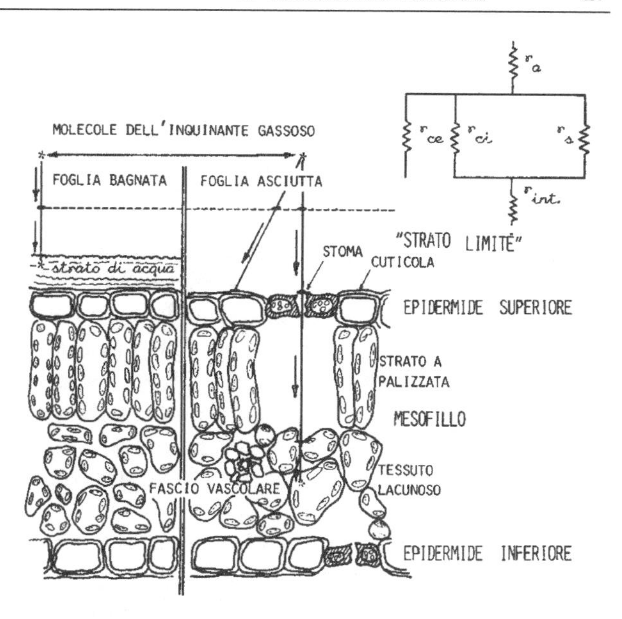

Fig. 37. Possibili interazioni tra le molecole di un inquinante gassoso e le foglie, in relazione alle condizioni di bagnatura della superficie; r_a indica la resistenza aerodinamica alla diffusione, r_{ce} quella cuticolare esterna, r_{ci} quella cuticolare, $r_{int.}$ quella interna

L'importanza degli stomi (numero, dimensioni, distribuzione) è ovvia; il loro ruolo nel regolare l'ingresso degli inquinanti è noto da un secolo, da quando cioè si iniziò a mettere in relazione la ridotta suscettibilità delle piante alla SO_2 con la chiusura stomatica notturna. Non vi è, comunque, correlazione semplice tra dimensioni delle aperture e permeabilità delle foglie. In particolare, il valore di r_s varia inversamente, ma non linearmente, con il raggio del poro. Ne consegue che cambiamenti nella funzionalità non portano a corrispondenti differenze nell'assorbimento del gas. Con gli strumenti idonei (per esempio, sistemi aperti per la misura del vapor d'acqua e della CO_2) si riesce a determinare sperimentalmente la conduttanza, che viene convertita in base al rapporto di diffusività binaria rispetto al gas in oggetto.

La conduttanza relativa rispetto al vapor d'acqua – a parità di fattori ambientali – è determinata dal proprio coefficiente di diffusione, il quale, a sua volta, è funzione del peso molecolare. Quando quest'ultimo è basso, i gas (per esempio, HF, P.M. = 20) hanno coefficiente di diffusione e conduttanza simile al vapor d'acqua (P.M. = 18); gas più pesanti, come O_3 (P.M. = 48) e SO_2 (P.M. = 64) hanno conduttanza inferiore.

Meno importante è la cuticola, in considerazione che la limitata penetrazione attraverso questa via contribuisce in misura modesta alla concentrazione interna degli inquinanti. Più dettagliatamente, r_c è costituita da due componenti. Infatti, le sostanze aerodisperse possono diffondere in fase gassosa (e vi è un coefficiente specifico per ogni combinazione gas/foglia) (r_c interna, r_{ci}), oppure reagire con i costituenti della cuticola o, più facilmente, con una sottile pellicola d'acqua eventualmente presente sulla superficie; anche questa "cattura superficiale" costituisce una forma di resistenza al flusso (r_c esterna, r_{ce}). Diversi gas sono adsorbiti sulla superficie fogliare in frazioni dell'ordine del 30-80%.

I gas incontrano un'atmosfera satura di acqua negli spazi intercellulari e una soluzione acquosa che bagna le pareti cellulari dei tessuti interni; la solubilità gioca, quindi, un ruolo importante nel determinare l'assorbimento. Quelli che reagiscono con acqua formando acidi (SO_2, fluoruri, ecc.) sono rapidamente assorbiti e risultano assai fitotossici, al contrario dei meno solubili (NO, per esempio). La norma, comunque, è che gli inquinanti, una volta penetrati, si vengano a trovare in mezzo acquoso; in relazione alla grande reattività che caratterizza la maggior parte di queste sostanze, possono essere ipotizzate diverse reazioni, così che il composto in una nuova forma (idratata) o uno dei prodotti derivati finisce con l'essere l'agente nocivo che interessa i sistemi biologici.

2. Tossicocinetica

Gli effetti dannosi si possono realizzare per la messa in atto di almeno uno dei seguenti meccanismi: acidificazione o alcalinizzazione del mezzo; azione riducente o ossidante; sintesi di composti letali; attività ormonica; tossicità nei confronti di enzimi o di strutture molecolari essenziali; induzione di *stress* osmotici; aggressione alle membrane. Un principio tossico può interferire con il metabolismo di una molecola biologica in tre possibili modi: (*1*) attacco diretto (come l'ossidazione); (*2*) induzione di sistemi enzimatici degradativi; (*3*) rallentamento della sua sintesi.

In linea generale, rispetto ai due aspetti principali di un processo biologico (la funzione e il controllo), gli inquinanti sono responsabili soprattutto di inibizione del primo. Rari, infatti, sono i casi in cui gli effetti sono identificabili con la perdita di controllo di un'attività metabolica, specialmente di quelle sotto governo ormonale. L'esempio più importante è l'abscissione delle foglie. Queste considerazioni non sono naturalmente applicabili per quelle sostanze (etilene; *2,4-D*) che agiscono proprio in virtù delle loro proprietà ormoniche ("fitoeffettori").

Le conseguenze dell'azione degli inquinanti, specie nel caso di dosi subnecrotiche, possono essere di due ordini: (*a*) dirottamento delle attività verso andamenti patologici, attraverso accumulo o consumo di specifiche sostanze o gruppi di esse; (*b*) modificazione quantitativa del livello generale metabolico per ottenere una più rapida neutralizzazione. Questa seconda possibilità – che può portare anche a fenomeni di tolleranza – richiede l'intervento di meccanismi capaci di coordinare le operazioni di differenti gradi di organizzazione biologica.

La maggior parte dei contaminanti può interferire con attività enzimatiche. Ciò in conseguenza o di variazioni del pH del mezzo o di inibizione vera e propria. Il primo caso può comportare sia modificazioni nello stato di ionizzazione della proteina (e, eventualmente, anche del gruppo attivo) sia dissociazione del substrato, le cui forme ioniche possono avere diversa affinità per l'enzima. Come è noto, l'inibizione enzimatica può essere di natura competitiva (quando è legata ad analogie strutturali tra substrato e inibitore) e non competitiva (basata, per esempio, su reazioni di complessamento dei metalli). Tali fenomeni riducono la velocità o addirittura impediscono una reazione; da ciò possono dipendere alterazioni nei cicli e nei percorsi metabolici in cui i catalizzatori sono coinvolti. Come risultato, si possono avere l'esaurimento di un prodotto o l'accumulo di precursori e intermedi.

3. Tossicodinamica

Processi di omeostasi e di riparazione si possono contrapporre all'azione tossica, secondo equilibri variabili, in funzione di numerosi parametri. Purtroppo, però, neppure per le sostanze più conosciute si è in grado di descrivere nel dettaglio i meccanismi patogenetici a livello molecolare. Innanzitutto, è arduo seguire i movimenti dei gas all'interno della pianta in considerazione che: (*a*) molti di questi (O_3, NO_2, SO_2, ecc.) sono instabili o facilmente idratabili, così che i composti originali non sono più identificabili e manca la possibilità di verificare gli effettivi gradienti di concentrazione all'interno della pianta; (*b*) per molti inquinanti (esclusa la SO_2) le indagini con radioisotopi sono impossibili o, comunque, assai difficoltose (per esempio, ^{18}F ha una vita media di soli 112 minuti!).

Nelle indagini sugli effetti fisiologici si rende spesso necessario operare *in vitro* su singole cellule od organuli isolati (come i cloroplasti). In queste condizioni è difficile dosare gli inquinanti allo stato gassoso e, inoltre, si ha ragione di ritenere che in situazioni normali essi non raggiungano questi "bersagli" in tale fase. Occorre, pertanto, utilizzare, nei casi possibili, soluzioni che contengano le sostanze che costituiscono i prodotti di reazione della molecola allo stato liquido. Per esempio, per SO_2 si impiegano composti dello zolfo parzialmente ossidati come bisolfito, solfito, metabisolfito o SO_2 disciolta.

Il tipo di meccanismo che si esplica caso per caso dipende innanzitutto dalle caratteristiche del contaminante (in particolare, le sue proprietà chimiche e la concentrazione), nonché dal tipo di pianta esaminata. Non deve sorprendere che una molecola possa agire in maniera diversa al variare dei parametri coinvolti nel processo tossico, come evidenziato dalla constatazione che la suscettibilità delle specie può cambiare al mutare di alcuni di questi fattori.

1.6 Effetti degli inquinanti sulle piante

Varie sono le possibili classificazioni degli effetti subìti dalle piante a opera degli inquinanti atmosferici (Fig. 38). Innanzitutto, essi si possono distinguere in *diretti* e *indiretti*. I primi sono quelli che derivano dall'azione delle sostanze estranee sul recettore. I modi e le forme di queste interazioni variano

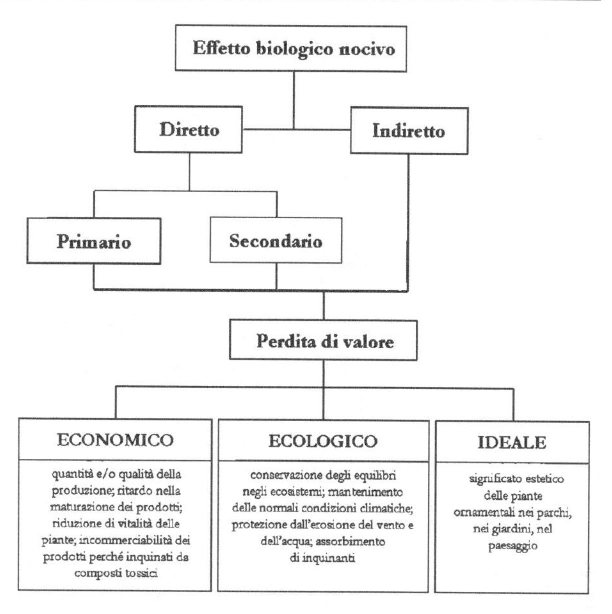

Fig. 38. Effetti degli inquinanti atmosferici sull'utilizzazione programmata delle piante e/o dei loro derivati

in funzione sia della specie vegetale, sia dell'agente tossico, sia dell'ambiente. A loro volta, essi possono essere distinti in *primari* e *secondari*, a seconda che siano associati, o meno, a un'azione sulla pianta, o che siano conseguenza di un'interazione mediata da questa, che viene a essere in qualche modo menomata dalla presenza dei contaminanti. Classici esempi di effetti secondari sono costituiti dalla diminuzione della resistenza a fattori avversi, biotici o abiotici. Per quanto si riferisce agli *stress* non parassitari, si ricordano le riduzioni di resistenza al freddo, così come quelli legati a una ridotta attitudine delle radici (il cui sviluppo è depresso in ambiente contaminato) ad approvvigionare di acqua le porzioni epigee e a una maggiore vulnerabilità degli alberi allo sradicamento. Un caso descritto di recente merita attenzione: poiché nella vegetazione esposta all'O_3 aumenta il livello di enzimi antiossidanti (perossidasi, vedi il sottoparagrafo 4.2.3), è possibile che le infestanti divengano meno suscettibili ad applicazioni di erbicidi il cui meccanismo di azione sia basato sull'attività ossidante. Un caso segnalato è l'interazione antagonistica tra questo gas e il *metil-meta-idrossicarbonilato*, largamente usato per la barbabietola da zucchero.

I danni diretti primari possono essere distinti in *acuti*, *cronici* ed *effetti invisibili* (o *fisiologi-*

ci). Un esempio, riferito alla SO_2 è riportato in Figura 39.

Di più difficile valutazione sono le conseguenze indirette, anche perché vengono spesso a realizzarsi a distanza dalla pianta e, comunque, non la coinvolgono. In questo ambito rientrano le riduzioni di trasparenza dell'atmosfera, i disturbi a livello della microflora e della microfauna, la modificazione della reazione del terreno, l'azione nociva nei confronti degli insetti pronubi, la ridotta efficacia di taluni trattamenti antiparassitari in presenza di certi inquinanti. Quest'ultimo caso è relativo agli anticrittogamici rameici che, in presenza di idrogeno solforato (H_2S), subiscono la conversione a solfuro di rame, insolubile e inattivo sotto il profilo fitoiatrico, oppure alle precipitazioni acide, che favoriscono il dilavamento di diversi fitofarmaci. Agenti chimici che inducono senescenza fogliare precoce nelle specie forestali comportano un aumento del rischio di incendi (legato alla maggiore presenza di materiale infiammabile).

Occorre distinguere tra due parametri non sempre tra di loro correlati: *danno* e *perdita di valore*. Con il primo termine (in inglese *injury*) si intende qualsiasi risposta, identificabile e misurabile in termini fisiologici, metabolici e produttivi; di norma, si tratta di variazioni morfologiche che portano a conseguenze funzionali. Con il secondo (*damage*) si identifica, invece, ogni effetto avverso all'utilizzazione programmata della pianta (o dei suoi derivati), valutata nei suoi possibili aspetti economici, ecologici ed estetici (vedi Figura 38). Le lesioni necrotiche sulle foglie costituiscono un danno sotto il profilo biologico, ma il giudizio sulla conseguente perdita economica dipende dalla misura in cui la produzione di biomassa (in termini quali-quantitativi) e/o l'utilizzazione della pianta sono eventualmente ridotte. Una sostanza che danneggi le porzioni epigee di una coltura da foglia (spinacio, insalata) od ornamentale, anche se non influisce significativamente sulla quantità di prodotto può rendere l'aspetto tale che la produzione non sia commerciabile. In questi casi assume maggiore importanza l'apparenza esteriore delle piante che non la loro fisiologia. Viceversa, un inquinante che provochi danni anche severi alle foglie verso la fine del ciclo di una coltura di cui si utilizza la parte ipogea (barbabietola, patata) oppure destinata a

EFFETTI ACUTI	EFFETTI CRONICI	EFFETTI INVISIBILI
Causati da alte concentrazioni durante esposizioni brevi (meno di 24 ore)	Causati da concentrazioni variabili, generalmente per lunghi periodi	Causati da concentrazioni basse per periodi variabili
Lesioni necrotiche fogliari	Clorosi fogliari, talvolta progredenti a necrosi	Nessun sintomo macroscopico
Le lesioni compaiono entro ore o giorni dall'esposizione	La sintomatologia fogliare si manifesta lentamente	Può essere possibile misurare effetti sui processi fisiologici, sulla composizione chimica, sulla germinazione del polline e sulla durata del ciclo
Possono causare riduzioni di sviluppo e perdite di prodotto	Possono causare riduzioni di sviluppo e perdite di prodotto	Possono causare riduzioni di sviluppo e perdite di prodotto

Fig. 39. Caratteristiche differenziali tra i tre tipi di effetti provocati sulle piante dagli inquinanti atmosferici; l'esempio è riferito all'anidride solforosa

trasformazioni industriali (legname, fibre, olio) può anche non provocare perdita economica. Questa doppia possibilità può realizzarsi anche in una singola specie. Si pensi alle essenze forestali utilizzabili anche come ornamentali: modeste e occasionali lesioni necrotiche sulle lamine fogliari compromettono l'aspetto estetico, ma non necessariamente riducono in misura significativa la massa legnosa.

Un inquinante che tenda ad accumularsi nei tessuti vegetali (come i composti del fluoro nei foraggi), anche in assenza di alterazioni macroscopiche dell'ospite (mancanza di danno), può provocare perdita economica in quanto rende inappetibile il foraggio e, addirittura, può causare disturbi agli animali che se ne alimentano (vedi Capitolo 15).

1.6.1 Danni acuti

Questi effetti sono provocati dall'esposizione a concentrazioni relativamente elevate di sostanze fitotossiche anche per limitati periodi di tempo (dell'ordine di ore, o meno). Essi sono, di norma, localizzati nel tempo e nello spazio e sono spettacolari per la rapidità di comparsa (in genere, entro 24 ore) e l'intensità; si può avere anche la morte della pianta. In questi casi, il nesso di causalità è forte e il lavoro diagnostico è agevolato. Il danno acuto più comune è costituito dalla morte (= necrosi) di aree fogliari. Le caratteristiche cromatiche delle lesioni sono alquanto tipiche del binomio "specie/inquinante" (vale a dire costantemente associate all'azione tossica) e, insieme al loro andamento (nella pianta e nella foglia), costituiscono utili elementi. Si consideri, comunque, che questi sintomi non sempre sono specifici.

Quando un gas tossico penetra nella foglia, di solito colpisce soltanto alcune cellule. Le risposte delle piante possono essere spiegate – almeno in parte – in base al tipo di tessuto danneggiato. Quattro sono i possibili fattori che determinano se alcune regioni, e non altre, sono lesionate: (*a*) modalità di accesso; (*b*) suscettibilità specifica, basata su aspetti morfologici o biochimici; (*c*) reattività chimica; (*d*) capacità autoriparative.

Talvolta le necrosi sono accompagnate da vari livelli di clorosi; questa può venire a costituire una zona di transizione (sotto forma di alone) tra i tessuti morti e quelli sani, oppure può interessare altre porzioni. Il fenomeno si manifesta nelle aree soggette a dosi non letali di inquinante (o di suoi derivati). La rapida caduta delle foglie segue spesso la comparsa di gravi danni acuti, ma può verificarsi direttamente anche in assenza di questi. Esposizioni ad alte concentrazioni di NO_2, Cl_2, HCl o altri gas (eventi, peraltro, rarissimi in condizioni naturali) possono essere causa di estese defoliazioni nel volgere di poche ore, senza manifestazione alcuna di necrosi o clorosi. Livelli inferiori provocano il graduale sviluppo della tipica senescenza, cui segue la prematura filloptosi.

Si realizzano, infine, effetti *subacuti* quando le piante sono soggette occasionalmente a dosi di inquinanti elevate, ma non sufficienti a provocare quelli acuti.

1.6.2 Danni cronici

Essi si verificano quando la vegetazione è esposta – in maniera spesso non continuativa, ma comunque prolungata – a concentrazioni di sostanze nocive piuttosto basse, ma la cui persistenza è tale da indurre alterazioni, più o meno tipiche. Il sintomo più comune è la clorosi fogliare, eventualmente accompagnata da filloptosi. Talvolta, come nel caso dei fluoruri, l'effetto può essere molto grave e manifestarsi anche con la comparsa di necrosi marginali.

Le piante possono subire riduzioni di sviluppo valutabili per mezzo di numerosi parametri: altezza; area fogliare; numero, dimensioni e qualità dei frutti; diminuite qualità fisico-meccaniche del legno e delle fibre; sviluppo radicale; ecc. Le funzioni riproduttive subiscono rallentamenti e possono essere addirittura compromesse: Tenetron riferisce che gli alberi di *Paulownia* nel centro di Parigi sono fioriti soltanto nel corso della Seconda Guerra Mondiale, quando il traffico veicolare era ridotto al minimo.

I danni cronici non sono di norma caratteristici per le singole sostanze, e molti fattori (squilibri idrici e termici, stati carenziali, attacchi parassitari, ecc.) possono provocare quadri del tutto simili a quelli causati da certi inquinanti. Pertanto, ai fini diagnostici questi effetti (a eccezione di quelli indotti dai fluoruri) sono utili soltanto se abbinati a quelli acuti.

Attualmente, si tende a ritenere che questa tipologia – di difficile valutazione e identificazione

– sia quella che, a livello globale, rappresenta maggiormente un pericolo per il mondo vegetale, insieme a quello di seguito descritto.

1.6.3 Effetti fisiologici ("danni invisibili")

Per completare il quadro dell'impatto degli inquinanti sulle piante si devono includere anche i cosiddetti "effetti fisiologici", che vanno anche sotto il nome di "danni invisibili", considerati come l'insieme delle alterazioni biochimiche e/o fisiologiche che portano a una significativa riduzione della produttività (in termini quali-quantitativi) in assenza di effetti manifesti. Si tratta di un tema dibattuto da tempo, da quando Sorauer e Ramann, alla fine del XIX secolo, ipotizzarono questi fenomeni subliminali.

Solo dopo gli anni '50 si sono avute conferme sperimentali di questo postulato, elaborato su basi logiche. Ciò è stato possibile indagando con tecniche sofisticate le risposte di piante sottoposte a lunghe esposizioni a dosi molto basse di inquinanti, in comparazione con altre omogenee di "controllo", mantenute in aria filtrata. Anche se gli effetti in questione sono stati a lungo difficili da documentare e quantificare, ormai non vi è dubbio che, anche in assenza di sintomi, gas tossici come O_3, SO_2, HCl, HF possono causare riduzioni di sviluppo e di produttività e altri fenomeni deleteri come, per esempio, induzione di senescenza precoce, interferenze nei ritmi fotosintetici, respiratori e traspiratori e in diverse attività enzimatiche. Si consideri che la chiave di interpretazione di questo concetto è rappresentata dalla "visibilità" del sintomo, in un settore in cui la conseguenza più comune di un'azione "sottile" degli inquinanti è la clorosi più o meno evidente sulle foglie. La soggettività della definizione di "apparenza sana" di una pianta è, poi, notevole.

Sulla base delle complesse implicazioni che possono derivare dall'azione degli inquinanti, una definizione di "danno invisibile" potrebbe comprendere: (*1*) diminuita produttività, conseguente specialmente a disturbi a carico della fotosintesi; (*2*) riduzione del potenziale riproduttivo (Fig. 40); (*3*) induzione di senescenza precoce (o di ritardi vegetativi); (*4*) presenza degli inquinanti o dei loro derivati all'interno della pianta; (*5*) effetti sulla qualità dei prodotti.

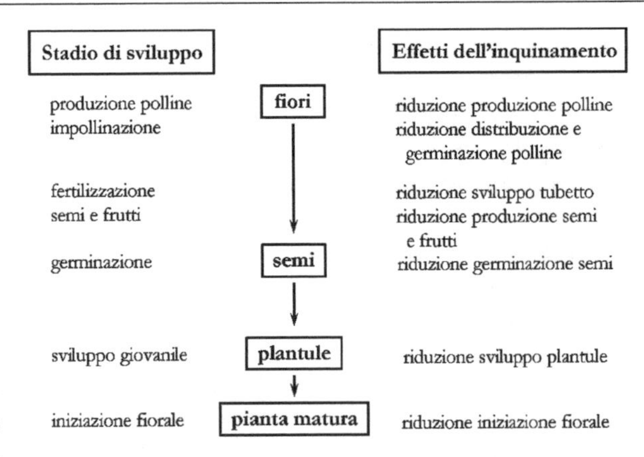

Fig. 40. Possibili effetti dell'inquinamento sui processi di riproduzione delle piante. (Rielaborato da Smith, 1981)

La *performance* fotosintetica rappresenta il risultato integrato di numerosi altri processi, comprendenti la nutrizione minerale, lo stato idrico, ma anche attacchi parassitari e fisiopatie. È per questo che il *trend* corrente è quello di includere misurazioni diverse in modelli di risposta anche compositi per diagnosi precoci. E non solo: metodi di determinazione rapidi e non invasivi, che possano verificare in maniera tempestiva la presenza di danno, risultano di grande valore applicativo.

L'analisi degli scambi gassosi e della conduttanza stomatica (Fig. 41, *a sinistra*) come indicatori precoci di *stress* nelle piante assolve parzialmente a questo compito, in quanto la relazione tra le due funzioni è sotto controllo biologico ed è correlata alla produttività; entrambe cambiano velocemente in presenza di fattori nocivi e possono essere misurate con tecniche rapide e non distruttive. Recentemente, si è diffuso – sia in laboratorio sia in campo – l'impiego della tecnica basata sull'analisi della fluorescenza della clorofilla *a*; addirittura, è possibile affermare che oggi nessuno studio sulla fotosintesi è da considerarsi completo senza questo tipo di valutazione. Si pensi che dalla comparsa dei primi articoli negli anni '70 siamo giunti alla pubblicazione di una media annua superiore a 400 lavori (sulle più diffuse riviste internazionali) sull'argomento dopo il 2000, dei quali circa l'80% riguarda gli *stress* abiotici! Il merito è, in parte, dovuto all'introduzione dei fluorimetri portatili (Fig. 41, *a destra*), dotati di sistemi di misurazione a luce modulata, che consentono di operare in modo relativa-

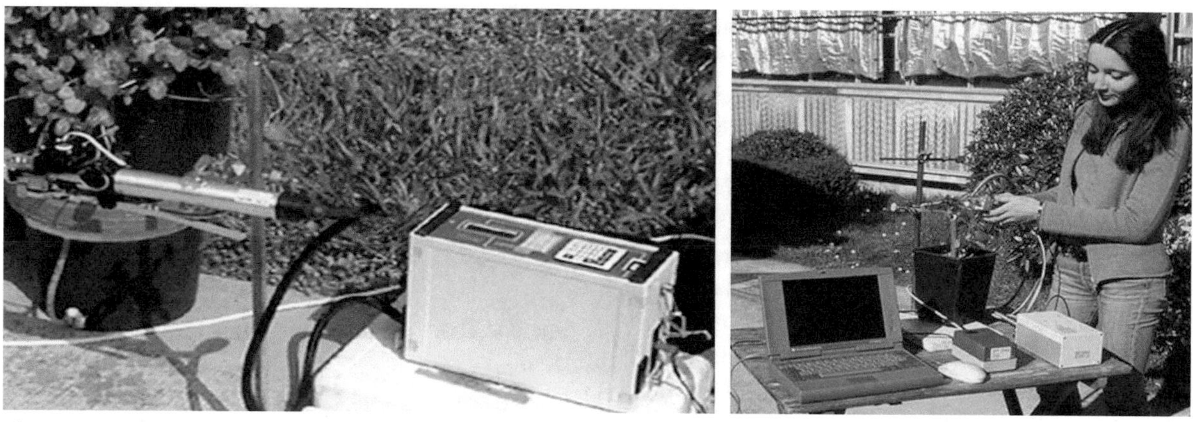

Fig. 41. Moderne apparecchiature per la misura degli scambi gassosi fotosintetici (*a sinistra*) e della fluorescenza della clorofilla *a* (*a destra*)

mente semplice. Poiché la tecnica non è invasiva, la stessa foglia può essere misurata in continuità o a intervalli di tempo, andando a rilevare modificazioni nella capacità fotosintetica anche durante specifici eventi, come episodi di inquinamento.

La fotosintesi comprende reazioni in cinque livelli funzionali: (*1*) processi nei pigmenti; (*2*) reazioni primarie della luce, (*3*) del trasporto elettronico tilacoidale e (*4*) della fase enzimatica oscura nello stroma; (*5*) azioni *feedback* di lenta regolazione. I parametri legati alla fluorescenza della clorofilla *a* possono essere utilmente impiegati come indicatori in tutti questi casi.

La cinetica di induzione della fluorescenza definita dalla curva di Kautsky è riportata in Figura 42. Quando una foglia viene adattata al buio per un periodo sufficiente a ossidare il *pool* di accettori primari del fotosistema (PS) II (comunemente, ci si esprime in termini di "centri di reazione aperti") e poi viene illuminata con una luce di bassa intensità (in modo da non fornire l'energia necessaria per attivare la catena di trasporto elettronico), si ha l'emissione della fluorescenza minima (F_0), che indica lo stato d'integrità del sistema antenna associato al PSII (ovvero la sua capacità di catturare l'energia luminosa e di trasmetterla ai centri di reazione). Sottoponendola, di seguito, a un *flash* di luce saturante (5.000-20.000 $\mu mol\ m^{-2}\ s^{-1}$), si verifica la chiusura completa dei centri di reazione, cui segue l'emissione della fluorescenza massima (F_m), che riflette l'esaurimento del *pool* di accettori primari del PSII. La differenza tra F_m e F_0 è detta fluorescenza variabile (F_v). La foglia viene, quindi, illuminata con luce attinica, che attiva il processo fotosintetico: l'imposizione di una serie di impulsi saturanti porta il valore massimo di fluorescenza a F_m' (minore di F_m), mentre il nuovo valore di quella minima è F_0' (maggiore di F_0). Dopo 2-20 minuti di illuminazione, la fotosintesi raggiunge lo stadio stazionario e la fluorescenza assume un livello costante (F_t).

Una volta ricavati i principali parametri di fluorescenza, è possibile calcolare alcuni importanti indici diagnostici: F_v/F_m (che in una pianta sana è

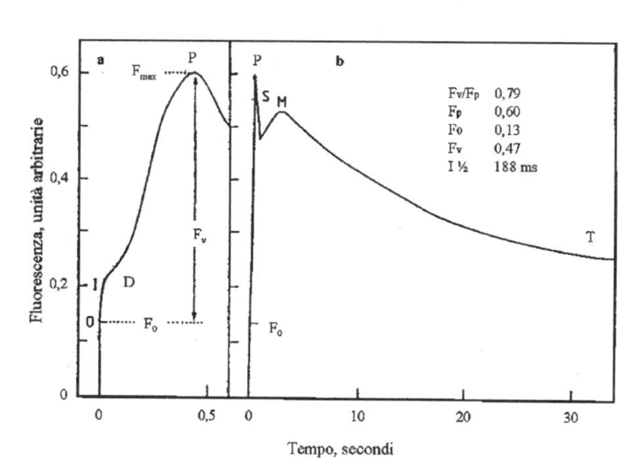

Fig. 42. Rappresentazione grafica della cinetica di induzione della fluorescenza definita dalla c.d. "curva di Kautsky". (**a**) Cinetica veloce. (**b**) Cinetica lenta, o rilassamento. Sono evidenziati i livelli OIDPSMT

compreso tra 0,800 e 0,833) è proporzionale alla resa quantica ottimale del PSII e rappresenta l'efficienza massima con cui i centri di reazione aperti sono in grado di catturare l'energia luminosa assorbita dal sistema antenna; ΔF/Fm' (= Φ_{PSII}) è la resa quantica effettiva del PSII (è da sottolineare che mentre questo rapporto diminuisce in seguito a limitazioni nel processo di Calvin, quello tra F_v e F_m può anche rimanere invariato); il *quenching* della fluorescenza è dovuto a due componenti, quella fotochimica (q_P) – ovvero l'estinzione dovuta all'attività fotochimica del PSII – e la non fotochimica (q_{NP}), che indica la frazione di quei processi di dissipazione (il calore, per esempio), che non culminano in alcuna conversione e/o fissazione fotochimica dell'energia.

Gli indicatori suddetti sono altamente sensibili all'alterazione della fotosintesi dovuta a *stress* ambientali – quali le basse temperature, la carenza idrica e gli inquinanti atmosferici – che determinano conseguenze negative principalmente a carico delle reazioni enzimatiche coinvolte nel ciclo di Calvin. A titolo esemplificativo, si riportano in Tabella 5 i risultati relativi alla valutazione delle risposte fisiologiche (attraverso l'analisi dei parametri degli scambi gassosi e della fluorescenza della clorofilla *a*) di piante di zucchino esposte all'O_3. L'attività fotosintetica diminuisce nel materiale trattato per effetto di parziale chiusura stomatica e di alterazione a livello del mesofillo. Infatti, nonostante l'impossibilità per la CO_2 di penetrare all'interno della foglia, la sua concentrazione interna non si riduce: è possibile ipotizzare una reazione a *feedback* innescata dall'accumulo di CO_2 nella camera sottostomatica, piuttosto che un meccanismo di esclusione dell'inquinante.

I dati relativi alla cinetica veloce della curva di Kautsky indicano una diminuzione del parametro F_v/F_m: ciò è frequentemente associato alla fotoinibizione, che si verifica quando dai centri di reazione viene assorbita più luce di quanta possa essere utilizzata o dissipata. In altre parole, se le piante sono sottoposte a un agente tossico che interferisce con l'assimilazione di CO_2, i prodotti del trasporto elettronico (ATP e NADPH) non potranno essere consumati, andando a inibire il trasferimento stesso. Così, i centri di reazione ricevono dalle antenne energia luminosa in eccesso, parte della quale viene dissipata in calore, con conseguente aumento del q_{NP}, prevenendo danni all'apparato fotosintetico. La diminuzione del q_P indica che il trattamento induce un blocco a livello degli accettori primari del PSII che, pertanto, non sono in grado di condurre il trasporto elettronico. La riduzione della resa quantica effettiva del PSII, in seguito alla fumigazione, denota una minor efficienza della *performance* fotosintetica, dovuta verosimilmente ad alterazioni al livello del ciclo di Calvin. Numerose sono, ormai, le evidenze che l'attività della ribulosio-difosfato carbossilasi/ossidasi (RubisCO) è inibita da esposizioni realistiche all'O_3 (vedi 4.2.1) cui segue una minor richiesta di agenti riducenti e di energia e, in ultima analisi, un blocco nella catena di trasporto elettronico.

Tabella 5. Parametri correlati agli scambi gassosi e alla fluorescenza della clorofilla *a* in foglie mature di *Cucurbita pepo* (zucchino) cv. Ambassador esposte a ozono (150 ppb, 5 giorni, 5 h d^{-1})

Parametri	Trattamento	Media ±deviazione standard
Amax ($\mu mol\ CO_2\ m^{-2}\ s^{-1}$)	- O_3	3,6 ±0,17
	+ O_3	1,0±0,69
Gw ($mmol\ H_2O\ m^{-2}\ s^{-1}$)	- O_3	59 ±1,0
	+ O_3	36 ±5,0
Ci (ppm)	- O_3	268 ±23,3
	+ O_3	326 ±19,4
F_v/F_m	- O_3	0,790 ±0,0114
	+ O_3	0,736 ±0,0068
q_P (unità arbitrarie)	- O_3	0,816 ±0,0563
	+ O_3	0,732 ±0,0478
q_{NP} (unità arbitrarie)	- O_3	0,606 ±0,0833
	+ O_3	0,787 ±0,0314
Φ_{PSII} (unità arbitrarie)	- O_3	0,562 ±0,0468
	+ O_3	0,435 ±0,0375

Amax = attività fotosintetica massima a luce saturante; Gw = conduttanza stomatica al vapor acqueo; Ci = concentrazione intercellulare di CO_2; F_v/F_m = resa quantica ottimale del PSII; q_P = *quenching* fotochimico; q_{NP} = *quenching* non fotochimico; Φ_{PSII} = resa quantica effettiva del PSII. Tutte le differenze tra le medie del controllo mantenuto in aria filtrata e del materiale esposto all'inquinante sono diverse per $P \leq 0,05$.
(Da dati di Castagna *et al.*, 2001)

Il processo fitotossico degli inquinanti consta di una successione di eventi, di cui soltanto a quelli posti a un certo livello corrispondono manifestazioni macroscopiche (Fig. 43). Gli stadi progressivi di diminuzione dello stato di salute a seguito dell'insulto di una sostanza nociva sono ben espressi dagli anglosassoni con la "sequenza delle 5 d": *discomfort, disfunction, disease, disability, death*. Pertanto, la ri-

Fig. 43. Modello della successione degli eventi che caratterizzano il processo fitotossico degli inquinanti atmosferici; soltanto una frazione degli effetti è visibile in termini macroscopici

Fig. 44. L'impatto biologico degli inquinanti è solo in parte associato a manifestazioni sintomatiche apparenti; gli effetti visibili a livello macroscopico sono preceduti da una serie di eventi che possono comunque portare a diminuzione della produttività delle piante. Il fenomeno può pertanto essere raffigurato con un *iceberg*

sposta biologica deve essere considerata l'atto finale di una serie di eventi, fisici, biochimici e fisiologici, che iniziano con l'assorbimento dell'inquinante e terminano con un effetto misurabile, come – in particolare – una modificazione della resa agronomica.

Come detto, parte degli effetti sui risultati produttivi (su base quantitativa) si verifica in assenza di sintomi e di altre alterazioni percepibili. Una rappresentazione grafica del fenomeno potrebbe essere quella ispirata a un *iceberg*, della cui massa risulta visibile soltanto una minima frazione (Fig. 44): nella valutazione devono essere tenute presenti anche le capacità omeostatiche dei sistemi biologici (Fig. 45). Il quadro è complicato, inoltre, dalla grande eterogeneità delle specie vegetali e delle loro risposte ai numerosi contaminanti. Per esempio, l'etilene può provocare, oltre a riduzioni di sviluppo, anche ritardi nelle funzioni fisiologiche (come la schiusura delle gemme) in assenza di sintomi chiaramente identificabili.

L'influenza sui processi di riproduzione sessuale è importante specialmente negli ecosistemi naturali (forestali, in particolare) in cui la competitività di una specie dipende proprio dalla sua capacità riproduttiva. A parte la considerazione di ordine generale che esiste una buona correlazione tra questo parametro e la vigoria della pianta (e, pertanto, ogni *stress* finisce con il ripercuotersi a tale livello), sono possibili anche effetti diretti a carico di specifiche fasi dei processi in oggetto. La germinazione del polline è stata indagata specialmente *in vitro* e diverse sono risultate le sostanze capaci di sopprimere questa funzione alle concentrazioni comunemente presenti in molte zone.

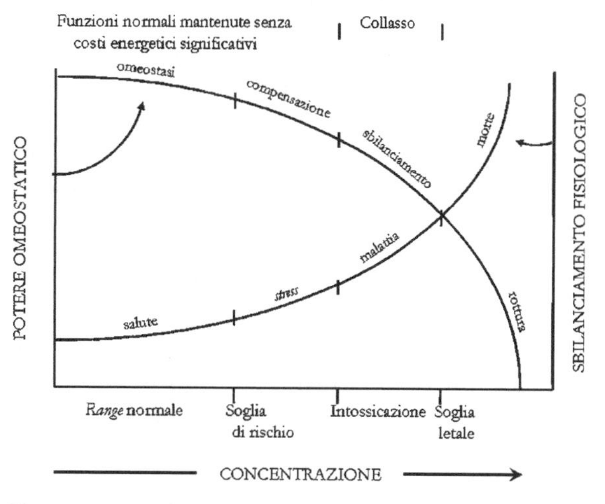

Fig. 45. Tipica funzione "dose-risposta" di una sostanza tossica, in relazione alla manifestazione di sintomi e al realizzarsi di variazioni irreversibili

La produzione di fiori, strobili e semi sono altri aspetti interessanti, così come le prime fasi dello sviluppo. Quest'ultimo parametro è vulnerabile specialmente nelle essenze forestali, poiché durante lo sviluppo giovanile si ha forte assorbimento di gas e gli organi epigei sono fragili. Viceversa, mancano prove che la germinazione dei semi possa essere in qualche modo ostacolata dai gas fitotossici, mentre lo può essere dai metalli pesanti.

Anche effetti indiretti possono coinvolgere i processi riproduttivi; per esempio, diversi inquinanti (in particolare, i fluoruri) sono nocivi per gli insetti, così che l'azione dei pronubi può essere carente in aree contaminate.

Nella valutazione dell'impatto globale di una sostanza devono essere esaminati anche i possibili effetti mutageni, le cui implicazioni possono essere gravissime. Questi fenomeni sono stati verificati solo raramente nei vegetali esposti agli inquinanti atmosferici e le conoscenze sull'argomento sono scarse, in confronto all'importanza del problema. A titolo di esempio, viene citata la genotossicità indotta da alcuni contaminanti (metalli pesanti, radioisotopi, ecc.) su piante appartenenti al genere *Tradescantia*, la cui sensibilità è tale da essere impiegata anche in programmi di monitoraggio (vedi 13.8).

1.6.4 Effetti sulla qualità dei prodotti

Si tratta di un argomento a lungo trascurato, per il quale solo in tempi recenti sono stati evidenziati aspetti rilevanti. Le piante esposte ai contaminanti possono vedere ridotte le loro caratteristiche qualitative attraverso diversi meccanismi, come sintetizzato in Tabella 6. Gli effetti sulle caratteristiche dei vini derivati da uve esposte all'inquinamento sono già stati descritti oltre un secolo fa e costituiscono uno dei temi più discussi in materia. Già negli anni '60, i viticoltori californiani denunciarono perdite di qualità del prodotto lavorato come conseguenza dell'azione degli ossidanti fotochimici (O_3 in primo luogo). Questi aspetti non sono di facile individuazione e sfuggono a valutazioni economiche, ma vi sono casi in cui i raccolti vengono addirittura compromessi: è quello che accade ai meloni in Grecia, per i quali – a causa della presenza di elevati livelli di O_3, che provocano anche severi danni fogliari – diventa difficile il raggiungimento di un accettabile titolo zuccherino nei frutti. Analogo è il problema della qualità delle fibre di cotone; nei dintorni di Atene sono state ripetutamente segnalate perdite totali dei raccolti di lattuga e cicoria. Piante oleaginose esposte all'O_3 mostrano significative riduzioni del contenuto in olio nei semi.

La Tabella 7 riporta i risultati di un esperimento condotto su piante di *Mentha spicata* subsp. *glabrata* fumigate con O_3. Alcuni dei composti volatili analizzati subiscono incrementi percentuali piuttosto elevati in seguito al trattamento (α-pinene e piperitenone ossido, per esempio), ma fenomeni ancora più interessanti sono la sintesi *ex*

Tabella 7. Effetti dell'esposizione all'ozono (100 ppb, 21 giorni, 5 h d^{-1}) sui principali composti organici volatili di foglie di *Mentha spicata* subsp. *glabrata*

Composti organici volatili	Trattamento aria filtrata	Trattamento ozono
α–pinene	2,6	1,5
Sabinene	2,7	2,5
β-pinene	4,7	7,8
Mircene	8,8	8,4
Limonene	47,2	40,0
p-cimene	0,3	–
α–terpineolo	–	0,4
Piperitenone ossido	4,6	11,4
β-cariofillene	0,4	0,2
Germacrene D	–	0,1

I dati sono espressi come percentuale in peso rispetto al totale delle sostanze emesse. Il simbolo "–" indica che il valore è al di sotto del limite di rilevabilità dello strumento.
(Da Cioni *et al.*, dati non pubblicati)

Tabella 6. Esempi di alterazioni nella qualità dei prodotti vegetali conseguenti all'azione degli inquinanti

1. Aspetti igienici e tossicologici	Presenza di elementi tossici (fluoruri, metalli pesanti) e di metaboliti indotti dall'inquinante
2. Aspetti organolettici	Lesioni macroscopiche su foglie, fiori e frutti Variazioni nel sapore, nel colore, nell'aroma e nella pezzatura Ridotta digeribilità
3. Aspetti nutrizionali	Diminuzione di contenuto in proteine, vitamine, lipidi Variazione nel contenuto elementare
4. Proprietà merceologiche	Qualità delle fibre

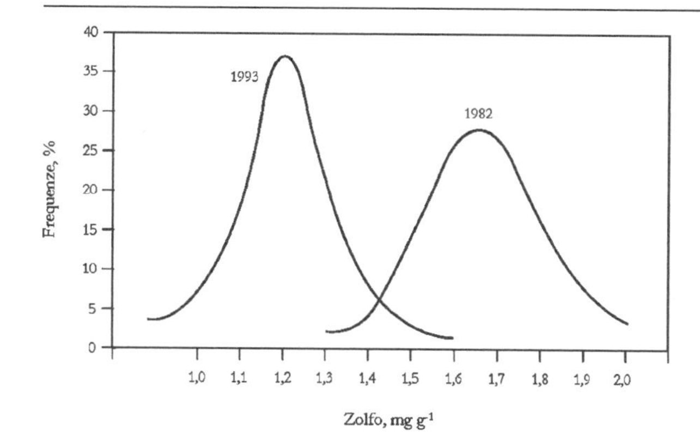

Fig. 46. Distribuzione delle frequenze del contenuto in zolfo nelle cariossidi di grano tenero in Gran Bretagna nel 1982 e nel 1993. Le notevoli riduzioni sono riconducibili alla drastica diminuzione delle emissioni di SO_2; si individua in 1,2 mg g^{-1} la soglia critica e nel 1993 ben il 26% dei campioni aveva valori inferiori (nessuno nel 1982). La carenza di S può ridurre le qualità panificatorie delle farine. (Disegnato da dati di Zhao *et al.*, 1995)

novo di molecole non rinvenute nei controlli mantenuti in aria filtrata (α-terpineolo e germacrene D) e la scomparsa nel materiale esposto all'inquinante di altre presenti, invece, nei campioni di partenza (*p*-cimene).

Quanto mai complesse sono le interazioni tra SO_2, nutrizione minerale e qualità delle produzioni. Nel Regno Unito, a seguito di una drastica riduzione delle emissioni di questo inquinante (ridottesi a 1/10 nel periodo 1970-2000), si cominciano a evidenziare disturbi metabolici legati alla nutrizione minerale di piante che crescono in terreni S-carenti; ciò comporta variazioni sostanziali nella qualità (Fig. 46).

È anche ipotizzabile una sorta di "effetto residuo", dovuto agli agenti tossici nel momento in cui le prestazioni dei semi prodotti dalle piante a essi esposte sono in qualche misura alterate. Purtroppo, questi elementi non sono ancora stati adeguatamente presi in esame nelle analisi e nelle valutazioni di impatto ambientale.

1.6.5 Soglie di tossicità

Strettamente correlata al danno invisibile è la concezione del termine "soglia". Il problema è quanto mai sentito, anche in relazione alle possibili ripercussioni pratiche che ne possono derivare, ma occorre tenere presente che in fitotossicologia la definizione di "concentrazione soglia" è ardua.

È noto come il tradizionale concetto di sostanza tossica di Paracelso (*"sola dosis facit venenum"*) sia stato recentemente aggiornato. Infatti, oltre ai composti per i quali si può applicare questa definizione, si conoscono altri due tipi di molecole che possono causare danni agli organismi: si tratta dei cosiddetti veleni *a effetto additivo* e di quelli *cumulativi*. Nel primo caso, la caratteristica fondamentale non è la dose, bensì l'eventuale irreversibilità dell'effetto causato. La sostanza, una volta penetrata nella pianta, può essere rapidamente degradata (o espulsa), ma se nella sua pur breve permanenza è capace di produrre danni biologici definitivi non si può parlare di "minima dose pericolosa", poiché ogni quantità è dannosa. Successive esposizioni porteranno, infatti, altre conseguenze che si sommeranno a quelle precedenti. Gli agenti tossici ad azione cumulativa, invece, si distinguono per il loro depositarsi nei tessuti, così che il loro livello aumenta con ogni dose assunta; anche in questo caso, qualunque quantitativo che raggiunga il bersaglio è, quindi, potenzialmente pericoloso.

È possibile stabilire, specialmente per esposizioni acute, i "valori soglia" di un inquinante per la realizzazione di un certo tipo di risposta (reversibile o meno, come, per esempio, la comparsa di necrosi fogliari in condizioni sperimentali). Non si può affermare, però, che al di sotto di tale limite non si abbiano effetti ad altri livelli dell'organizzazione, come cellule o loro organuli. È sufficiente l'ingresso di un singolo atomo, o molecola, in un sistema biologico perché si abbia un'interazione di ordine chimico; diverso è, comunque, desumere che questa interferenza comporti ripercussioni negative significative nei confronti dell'organismo.

Di fondamentale importanza, nel caso di inquinanti che vengono assorbiti e almeno parzialmente accumulati, è se gli elementi che li costituiscono sono, o meno, biologicamente necessari. Infatti, diversi gas (per esempio SO_2 e NO_2) vengono regolarmente metabolizzati e i loro effetti a concentrazioni modeste possono, in determinate condizioni, essere addirittura benèfici (Fig. 47).

In analogia con quanto si verifica in altri settori della tossicologia, un'attività stimolatoria è dimostrata anche per basse dosi di contaminanti che non sono correlabili con apporti nutritivi, come nel caso dell'O_3; una possibile azione ormono-simile può forse giustificare il fenomeno.

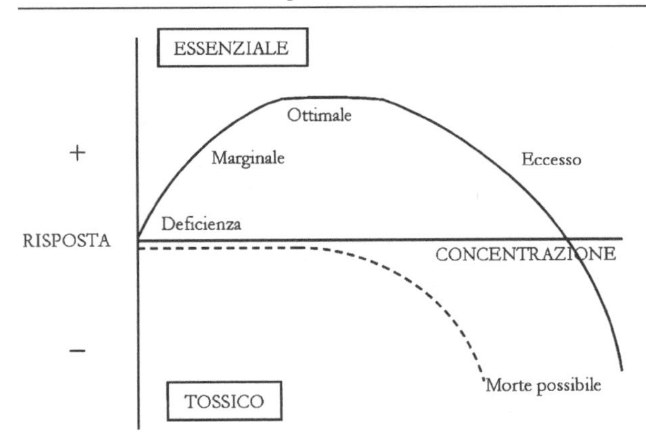

Fig. 47. Relazioni tra effetti indotti e concentrazioni di sostanza tossica; *in alto* (curva a tratto continuo) sono presentati gli effetti di un elemento biologicamente essenziale a basse concentrazioni; *in basso* (curva tratteggiata) quelli di uno non essenziale

Infine, anche se l'azione tossica ha alterato irreversibilmente una molecola essenziale, non si deve ignorare che tutti i costituenti chimici delle cellule sono continuamente rinnovati. Sotto questo punto di vista assume, pertanto, importanza la quantità di eventi dovuti all'inquinante in relazione al normale ritmo di ricambio metabolico. Al momento, non abbiamo informazioni sufficienti per elaborare modelli che consentano di prevedere adeguatamente i limiti inferiori delle concentrazioni molecolari sufficienti a produrre significative conseguenze biologiche. Lo stesso concetto di fitotossicità dovrebbe essere oggetto di discussione.

Sono, poi, talmente numerosi i fattori in grado di influenzare il verso e l'intensità degli effetti degli inquinanti che i valori soglia che talvolta vengono forniti per le principali specie devono essere considerati soltanto come largamente orientativi. Si consideri, oltre ai parametri che verranno esaminati nel paragrafo 1.7, la possibilità di fenomeni di attenuazione, caratterizzati da una riduzione della grandezza della risposta nel tempo.

Casi di rigenerazione o di compensazione sono ben dimostrati: per esempio, la riduzione di superficie funzionale fotosintetica può essere accompagnata da una maggior attività delle foglie non danneggiate, che vengono a ricevere più luce. Un dettagliato studio ha evidenziato le strategie adattative del ravanello all'esposizione continua a O_3:

- una modificazione della distribuzione degli assimilati favorisce la produzione di nuovi germogli, a spese delle porzioni ipogee;
- le foglie prodotte durante il trattamento presentano una riduzione progressiva della sensibilità all'inquinante.

Sono note anche situazioni di segno opposto: pre-trattamenti possono predisporre le piante al danno causato da esposizioni successive. Occorre, comunque, considerare che l'aggiustamento metabolico (la cui entità dipende dal livello fisiologico al momento dell'imposizione dello *stress*) richiede un costo, in termini energetici, che inevitabilmente si ripercuote sulla fisiologia, manifestandosi, per esempio, come senescenza precoce.

È pure possibile che l'azione fitotossica preveda un meccanismo moltiplicativo, invece che additivo. Di norma, infatti, la propagazione dell'effetto nocivo attraverso un sistema biologico è diretta e le variazioni osservate a livello della pianta si possono considerare semplicemente come la sommatoria di quelle che si verificano nei suoi componenti. Si conoscono casi, invece, in cui è sufficiente una modificazione in poche cellule responsabili degli scambi tra la foglia e l'ambiente (gli stomi), o tra questa e il resto della pianta (i fasci vascolari), per avere effetti moltiplicativi. Per esempio, diversi agenti tossici interferiscono con il normale meccanismo di apertura degli stomi, mentre in vegetali esposti ai fluoruri è stata evidenziata la formazione di tille nel sistema conduttore. A complicare il quadro, si consideri che spesso si innescano reazioni biochimiche che possono manifestarsi in tempi successivi (effetto latente). È questo il caso della produzione di etilene indotta da O_3 o SO_2. Ancora, sull'argomento, soltanto un accenno ai problemi delle sostanze che si accumulano nei tessuti vegetali (fluoruri, metalli pesanti), per i quali il concetto di soglia è di impossibile definizione.

1.7 Fattori influenti sulla risposta agli inquinanti

Così come si verifica per le malattie parassitarie, il manifestarsi dell'evento rappresentato dall'azione fitotossica di un agente chimico è condizionato dalla contemporanea presenza di tre fattori tra loro interdipendenti: la pianta, il patogeno (in questo caso l'inquinante) e l'ambiente favorevole alla realizzazione dell'interazione (Fig. 48). In realtà,

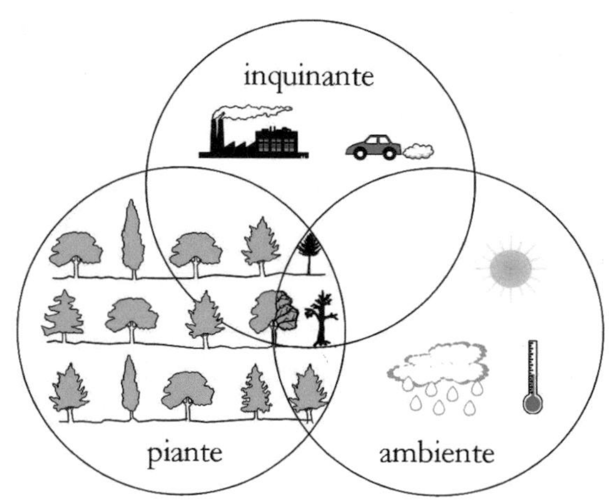

Fig. 48. Rappresentazione secondo Venn delle interazioni tra i tre determinanti del processo fitotossico: gli effetti nocivi di un inquinante atmosferico si manifestano solo se si verificano contemporaneamente (e per un periodo di tempo minimo) le condizioni di sensibilità/suscettibilità delle piante (in termini genetici e ontogenetici) e i fattori ambientali sono favorevoli alla realizzazione del danno

ciascuno di essi è costituito da numerosi elementi (Fig. 49) il cui ruolo nel determinismo dell'azione tossica non sempre è adeguatamente compreso. Si tratta di uno dei capitoli più articolati e complessi della fitotossicologia. La molteplicità dei parametri interni ed esterni coinvolti nella risposta rende la previsione dei suoi effetti biologici ardua anche nei casi in cui è possibile conoscere la concentrazione di un composto nocivo in una determinata area.

1.7.1 Parametri biologici (inerenti la pianta)

a. Fattori genetici

La prima constatazione che deriva dall'osservazione degli esiti dell'esposizione di una popolazione eterogenea di piante a una certa dose di un inquinante è che non tutti gli individui rispondono allo

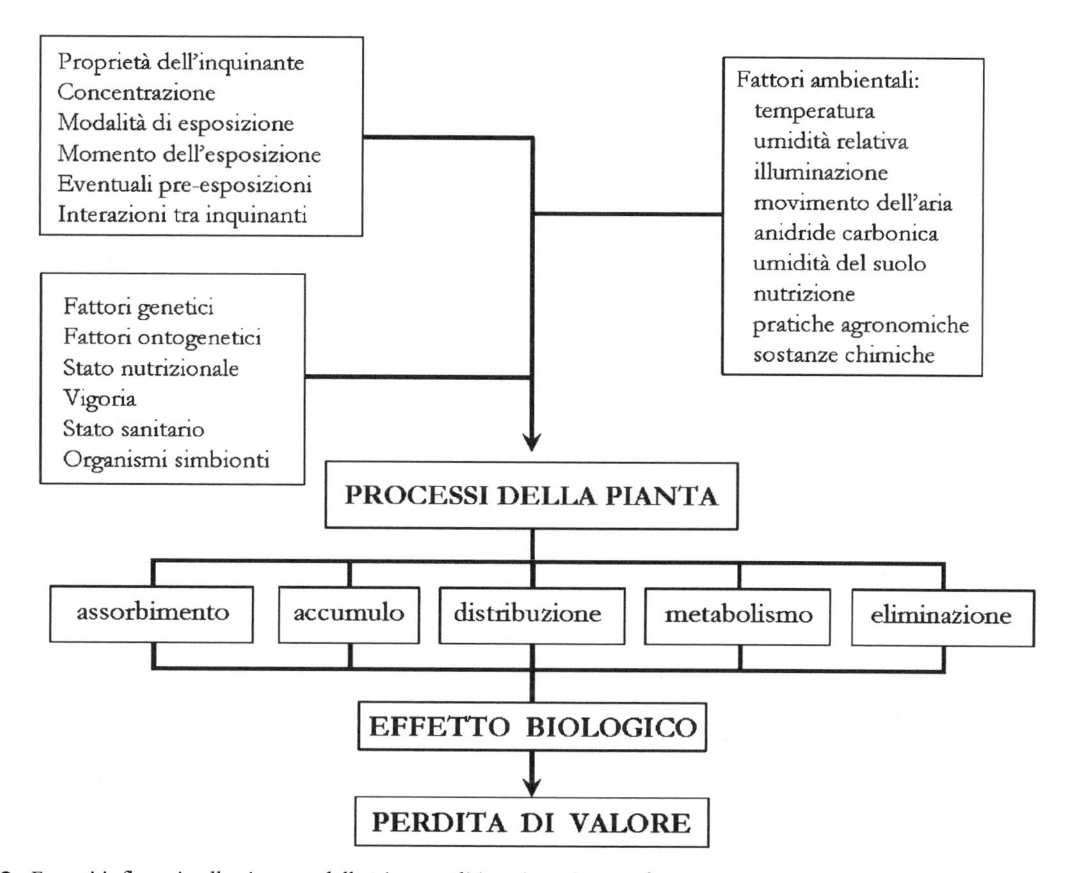

Fig. 49. Fattori influenti sulla risposta delle piante agli inquinanti atmosferici

Fig. 50. Tipico comportamento della vegetazione nei dintorni di una sorgente puntiforme di inquinanti (in questo caso una fornace di laterizi, responsabile dell'emissione di fluoruri): soltanto alcune delle specie presenti manifestano sintomi di tossicità, in relazione alla loro sensibilità

stesso modo (Fig. 50). Esiste, infatti, una notevole variabilità tra le specie nei riguardi della capacità di reagire alle varie molecole tossiche. Inoltre, nell'ambito di molte di esse sono note risposte differenziate tra le cultivar (Fig. 51) (e, talvolta, addirittura tra cloni, Figura 52). Le possibili basi di questo comportamento sono discusse nel paragrafo 1.8. Sotto il profilo terminologico, si definisce *sensibilità* l'attitudine congenita (fissata genotipicamente) di un individuo a subire gli effetti nocivi di uno *stress*; *suscettibilità* è la condizione fisiologica (anche temporanea) per cui una pianta sensibile viene effettivamente danneggiata; con *resistenza* si indica la capacità di prevenire o minimizzare l'azione tossica. In altri termini, un soggetto sensibile può non essere nel momento suscettibile in quanto fattori, quali l'età e le condizioni metaboliche, non sono favorevoli alla manifestazione del danno.

La resistenza a un inquinante non implica la mancata sensibilità a un altro, se dotato di diverso meccanismo fitotossico.

Di norma non esistono significative correlazioni tra entità tassonomiche superiori (generi, famiglie, ecc.) e risposta al fattore chimico, anche se l'argomento risulta scarsamente indagato. Per esempio, l'84% delle *Compositae* saggiate all'Imperial College di Londra per la risposta all'O_3 sono risultate resistenti (nessuna sensibile); viceversa, il 62% delle *Papilionaceae* è sensibile e il 7% resistente.

Fig. 51. Un esempio delle differenti risposte cultivarietali a un fattore di *stress* chimico: le foglie primarie di fagiolo cv. Pinto (*a sinistra*) e Groffy (*a destra*) sono state esposte nelle medesime condizioni a 200 ppb di ozono per 5 ore e hanno manifestato un comportamento assai diverso

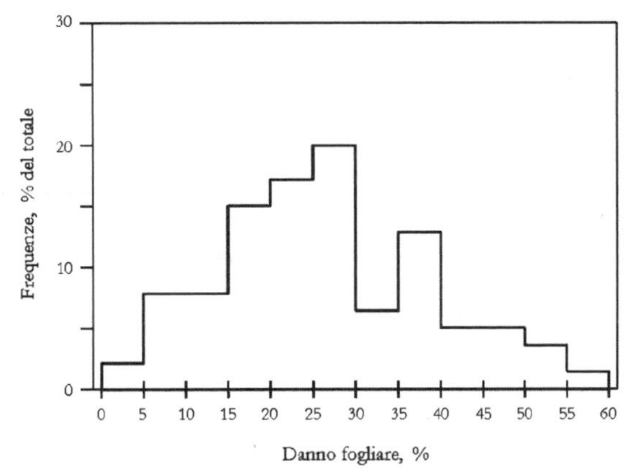

Fig. 52. Distribuzione delle frequenze del danno fogliare (in termini di percentuale di area fogliare mostrante clorosi o necrosi) di 87 cloni di trifoglio bianco (*Trifolium repens* cv. Regal) a seguito dell'esposizione all'ozono (200 ppb, 5,5 ore). (Da dati di Heagle *et al.*, 1991)

b. Fattori ontogenetici

Gli organi manifestano vari livelli di suscettibilità ai singoli inquinanti nel corso dello sviluppo (Figg. 53 e 54) e ogni sostanza possiede proprie caratteristiche di selettività: ciò in conseguenza degli specifici meccanismi di tossicità che vengono a trovare migliori condizioni per esplicarsi in determinate fasi ontogenetiche. In alcuni casi, il comportamento cambia tra tessuti di diversa età nell'ambito del singolo sistema. Questo parametro può anche influire sul tipo di sintomi indotti; per esempio, NO_2 e SO_2 provocano necrosi marginali brune sulle lamine giovani di alcune latifoglie, mentre le mature rispondono con lesioni internervali di colore ocra.

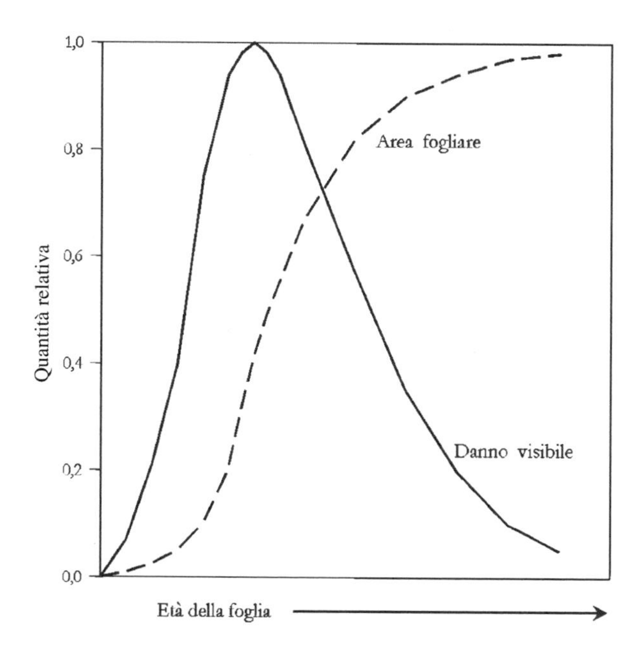

Fig. 53. Relazioni tra età fogliare e risposta al danno da ozono

Fig. 54. Rappresentazione schematica delle relazioni tra età fogliare e risposta al danno da ozono in una pianta adulta di tabacco (*Nicotiana tabacum* cv. Bel-W3): soltanto le foglie lunghe almeno 6-7 cm sono sensibili, e i sintomi sono concentrati nelle porzioni apicali delle foglie in espansione e in quelle basali di quelle più mature

Altro fattore importante è costituito dall'età della pianta, che può condizionare l'esito della risposta a una sostanza tossica (Fig. 55), così che non è legittimo trasferire *sic et simpliciter* i dati ottenuti sperimentalmente con materiale giovane. È stato pure osservato come, nel corso della giornata, si possa modificare la suscettibilità alle fumigazioni acute in relazione, per esempio, al contenuto di zuccheri; nel caso della SO_2, la reazione più severa si riscontra la mattina presto. Anche l'epoca dell'anno sembra avere un ruolo: ancora per la SO_2, su graminacee le esposizioni invernali sono più dannose rispetto a quelle di altri periodi.

c. Stato sanitario

Numerose sono le dimostrazioni che piante infette (da funghi, batteri o virus) variano nella risposta a certi inquinanti in confronto a soggetti sani; la maggior parte dei casi studiati indicano riduzione di suscettibilità. Un lavoro pioniere nel settore è quello di Yarwood il quale, già negli anni '50, mise

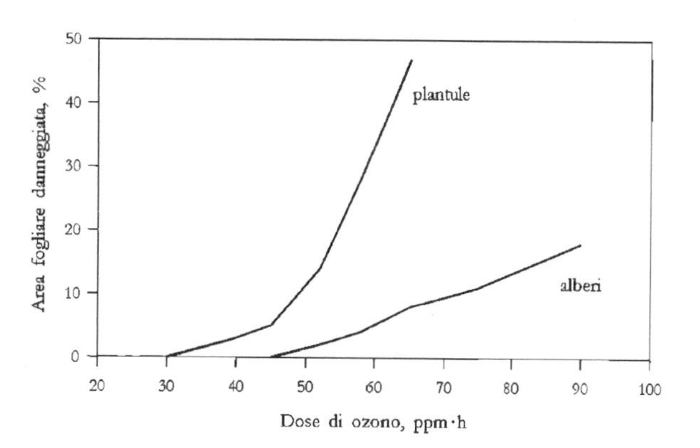

Fig. 55. Risposta differenziale delle plantule di una specie arborea rispetto agli adulti, a seguito dell'esposizione stagionale all'ozono, espressa in termini di AOT40 (vedi 1.10.2); i dati si riferiscono a esemplari di *Prunus serotina*. (Ridisegnato da Kolb *et al.*, 1997)

in evidenza come in fagioli infetti da *Uromyces phaseoli* (agente della "ruggine") si avesse intensa protezione dai danni da *smog fotochimico*. Da allora, casi simili sono stati descritti per altri patosistemi e per diversi agenti inquinanti (Figg. 56 e 57). Purtroppo, al momento, appaiono oscure le basi intime di questo fenomeno, la cui comprensione potrebbe portare a non pochi miglioramenti nelle conoscenze della fitotossicologia e delle interazioni pianta/patogeno.

Fig. 56. Effetti della presenza dell'infezione di "ruggine" (*Uromyces viciae-fabae*) sulla risposta fogliare di fava (*Vicia faba*) all'esposizione acuta all'ozono: la metà sinistra della fogliola è stata inoculata con il fungo e presenta irrilevanti danni da gas; l'altra manifesta gravi lesioni necrotiche. Risultati analoghi sono ottenuti con trattamenti con anidride solforosa e altre sostanze tossiche con meccanismo ossidativo. (Da Lorenzini *et al.*, 1994)

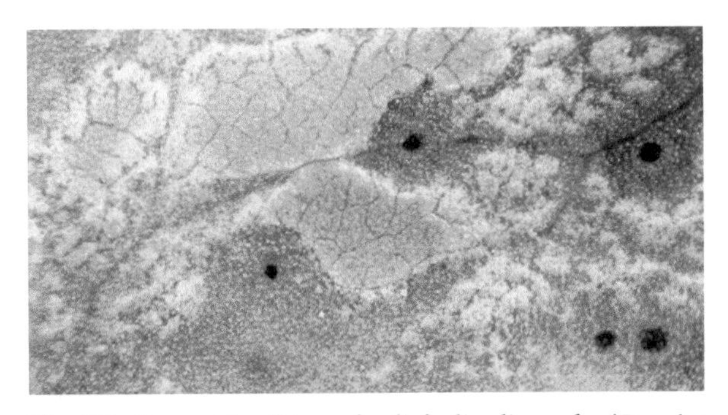

Fig. 57. Stereomicrofotografia di foglia di cavolo (*Brassica oleracea* var. *capitata*) infetta dal microfungo *Alternaria brassicicola* ed esposta in forma acuta a ozono: si noti il fenomeno delle "isole verdi" attorno alle lesioni necrotiche indotte dal patogeno e il livello di protezione dal danno in queste aree

d. Organismi simbionti

Sono noti i ruoli importanti nella produzione di biomassa vegetale, non solo da parte di microrganismi simbionti (micorrize e rizobi azotofissatori), ma anche di quelli "associati" (nella rizosfera, per esempio). Anche la risposta allo *stress* chimico può avvantaggiarsi di questa condizione.

1.7.2 Aspetti relativi all'inquinante

a. Proprietà fisiche e chimiche

Ciascuna sostanza presenta caratteristiche tossiche in relazione allo stato fisico (di norma gli inquinanti gassosi sono più nocivi di quelli solidi) e alla solubilità in acqua (vedi Tabella 3).

b. Concentrazione e modalità di esposizione

La concentrazione dell'agente tossico può condizionare la risposta comparativa di piante diverse, così che le "scale di sensibilità" (vedi 1.8.3) di un gruppo di specie (o di cultivar) nei confronti di una molecola non rimangono le stesse al variare della modalità di esposizione (Fig. 58). Questa constatazione rende poco utile la maggior parte delle esperienze acquisite nel corso dei primi decenni di indagini specialistiche (sino agli anni '70), in quanto queste sono state focalizzate sulla valu-

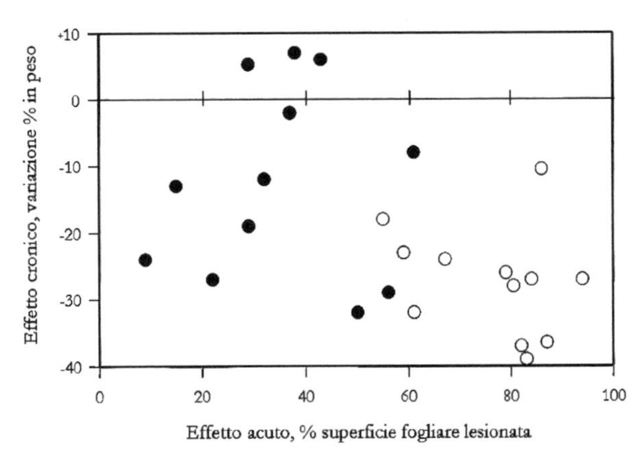

Fig. 58. Un esempio della mancanza di correlazione tra il comportamento delle piante a situazioni di inquinamento di breve e lunga durata. La figura si riferisce alle relazioni tra la risposta di 12 ecotipi di erba medica (*Medicago sativa*) all'esposizione acuta (quantificata in termini di sintomi fogliari) e cronica (valutata sulla base della produzione di biomassa) ad anidride solforosa (*cerchi vuoti*) e a una miscela di anidride solforosa + biossido di azoto (*cerchi neri*). (Da Lorenzini *et al.*, 1985)

tazione del comportamento dei vegetali in condizioni critiche.

Importante è anche la continuità, o meno, della fumigazione: in natura, specialmente in prossimità di sorgenti puntiformi, si alternano in un sito periodi con concentrazioni di inquinanti elevate e altri con livelli bassi e, addirittura, vi possono essere intervalli anche lunghi in cui l'atmosfera è esente da contaminanti. Questo fenomeno – governato prevalentemente da fattori meteorologici – riveste grande importanza sotto il profilo biologico, dal momento che le piante possono attuare meccanismi di recupero tra una esposizione e l'altra.

Correlate con quanto sopra descritto sono le osservazioni di modificazioni nella risposta di soggetti diversamente fumigati con gas fitotossici in successione. I risultati sono comunque variabili e spesso contraddittori. Sono stati registrati fenomeni sia di sensibilizzazione che di ridotta suscettibilità ("indurimento") alla seconda esposizione. Sono stati ipotizzati anche meccanismi di tipo *feedback*, nei quali a seguito della scomparsa o inibizione di un metabolita nella pianta, provocata dall'azione di un inquinante, si innescano reazioni che portano all'induzione di attività enzimatiche che creano condizioni di minore suscettibilità a successive fumigazioni con lo stesso o con altri agenti.

c. Interazioni tra inquinanti

Difficilmente un recettore è sottoposto all'azione di un singolo agente tossico. Spesso le sorgenti emettono, anche se in quantità diverse, tutta una gamma di sostanze; inoltre, frequentemente le piante sono raggiunte da emissioni di fonti diverse. In genere, per definire le interazioni tra composti in miscela, si usano i termini *additivo* (vale a dire, quando l'effetto biologico finale è semplicemente uguale alla somma delle risposte ai singoli componenti), *sinergico* (o "potenziante", quando le conseguenze provocate dall'insieme delle molecole sono significativamente superiori alla somma di quelle causate dai singoli inquinanti) e *meno che additivo* (antagonistico o interferente) (Fig. 59).

Il sinergismo può essere valutato in termini di riduzione della concentrazione soglia necessaria per produrre una certa reazione in un tempo determinato e/o di aumento dell'intensità degli effetti a parità di concentrazione e di durata dell'esposizione. Tali fenomeni si possono spiegare, per esempio, poiché una seconda sostanza impedisce di rispondere con un processo di detossificazione all'azione della prima; viceversa, l'antagonismo può derivare o da una competizione per uno stesso sito attivo o dal fatto che un gas protegge la pianta (inducendo la chiusura degli stomi e, pertanto, limitando l'assorbimento dell'altro agente tossico) o compensa gli effetti dannosi dell'altro, contrastandone l'azione nociva (come nel caso di due contaminanti, di cui uno tenda ad acidificare il mezzo e l'altro ad alcalinizzarlo).

Le interazioni possono andare verso direzioni diverse, in funzione delle concentrazioni dei componenti della miscela: a basse dosi si possono avere effetti sinergici ma, con l'aumentare dell'intensità dell'esposizione, questi tendono a divenire semplicemente additivi per poi passare, di norma, ad antagonistici.

Inoltre, in condizioni naturali sono frequenti esposizioni alternate a contaminanti diversi, che si realizzano quando la direzione del vento fluttua in un'area interessata dalle emissioni di varie sorgenti. Per esempio, gli effetti di fumigazioni successive con SO_2 e NO_2 sono dipendenti dall'ordine di trattamento: quando l'SO_2 è seguita dall'NO_2 si ha un marcato effetto sinergico che manca, invece, nel caso inverso, in cui si verifica addirittura antagonismo. Comunque, una miscela che in determinate condizioni (rapporti relativi tra i componenti, fattori ambientali)

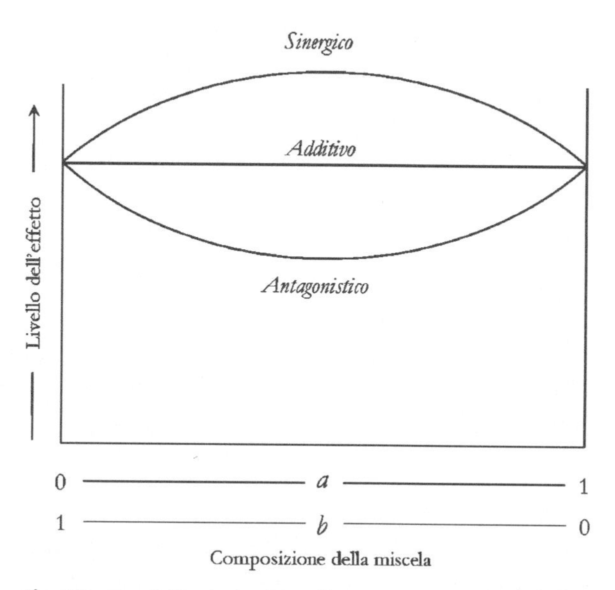

Fig. 59. Possibili relazioni tra diverse concentrazioni di due inquinanti (*a* e *b*) in miscela; tali rapporti sono basati su quantità fisse dei due composti. L'azione indipendente implica un effetto semplicemente additivo

manifesta sinergismo nei confronti di una pianta può non provocare effetti analoghi su altre specie e/o in altre circostanze. Un interessante approccio metodologico allo studio di queste interazioni è la realizzazione di impianti per l'esposizione a gradienti lineari di concentrazione di due gas.

I fenomeni in oggetto possono portare a risultati imprevedibili: per esempio, la risposta di fagioli a miscele di O_3 + PAN è additiva o sinergica sulla pagina adassiale della foglia, ma antagonistica su quella abassiale. Sono accertati anche effetti sinergici tra inquinanti gassosi aerodispersi e metalli pesanti presenti nel terreno, come nel caso dell'O_3 e del cadmio. Ancora più complesse, ovviamente, sono le possibili interferenze in caso di azione di tre o più sostanze insieme, anche se le indagini in materia sono soltanto sporadiche. È, comunque, verosimile che i risultati degli esperimenti nei quali le piante sono esposte a miscele in concentrazioni relativamente basse possano fornire eventuali spiegazioni di sindromi osservate in natura e la cui interpretazione non è possibile sulla base delle conoscenze degli effetti dei singoli inquinanti.

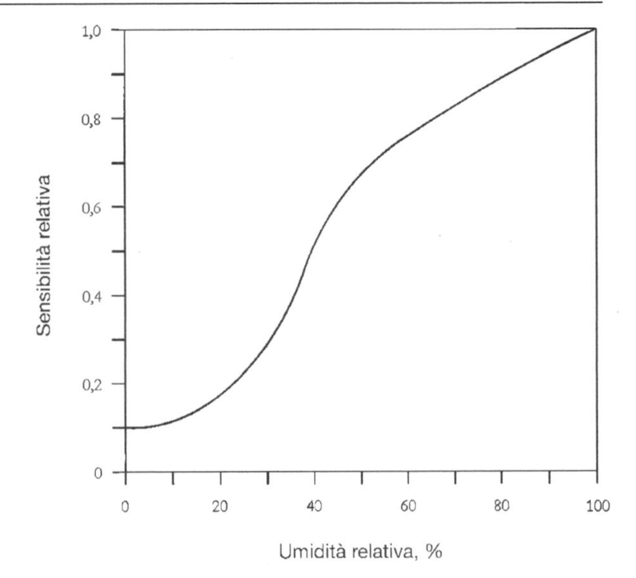

Fig. 60. Effetti dell'umidità relativa sulla risposta dell'erba medica a esposizioni acute ad anidride solforosa. (Disegnato da dati di Magill *et al.*, 1956)

1.7.3 Fattori ambientali

Le condizioni presenti prima, durante e dopo l'esposizione ai contaminanti possono influenzare in maniera anche determinante la risposta della vegetazione. Data la complessità di queste interazioni, però, le considerazioni di ordine generale ottenibili dalla pur ampia bibliografia disponibile sono scarse. Il ruolo dei fattori in questione può esplicarsi a livello di assorbimento dell'agente tossico (in particolare sulle aperture stomatiche) o sui processi biochimici che seguono la sua penetrazione nel mesofillo.

a. Temperatura

In relazione al fatto che essa modula l'attività metabolica e accelera gli scambi gassosi, esiste una correlazione positiva, entro certi limiti, tra severità dei sintomi subìti dalle piante e temperatura a cui queste sono esposte.

b. Umidità relativa

Valori elevati favoriscono l'apertura degli stomi, da cui consegue una maggiore penetrazione dei gas. Si stima che la suscettibilità possa crescere di una decina di volte, passando da un'umidità relativa prossima a 0 al 100% (Fig. 60). Lo stesso effetto si verifica con la bagnatura delle foglie, che modifica anche le caratteristiche chimiche degli inquinanti.

c. Illuminazione

Sono state evidenziate correlazioni non sempre imputabili semplicemente al ruolo sull'apertura degli stomi; sono state osservate differenze in relazione anche alla lunghezza d'onda, all'intensità e alla durata dell'illuminazione. La suscettibilità a molti inquinanti dimostrata da materiale vegetale allevato in serra è stata attribuita alle differenze di qualità della luce. Si conoscono, poi, casi in cui questo fattore svolge addirittura un ruolo fondamentale: piante di fagiolo risultano suscettibili al PAN soltanto se illuminate prima, durante e dopo l'esposizione, e ciò sembra derivare dalla presenza di un sistema fotoreattivo. La stessa specie è, viceversa, ugualmente reattiva all'O_3 in diverse condizioni sperimentali. Ma, pure in questo caso, è impossibile generalizzare: per esempio, è dimostrato che anche di notte, quanto gli stomi sono di norma ritenuti chiusi, si hanno ancora considerevoli scambi gassosi, sì che esposizioni notturne a certi gas producono danni, seppure in misura minore rispetto a quelle operate di giorno. Inoltre, in alcune piante (solanacee e alcune specie forestali) gli stomi rimangono normalmente aperti anche al buio.

d. Movimento dell'aria
Si tratta di un aspetto a lungo ignorato, ma che ormai è stato opportunamente evidenziato. Piante di *Lolium perenne* mantenute in una galleria del vento in presenza di 110 ppb di SO_2 non mostravano differenze rispetto ai controlli, se la velocità era mantenuta a 10 m min^{-1}, mentre presentavano significative riduzioni della superficie e del peso secco fogliari e del rapporto tra porzioni epigee e ipogee se questa era elevata a 25 m min^{-1}. L'importanza di tale scoperta, e di altre simili, è notevole, se si considera che molti dei primi esperimenti di fumigazione sono stati realizzati in condizioni scarsamente realistiche, in cui la mancanza di turbolenza nelle camere di esposizione poteva comportare elevata resistenza aerodinamica all'assorbimento di gas. Il ruolo del movimento dell'aria può esplicarsi sia interferendo con le proprietà dello "strato limite" che circonda la lamina (vedi paragrafo 1.5), sia provocando un costante abbassamento dell'umidità dell'aria attorno alla pianta, con conseguente riduzione dei processi traspiratori (minore apertura stomatica). D'altra parte, flussi di aria molto forzata possono portare a un "effetto oasi", con diminuito assorbimento di gas.

e. Anidride carbonica
È noto che – a causa dei processi di combustione a diverso titolo legati alle attività umane – la concentrazione ambiente di CO_2 sta crescendo. In aree particolarmente inquinate sono stati registrati livelli fino a 600 ppm: si tenga presente, per esempio, che una centrale termoelettrica da 430 MW alimentata a carbone emette quotidianamente $10 \cdot 10^3$ t di CO_2. Il livello della molecola all'interno e all'esterno della foglia costituisce un fattore di regolazione delle aperture stomatiche. Altro aspetto importante è che un suo aumento nell'atmosfera comporta maggiore attività fotosintetica, da cui può derivare una stimolazione del ritmo di inattivazione dei derivati degli inquinanti e/o di riparazione degli effetti nocivi da parte della pianta. Vi sono evidenze che questa forma di contaminazione offra una sorta di protezione, per esempio, dal danno da SO_2 e da O_3.

f. Umidità del suolo
Piante sotto *stress* idrico tendono a chiudere gli stomi e quindi la penetrazione di inquinanti gassosi viene ridotta. Allo stesso modo, sono stati registrati fenomeni di difesa dal danno da parte della salinità del substrato.

g. Nutrizione
Il ruolo degli elementi minerali è complesso e di impossibile generalizzazione. Numerosi sono gli esempi in cui è stata accertata una correlazione tra composizione del substrato e risposta delle piante a un agente tossico. In linea generale, le condizioni di scarsa fertilità sembrano aumentare la suscettibilità. Vi sono, comunque, casi in cui un catione o un anione presente nell'inquinante ha anche funzioni nutritive, così che si possono verificare interazioni tra apporto aereo e radicale: è questo il caso dell'SO_2 e dell'NO_2, per i quali in terreni rispettivamente zolfo- e azoto-carenti gli effetti nocivi sono ridotti. Occorre, poi, evitare eccessi nelle somministrazioni di quegli elementi che sono presenti negli inquinanti, come nel caso dello zolfo in aree esposte all'SO_2.

Il livello trofico può essere determinante anche per influire sul quadro sintomatico: le lesioni da O_3 su tabacco tendono a passare da una tonalità iniziale scura a una chiara nel volgere di pochi giorni (vedi Figura 208), ma se le piante sono deficienti di azoto la colorazione non muta.

h. Aspetti agrotecnici
A prescindere dall'ovvia considerazione che una diminuzione del carico inquinante è auspicabile sotto tutti i profili, a cominciare da quello igienico-sanitario ed ecologico fino a quello produttivo, rimane la possibilità per l'agronomo e il selvicoltore di impostare strategie di coltivazione tese a ridurre gli effetti nocivi delle sostanze fitotossiche.

Innanzitutto, dopo una valutazione dei principali contaminanti presenti nell'area in esame, si sceglieranno quelle piante (specie e possibilmente cultivar) che risultino meno suscettibili all'azione di tali composti o – in ogni caso – si eviteranno quelle notoriamente molto sensibili. Naturalmente, la gamma di materiale coltivabile proficuamente si riduce con l'aumentare del numero e della concentrazione degli inquinanti. Inoltre, le scelte devono essere compatibili con le caratteristiche climatiche, pedologiche e agronomiche del luogo e con gli aspetti economici e commerciali della coltura.

È possibile, in qualche misura, intervenire anche in sede di messa a dimora e di pratiche agronomiche: per esempio, la penetrazione di molecole aerodisperse nelle strutture vegetali è ridotta – per motivi di natura aerodinamica e biologica – in impianti fitti, in particolare per le essenze legnose, così che sarebbero preferibili investimenti elevati specialmente nel settore forestale. La consociazione di piante tolleranti, specie se di taglia alta, con altre più sensibili può rivelarsi utile. Efficaci si dimostrano gli ammendamenti volti a neutralizzare l'acidità del terreno provocata da SO_2 e precipitazioni acide.

Relativamente semplice è la protezione delle piante in serra. La filtrazione dell'aria attraverso carbone attivo è da tempo pratica comune in molte aree degli Usa. In particolare, questi dispositivi rimuovono l'O_3 e altri ossidanti fotochimici, ma non risultano efficaci nei confronti di SO_2 ed etilene. Non è segnalata alcuna interferenza con la CO_2.

1.7.4 Sostanze chimiche diverse

Tra le condizioni esterne in grado di influire sulla risposta delle piante vi possono essere anche composti diversi. Sono, infatti, oltre 60 le sostanze che nel corso degli ultimi decenni sono risultate interagire (per lo più proteggendo le piante) nei confronti dell'azione di inquinanti, specialmente dell'O_3. Particolare attenzione hanno ricevuto alcuni anticrittogamici ad azione sistemica applicati con irrorazioni fogliari o per via radicale. Si consideri che questi effetti collaterali dei fitofarmaci sistemici possono influire variamente sull'espressione del danno da contaminanti: *benomyl* (estere metilico dell'acido 1-butil carbamoil-2-benzimidazol carbammico) protegge molte specie dall'O_3, ma sembra aggravare la fitotossicità del PAN. I meccanismi con cui si realizzano tali interazioni non sono stati chiariti, ma si tratta verosimilmente di reazioni mediate dalla pianta e non dirette; ancora lo stesso principio attivo, per esempio, è noto per esplicare un'azione antisenescenza in virtù delle sue riconosciute proprietà citochinino-simili.

Se le implicazioni pratiche di tali scoperte sono remote – in relazione specialmente all'improbabile economicità di questi trattamenti – rimane la constatazione che la conoscenza di queste relazioni (così come di quelle relative alle malattie parassitarie) è di indubbio valore per una migliore comprensione dei processi che portano alla manifestazione della fitotossicità.

Si conoscono anche casi in cui l'applicazione di prodotti incapaci di penetrazione può limitare i danni da inquinanti, in conseguenza di un'inattivazione diretta a livello della superficie fogliare. Rientrano in questo ambito diverse sostanze ad azione antiozonante e, per la protezione dai danni da fluoruri, i composti del calcio. Analogamente, può essere citato il possibile ruolo protettivo del "tessuto-non-tessuto" che viene applicato sulle colture erbacee per finalità diverse (protezione dagli artropodi, creazione di un microclima favorevole).

1.8 La resistenza delle piante agli inquinanti gassosi

È noto sin dai primi studi che le specie vegetali si possono comportare in maniera diversa nei confronti di un inquinante, dal momento che possono presentare una risposta che varia da molto sensibili (vale a dire che i soggetti sono danneggiati anche a seguito di brevi esposizioni a concentrazioni basse) a notevolmente resistenti. A differenza di quanto si verifica con gli organismi fitopatogeni, in questo settore non si ha resistenza assoluta ("immunità"), come dimostrato dall'esistenza di fasce prive di vegetazione attorno alle principali sorgenti ("deserto industriale"; Fig. 61).

Le indagini sulla base della variabilità della risposta delle piante ai contaminanti costituiscono due distinte aree di interesse, finalizzate rispettivamente: (*1*) all'individuazione di materiale vegetale da diffondere nelle aree maggiormente interessate, e (*2*) alla selezione di essenze particolarmente sensibili e, quindi, idonee per essere impiegate come "indicatrici" della qualità ambientale (vedi paragrafo 13.2).

Fig. 61. Desertificazione localizzata in corrispondenza di una perdita di una conduttura industriale

1.8.1 Meccanismi coinvolti

Un fattore ambientale (fisico o chimico) che induca nelle piante stati di sofferenza si definisce *stress*; queste alterazioni possono essere reversibili (elastiche) o permanenti (plastiche). Secondo Levitt, la resistenza di un organismo si può realizzare mediante (Fig. 62):

- l'esclusione dello *stress* (*avoidance*), che nel nostro caso comprende tutti i fattori che influenzano l'assorbimento dell'inquinante;
- la tolleranza dello *stress* (o resistenza fisiologica), che rappresenta la possibilità di sopportare senza conseguenze l'agente tossico; a sua volta, la tolleranza può essere basata su: (*a*) l'esclusione (prevenzione) dell'effetto nocivo o (*b*) la sua tolleranza (riparazione).

Requisito per il verificarsi dell'interazione, come discusso nel paragrafo 1.5, è l'assorbimento dell'inquinante gassoso all'interno della foglia, essendo del tutto eccezionali i fenomeni di causticità diretta a carico della cuticola. In ogni caso, anche le molecole penetrate per via stomatica devono oltrepassare questo strato – seppur di limitato spessore, 0,15-1,0 µm – che ricopre le cellule delle cavità ipostomatiche. Durante le fasi di assorbimento, diffusione e rilascio dei gas, la cuticola può subire modifiche strutturali, ma rimane da definire se queste siano associate a variazioni funzionali.

L'ultima possibilità che rimane, poi, alla pianta per escludere gli inquinanti dal bersaglio risiede nella capacità o meno di trasferirli dagli spazi intercellulari (apoplasto) all'interno delle cellule.

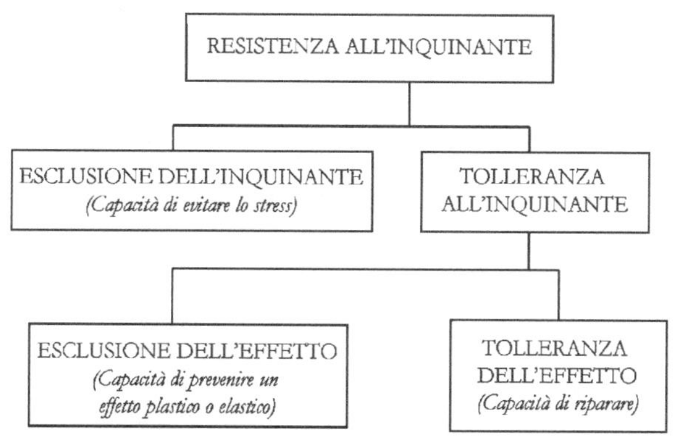

Fig. 62. Possibili alternative che determinano la resistenza delle piante agli inquinanti atmosferici gassosi, in accordo con la teoria generale di Levitt

Questo passaggio dipende dal coefficiente di solubilità in acqua del gas, dall'estensione della superficie esterna delle cellule, dal loro grado di suberizzazione e dal livello di idratazione delle pareti. Maggiore è l'area disponibile per il passaggio, più rapido è l'assorbimento; la suberizzazione delle pareti cellulari condiziona il livello di idratazione, che è molto importante, dal momento che, di norma, le sostanze tossiche in questione reagiscono prima con l'acqua.

In pratica, di tutti i fattori coinvolti nelle fasi di penetrazione degli inquinanti gassosi all'interno della pianta soltanto quello relativo alle aperture stomatiche ha ricevuto sinora sufficiente attenzione. Il comportamento delle cellule di guardia può dipendere da un effetto diretto dei contaminanti oppure dalle variazioni che questi inducono in quelle epidermiche. La regolazione del movimento dipende dai rapporti amido/zuccheri, dal flusso di ioni potassio e da un controllo ormonico. Quanto sopra si riferisce alle caratteristiche congenite dei vegetali in relazione all'attitudine ad assorbire questi gas; ancora tutto da indagare è il tema relativo ai meccanismi attivi di esclusione, basati, cioè, sul "riconoscimento" della specie chimica tossica e sulla conseguente chiusura degli stomi. I pochissimi esempi segnalati nel passato non hanno avuto alcun seguito applicativo.

Quando la foglia non esclude, ma assorbe, una sostanza potenzialmente nociva, si possono avere variazioni elastiche o plastiche; come detto, le prime sono reversibili, ma se prolungate possono divenire irreversibili. Già nell'apoplasto possono avvenire processi di neutralizzazione e detossificazione, ma anche se l'inquinante (o, più comunemente, i suoi derivati) attraversa il plasmalemma e penetra all'interno, la tossicità potenziale può non manifestarsi se sono attivi sistemi capaci di ridurne i livelli, o di eliminarlo. Teoricamente sono ipotizzabili, al riguardo, tre meccanismi, potendo la cellula (*a*) tollerare, (*b*) assimilare o (*c*) neutralizzare le molecole potenzialmente tossiche.

La capacità di tollerare la presenza di tali sostanze è legata al fatto che il metabolismo non ne risulta influenzato. L'attitudine ad assimilare la specie tossica (o i suoi derivati) è dipendente dall'abilità di metabolizzarla a composti meno pericolosi, o addirittura utili, e, successivamente, di rimuovere questi con la traslocazione verso siti di accumulo nella stessa foglia o in altri organi. La detossificazione, infine, si realizza quando si hanno variazioni chimiche che portano alla formazione di elementi innocui. È possibile anche ipotizzare la mancata formazione di sostanze indotte dall'azione degli inquinanti, che svolgono – a loro volta – azione nociva; è questo il caso dell'etilene da *stress* indotto dall'O_3.

Infine, anche se il composto giunge a provocare un effetto, la pianta può tollerarlo senza gravi conseguenze attraverso processi riparativi (o di rigenerazione) o compensativi. In particolare, si può supporre che la cellula sia un sistema omeostatico, in grado di bilanciare gli effetti degli agenti tossici anche se ciò comporta costi energetici. Analogo principio è applicabile all'intera pianta, così che – come già accennato – la distruzione di tessuti causata da un fattore nocivo è compensata da nuova organogenesi fogliare o da aumentata attività fotosintetica di quelli non colpiti, che vengono a usufruire di maggiore disponibilità luminosa proprio in conseguenza della ridotta superficie delle foglie danneggiate.

Talvolta, la resistenza può avere varie origini anche nell'ambito di uno stesso individuo. Per esempio, le differenze cultivarietali osservate in alcune cucurbitacee nei confronti della risposta alla SO_2 sono basate su un diverso assorbimento del gas (esclusione) nelle foglie adulte, mentre la maggior resistenza di quelle giovani, rispetto alle mature in ciascuna pianta, trova le sue basi a livello metabolico. Analogamente è stato ipotizzato che meccanismi indipendenti siano coinvolti nella risposta a dosi elevate o basse di diverse molecole, come SO_2 e O_3; anche l'età dei tessuti può svolgere un ruolo (Tabella 8).

La resistenza a un inquinante non implica analogo comportamento nei confronti di altri, così come a quella contemporanea a due sostanze non consegue necessariamente scarsa sensibilità a miscele di queste; per esempio, alcuni aceri (*Acer platanoides* cv. Columnar, *A. rubrum* cv. Bowhall, *A. saccharum* cv. Goldspire) presentano buona capacità di sopportare sia SO_2 sia O_3, ma risultano suscettibili a combinazioni dei due.

Anche se in materia le implicazioni di ordine ecologico sono prevalenti ("*occorre abbattere i livelli di inquinamento, non cercare di coltivare piante resistenti*"), i vantaggi derivati dall'ottenimento di materiale poco sensibile sono ovvii, anche sotto il profilo produttivo. Si consideri che in questo settore non sono presenti i potenziali rischi di insorgenza di mutanti da parte del "patogeno" (l'inquinante) che invece rappresentano continue minacce per il lavoro di miglioramento genetico nei confronti della resistenza delle piante agli organismi nocivi. I più comuni metodi utilizzabili sono: (*a*) lo *screening* di cultivar commerciali nei confronti dei principali contaminati; (*b*) l'incrocio di quelle altamente produttive con piante rustiche, resistenti, cui deve seguire un programma di selezione degli individui che presentino una combinazione di caratteristiche desiderabili. Le difficoltà insite sono notevoli. Già è stato accennato al fatto che, data la molteplicità di meccanismi fitotossici dei diversi agenti, non esistono dubbi che la resistenza a uno di essi sia indipendente dal comportamento del soggetto nei confronti di altri. Inoltre, essa può avere basi diverse in specie differenti e può non coincidere con quella alle malattie parassitarie, fattore quest'ultimo che il miglioramento genetico deve necessariamente tenere presente. Per esempio, *Lycopersicon pimpinellifolium* è utilizzato con successo nei lavori di selezione del pomodoro per le sue doti di resistenza ad alcune malattie crittogamiche, a nematodi e alla salinità, ma risulta eccezionalmente suscettibile all'O_3.

Tabella 8. Effetti di esposizioni all'ozono acute (750 ppb, 1,5 h) o croniche (150 ppb, 10 giorni, 6 h d^{-1}) sulla comparsa di sintomi fogliari (espressa in termini di percentuale di superficie danneggiata) di quattro cultivar di soia

Cultivar	Esposizione acuta		Esposizione cronica	
	Foglie primarie	Foglie trifogliate	Foglie primarie	Foglie trifogliate
Dare	37 (3)	47 (1)	30 (1)	24 (1)
Hood	36 (4)	35 (3)	16 (4)	14 (2)
Lee-68	38 (2)	33 (4)	25 (2)	10 (4)
Scott	43 (1)	41 (2)	24 (3)	12 (3)

I valori tra parentesi indicano la posizione relativa nell'ambito di ciascuna colonna.
(Da dati di Heagle, 1979)

Oltre al fatto che la risposta di una pianta a un inquinante può essere sensibilmente diversa al variare delle concentrazioni, vi è la constatazione che non sembra esservi sempre correlazione tra danno fogliare e riduzione di sviluppo e altri effetti fisiologici. Il semplice accertamento del comportamento può risultare difficoltoso, se si considera che il giudizio di merito può variare in relazione al criterio adottato per la valutazione. Se si prende come parametro la necrosi fogliare, *Lupinus luteus* risulta una delle leguminose più sensibili all'SO_2, seguito da *Vicia faba* e da *V. sativa*; se, però, si giudica la produzione di biomassa, *L. luteus* si dimostra la specie più resistente.

1.8.2 Resistenza ed evoluzione

La resistenza può manifestarsi anche come conseguenza di un fenomeno evolutivo. Ciò è inevitabile se nelle popolazioni normali sono presenti individui con livelli differenti di reazione, perché i fattori tossici esplicano pressione selettiva. Questa condizione può insorgere molto rapidamente (sono accertati casi in cui si è realizzata nel volgere di una decina di anni), in risposta a forme di inquinamento sia acute che croniche, anche se meccanismi indipendenti possono essere coinvolti.

Già nel 1959 fu osservato che popolazioni di *Lupinus* di Los Angeles erano più resistenti all'inquinamento fotochimico, rispetto ad altre provenienti da aree più "pulite". Negli anni '30 furono segnalate situazioni di evoluzione del comportamento ai metalli nelle zone minerarie. Particolarmente interessanti sono stati gli studi condotti in Inghilterra negli anni '80, che evidenziarono in aree urbane e industriali la diffusione di ecotipi di graminacee foraggere resistenti all'SO_2. Il tema riveste un notevole significato ecologico, perché consente la sopravvivenza in ambienti degradati di specie che sarebbero altrimenti eliminate.

Le piante adattatesi a uno *stress* possono risultare sensibili a un altro. Per esempio, quando due cloni di *Lolium perenne*, uno resistente all'SO_2 (evolutosi in un comprensorio industrializzato) e l'altro agli aerosol salini (proveniente da una zona vicina al mare), sono posti in ambienti uno industriale e l'altro costiero, si osserva che le piante che si sono adattate al gas sono danneggiate severamente dagli spruzzi di acqua salmastra, così come le altre sono molto suscettibili all'inquinante.

Sono frequenti le situazioni in cui gli agricoltori hanno operato processi di selezione del materiale vegetale anche in assenza di precise informazioni circa le effettive cause dei danni che osservavano sulle colture. È questo il caso dei coltivatori di tabacco del Connecticut (Usa), i quali hanno sostituito in un decennio le vecchie cultivar (sensibili all'O_3) con altre resistenti almeno parzialmente, ottenute per esclusione delle piante maggiormente danneggiate dagli ossidanti atmosferici. A titolo di curiosità, si ricorda che una di queste cultivar, la Bel-W3, è da oltre 40 anni utilizzata universalmente per il rilevamento biologico dell'O_3 (vedi paragrafo 13.3). È altresì vero anche il fenomeno opposto: in Grecia, il miglioramento genetico del frumento per parametri produttivi ha valorizzato cultivar che sono risultate assai più vulnerabili all'O_3 rispetto alle loro progenitrici.

1.8.3 Le "scale di sensibilità"

Numerosi ricercatori che in passato hanno indagato, in pieno campo o in situazioni sperimentali, sugli effetti fitotossici di un contaminante sono giunti alla formulazione di "scale di sensibilità". Queste derivano dalla distribuzione per gruppi (generalmente ridotti a tre: molto e mediamente sensibili e resistenti) delle piante la cui risposta è stata comparata in condizioni omogenee. In alcuni casi è stato attribuito un punteggio a ciascuna specie, in base al suo comportamento.

I criteri adottati per valutare le differenze sono basati sulla conoscenza della quantità di effetto macroscopico provocata da un certo livello di inquinante (concentrazione x tempo), oppure della dose necessaria per raggiungere le soglie del danno fogliare visibile.

La disponibilità di tali "scale" può essere di utilità pratica, perché alla base della diagnosi in campo sta proprio l'accertamento delle reazioni del maggior numero di specie possibili e il loro confronto con quanto noto per altri agenti tossici. Il problema è, però, complicato, in quanto gli esempi rinvenibili in letteratura non possono avere valore assoluto. Per esempio, Heck e Coll., compilando una scala di sensibilità al Cl_2 basata su dati sperimentali pubblicati in sei articoli di vari Autori, collocano *Nicotiana tabacum* in tutte le tre categorie in cui suddividono le specie elencate (sensibili, intermedie, resistenti). Analogamente, *Robinia pseudo-acacia* è definita "poco sensibile", "immune", "resistente", "tollerante", "molto sensibile/molto tollerante" dai vari ricercatori che ne hanno saggiato la risposta ai fluoruri. Queste discrepanze trovano spiegazione nelle differenze tra le metodologie adottate (concentrazione della sostanza nociva, durata ed epoca dell'esposizione), ma, soprattutto, nel fatto che la sensibilità non è un carattere semplicemente specifico, in quanto le cultivar possono manifestare tutta una gamma di risposte a un dato inquinante, così che l'indicazione della sola specie non è, di norma, sufficiente a caratterizzarne la risposta.

È da considerare, poi, che la maggior parte delle "scale" sono riferite a esposizioni di tipo acuto; purtroppo, non vi è motivo di ritenere che la sensibilità relativa delle stesse piante a dosi ridotte del medesimo inquinante segua lo stesso ordine (vedi 1.7.2).

1.9 Identificazione dei danni da inquinanti

Si tratta di un tema quanto mai importante, in considerazione anche del fatto che, a differenza della quasi totalità delle altre possibili alterazioni (di natura parassitaria e non) subìte dalle piante, nel caso in questione vi sono precise responsabilità e, quindi, i colpevoli – una volta individuati – possono essere chiamati a rispondere nelle sedi opportune dei danni provocati. A titolo di curiosità, si ricorda che il primo caso documentato di rimborso di perdite causate da sostanze tossiche risale al 1860 e si è verificato in Germania.

In genere si tratta di diagnosi sintomatica (semeiotica), basata, cioè, sull'analisi delle modificazioni di organi rispetto alla norma. Il lavoro in questo settore non è certo facile e, parafrasando una definizione di Grogan riferita alle deficienze nutrizionali, si può dire che *la diagnosi visiva degli effetti fitotossici degli inquinanti atmosferici richiede una combinazione molto specializzata di ... scienza e arte!*

Il valore delle manifestazioni conclamate è variabile: si passa da alterazioni generiche, che sono semplicemente "di sospetto", a situazioni nelle quali il rapporto "quadro sintomatico/agente causale" è pressoché assoluto; in quest'ultimo caso (non molto frequente, in verità, nel campo della fitotossicologia) si parla di sintomi "patognomonici".

Premesso che l'esame deve essere finalizzato anche all'esclusione di altri eventuali agenti di *stress*, l'indagine deve seguire criteri e condizioni operative ben precise, la prima delle quali è che l'analisi dei campioni deve necessariamente avvenire sul posto. Ciò perché non esiste alcuna reazione dei tessuti vegetali in se stessa così tipica da poter costituire una prova definitiva della contaminazione atmosferica, se presa da sola e isolatamente esaminata.

La semeiotica delle lesioni da inquinanti è basata sul rispetto di semplici condizioni. Innanzitutto, la valutazione dovrebbe essere preceduta dall'accertamento delle situazioni ordinarie della vegetazione in zone vicine a quella in questione, ma sicuramente esenti da problemi ambientali. Questa precauzione, che può apparire banale, deriva dal fatto che talune manifestazioni fisiologiche delle piante (variazioni cromatiche delle foglie senescenti alla fine del ciclo vegetativo, oppure alcuni caratteri cultivarietali) possono in qualche misura interferire nella diagnosi.

La profonda conoscenza delle colture risulta un requisito fondamentale per il successo delle indagini in oggetto. Non sorprenda l'affermazione che è piú probabile che la diagnosi di un danno da inquinanti venga azzeccata da un conoscitore della specie in esame che sia digiuno di fitotossicologia, piuttosto che da uno specialista in problemi ambientali che non abbia mai avuto esperienza con quella pianta.

Altro principio fondamentale è che si dovranno considerare le risposte del maggior numero possibile di specie (comprese quelle spontanee) anche se l'indagine è finalizzata all'identificazione delle cause del danno su una singola coltura; le differenze di comportamento che inevitabilmente caratterizzano le varie piante sono di grande ausilio se le diverse risposte sono correlate alle scale di sensibilità a ciascuna sostanza tossica. Di questi soggetti si dovrà considerare la distribuzione relativa dei sintomi ("epidemiologia"): (*a*) nella popolazione vegetale (per esempio, alla ricerca di possibili gradienti di intensità su individui diversi); (*b*) nella pianta (in relazione all'età delle foglie; eventuale maggiore severità su un lato piuttosto che su un altro); (*c*) nelle foglie (se al margine, nelle regioni internervali, su una o su entrambe le superfici, ecc.) ed eventualmente su altri organi. Per esempio, se gli individui colpiti sono mescolati apparentemente a caso tra altri omogenei ma sani è lecito escludere l'intervento di inquinanti aerodispersi. Ulteriori indagini di un certo interesse sono quelle tendenti ad accertare se il problema sia stato osservato in precedenza nella stessa o in altre località vicine e l'epoca della prima comparsa dei sintomi. Assumono, pertanto, rilievo tutti i dati disponibili circa la "storia" della coltura (anamnesi): fertilizzazioni, irrigazioni, trattamenti fitoiatrici, posizione negli avvicendamenti colturali, trascorsi climatici, ecc.

I quadri sintomatici osservati andranno confrontati con quelli descritti nei testi specialistici, come quelli riportati in bibliografia; particolarmente efficaci, in virtù dell'abbondante documentazione iconografica, sono gli atlanti fotografici di Jacobson e Hill, di Hindawi, di Van Haut e Stratmann, di Mahlotra e Blauel, di Flager, di Innes, Skelly e Schaub e di Taylor, Ashmore e Bell. Di indubbia utilità è anche la consultazione dei siti web accessibili in *Internet* sull'argomento (vedi Ulteriori letture).

La verifica dell'esistenza di eventuali fonti nell'area in esame è pure un accertamento necessario, così come la determinazione delle loro possibili emissioni e le informazioni circa l'analisi quali-quantitativa dell'aria in quei comprensori dove sono in funzione stazioni di rilevamento automatico. Circa l'impiego di piante "indicatrici", si rimanda al capitolo specifico (13). La valutazione delle caratteristiche meteorologiche (in particolare dei venti) e topografiche della zona è importante per porre in relazione i fattori in oggetto.

In considerazione del fatto che spesso i sintomi causati da numerosi inquinanti sono pressoché indistinguibili da quelli provocati da altri fattori (biotici e non), si dovrà procedere anche all'esclusione della possibilità che alla base delle manifestazioni osservate ci siano, per esempio: (*a*) anomalie termiche (danni da freddo e da caldo); (*b*) squilibri idrici (dovuti a scarsità per difetto di precipitazioni oppure – nei mesi invernali – a eccessiva traspirazione, cui non segue adeguato rifornimento a causa del congelamento dell'acqua nel terreno); (*c*) effetti di fitofarmaci e diserbanti (in relazione anche a possibili fenomeni di deriva a lunga distanza, di contaminazione delle attrezzature per la distribuzione e di tossicità residua nel suolo); (*d*) attacchi parassitari (funghi, virus, batteri, fitoplasmi, insetti, acari, nematodi, ecc.); (*e*) squilibri nutrizionali (difetti o eccessi di micro e/o macroelementi). Alcuni esempi di queste convergenze sintomatiche vengono presentati in Figura 63.

Oltre a queste già rilevanti difficoltà, si deve tenere presente che la diagnosi su base semeiotica presenta altre limitazioni: (*a*) gli effetti visibili provocati da una sostanza possono differire anche significativamente in specie diverse, così che la conoscenza della sindrome indotta da un agente nocivo su una specie può essere di scarsa utilità per riconoscere le sue conseguenze su un'altra; (*b*) i danni possono essere causati dalla contemporanea azione di due o piú composti e, in tal caso, assumere fisionomia mista e non facilmente riconducibile a casi noti; (*c*) alterazioni anche considerevoli possono realizzarsi pure in assenza di segnali ben evidenti.

In aggiunta ai criteri sinora descritti, vi sono situazioni nelle quali l'individuazione dell'agente ostile avviene mediante l'accertamento dei fattori "giovevoli", che permettono alla pianta la ripresa a livello normale. Rientrano in questi casi le applicazioni di sostanze protettive (la già citata EDU per l'O_3) e l'utilizzazione di impianti per l'esclusione

Fig. 63. Nelle dicotiledoni un sintomo frequente è la necrosi marginale, senza rispetto per le nervature; essa è provocata da diversi agenti di *stress*, quali: aerosol marini (**a**), siccità (**b**), aerosol salini liberati da torri di raffreddamento (**c**), sali antigelo (**d**), fluoruri (**e**), fiamma libera (**f**)

degli inquinanti (*open-top chambers*). Questo criterio di diagnosi (*ex-juvantibus*, *sensu* Baldacci) trova, comunque, scarse possibilità applicative in condizioni naturali.

L'identificazione del danno da inquinanti atmosferici rappresenta, comunque, uno dei problemi più complessi per il fitopatologo. In breve, le norme cui attenersi dovrebbero essere: (*a*) la costante associazione tra il composto sospettato e gli eventi in discussione; (*b*) la temporalità (la specie tossica precede nel tempo l'effetto); (*c*) la presenza di un gradiente biologico (correlazione quantitativa positiva tra agente e risposta); (*d*) un convincente meccanismo di azione; (*e*) la coerenza (l'ipotesi diagnostica non confligge con le conoscenze biologiche consolidate); (*f*) l'analogia (fattori simili causano alterazioni simili).

Nei casi (in realtà non molti) in cui le piante accumulino nei loro tessuti una sostanza che mantenga le sue caratteristiche (che cioè sia persistente e non convertibile), è possibile utilizzare i dati delle indagini chimiche dei tessuti per avere indicazioni circa le possibili cause della sindrome osservata. Occorre, comunque, affrontare questo argomento con cautela, perché vi è spesso la tendenza da parte dei chimici (ma anche dei giudici) a ritenere che la maggior parte degli episodi di diagnosi della presunta azione fitotossica di contaminanti siano risolvibili proprio con l'analisi elementare delle piante. Accanto a situazioni in cui è corretto operare in questi termini, vi sono realtà in cui ciò non è assolutamente possibile, e altre nelle quali è consentito, ma a certe condizioni.

Importanti inquinanti non possono venire rintracciati nei tessuti perché dopo l'assorbimento subiscono processi metabolici che non li rendono più identificabili; è quello che si verifica, per esempio, per O_3, PAN, NO_x, C_2H_4 e NH_3. Altri, come i composti dello zolfo (SO_2 in particolare) e del cloro (Cl_2 e HCl), possono effettivamente accumularsi nei tessuti (rispettivamente sotto forma di solfati e di cloruri), ma l'interpretazione dei dati analitici è ardua, in relazione al fatto che gli ioni in oggetto sono normali costituenti dei vegetali. L'eventuale loro abbondanza nei campioni può non costituire prova di un significato biologico negativo. Si consideri anche che il tenore degli elementi in questione può essere influenzato dal loro livello nel terreno e nelle acque di irrigazione e presenta ampie variazioni stagionali. Per avere un minimo significato diagnostico, i dati analitici dei soggetti con sintomi dovranno essere confrontati con quelli di materiale di controllo il più possibile omogeneo con quello in esame (specie, cultivar, età, stato nutrizionale, ecc.), ma sicuramente non esposto all'inquinante.

L'analisi chimica è, invece, determinante per la diagnosi dell'azione tossica dei composti del fluoro e dei metalli pesanti, che sono rinvenibili in quantità molto modeste nelle piante non contaminate, ma che si accumulano facilmente negli individui cresciuti in presenza delle sostanze in questione.

Un cenno, infine, alle indagini istologiche. Le principali alterazioni correlate con il danno manifesto da inquinanti sono la plasmolisi, la granulazione o la disorganizzazione dei contenuti cellulari e la pigmentazione dei tessuti lesionati. La maggior parte di queste anomalie strutturali sono provocate pure da altri fattori responsabili di effetti macroscopicamente confondibili con quelli dovuti agli agenti fitotossici. Solo alcuni dei contaminanti interessano i tessuti in maniera distintiva (per esempio l'O_3, che danneggia quasi esclusivamente il mesofillo a palizzata), mentre altri provocano lesioni assolutamente non specifiche. È questo il caso dell'SO_2 e dei composti del fluoro, responsabili del collasso indifferenziato delle cellule del mesofillo. Analogamente, di nessun ausilio diagnostico risultano – sulla base delle attuali conoscenze – indagini ultrastrutturali.

1.10 Relazioni concentrazione-tempo-effetto

I tentativi di correlare gli effetti della concentrazione di inquinanti primari e la durata dell'esposizione (cioè la dose) con il danno subìto dalle piante sono stati scarsi. Le prime indagini in materia sono quelle di O'Gara, il quale nel 1922, sulla base di esperienze con fumigazioni di breve durata su erba medica, propose per la soglia di manifestazione di sintomi da SO_2 una legge descrittiva del tipo

$$(C - C_R)\ t = k$$

in cui:

C = concentrazione in ppm

C_R = concentrazione teoricamente sopportabile per un tempo indefinito senza che le piante subiscano necrosi

t = tempo di esposizione in ore

k = costante dipendente da diversi fattori.

Per C che si avvicina a C_R, t tende all'infinito,

mentre l'asintoto verticale dell'iperbole rappresenta il tempo minimo necessario per produrre effetti a qualsiasi concentrazione. In particolare, si assumeva il limite di 0,24 ppm come soglia per il danno acuto, e per la costante *k* un valore di 0,94. Successive sperimentazioni hanno consentito una generalizzazione dell'equazione, così che può essere calcolata la dose che provoca in un certo periodo di esposizione in condizioni critiche un determinato livello di effetto visibile. Sempre per l'erba medica, si ha (Fig. 64):

(C – 1,40) t = 2,10 per necrosi pari al 50% della superficie fogliare, e

(C – 2,60) t = 3,20 per necrosi totale delle foglie.

Sono stati elaborati anche parametri per altre specie. Non vi sono basi teoriche per giustificare queste relazioni, che rappresentano semplicemente le espressioni matematiche che soddisfano dati accertati sperimentalmente. Non sorprende che altri ricercatori abbiano elaborato modelli diversi per interpretare i loro risultati. Per esempio, Guderian *et al.* hanno proposto, ancora per l'SO_2, una funzione di tipo esponenziale che prevede una soglia temporale, al di sotto della quale l'esposizione è inefficace:

$$t - t_R = [e^{-a(c-c_R)}]\ k$$

in cui:

t = tempo di esposizione

t_R = tempo di esposizione minimo perché si abbia l'effetto visibile

a = parametro dipendente da fattori interni ed esterni alla pianta

c = concentrazione di SO_2, in ppm

c_R = concentrazione minima necessaria per causare lesioni

k = costante dipendente dalla specie.

Indagini di Van Haut hanno, d'altra parte, evidenziato come il danno fogliare aumenti progressivamente con l'incrementare della concentrazione, a parità di prodotto "concentrazione x tempo" (Fig. 65). Studi con O_3 hanno portato a risultati analoghi anche prendendo in esame parametri produttivi.

Relazioni del tipo di quelle esposte hanno indubbio interesse, ma la loro estrapolazione al di fuori dei dati sperimentali (inquinante, dosi, dura-

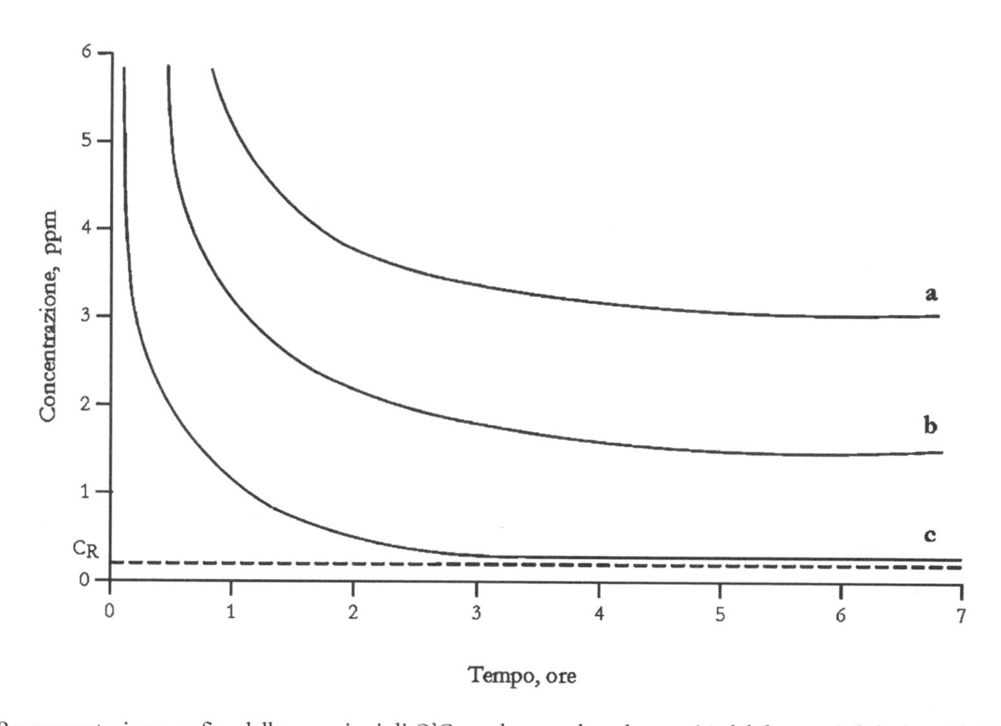

Fig. 64. Rappresentazione grafica delle equazioni di O'Gara che correlano la severità del danno visibile da anidride solforosa subìto dall'erba medica con la concentrazione dell'inquinante e la durata dell'esposizione. Le tre curve indicano le combinazioni "concentrazione x tempo" necessarie rispettivamente per la necrosi totale (**a**), la morte del 50% della superficie fogliare (**b**) e la comparsa di sintomi acuti (**c**). C_R è la concentrazione teoricamente sopportabile all'infinito senza che compaiano lesioni. (Ridisegnato e integrato da De Cormis e Bonte, 1981)

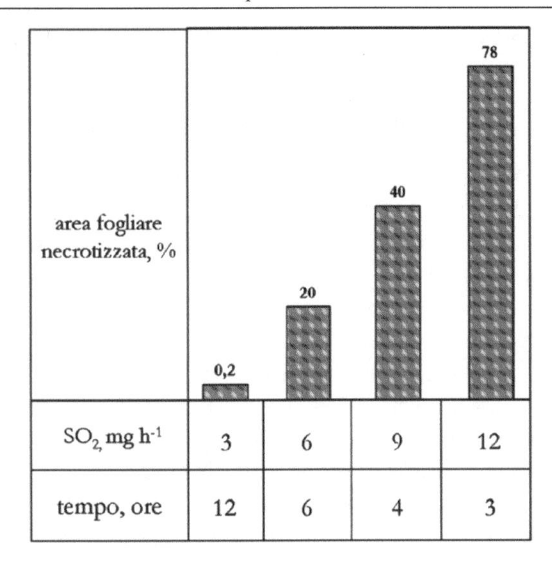

Fig. 65. Progressivo incremento del livello di danno acuto su piante di *Raphanus sativus* con l'aumentare della concentrazione di anidride solforosa nell'aria; la dose (concentrazione x tempo di esposizione) è costante (36 mg $SO_2 \cdot h^{-1}$) nelle quattro tesi. (Elaborato da dati di Van Haut, 1961)

ta dell'esposizione, tipo di pianta, ecc.) sulla base dei quali sono state elaborate è arbitraria.

Scarse sono, poi, le possibilità di prevedere le conseguenze di esposizioni naturali. Innanzitutto, i modelli sono elaborati da risposte a trattamenti intensi di breve durata, che di fatto non sono ormai più realistici; inoltre, (*a*) in natura le concentrazioni di inquinanti non possono essere costanti come, invece, si realizza negli esperimenti; (*b*) si hanno frequentemente fumigazioni successive e ripetute; (*c*) le condizioni ambientali variano in continuazione. Il tutto va a influire sulla risposta della pianta, le cui caratteristiche di sensibilità/resistenza alla sostanza tossica costituiscono un ulteriore fattore critico.

In realtà, studi del tipo di quelli descritti hanno oggi perduto di interesse pratico, in quanto l'attenzione si è spostata verso la definizione di relazioni matematiche in grado di correlare l'esposizione a effetti sulla produzione (piuttosto che alla comparsa di sintomi) dai quali derivare considerazioni di natura economica. L'inquinante che ha monopolizzato la materia in questi anni è l'O_3, per il quale si impongono descrittori quantitativi non convenzionali. Innanzitutto, è stato introdotto il parametro "dose effettiva" per individuare la quantità assorbita dalla vegetazione in un dato tempo; essa dipende sia dalla concentrazione ambiente, sia dalle caratteristiche di diffusività del gas attraverso gli stomi aperti. In particolare, per l'O_3 il rapporto rispetto al vapor d'acqua è 0,613. Questo concetto, però, trova rilevanti ostacoli applicativi, per cui è prassi esprimere gli effetti in funzione dei livelli esterni di inquinante, e sotto il profilo terminologico si dovrebbe parlare, più correttamente, di "funzioni esposizione-risposta".

Una sintesi delle possibili relazioni tra inquinanti e comportamento della pianta (in termini di produzione di biomassa, per esempio) è riportata in Figura 66. Le difficoltà operative di individuare tali rapporti sono intuibili se si analizzano i molteplici fattori coinvolti nella risposta degli organismi, in considerazione anche delle normali (e ampie) variazioni stagionali. Interessante è il fenomeno della stimolazione a basse dosi (Fig. 67), che ben si giustifica nel caso di inquinanti che hanno anche un possibile ruolo fertilizzante, come l'SO_2. Più in generale, la biostimolazione da parte di un agente di *stress* (fenomeno noto come "ormesi"), basata sull'incremento del livello metabolico indotto da esposizioni minime, costituisce una frazione integrante della funzione dose-effetto di molte sostanze tossiche.

La Figura 68 riporta i dati relativi ai rapporti tra risposta produttiva, sintomi fogliari ed esposizione a diverse combinazioni "tempo-concentrazione" di O_3: si rileva il ruolo fondamentale delle dosi superiori a una determinata soglia.

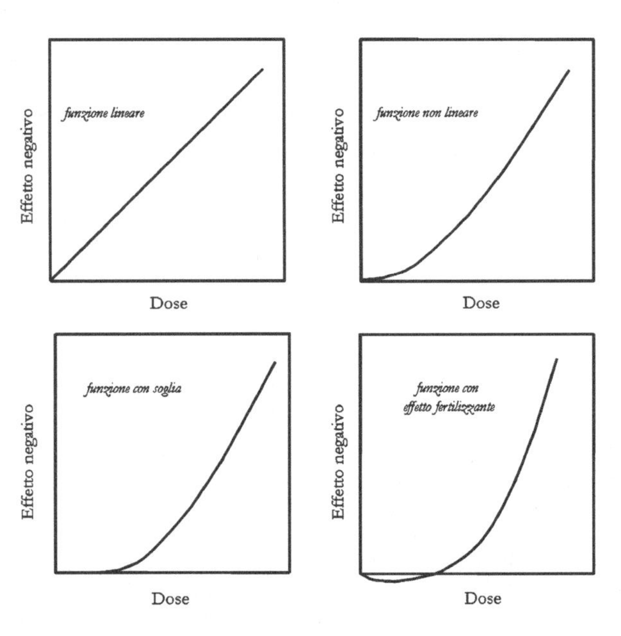

Fig. 66. Possibili profili delle funzioni dose-risposta; i dati al di sotto della linea delle ascisse indicano un effetto stimolatorio

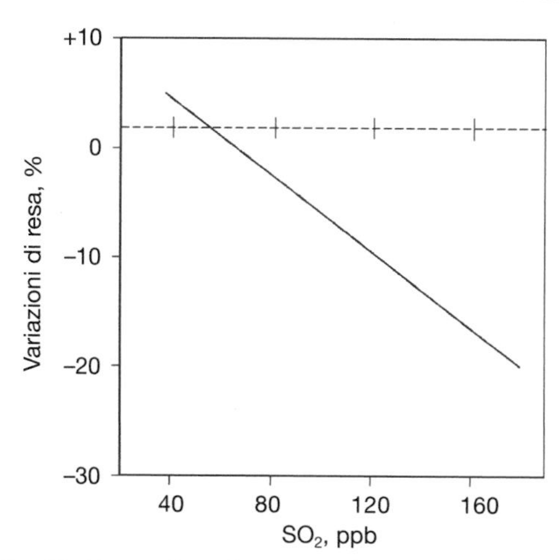

Fig. 67. Regressione lineare tra la concentrazione in aria di anidride solforosa e la riduzione percentuale di produttività in piante di loietto (*Lolium perenne*) esposte all'inquinante in forma cronica (almeno 20 giorni). (Da dati di Roberts, 1984)

1.10.1 L'esperienza NCLAN

Negli anni '80 l'Agenzia statunitense per la protezione dell'ambiente (EPA) lanciò un imponente programma di ricerca finalizzato alla quantificazione delle perdite subìte dalle colture agrarie a causa dell'inquinamento atmosferico. Poiché l'O_3 è riconosciuto responsabile di almeno il 90% di tali effetti, il progetto (denominato *National Crop Loss Assessment Network*, NCLAN) si può configurare come uno strumento conoscitivo dell'impatto dell'ossidante fotochimico sull'agricoltura. Il principio è stato quello di valutare, con la tecnica delle *open-top chambers*, le prestazioni produttive di importanti specie erbacee (numerose cultivar) per diversi anni, in differenti condizioni climatiche, in presenza di scenari di inquinamento diversificati.

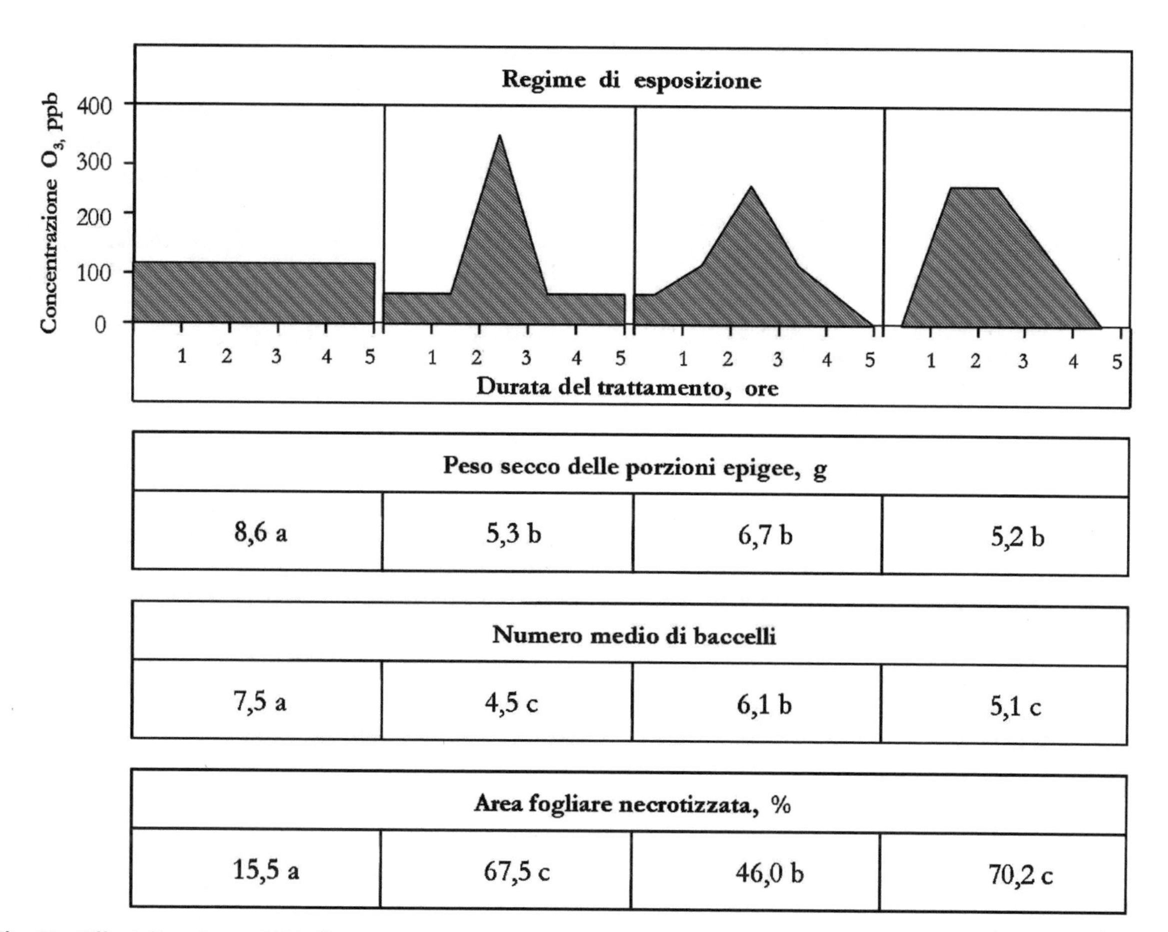

Peso secco delle porzioni epigee, g			
8,6 a	5,3 b	6,7 b	5,2 b

Numero medio di baccelli			
7,5 a	4,5 c	6,1 b	5,1 c

Area fogliare necrotizzata, %			
15,5 a	67,5 c	46,0 b	70,2 c

Fig. 68. Effetti di varie modalità di trattamento con ozono su alcuni parametri produttivi e sull'espressione dei sintomi fogliari visibili in fagiolo cv. California Dark Red. *In alto* sono presentati i diversi profili dell'esposizione all'inquinante, caratterizzati da un'identica dose cumulata (600 ppb·h), ma da picchi differenti; i numeri affiancati dalla stessa lettera non sono statisticamente diversi tra di loro per una probabilità di errore massima del 5%. (Da dati di Musselmann *et al.*, 1994)

Il parametro adottato per quantificare l'esposizione è stato la M7 (media giornaliera delle sette ore consecutive con concentrazione più elevata) stagionale. Alcuni dei risultati ottenuti sono riassunti in Figura 69. Si può dedurre una sorta di soglia, per valori M7 dell'ordine di 30 ppb, e quindi una relazione lineare di depressione della produzione. Sono state computate decine di funzioni di correlazione. La Tabella 9 riporta alcuni dati significativi per lo Stato della California.

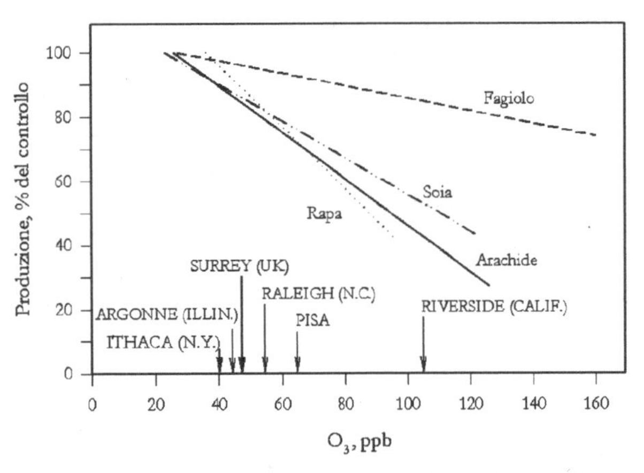

Fig. 69. Rappresentazione schematica di alcune funzioni dose-risposta verificate sperimentalmente nel caso dell'ozono. Sull'ordinata è indicata la produzione relativa, in termini quantitativi; sull'ascissa figurano le "medie stagionali delle 7 ore giornaliere consecutive più elevate" (M7). Le frecce indicano alcuni valori M7 stagionali per specifiche stazioni di rilevamento americane ed europee. Le funzioni sono semplificate e prevedono una soglia e una fase lineare. I dati sperimentali sono stati ottenuti dal programma NCLAN, basato sull'esposizione di piante in *open-top chambers*. (Da dati di Heck *et al.*, 1982)

Tabella 9. Stima delle perdite produttive attribuite all'ozono in California rispetto a un valore di riferimento M7 di 27 ppb

Coltura	Perdite %
Cipolla	24,4
Fagiolo	23,5
Vite	22,4
Limone	20,4
Arancio	19,8
Cotone	18,8
Erba medica	8,9
Mais	6,1
Spinacio	3,5

(Dati di Olszyk *et al.*, 1988, relativi al programma NCLAN)

1.10.2 L'approccio ai "livelli critici"

La caratterizzazione dell'impatto ambientale dell'O_3 non è semplice: discussioni sulla necessità di introdurre nuovi descrittori numerici diversi dagli indici classici iniziano già nella seconda metà degli anni '80, quando nasce il concetto di "esposizione integrata". In particolare, nel 1988 in ambito UNECE (*United Nation Economic Commission for Europe*) e LRTAP (Convenzione su *Long-Range Transboundary Air Pollution*) viene utilizzato per la prima volta il concetto di "livello critico", cioè la dose al di sopra della quale si manifestano effetti nocivi su recettori quali piante, ecosistemi e materiali. Inizialmente, l'ottenimento di questo parametro (per l'O_3) era basato sul calcolo delle concentrazioni medie riscontrate in un determinato intervallo temporale. Ciò implicava l'attribuzione di un medesimo peso a ognuna di esse e non prendeva in considerazione la durata dell'esposizione. Questo approccio è risultato ben presto riduttivo e, dopo numerose prove sperimentali – tra cui quella in cui furono saggiati più di 600 indici su cinque specie vegetali in luoghi e periodi diversi – lo studio fu orientato verso descrittori cumulativi e, in particolare, verso l'AOT40 (*Accumulated exposure Over a Threshold of 40 ppb*, esposizione accumulata sopra la soglia di 40 ppb) che, attualmente, è correlata a una serie di soglie critiche definite per le colture agrarie, le foreste e la vegetazione spontanea (Tabella 10); con esse si fa riferimento a quelle condizioni di inquinamento al di sopra delle quali – secondo le attuali conoscenze – sono attesi significativi effetti negativi (cioè la perdita di almeno il 5% del raccolto per le colture agrarie e una riduzione del 10% nella produzione di biomassa) diretti a carico dei recettori (piante). Sono previsti un livello I (basato su dati ottenuti in esperimenti condotti in *open-top chambers*, senza distinzione delle specie e senza considerare il ruolo dei fattori ambientali nel modificare la risposta) e un livello II (che valuta anche lo stadio fenologico, le tecniche agronomiche e altri parametri che influiscono sul flusso di assorbimento).

L'AOT40 rappresenta la somma delle differenze tra le concentrazioni medie orarie di O_3 in ppb e 40 ppb per ogni ora in cui la concentrazione eccede questo valore (Fig. 70). I dati devono riferirsi alle ore diurne, in quanto l'azione tossica prevede la presenza di stomi aperti e quindi un minimo di radiazio-

Tabella 10. Sintesi dei livelli critici di ozono per le colture agrarie, la vegetazione spontanea e le piante forestali

Soglia	Effetto	AOT40 maggiore di (*in ppb · h*)	Periodo
Di lungo periodo per colture agrarie e vegetazione spontanea	riduzione del 5% della biomassa	3.000	3 mesi consecutivi (maggio-settembre)
Di breve periodo per colture agrarie e vegetazione spontanea	comparsa di sintomi visibili	500 o 200 (in presenza di *deficit* di vapor d'acqua rispettivamente superiore o inferiore a 1,5 kPa)	5 giorni consecutivi (maggio-settembre)
Di lungo periodo per piante forestali	riduzione del 10% della biomassa	10.000	6 mesi consecutivi (aprile-settembre)

(Da Kärenlampi e Skärby, 1996)

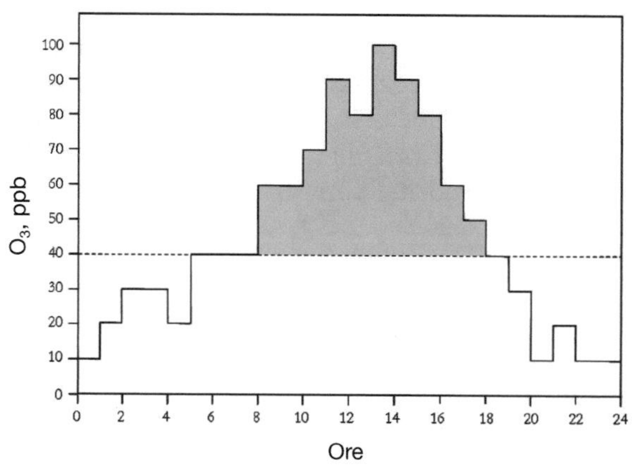

Fig. 70. Tipico profilo circadiano dell'ozono al suolo e indicazione della AOT40 (*Accumulated exposure Over a Threshold of 40 ppb*). Essa rappresenta l'integrale dell'area sottesa dal profilo della concentrazione di ozono al di sopra della soglia di 40 ppb durante le ore diurne. Nel caso illustrato il valore è 340 ppb·h

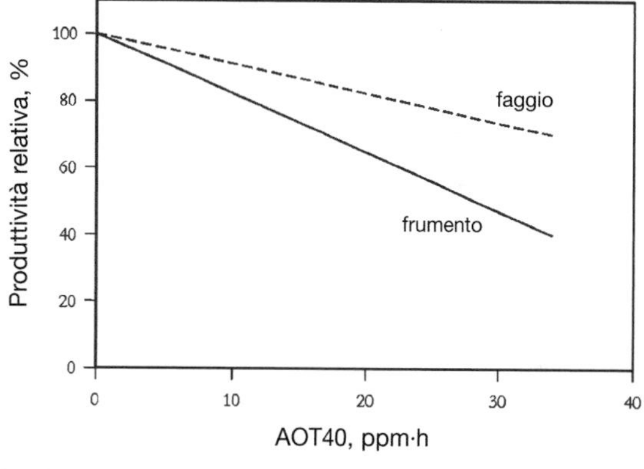

Fig. 71. Produttività del frumento e del faggio in relazione all'esposizione all'ozono espressa in termini di AOT40 (calcolata per le ore diurne per un periodo di tre e sei mesi, rispettivamente); i valori derivano da esperienze pluriennali in *open-top chambers*, condotte in diversi Paesi e su varie cultivar, nell'ambito del programma UNECE. (Dati di Fuhrer, 1996 e di Skärby, 1996)

ne luminosa. La concentrazione di 40 ppb è stata scelta nel 1992 sulla base della valutazione di una serie di risultati sperimentali ottenuti principalmente nell'ambito della Convenzione LRTAP e del programma UNECE ICP-*Vegetation* (*International Cooperative Programme on effects of air pollution and other stresses on vegetation*) al quale hanno partecipato anche gruppi italiani. Occorre sottolineare come questa non sia da considerarsi come un limite minimo per il manifestarsi degli effetti biologici, quanto piuttosto un riferimento da usare per calcolare un indice di esposizione correlato alla risposta produttiva e al grado di rischio per i recettori sensibili. La Figura 71 riporta due funzioni "dose-risposta" per l'O_3 espresse in termini di AOT40, rispettivamente per una pianta erbacea (frumento) e per una forestale (faggio).

Negli Usa è stato proposto un indice cumulativo alternativo, individuato nella somma delle concentrazioni superiori a un valore prefissato, ma senza un limite soglia inferiore: il parametro, denominato SUM, è dato da tutti i valori, così che SUM60 corrisponde ad AOT0 per quelle ore in cui il livello di O_3 è stato superiore a 60 ppb.

1.11 Valutazione socio-economica dei danni causati dagli inquinanti

Per stimare l'impatto globale – anche sotto il profilo economico – dei contaminanti aerodiffusi, è necessario procedere per successive valutazioni, esaminando nell'ordine:

- gli effetti biologici subìti dalle piante, in base alle riduzioni delle prestazioni quanti- e qualitative;
- la "monetizzazione" di tali perdite, considerando il ruolo chiave del "mercato" nel condizionare il valore dei beni non prodotti a causa dell'azione degli agenti nocivi.

Il tema si presta a interessanti elaborazioni, i cui risultati potrebbero costituire un elemento fondamentale di giudizio per gli amministratori. La cognizione che a causa della scarsa qualità dell'ambiente la collettività subisce un danno economico potrebbe rappresentare un ulteriore argomento contro l'inquinamento. Rimane, in ultima analisi, da individuare l'effettiva "vittima". Infatti se, per ipotesi, una situazione avversa compromette la produzione, il prezzo di mercato (in relazione anche all'elasticità del bene in oggetto) può aumentare, così che – in definitiva – la figura che subisce un effetto negativo viene a essere il consumatore, il quale si trova a pagare degli extra-costi. Un esempio relativo al potenziale impatto economico di un inquinante su una foraggera è riportato in Figura 72.

In realtà, una stima economica dei danni globali provocati dai contaminanti sulle piante è forse improponibile. Ciò in relazione alla difficoltà di valutare economicamente parametri come la perdita di valore ambientale di impianti forestali, i rischi ecologici e igienico-sanitari correlati con l'accumulo di contaminanti persistenti, le conseguenze derivanti dall'impossibilità di coltivare, in determinate aree, specie o cultivar eccessivamente sensibili alle situazioni prevalenti di inquinamento. Inoltre, come visto, gli effetti deleteri si possono manifestare anche indirettamente, oppure con espressioni difficilmente individuabili e valutabili, come un ritardo nella maturazione delle essenze

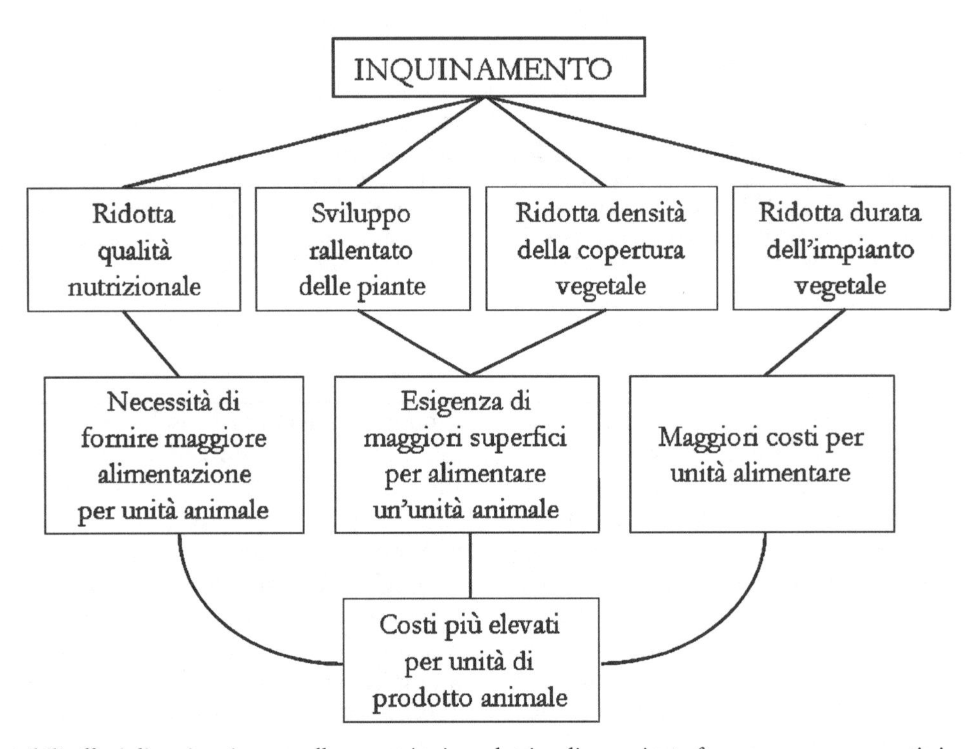

Fig. 72. Possibili effetti di un inquinante sulle prestazioni produttive di una pianta foraggera e conseguenti ripercussioni di ordine economico

forestali, l'induzione di senescenza precoce o altri fenomeni subliminali.

Gli strumenti attraverso i quali è possibile ottenere informazioni relative al primo punto sono già stati discussi. A puro titolo di esempio, in Tabella 11 sono riportati i risultati di una prova di filtrazione dell'aria ambiente in Lombardia.

Nonostante le difficoltà segnalate, sono state tentate da tempo stime delle perdite causate dagli inquinanti alla vegetazione coltivata in vasti comprensori: già nel 1956 gli effetti nocivi dello *smog fotochimico* furono valutati, su base annua, in $3 \cdot 10^6$ dollari nella sola contea di Los Angeles. Le analisi globali (certamente riduttive) relative ai danni negli Usa si riferiscono a valori oscillanti tra 135 e $900 \cdot 10^6$ dollari. Nel corso di una sola settimana del 1959, i raccolti di tabacco del Connecticut subirono, a causa dell'O_3, danni valutati in alcuni milioni di dollari. Sono note stime riferite a Paesi europei: per esempio, in Olanda sono state formulate elaborazioni modellistiche che indicano in 5% le riduzioni di produzioni vegetali associabili all'inquinamento atmosferico (di cui il 70% è dovuto all'O_3). Un'indagine a campione svolta da ENEA anni or sono e relativa alla sola provincia di Piacenza, adattando alle realtà locali funzioni dose-risposta reperite in letteratura, individua in oltre $2{,}5 \cdot 10^6$ euro il discapito attribuibile all'inquinamento per le principali colture. La maggior parte di tali effetti sono risultati ascrivibili all'O_3, imputato di ridurre del 5-11% il prodotto lordo vendibile. Nel 1997 in Toscana un lavoro simile ha portato a una stima del danno economico di circa 5 milioni di euro per Firenze, 2 milioni per Pisa e mezzo milione per Lucca.

Tabella 11. Effetti della filtrazione dell'aria ambiente sulle prestazioni produttive di piante di grano (in termini di produzione di cariossidi) e di fagiolo (semi)

Specie	Anno	Sito	Diminuzione osservata (%)
Grano	1988	Urbano	27,4**
cv. Gemini		Rurale	17,9
	1989	Urbano	21,7**
		Rurale	21,2*
	1990	Urbano	20,0**
		Rurale	22,8**
Fagiolo	1988	Urbano	31,5**
cv. Horticultural		Rurale	24,3*
	1989	Urbano	18,3*
		Rurale	31,0**

Le prove sono state condotte in *open-top chambers* a Segrate (MI), sito urbano, e a Isola Serafini (PC), sito rurale. I valori affiancati da asterisco sono diversi dal controllo in aria non filtrata per la probabilità di errore massima del 5 (*) o dell'1% (**).
(Da Schenone e Lorenzini, 1992)

Occorre considerare anche che il produttore può intervenire nelle aree soggette a inquinamento con pratiche agronomiche (fertilizzazioni, irrigazioni, se non addirittura trattamenti *ad hoc*, come nel caso dei fluoruri) al fine di cercare di contenere le perdite. Anche questi aspetti dovrebbero essere valutati in sede di stima dei danni, così come, per esempio, gli eventuali costi di lavoro necessari per selezionare e scartare i prodotti alterati e incommerciabili.

La scarsa qualità dell'aria nei dintorni di aree fortemente industrializzate ha talvolta reso impossibili, in passato, le coltivazioni (è questo il caso della peschicoltura nel comprensorio di Sassuolo, Modena), costringendo gli agricoltori a trasferirsi o a cambiare attività, magari per entrare proprio nel settore industriale. Sotto il profilo sociale queste tematiche sono di rilevante importanza. L'esempio più attuale è rappresentato dalla perdita di un ingente numero di posti di lavoro nel settore forestale tedesco dovuta alla diminuita produttività dei boschi. Sono stati delineati scenari virtuali basati su riduzioni dei livelli ambiente di O_3. Negli Usa, alcuni anni fa, una diminuzione del 10% era associata a benefíci economici che sfioravano $1 \cdot 10^9$ dollari, che salivano a $1{,}9 \cdot 10^9$ in corrispondenza di una riduzione del 25%.

1.12 Impatto degli inquinanti sulle popolazioni vegetali

Il recettore (cioè l'elemento che può subire l'azione) è un'entità collocata a un certo livello della scala dell'organizzazione biologica. Così, se l'interazione si realizza di norma all'interno delle cellule, si ha una serie di ripercussioni che coinvolgono, in successione, le strutture più complesse, in ordine gerarchico, sino all'intero individuo e, quindi, alle popolazioni, alle comunità e agli ecosistemi (Fig. 73). Gli effetti dei contaminanti sulla vita vegetale

LIVELLO DI ORGANIZZAZIONE

CELLULA	TESSUTI O ORGANI	ORGANISMO	ECOSISTEMA
assorbimento dell'inquinante	assorbimento o deposito dell'inquinante	assorbimento o deposito dell'inquinante	accumulo dell'inquinante nella pianta e in comparti ambientali; danni ai consumatori come conseguenza dell'accumulo di sostanze tossiche (es. fluorosi)
alterazione del mezzo cellulare; effetti su enzimi e metaboliti; modificazioni degli organuli cellulari	alterazione di assimilazione, respirazione o traspirazione; clorosi; rallentamento nello sviluppo e nella crescita	modificazioni di sviluppo; riduzione di produzione (aspetti quali-quantitativi); aumentata suscettibilità a *stress* biotici o abiotici	variazioni nei rapporti tra specie, dovute anche a modificazioni nella competitività
morte della cellula	morte o abscissione di organi	morte della pianta	alterazione di cicli biogeochimici; sconvolgimento delle associazioni vegetali; espansione delle zone denudate

Fig. 73. Classificazione degli effetti degli inquinanti atmosferici sulla vita vegetale ai diversi livelli dell'organizzazione biologica. (Da Guderian, 1977)

possono essere valutati secondo diversi criteri spazio-temporali (Fig. 74). La perturbazione che interessa in progressione l'individuo, la popolazione, la comunità e l'ecosistema presenta le caratteristiche riportate in Figura 75. La lettura di questi fenomeni si deve basare sul fatto che la risposta a uno stato di inquinamento non è omogenea tra le piante.

La vegetazione si è evoluta e le comunità si sono stabilizzate sotto la pressione selettiva dell'ambiente. Quando un nuovo fattore si inserisce negli equilibri, le specie possono subire modificazioni tali da alterare la struttura dell'intera biocenosi. Il ruolo degli agenti tossici sotto questo punto di vista spesso è notevole, anche in relazione al fatto che essi possono interessare aree molto vaste e per periodi lunghi. La natura dei loro effetti sulla composizione e sulle funzioni degli ecosistemi è dipendente dalla loro concentrazione, ma anche dal livello di resistenza degli individui, dall'influenza dei fattori ambientali e dalle variazioni intra- e interspecifiche.

Anche le condizioni di stabilità della comunità influiscono sulla risposta dei suoi membri a una situazione di *stress*. La problematica è maggiormente sentita nel caso delle essenze legnose, in considerazione del fatto che esse rimangono esposte per periodi ben superiori rispetto alle erbacee. Si consideri che già nel 1968 si stimava in 400.000 ettari la superficie boschiva europea in cui si evidenziavano danni certi per l'inquinamento di origine industriale.

Nel caso degli ecosistemi forestali, Smith ha proposto una distinzione delle alterazioni in tre classi, in relazione all'intensità degli effetti. In presenza di basse concentrazioni di composti nocivi (relazioni cosiddette di *classe 1*), la vegetazione e il terreno possono facilmente agire come asportatori, così che si ha semplicemente il trasferimento dal comparto atmosferico a quelli biotico ed edafico. In funzione della natura della sostanza, l'impatto sull'ecosistema può essere pressoché nullo o addirittura stimolatorio (effetto fertilizzante nel caso dei composti dell'azoto e dello zolfo). Esposizioni a livelli molto bassi di molecole facilmente reattive (O_3), di norma, non causano turbamenti significativi, poiché la conversione a specie innocue è rapida. Viceversa, per tutto ciò che tende ad accumularsi nei tessuti (fluoruri, metalli pesanti), anche in assenza di evidenti effetti diretti sulle piante si devono tenere in consi-

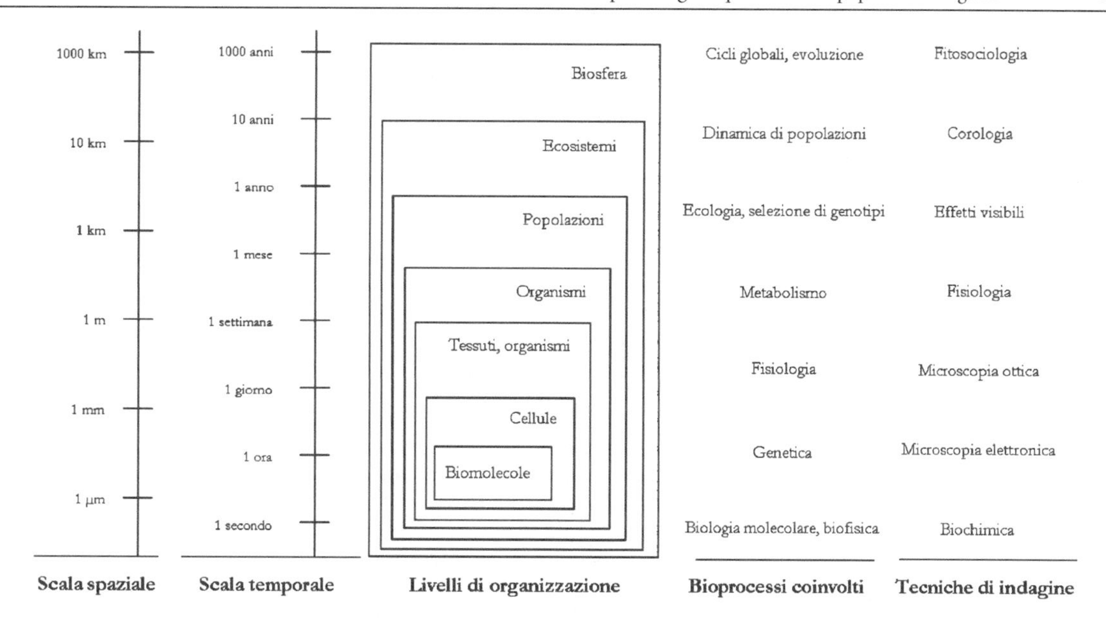

Fig. 74. Effetti biologici degli inquinanti in relazione alla scala temporale e spaziale, al livello di organizzazione biologica, ai bioprocessi coinvolti, alle tecniche di indagine

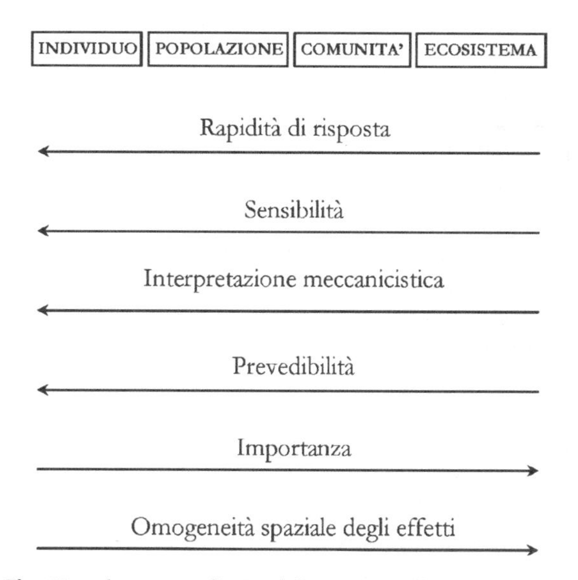

Fig. 75. Alcune peculiarità delle risposte alla perturbazione delle piante singole e delle associazioni vegetali

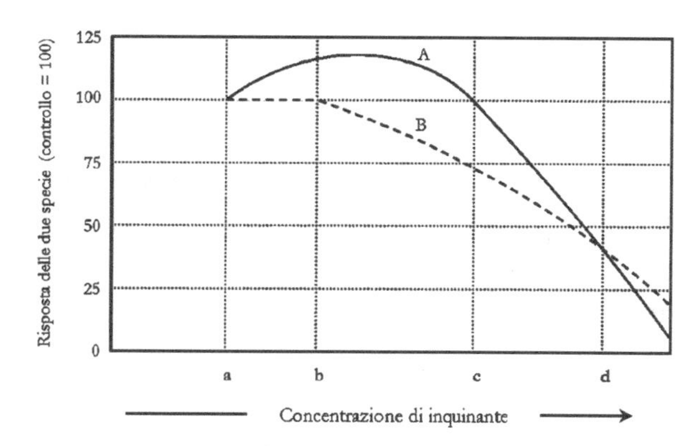

Fig. 76. Tipiche reazioni diversificate di due specie in risposta a livelli crescenti di un inquinante nell'atmosfera. Sino al raggiungimento di concentrazioni soglia, rispettivamente indicate con **a** e **b**, non è osservabile alcuna variazione rispetto al controllo. Nella specie A si ha un effetto di stimolo nell'intervallo **a**-**c** e riduzione di prestazioni solo a livelli superiori a **c**. Nella specie B manca questa azione stimolatoria, così che si passa da indifferenza a effetto negativo a cominciare da **b**. Le curve indicanti il grado di riduzione non sono però analoghe per le due specie e si incontrano in corrispondenza della concentrazione **d**, oltre la quale le risposte si invertono. Nel campo **a-d**, A si avvantaggia, anche in presenza di concentrazioni di inquinante che non esplicano effetti negativi su B. (Elaborato e ridisegnato da Guderian e Kueppers, 1980)

derazione le possibili conseguenze a carico, per esempio, degli insetti fitofagi o degli organismi detritivori. La valutazione, in questo caso, presenta particolari difficoltà per l'impossibilità di confrontare le zone contaminate con altre omogenee (per le caratteristiche del terreno, del clima, della vegetazione, ecc.) di controllo. Si tenga presente che variazioni nella composizione di comunità vegetali sono possibili anche quando il livello di contaminazione è basso e tale da non avere alcuna significativa alterazione negativa diretta (Fig. 76).

Nelle relazioni di *classe 2*, in presenza di concentrazioni "intermedie" di inquinanti, singole specie o individui sono danneggiati. Queste influenze nocive possono consistere in lesioni dirette, oppure in riduzioni delle prestazioni fisiologiche o del potenziale riproduttivo (vitalità del polline o del seme, formazione e fertilità del fiore, maturazione del frutto, sviluppo delle plantule), come pure nella maggiore predisposizione a *stress* parassitari o abiotici. Riduzione di sviluppo e di capacità competitiva interspecifica caratterizzano le risposte delle specie sensibili, che finiscono per perdere di importanza nell'ambito della comunità a vantaggio di quelle più resistenti, che – di conseguenza – aumentano di consistenza. Come risultato, l'effetto primario degli inquinanti sui membri più vulnerabili può essere ampliato a un tale livello che questi non possono a lungo competere attivamente per i fattori vitali. Per indicare questa situazione sono stati coniati i termini di "fitoindicatori positivi e negativi" (Figg. 77 e 78).

Le equazioni che correlano l'importanza di una specie con la vicinanza alla sorgente di effluenti sono generalmente di tipo iperbolico e da ciò si desume teoricamente come le ripercussioni si verifichino anche a una distanza infinita. In realtà, vi è una

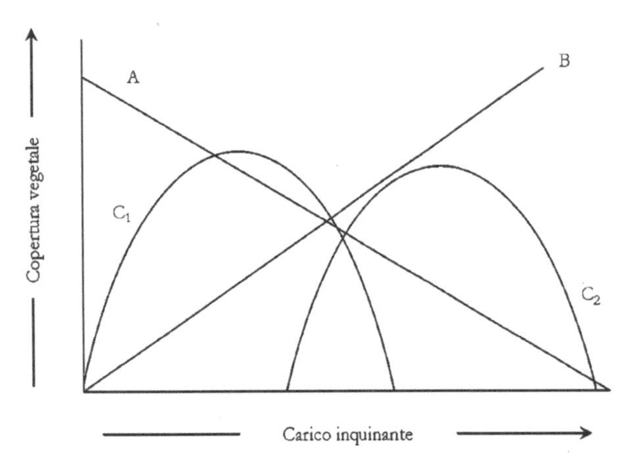

Fig. 77. Modelli di risposta quantitativa delle specie (in termini di copertura vegetale) lungo un gradiente di *stress* chimico, per esempio l'inquinamento da anidride solforosa. Il profilo A individua una specie che invade le aree disturbate dal carico chimico (o che presenta elevate esigenze nutrizionali in relazione all'elemento presente nell'inquinante); B caratterizza una specie sensibile, il cui sviluppo è ostacolato dal fattore ostile; C_1 e C_2 sono rappresentative di specie che presentano comportamento variabile in funzione del livello di contaminazione. (Ridisegnato e modificato da Kozlowski, 1985)

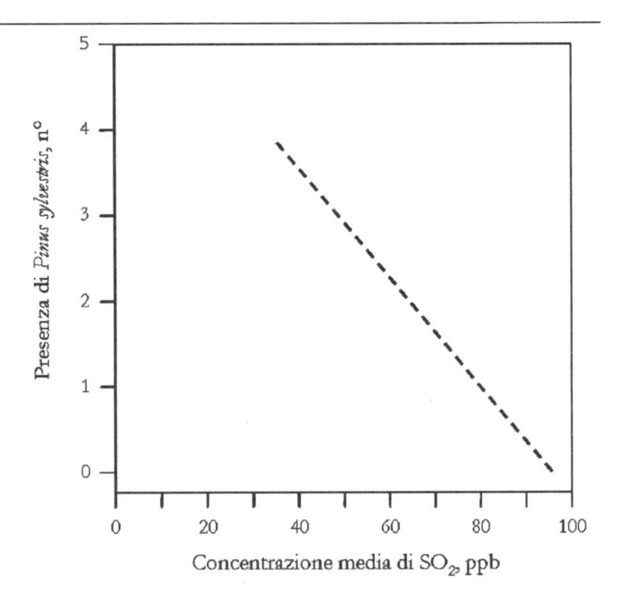

Fig. 78. Correlazione tra la presenza di *Pinus sylvestris* e le medie invernali di anidride solforosa nei Monti Pennini (Gran Bretagna); le ordinate indicano il numero di quadrati di lato 2 km (area 4 km^2) nei quali è stato rinvenuto almeno un esemplare. (Ridisegnato da dati di Farrar *et al.*, 1977)

concentrazione soglia (e pertanto un confine) al di sotto della quale l'impatto è verosimilmente trascurabile e certamente poco significativo in termini ecologici. La direzione dei venti dominanti è un fattore importante in questi contesti (Fig. 79). Nella Figura 80 viene riportato un esempio di interazioni di questo tipo tra specie foraggere.

Anche nell'ambito delle popolazioni licheniche si possono verificare fenomeni simili. Per esempio, in conseguenza dell'inacidimento del substrato causato da SO_2, una specie acidofila come *Hygogymnia physoides* ha aumentato in passato la sua presenza nel centro di Copenhagen, mentre la maggior parte delle altre si sono rarefatte o sono scomparse.

Le ripercussioni ecologiche delle relazioni che si instaurano nell'ambito della classe 2 possono essere irreversibili in considerazione che le principali caratteristiche, e talvolta persino la stabilità, di una comunità possono dipendere da relativamente poche specie: se queste vengono compromesse o eliminate, l'intera biocenosi finisce con il deteriorarsi. Anche modesti cambiamenti nella struttura orizzontale della copertura vegetale (conseguenti a riduzioni di sviluppo della chioma di specie legnose) influenzano importanti fattori ecologici come il microclima, la disponibilità di luce e di precipitazioni per la vegetazione sottostante.

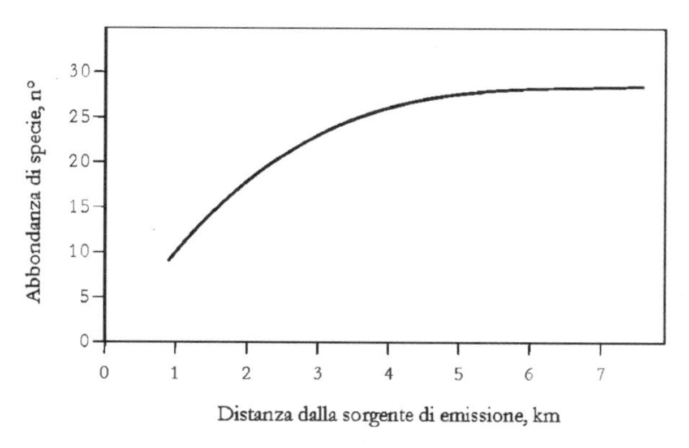

Fig. 79. Effetti della distanza da una centrale termoelettrica a carbone, responsabile di emissione di anidride solforosa, sulla ricchezza in specie di una foresta di latifoglie. (Ridisegnato da Rosenberg *et al.*, 1979)

Interferenze del tipo di quelle precedentemente descritte non sono causate solo da inquinanti gassosi. Per esempio, è stato osservato che in una foresta di latifoglie contaminata da depositi polverulenti di calcare si è registrata una notevole riduzione dello sviluppo del tronco di diverse specie di *Quercus* e di *Acer rubrum,* mentre le piante di *Liriodendron tulipifera* mostravano crescita maggiore di quelle delle aree pulite. La possibile spiegazione di tale fenomeno può, anche in questo caso, ricercarsi nell'attenuazione della pressione competitiva dei soggetti più sensibili all'inquinamento.

In presenza di forti concentrazioni di agenti tossici (relazioni di *classe 3*) si ha morbosità acuta e mortalità degli individui; le conseguenze sulla com-

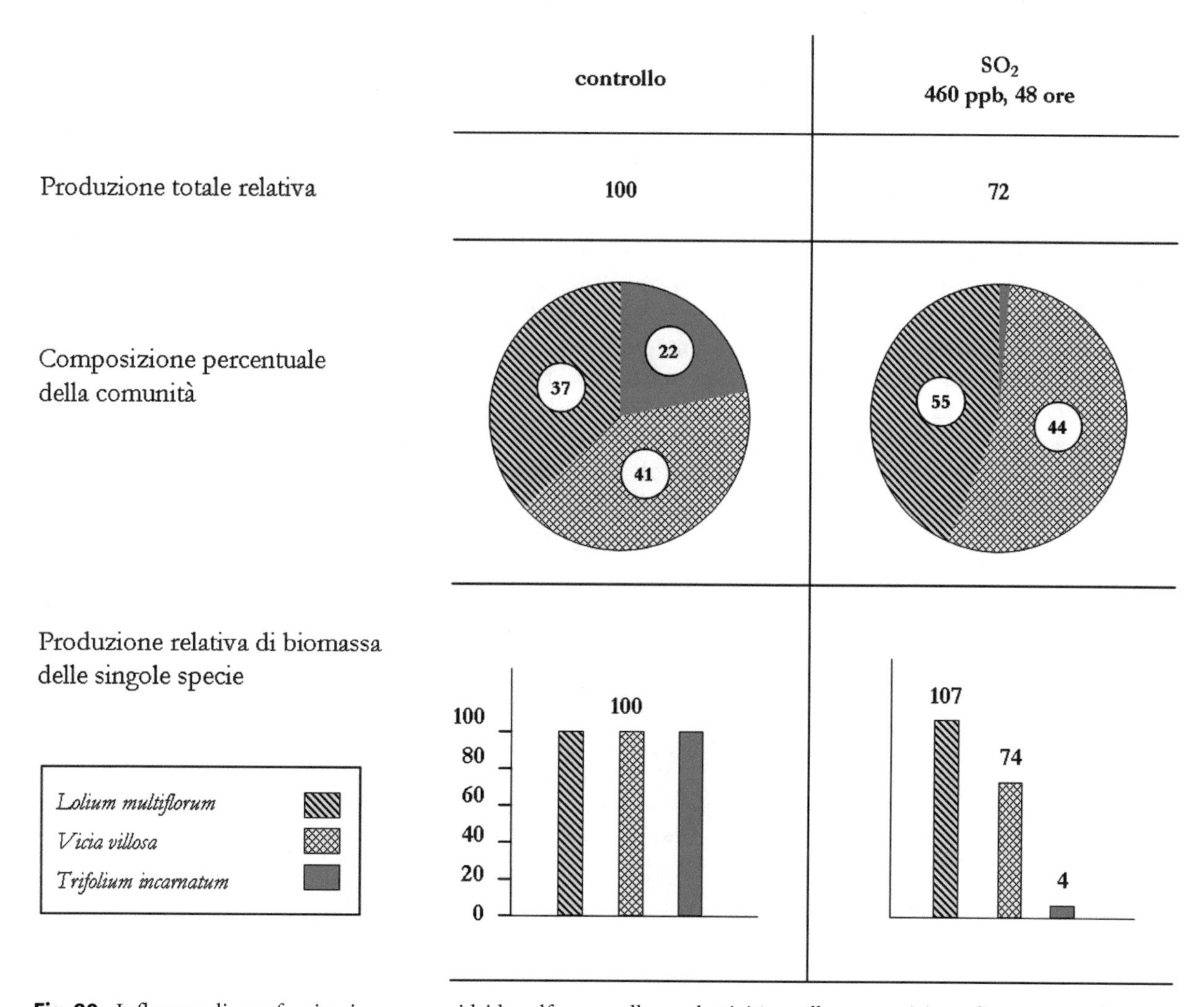

Fig. 80. Influenza di una fumigazione con anidride solforosa sulla produttività e sulla composizione di una comunità vegetale costituita da tre specie foraggere caratterizzate da diversa sensibilità. (Ridisegnato da Guderian, 1977)

posizione degli ecosistemi consistono in drastiche semplificazioni (eliminazione delle specie sensibili) con la scomparsa delle piante legnose, che vengono rimpiazzate da erbacee o arbustive. Complesse sono le implicazioni a livello dei cicli biogeochimici degli elementi nutritivi, del flusso di energia, della stabilità del suolo e del clima, della suscettibilità agli incendi. In ogni caso, poiché l'equilibrio di un ecosistema è correlato con la ricchezza in specie, la semplificazione indotta dagli inquinanti tende a comprometterlo e a renderlo più vulnerabile ad altri fattori di *stress*.

Le situazioni descritte si possono verificare in successione, in funzione della distanza da una sorgente puntiforme (Fig. 81). L'ampiezza delle zone mostranti interazioni dei vari tipi è determinata anche dalla topografia locale, dalla dominanza dei venti e, in ogni caso, i confini delle aree stesse possono cambiare dinamicamente nel tempo. Sono noti casi in cui l'azione di uno o più contaminanti ha portato a effetti devastanti su superfici molto estese: per esempio, nel Tennessee (Usa) l'attività di alcuni impianti per l'estrazione del rame mediante arrostimento dei minerali ha comportato che una zona di oltre 3.000 ettari, un tempo ricca di piante forestali, sia stata completamente denudata ("desertificazione") e in altri circa 7.000 ettari le specie native siano state sostituite da essenze da pascolo. Numerosi sono i casi analoghi, che fortunatamente sembrano ormai appartenere al passato; sono stati descritti fenomeni di recupero, una volta che le emissioni sono state ridotte. La velocità con cui un sistema ritorna alla propria armonia, dopo una variazione ("resilienza"), dipende da non poche variabili. Lo sconvolgimento degli equilibri naturali comporta effetti ecologici di vasta portata: oltre all'erosione causata dalle piogge, sono state registrate variazioni climatiche notevoli, come aumento della temperatura in estate e diminuzione in inverno, riduzione della piovosità, incremento della velocità dei venti.

La successione delle condizioni delle popolazioni vegetali in una zona circostante a una sorgente rilevante di SO_2 è così sintetizzabile. L'area immediatamente adiacente (che assume una conformazione tendenzialmente ellittica, in relazione alle caratteristiche dei venti dominanti, e può estendersi per alcune decine di chilometri, si presenta denudata e soggetta a erosione. Segue la zona di transizione, in cui sono presenti solo le specie più resistenti che comunque mostrano riduzioni di sviluppo, in particolare nel lato esposto. La fascia seguente è popolata da essenze erbacee e arbustive, nonché da rare arboree, che tendono ad assumere portamento cespuglioso o strisciante. Dopo la parte in cui solo poche piante legnose riescono a svilupparsi convenientemente, si trova quella in cui sono visibili sintomi fogliari sugli individui più sensibili, ma la composizione dell'ecosistema comincia ad avvicinarsi a quella normale. In definitiva, tale impatto non differisce sostanzialmente da quello provocato da altri fattori nocivi, come – per esempio – le radiazioni gamma. Le piante sono rimosse "stratoper-strato" (alberi, arbusti di grossa taglia e quelli di piccole dimensioni, specie erbacee) con l'aumentare del carico chimico (Fig. 82).

La successione secondaria – che si realizza quando la vegetazione originaria inizia a subire l'influenza della pressione ambientale – porta, con il tempo, alla formazione di una nuova struttura stabile, meno complessa della precedente. Così, è frequente osser-

Fig. 81. Effetti devastanti delle emissioni di impianti per l'estrazione dei metalli nella Penisola di Kola (Russia) sulla vegetazione forestale; la foto *a sinistra* è relativa a un sito a 4 km dalla sorgente, quella *a destra* è stata scattata a 20 km di distanza da essa. (Per gentile concessione di O. Rigina)

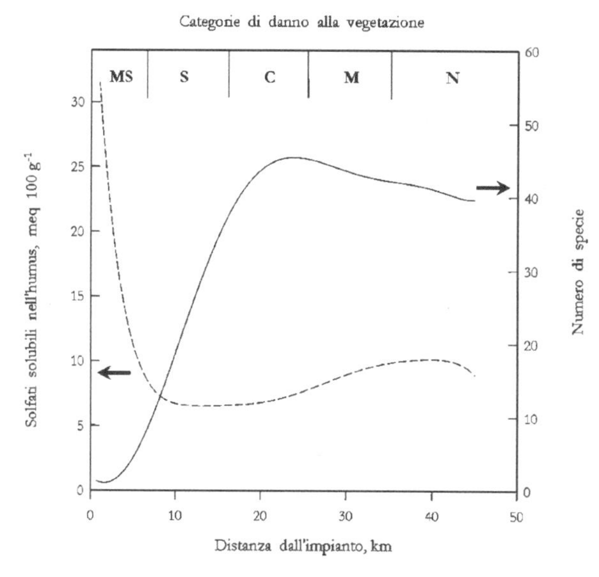

Fig. 82. Evoluzione della densità floristica (*linea intera*) e del contenuto in solfati solubili nello strato di *humus* (*linea tratteggiata*) in relazione alla distanza da una sorgente industriale di anidride solforosa responsabile dell'emissione di $100 \cdot 10^3$ t di S all'anno. (Da dati di Gordon e Gorham, 1963). Il danno alla vegetazione è indicato con: MS = molto severo; S = severo; C = considerevole; M = modesto; N = non evidente

vare zonazioni tipiche, in relazione al livello di contaminazione caratteristico di ciascuna area. Si vengono pertanto a creare associazioni spontanee, con composizione relativamente costante, che si sviluppano gradualmente attraverso successioni secondarie sia da specie presenti prima dell'inizio della diffusione delle sostanze tossiche sia da nuove entità, sotto l'influenza combinata dei fattori classici (clima, terreno, parassiti, ecc.) dominati dall'inquinamento.

Gli ecologi individuano sei meccanismi correlati alle attività umane che possono provocare l'estinzione di organismi: supersfruttamento; distruzione dell'*habitat*; introduzione di patogeni, predatori o competitori; contaminazione chimica. Di questi, solo l'ultimo è attivo da tempi recenti; pertanto, le sue potenziali ripercussioni devono tuttora essere delineate.

1.13 Effetti degli inquinanti sulle relazioni ospite/parassita

Numerose sono le modificazioni che si possono realizzare nei rapporti di parassitismo sotto l'azione di un inquinante; la severità può essere aumentata o

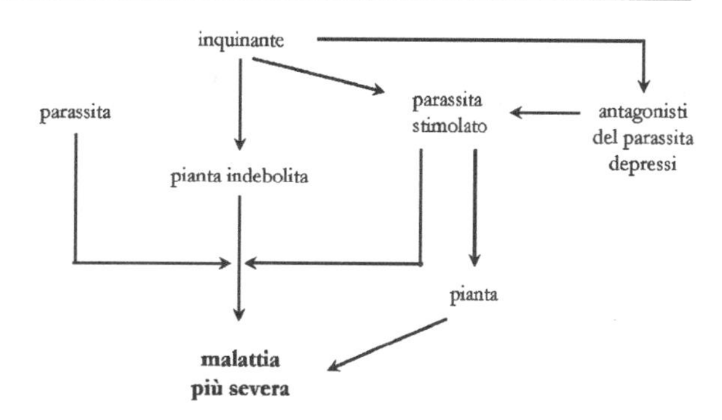

Fig. 83. Esemplificazione di alcune delle interazioni sui rapporti ospite-parassita che si possono realizzare in presenza di inquinanti atmosferici

diminuita, come risultato dell'azione diretta o indiretta sull'aggressività dell'organismo nocivo e/o sulla suscettibilità dell'ospite o su altri fattori, quali gli antagonisti del parassita (Fig. 83). È anche dimostrato che la risposta di una pianta infetta a una sostanza tossica può essere alterata (vedi 1.7.1).

Considerando il grande numero di combinazioni ospite/parassita possibili, le ricerche nel settore sono praticamente illimitate; la notevole eterogeneità della materia e le rilevanti differenze nel comportamento osservate rendono difficile la generalizzazione di fenomeni osservati in natura e riprodotti sperimentalmente. La mancanza di andamenti generali negli studi in questione sembra indicare che le risposte sono dipendenti da condizioni che si realizzano in specifiche combinazioni di ospiti, parassiti e inquinanti che possono essere in ogni caso modificate da altre variabili biologiche e ambientali (Fig. 84). Importante, tra l'altro, appare il momento dell'esposizione all'inquinante in relazione al ciclo della malattia: per esempio, le precipitazioni acide inibiscono o stimolano alcune batteriosi a seconda dello stadio a cui sono applicate.

Dalla considerazione che numerosi funghi fitoparassiti sono sensibili a diversi gas atmosferici almeno quanto le piante superiori, deriva che di frequente si abbiano in natura effetti negativi sulle varie fasi del loro sviluppo. Si consideri, pure, che alcuni tra i principali inquinanti (SO_2, O_3, Cl_2) trovano fondamentali applicazioni pratiche come agenti antimicrobici, seppure a concentrazioni di gran lunga superiori a quelle rinvenibili nell'ambiente. Le prime osservazioni sull'argomento risalgono alla fine del secolo XIX, quando Brizi rilevò come, in aree raggiunte da vapori emessi da impianti industriali, fosse ostacolato lo

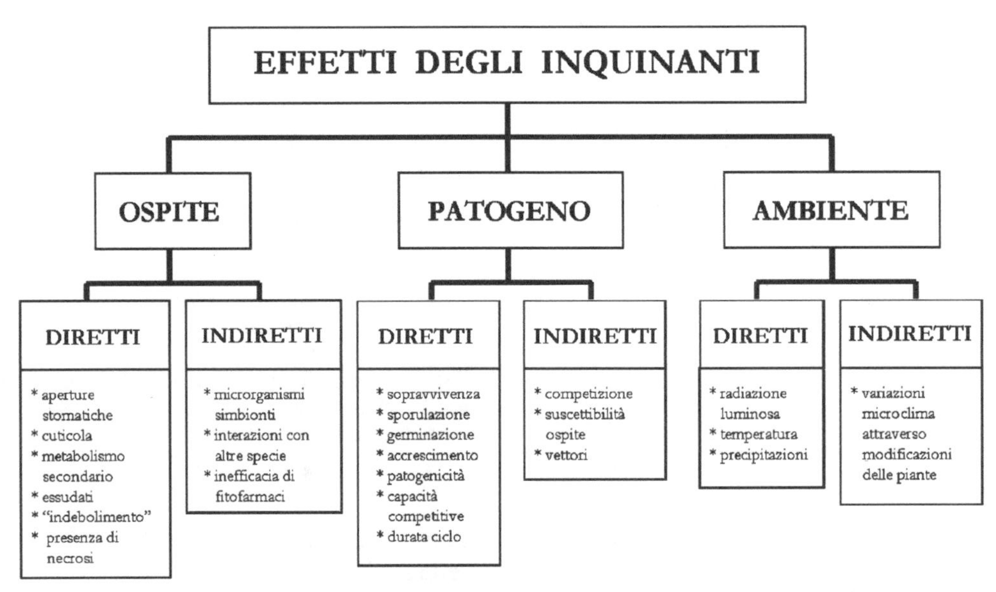

Fig. 84. Possibili interazioni dirette e indirette che gli inquinanti possono instaurare con i componenti del "triangolo della malattia"

sviluppo della "peronospora" della vite *(Plasmopara viticola)*. Nel 1935 Kock riscontrò l'assenza di *Microsphaera quercina* (agente del "mal bianco") su querce in zone industriali, in contrasto con la sua notevole diffusione in comprensori distanti da essi. Il fenomeno fu attribuito alla presenza di composti solforati nell'aria che sarebbero in grado di esercitare attività fungitossica paragonabile a quella dei classici trattamenti anticrittogamici con zolfo. Simili ipotesi sono state avanzate, in seguito, per giustificare la rarefazione in ambienti inquinati delle infezioni naturali di *Diplocarpon rosae* (agente della "ticchiolatura" della rosa), di *Microsphaera alni* ("mal bianco" del lillà), di *Venturia inaequalis* ("ticchiolatura" del melo) e di altre malattie crittogamiche. Analogamente, sono state evidenziate interferenze negative dell'O_3 sull'attività di parassiti obbligati quali *Erysiphe graminis* e *Puccinia* spp. ("mal bianco" e "ruggini" dei cereali, rispettivamente). L'intensità dell'infezione di "ruggine" su fava è inversamente proporzionale al contenuto fogliare in fluoruri (Fig. 85).

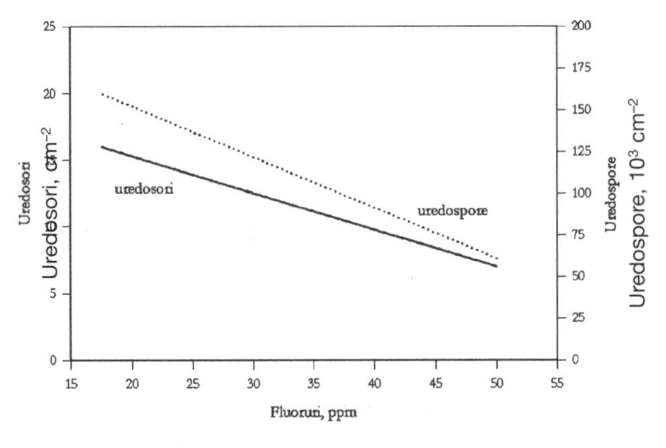

Fig. 85. Relazione tra severità della "ruggine" (*Uromyces viciae-fabae*) e contenuto in fluoruri nelle foglie di fava (*Vicia faba*) a seguito di inoculazioni artificiali. (Da Lorenzini e Guidi, 1992)

Complesse sono, invece, le relazioni tra lo sviluppo di *Botrytis cinerea* (agente della "muffa grigia") e l'O_3. Se da una parte è stato accertato che esso limita, per esempio, gli attacchi sui fiori di geranio, è indubbio che piante indebolite da continue esposizioni, specie se queste provocano necrosi, finiscono con l'essere più vulnerabili all'aggressione di questo e di altri deboli parassiti. Più in generale, malattie causate da patogeni non obbligati sono più severe in piante stressate: in impianti forestali sofferenti per l'azione della SO_2, è maggiore l'incidenza di marciumi radicali da *Armillaria mellea*; gli ossidanti atmosferici aumentano la suscettibilità di diverse conifere agli attacchi di *Fomes annosus* (= *Heterobasidion annosum*), altro importante parassita degli organi ipogei, verosimilmente in relazione a una ridotta produzione di resina nei tessuti adiacenti al punto di inoculo.

Il tema è complesso, come dimostrato da un esempio classico. A lungo si è ritenuto che la distribuzione geografica della malattia fogliare degli aceri nota come "croste nere" (*tar spot*, sostenuta dal micromicete *Rhytisma acerinum*, Figura 86), fosse inversamente correlata ai livelli di SO_2. Infatti, essa era rara in ambiente urbano (dove maggiore era l'inquinamento) e diffusa in campagna. Ebbene, un'articolata indagine svolta a Edimburgo ha individuato nelle operazioni di ripulitura delle strade dalle foglie infette cadute il vero fattore chiave: in città viene sistematicamente abbattuta la carica di inoculo autunnale, mentre il patogeno sverna nei pressi delle piante nei siti rurali e a primavera riprende il suo ciclo. La distribuzione spaziale della malattia è correlata con la distanza dalla più vicina sorgente di elementi infettivi, senza alcun ruolo della qualità dell'aria.

Pure inquinanti particellati possono interferire nell'evoluzione di malattie crittogamiche; per esempio, la presenza di polvere di cemento risulta favorire l'infezione di *Cercospora beticola* su barbabietola. Sono, poi, note le ricerche condotte, a suo tempo, nel nostro Paese per valutare l'influenza della deposizione della polvere di strada specialmente sulle ampelopatie.

Anche effetti indiretti verosimilmente svolgono un ruolo nel parassitismo. Per esempio, le precipitazioni acide favoriscono il dilavamento fogliare di numerosi fitofarmaci; il successo di un patogeno può dipendere anche dalle interazioni microbiche che si instaurano nella rizosfera e nel filloplano, e queste sono condizionate anche dai contaminanti.

Forti concentrazioni di certi agenti tossici ostacolano l'attività dei microrganismi che provvedono alla degradazione del legno degli alberi abbattuti. Era frequente, in passato, nel caso di aree vicine a importanti sorgenti di SO_2, che le piante arboree morte (uccise proprio dal gas tossico) persistessero in piedi a lungo in ottime condizioni, senza andare incontro a fenomeni di decomposizione microbica; ciò può costituire fattore predisponente per gli incendi.

Poco indagati sono i meccanismi attraverso i quali si esplicano le interferenze in oggetto. Si può ritenere che l'azione protettiva che taluni inquinanti esercitano nei confronti di alcune malattie derivi dalla formazione di sostanze antimicrobiche, come ipotizzato nel caso della minore incidenza degli attacchi di *Pseudomonas glycinea* in piante di soia esposte all'O_3. In questo complesso "ospite-parassita-inquinante" si realizza un curioso fenomeno di protezione incrociata ed è probabile che uno o più metaboliti, indotti dal batterio e dall'O_3, siano responsabili dell'inibizione dello *stress*, rispettivamente, da O_3 e da *Pseudomonas*. Altre interazioni possono essere avanzate in via teorica. Per esempio, dal fatto che SO_2 e O_3, in certe condizioni, inducano l'apertura degli stomi e in altre ne stimolino la chiusura possono derivare conseguenze di vario tipo nei confronti di quei parassiti fungini e batterici che penetrano per via stomatica.

Scarse sono le conoscenze relative agli effetti degli inquinanti sull'evoluzione di malattie virali. È stata riscontrata una correlazione tra contenuto in fluoruri nelle foglie di fagiolo e numero di lesioni indotte dal virus del "mosaico" del tabacco (TMV): per livelli dell'agente tossico nei tessuti sino a un certo valore si ha aumento delle necrosi, mentre per contenuti superiori si osserva il fenomeno inverso. A conferma dell'imprevedibilità delle interferenze in questione, si tenga presente che le piante di tabacco risultano più sensibili all'O_3 quando infette dalla malattia virale denominata "mal della striscia" (provocata dal *Tobacco Streak Virus*), mentre il TMV riduce le manifestazioni sintomatiche dovute all'ossidante.

Interessante è anche l'influenza sull'attività degli insetti fitofagi. Osservazioni di carattere empirico e correlativo sembrano indicare una loro preferenza nei confronti di piante stressate: soltanto il tabacco Bel-W3 (supersensibile all'O_3 e seriamente danneggiato da esposizioni all'aria ambiente, vedi paragrafo 13.3) è attaccato dalle cavallette, che ignorano altre cultivar non lesionate. Nel centro di Firenze la "grafiosi" sembra risparmiare gli olmi posti in prossimità di impianti di distribuzione dei carburanti, verosimilmente perché in quelle zone i vettori (insetti scolitidi xilofagi) sono, in qualche misura, ostacolati. Nel 1833 furono identificati in Germania gli effetti della vicinanza a una fonderia di ferro sulla popolazione del lepidottero *Epinotia tedella*, parassita di *Picea abies*: nelle aree investite dalle emissioni le larve erano sette volte più abbondanti rispetto alle aree adiacenti "pulite".

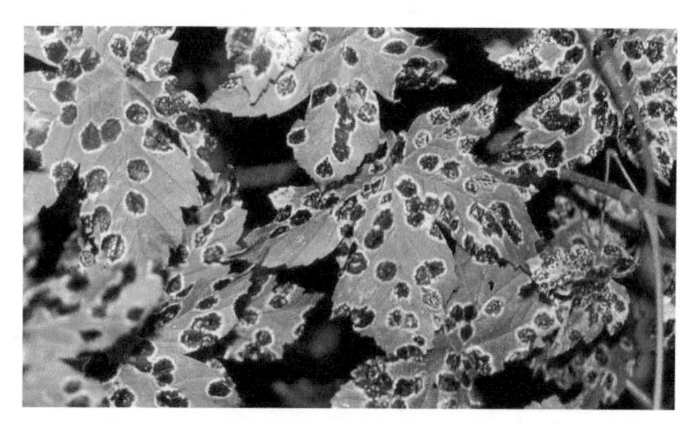

Fig. 86. Attacco di *Rhytisma acerinum*, microfungo agente delle "croste nere" (*tar spot*) dell'acero

Sono oltre 50 le specie di insetti e acari di interesse forestale per le quali sono state osservate correlazioni (per lo più positive) con il carico inquinante. Per esempio, l'aria di Londra e di Monaco di Baviera favorisce il successo degli afidi rispettivamente su fava e su rosa. Anche in questo caso, le spiegazioni possibili sono molteplici (Fig. 87). I contaminanti possono condizionare l'abbondanza delle popolazioni di insetti direttamente mediante tossicità, stimolazione o modificazioni di comportamento (repulsione). In realtà, i fitofagi sembrano poco sensibili alla presenza di contaminanti ai livelli comunemente riscontrati nell'ambiente, mentre prove in condizioni non realistiche indicano diverse possibili risposte.

Pochi dati sono disponibili in merito anche alle interazioni stimolanti nei confronti dei processi metabolici. Come già accennato, si definisce "ormesi" il fenomeno di stimolazione del metabolismo animale da parte di bassi livelli di sostanze tossiche. A loro volta, queste interazioni possono dipendere da effetti diretti (per esempio, sul funzionamento dei recettori olfattivi) o indiretti. I primi coinvolgono la fisiologia e il comportamento di nemici naturali degli insetti fitofagi quali predatori, parassiti, parassitoidi e patogeni; anche il microclima può essere modificato (per esempio, come conseguenza di variazioni nei tricomi fogliari).

La maggior parte delle interazioni discusse sono mediate dalla pianta ospite. Infatti, possono essere modificate dagli inquinanti sia la vulnerabilità all'individuazione e al riconoscimento (in relazione, per esempio, al colore o alla presenza di composti volatili), sia la qualità nutrizionale (carboidrati; aminoacidi; bilancio idrico; metaboliti secondari, quali isoflavonoidi; metabolismo ormonale, come conseguenza dei fenomeni di senescenza accelerata), sia, infine, le capacità di difesa costitutive (morfologia della superficie fogliare e metabolismo secondario). Le relazioni sono complesse: per esempio, i terpeni volatili fungono da messaggeri chimici per diversi insetti e, oltre ad agevolarne l'orientamento, svolgono un ruolo nella loro maturazione sessuale. È stato dimostrato che l'O_3 induce un effetto diretto sui feromoni di aggregazione in *Drosophila melanogaster*, riducendone la loro attività biologica.

Pesanti livelli di inquinamento possono aumentare la suscettibilità degli artropodi alla predazione, come evidenziato dal fenomeno del "melanismo industriale" descritto per oltre 200 specie, specialmente lepidotteri (ma segnalato anche tra gli aracnidi); l'esempio più studiato è quello relativo a *Biston betularia*, noto da 150 anni. Nelle aree industriali inglesi (caratterizzate da presenza diffu-

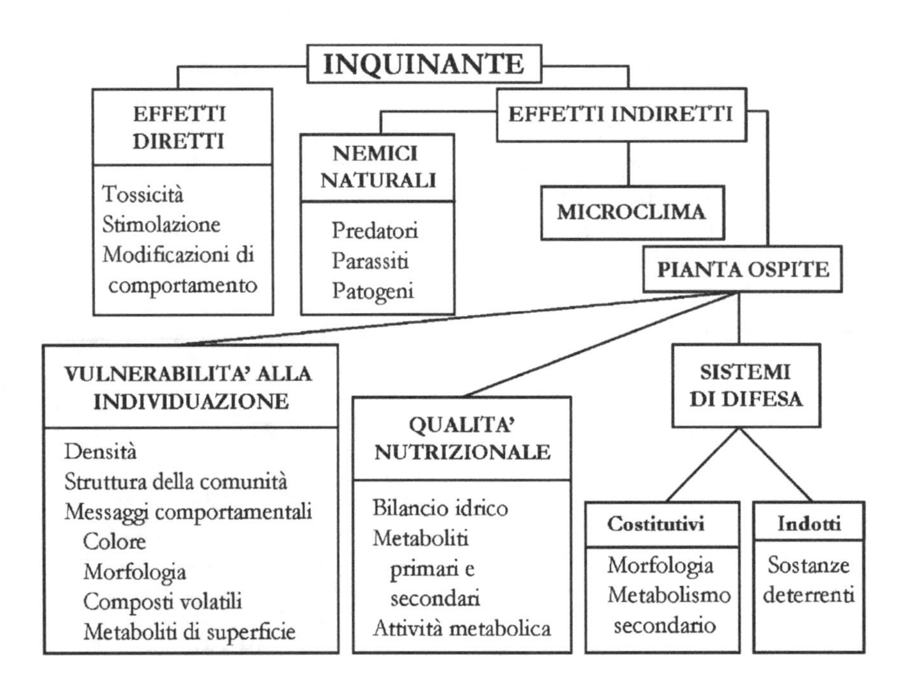

Fig. 87. Possibili interazioni dirette e indirette che gli inquinanti possono instaurare con gli artropodi nocivi alle piante. (Da dati di Hughes, 1988)

sa di fuliggine) era frequente una variazione del colore delle ali degli adulti, che tendevano a essere più scuri della norma e ciò offriva loro un buon mimetismo: in queste zone si avevano anche imbrattamenti e inscurimenti dei tronchi e una rarefazione dei licheni corticicoli (di norma di colore chiaro), così che gli insetti poco colorati quando erano in posizione di riposo (ad ali aperte) risultavano facilmente localizzati dagli uccelli predatori. I vantaggi selettivi di questo cambiamento microevoluzionario sono evidenti. È curioso osservare come il miglioramento della qualità dell'aria sia stato associato a una maggior frequenza delle forme non melaniche.

Le variazioni indotte dall'SO_2 nelle piante anche al di sotto del livello di danno visibile possono influire sul successo degli insetti: pressoché in tutti i casi investigati le modificazioni favoriscono i fitofagi. Per esempio, le femmine adulte del coleottero coccinellide *Epilachna varivestis* mostrano preferenza per le piante di soia fumigate con SO_2 rispetto ai controlli: le larve si sviluppano con più rapidità e raggiungono dimensioni superiori, il numero totale di uova prodotte da ciascuna femmina è circa il doppio e la loro vitalità risulta maggiore (Fig. 88). Un incremento nel contenuto in glutatione è ritenuto essere fondamentale in questo contesto.

Un fattore certamente condizionante le interazioni ospite-parassita in ambiente contaminato è la riduzione di resistenza delle piante che accompagna progressivamente la loro perdita di vigoria all'aumentare della concentrazione di inquinante. Di questo effetto possono approfittare le popolazioni di fitofagi sino a quando la concentrazione del contaminante raggiunge una soglia di tossicità per gli insetti. Questo fenomeno può realizzarsi per intossicazione diretta e/o per il raggiungimento di livelli tossici di composti nei tessuti. Quest'ultimo caso è stato anche riscontrato nelle indagini degli effetti dei fluoruri sugli insetti fitofagi: per esempio, il baco da seta *(Bombix mori)* risulta molto sensibile. Le osservazioni descritte meriterebbero di essere estese

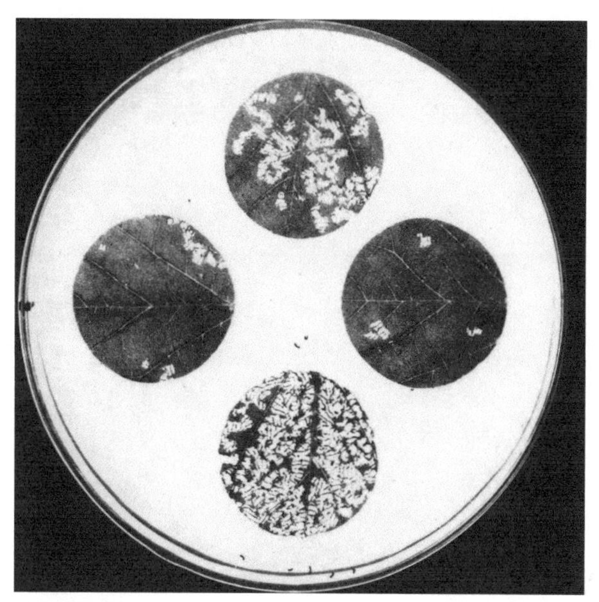

Fig. 88. Esperimento che dimostra la preferenza di un insetto per le piante esposte a un inquinante. I dischetti *in alto* e *in basso* sono stati prelevati da foglie di piante di soia trattate con anidride solforosa (140 ppb per una settimana); i dischetti *a destra* e *a sinistra* provengono da piante di controllo. Femmine adulte del coleottero coccinellide *Epilachna varivestis* sono state poste al centro della piastra e hanno di gran lunga preferito il materiale proveniente da piante fumigate. (Per gentile concessione di P.R. Hughes)

e ampliate ad altre forme di erbivoria, anche relativamente a organismi più complessi; per esempio, il gasteropode *Deroceras reticulatum* privilegia le foglie del trifoglio bianco NC-S rispetto a NC-R (vedi paragrafi 1.3 e 13.9).

Nel corso dei lavori di valutazione della resistenza di specie agrarie a parassiti animali e vegetali non si dovrà trascurare di accertare l'eventuale presenza di inquinanti in quanto, come visto, essi possono modificare le risposte dell'ospite. Infine, qualunque sia la direzione delle interferenze nei rapporti ospite/parassita esse devono essere considerate ulteriori espressioni di una rottura degli equilibri naturali.

Parte seconda

Effetti fitotossici degli inquinanti

Capitolo 2
Ossidi di azoto

In virtù dei suoi possibili stati di ossidazione, l'azoto forma ben sette ossidi; di questi, N_2O, NO e NO_2 sono rinvenibili in concentrazioni misurabili nell'atmosfera, ma solo gli ultimi due (come detto, complessivamente indicati con NO_x) sono importanti inquinanti. Il primo è incolore e inodore, l'altro è bruno-rossastro con odore soffocante (la concentrazione minima per l'individuazione all'olfatto è comunque superiore a 1 ppm).

Questi composti interessano per la loro nocività nei confronti della salute umana (in particolare a livello respiratorio) e per le ripercussioni sulle piante. Più precisamente, sono tre gli aspetti che riguardano gli effetti sui vegetali:

a) esplicano un danno diretto (inquinanti primari), in realtà solo se presenti in elevate concentrazioni, sebbene possano agire sinergicamente con altri gas;

b) partecipano a quella catena di reazioni fotochimiche che porta alla formazione dei contaminanti secondari (O_3 e PAN, in primo luogo) nelle aree interessate da *smog* (vedi Capitolo 3);

c) infine, costituiscono, insieme alla SO_2, la principale causa dell'acidificazione delle precipitazioni (vedi Capitolo 12).

L'interesse nei loro confronti come agenti fitotossici è di origine relativamente recente (risale infatti al 1966), sebbene la loro azione diretta debba essere considerata assolutamente non prioritaria.

2.1 Fonti e diffusione

Sorgenti naturali e antropiche sono responsabili dell'emissione degli NO_x nell'atmosfera. Tra le prime emerge il metabolismo microbico e in particolare la denitrificazione, attività respiratoria che utilizza nitrati come accettori terminali di elettroni con la formazione di NO_2, NO, N_2O e N_2. Essa è tipica di numerosi gruppi di microrganismi, tra cui funghi e batteri autotrofi ed eterotrofi, sia aerobi che anaerobi, in diversi ambienti, indipendentemente (entro certi limiti) dalla reazione del terreno. Le scariche elettriche possono, poi, operare la sintesi di NO a partire dalle molecole di O_2 e di N_2 presenti nell'aria.

Nonostante la produzione globale da fonti naturali sia certamente elevata (4,5-15 volte superiore a quella di origine antropica), finisce con il giocare un ruolo determinante la localizzazione in aree ridotte delle emissioni prodotte dall'uomo che portano ad alte concentrazioni di queste sostanze, tanto che, in ambienti fortemente inquinati, si raggiungono livelli diverse centinaia di volte superiori a quelli che sarebbero presenti in assenza di attività umane. La maggior parte di NO_x di origine non naturale deriva dalla reazione tra N_2 e O_2 dell'aria nel corso delle combustioni. I passaggi fondamentali sono, dapprima, la combinazione tra N_2 e ossigeno atomico per formare NO e, quindi, la successiva reazione di questo con l'O_2 atmosferico o con gruppi ossidrilici, secondo le seguenti reazioni (*meccanismo di Zeldovich*):

$$N_2 + O \rightleftarrows NO + N \qquad (1)$$

$$N + O_2 \rightleftarrows NO + O \qquad (2)$$

$$N + OH \rightleftarrows NO + H \qquad (3)$$

Come è noto, l'aria è composta approssimativamente per il 78% in volume da N_2 e per il 21% da O_2 (vedi Tabella 1). A temperatura ambiente, questi gas sono presenti in forma molecolare e hanno scarsissima tendenza a reagire tra loro in conseguenza dell'instabilità di NO nei loro confronti e anche dell'inerzia chimica dell'azoto. L'intervento di condizioni tali da cedere sufficiente energia alla miscela ne provoca la dissociazione, innescando interazioni chimiche. La quantità di NO_x formati dipende direttamente dalla temperatura. In particolare, se questa è elevata si ha ossidazione dell'N_2 dell'aria, che viene usata come comburente, secondo l'equazione (1), a una velocità che è determinata dal quadrato della concentrazione di NO e che risulta molto bassa a livelli inferiori a 1 ppm; durante i processi di raffreddamento una parte di questo NO reagisce a formare NO_2. Poiché temperature come quelle necessarie per innescare le reazioni descritte sono comunemente raggiunte durante molti processi di combustione, questa operazione è un'importantissima fonte di NO_x. Si può considerare che la formazione di essi sia un evento collaterale (sottoprodotto "involontario") di tutti i fenomeni di questo tipo, compresi quelli dei motori endotermici (in particolare a benzina) e degli impianti fissi (riscaldamento domestico, centrali termoelettriche, inceneritori di rifiuti, ecc.) indipendentemente dalla composizione e qualità dei carburanti utilizzati; purtroppo, le misure tendenti a meglio completare la loro ossidazione (temperature, eccesso di aria, tempo di residenza dei prodotti sviluppatisi) provocano una maggiore produzione di NO_x.

In aggiunta al meccanismo descritto (*thermal* NO_x), questi inquinanti sono generati a seguito dell'ossidazione dei composti azotati presenti nei combustibili (*fuel* NO_x) (il tenore in azoto di carbone e oli minerali è all'incirca l'1%). Inoltre, esiste una terza via di formazione (*prompt* NO_x) in conseguenza dell'interazione di frammenti di idrocarburi con N_2 atmosferico e successiva ossidazione a NO.

Attualmente, oltre il 70% della produzione di NO_x è dovuto al sistema dei trasporti. Una volta immesso nell'atmosfera, l'NO (non solubile) può essere ossidato a NO_2 oppure fotolizzato a N_2, mentre l'NO_2 è rimosso principalmente dalle precipitazioni, presumibilmente in forma di acido nitrico (HNO_3), dopo ulteriore ossidazione. Sono tuttora da definire, però, i meccanismi che portano alla sua formazione a partire da NO_x; sembra che le reazioni avvengano in presenza di O_3 secondo lo schema seguente:

$$O_3 + NO_2 \rightarrow NO_3 + O_2$$

$$NO_3 + NO_2 \rightarrow N_2O_5$$

$$N_2O_5 + H_2O \rightarrow 2\ HNO_3$$

Il tempo di permanenza medio degli NO_x nell'atmosfera non risulta superare i 3-4 giorni; in aree altamente inquinate essi raggiungono concentrazioni di alcune decine di ppb, anche se si possono riscontrare punte eccezionali dell'ordine di 1 ppm. Il livello critico per la vegetazione è fissato in 30 μg m^{-3}, come valore medio annuo (Direttiva 1999/30/EC; Tabella 12).

Notevole attenzione ha ricevuto in passato la problematica relativa alla presenza di forti livelli di NO_x nelle serre. Essi derivano sia dagli impianti di riscaldamento sia da quelli utilizzati per arricchire l'ambiente di CO_2 ("concimazione carbonica") mediante la combustione di propano o butano ("carbonicazione calda").

Tabella 12. "Valori bersaglio" e "valori limite" per l'inquinamento da biossido di azoto definiti rispettivamente da WHO e dalla Direttiva Europea 1999/30/CE (questi ultimi validi dal 2010)

	Valore medio (*in μg m^{-3}*) orario	annuale
WHO	200	40 (per la salute umana) 30 (per la vegetazione, come NO_x)
UE	200[a]	40 (per la salute umana) 30 (per la vegetazione, come NO_x)

[a] Da non superare per più di 18 volte in un anno.
(Da Elvingson e Ågren, 2004)

2.2 Effetti fitotossici

È difficile determinare quali siano gli effetti causati direttamente dagli NO_x e quali, invece, dagli inquinanti secondari prodotti nel ciclo fotolitico dell'NO_2 (vedi Capitolo 3). Dei due ossidi più importanti, il più fitotossico è l'NO_2, in relazione alla sua maggiore solubilità in acqua, che le piante assorbono a un ritmo 12 volte superiore rispetto a quanto si verifica per NO. Comunque, quest'ultimo risulta considerevolmente più solubile nel succo xilematico che non in acqua distillata, e può formare ioni nitrito.

La comparsa di sintomi sulle piante è rara, essendo necessarie, in genere, concentrazioni dell'ordine di almeno 1 ppm. Le lesioni, inizialmente di aspetto "allessato" e dapprima evidenti sulla pagina adassiale delle foglie, sono rapidamente seguite dal collasso; tendenzialmente più numerose nelle porzioni apicali, le aree interessate sono generalmente limitate dalle nervature principali (Fig. 89), assumono contorno irregolare e necrotizzano; a maturazione, il colore più frequente è biancastro o bruno. Filloptosi e carpoptosi possono essere conseguenti a esposizioni a livelli molto elevati, peraltro

Fig. 89. Effetti tossici acuti indotti dal biossido di azoto su spinacio

rarissimi in condizioni naturali. Nelle gimnosperme gli effetti macroscopici sono inizialmente costituiti dalla comparsa di pigmentazioni bruno-rossastre nelle parti distali degli aghi; spesso tra tessuti sani e danneggiati si evidenzia un confine netto.

I livelli di NO_x comunemente rinvenibili nell'ambiente sono responsabili eventualmente di manifestazioni di tipo cronico, di difficilissima individuazione perché assolutamente aspecifiche. Ritardi di sviluppo, riduzioni di biomassa e modeste clorosi sono gli indizi più frequenti.

2.3 Meccanismi di fitotossicità

In soluzione, una volta assorbiti specialmente per via stomatica gli NO_x formano acido nitroso (HNO_2) e HNO_3:

$$2\ NO_2 + H_2O \rightarrow HNO_3 + HNO_2$$

$$3\ HNO_2 \rightarrow HNO_3 + 2\ NO + H_2O$$

Un possibile effetto negativo sulle cellule, in relazione a esposizioni massicce o prolungate, può derivare da un abbassamento del pH cui può conseguire, per esempio, la denaturazione delle proteine. Altre reazioni tossiche possono essere causate dalla deaminazione di aminoacidi e basi di acidi nucleici:

$$RNH_2 + HNO_2 \rightarrow ROH + N_2 + H_2O$$

A basse concentrazioni è lecito ipotizzare che i prodotti originati dall'NO_2 vengano metabolizzati e utilizzati dalla pianta secondo questo schema:

$$NO_3^- \xrightarrow{\text{nitrato reduttasi}} NO_2^- \xrightarrow{\text{nitrito reduttasi}} NH_4^+$$

Modeste quantità di nitrati si trovano naturalmente nel citoplasma e, normalmente, sono confinate nei vacuoli cellulari; se in eccesso, questi ioni possono reagire con le ammine a formare nitrosammine, cancerogene. Viceversa, i nitriti sono nocivi e normalmente non si accumulano; è comunque possibile che in condizioni favorevoli di sviluppo bassi livelli siano rimossi per azione della nitrito reduttasi. L'attività del sistema nitrato/nitrito reduttasi risulta controllata dal primo enzima e, quindi, un eventuale eccesso di questi sali può "superare" senza reagire il sito in cui questi ioni tossici sono controllati.

Difficile è una generalizzazione degli effetti di esposizioni prolungate a basse concentrazioni di NO_x. Valutato in termini di peso secco, lo sviluppo delle piante può aumentare, diminuire o non subire variazioni rispetto ai controlli. Ciò dipende anche dalle differenze tra le specie (ma anche tra le cultivar, l'età, ecc.), dallo stato nutrizionale e da fattori ambientali. Esperimenti con $^{15}NO_2$ hanno evidenziato che, una volta assorbito dalle foglie mature, l'azoto può essere traslocato verso le radici e le nuove foglie; in questa luce, gli NO_x possono apportare questo elemento a vegetali allevati in substrati che ne siano carenti. Il suo accumulo in eccesso in soggetti fumigati è dimostrato.

Gli effetti negativi risultano meno severi in piante allevate in substrati azoto-carenti. Si può ipotizzare un meccanismo in qualche modo paragonabile alle interazioni tra danno da SO_2 (soglia di fitotossicità) e contenuto in zolfo nel terreno (vedi 6.4). È noto anche come, in generale, un eccessivo tenore in azoto dei tessuti possa portare a sbilanci nei rapporti con altri elementi (per esempio, potassio, magnesio e calcio) con conseguenze di varia natura.

2.4 Diagnosi dei danni

a. Su base sintomatica

La diagnosi eziologica dei danni da NO_x è quanto mai difficile. Gli effetti macroscopici (peraltro assai rari in situazioni naturali) sono di norma indistinguibili da quelli causati, per esempio, da SO_2. Tra le altre possibili convergenze sintomatiche, importanti sono gli stati di magnesio-carenza, specialmente evidenti sulle foglie più mature. Per quanto attiene, poi, alle conseguenze di esposizioni croniche (verosimilmente molto diffuse), l'accertamento è praticamente impossibile: un'infinità di fattori possono causare clorosi di modesta entità e riduzioni di sviluppo.

b. Su base chimica

L'accumulo di azoto che consegue all'assorbimento di NO_x non può avere valore a fini diagnostici sia perché non risulta costantemente associato alla presenza di questi inquinanti sia perché i fenomeni in questione sono troppo modesti, nella norma, rispetto alle naturali variazioni delle piante (si consideri che il tenore in azoto dei tessuti vegetali varia entro un *range* dell'1-3%).

Capitolo 3
Lo "smog fotochimico" e gli ossidanti atmosferici

Spesso, a livello di opinione pubblica e di mezzi di informazione, viene utilizzata la parola *smog* per indicare la quasi totalità dei fenomeni di inquinamento atmosferico o, almeno, quelli di tipo urbano. In realtà, questa forma di contaminazione presenta caratteristiche ben precise – anche se molto variabili – ed è diffusa in moltissime aree. In relazione alla trasportabilità di queste sostanze anche le regioni rurali sono frequentemente interessate da tali manifestazioni. Il termine fu coniato a Londra nel 1905 per descrivere una combinazione di fumo (*smoke*) e nebbia (*fog*).

Lo *smog* non ha composizione semplice e costante, in quanto è costituito da complesse miscele di decine di composti, organici e non. Da tempo sono conosciuti il "tipo Londra" e il "Los Angeles", con origine e caratteristiche assai diverse. Molte sono le situazioni intermedie. Nel primo caso si hanno, nei periodi invernali, grandi quantità di fumo emesso dagli impianti di riscaldamento (per lo più alimentati a carbone) e da quelli industriali (ivi comprese le centrali termoelettriche) e la concomitante presenza di banchi di nebbia (la cui formazione è proprio favorita dai nuclei di condensazione antropogenici) che mantengono in sospensione le particelle di fuliggine e gli inquinanti gassosi, in primo luogo SO_2 che viene solubilizzata a formare (dopo ossidazione) aerosol di H_2SO_4, tossici per animali e vegetali e altamente corrosivi per i manufatti. Questo *smog* ha proprietà riducenti e la sua azione deleteria è sostanzialmente attribuibile alla SO_2. Gli effetti nocivi sono tristemente noti e anche l'uomo ne ha spesso subìto le dirette conseguenze: per esempio, come già ricordato in 1.2, a Londra nel dicembre 1952 morirono, in pochi giorni, 4.000 persone a causa di un'eccezionale ondata di *killer smog*. Da anni questa forma ha perduto di importanza e non riveste più motivo di allarme, in quanto sono mutati soprattutto i combustibili utilizzati per il riscaldamento domestico.

Diverso è lo *smog* "tipo Los Angeles" (che, comunque, risulta presente in moltissime altre metropoli, anche europee e italiane, e costituisce l'emergenza ambientale numero uno). Specialmente nelle stagioni calde e quando l'aria è stagnante si vengono a formare strati di nebbia, a seguito dell'azione condensante delle particelle (emesse in questo caso soprattutto dagli scarichi automobilistici) sul vapore acqueo che si forma durante le combustioni. Il ristagno è favorito dall'"inversione termica": la temperatura dell'aria al di sopra del suolo, in condizioni normali, diminuisce con l'altitudine: il calo è pari a circa 6 °C per chilometro, se l'aria è satura di umidità, e a circa 10 °C per chilometro, se secca. Il fenomeno interessa l'atmosfera fino all'altezza di circa 10 km e deriva dal fatto che il livello più prossimo alla superficie terrestre viene riscaldato dal suolo, si espande e diviene meno denso di quello sovrastante. L'aria calda sale, quindi, attraverso quella fredda, che scende a rimpiazzarla; a sua volta, questa si riscalda e tende a risalire, e così via. Si creano, in questo modo, condizioni di instabilità e gli inquinanti vengono facilmente dispersi.

Talvolta, però, questo normale andamento viene turbato quando, per esempio, uno spessore di aria fredda fluisce a bassa quota e spinge quella più calda a spostarsi a maggiore altitudine. Se ciò si verifica, la sua temperatura decresce dal suolo sino a una certa altitudine, ma oltre questa quota si trovano strati più caldi (cioè di inversione) che costituiscono una sorta di "coperchio" per i sottostanti (Fig. 90). Questo esempio di inversione in quota da subsidenza evidenzia come si venga a creare una condizione di stabilità in cui è impedita la circolazione atmosferica verticale, poiché l'aria fredda non può attraversare lo strato in questione. Sono possibili anche forme di inversione al suolo (per esempio, di origine radiativa) allorquando la base dello strato a gradiente termico invertito coincide con la superficie terrestre.

In questi casi, i contaminanti immessi nell'atmosfera sono intrappolati nelle quote più basse, non in movimento, e tale situazione può restare stazionaria a lungo, fino a quando, cioè, le condizioni meteorologiche non mutano e lo strato di inversione si rompe. In definitiva, durante questo periodo (che può durare anche per diversi giorni) si viene a concentrare in una determinata area il carico inquinante che, in situazioni normali, interesserebbe zone anche molto vaste.

Un ulteriore aspetto è l'aumentata attività fotochimica, in quanto la luce solare facilita reazioni tra i

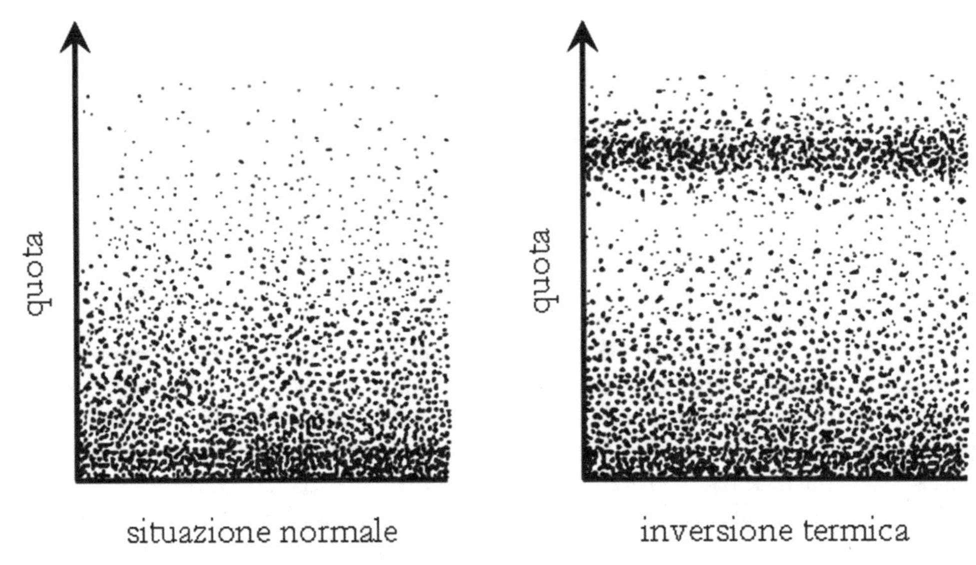

Fig. 90. Rappresentazione schematica del fenomeno dell'inversione termica in quota. L'intensità della punteggiatura è proporzionale alla temperatura dell'aria. *A sinistra*: situazione normale (la temperatura decresce con l'aumentare dell'altitudine); *a destra:* condizioni di inversione termica in quota

composti intrappolati, in particolare gli idrocarburi (nelle atmosfere urbane contaminate ne sono presenti oltre 100) e gli NO_x. Da esse si originano nuove sostanze (inquinanti secondari), alcune delle quali altamente fitotossiche; si parla allora di *smog fotochimico* o *fotosmog*, segnalato per la prima volta nel 1944 nell'area di Los Angeles, e particolarmente evidente nei mesi estivi e durante le ore più calde. Il fenomeno è diffuso da tempo anche in Italia (i casi più studiati riguardano Ravenna, Roma, Milano, Pisa e Firenze).

In condizioni normali, il ciclo dell'NO_2 implica le tre seguenti reazioni:

$$NO_2 + \text{luce solare } (295 \leq \lambda < 430 \text{ nm}) \rightarrow NO + O \quad (1)$$

$$O + O_2 \rightarrow O_3 \quad (2)$$

$$O_3 + NO \rightarrow NO_2 + O_2 \quad (3)$$

così che l'effetto finale è semplicemente un rapido ricambio di NO_2. L'O_3 e l'NO si formano e si distruggono in quantità uguali (Fig. 91, *in alto*): questo ciclo è pertanto a "produzione nulla". In realtà, alla reazione (2) prendono parte anche molecole (azoto o ossigeno), in grado di assorbire l'eccesso di energia che si viene a formare. Questa catena di reazioni, però, viene modificata quando sono presenti specie organiche molto reattive (prodotte, soprattutto, dagli scarichi automobilistici), che reagiscono sia con gli atomi di ossigeno prodotti in (l) sia con l'O_3 di (2) (Fig. 91, *in basso*). Si conoscono pure sorgenti naturali di idrocarburi volatili e si ritiene, anzi, che – globalmente – i processi biologici possano rilasciare nell'atmosfera COV in concentrazioni addirittura superiori a quelle dovute alle attività antropiche (vedi Capitolo 16). Il prodotto di reazione tra O_2 e idrocarburi è un composto intermedio, il radicale libero RO_2, che può facilmente reagire con altri gruppi, tra cui NO, NO_2, O_2, O_3 e altri idrocarburi. Come principali conseguenze si hanno l'accumulo di O_3 (che non trova NO

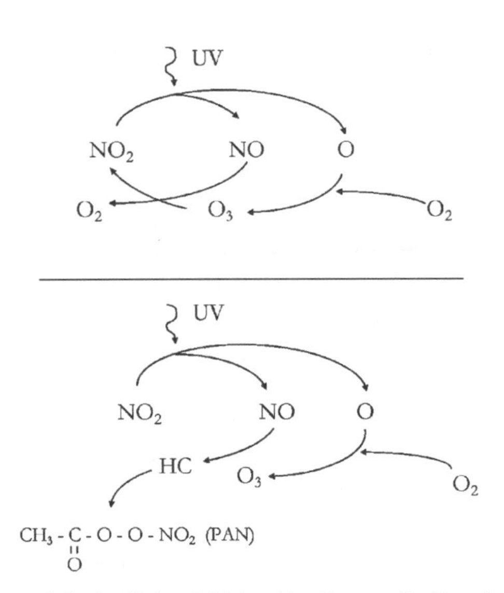

Fig. 91. Ciclo fotolitico del biossido di azoto "indisturbato" (*in alto*) e in presenza di idrocarburi diversi dal metano (HC) a formare lo *smog fotochimico* (*in basso*)

con cui reagire) e la reazione tra radicali liberi, O_3 e NO, per formare nitrato di perossiacetile (PAN, con formula $CH_3CO_3NO_2$) e omologhi superiori.

Sulla base di quanto esposto non sorprende che, giorno dopo giorno, l'atmosfera delle aree urbane sia interessata da una tipica successione di situazioni di contaminazione modulate dalla temperatura e, soprattutto, dalla radiazione solare (Fig. 92). Si tenga presente che al verificarsi delle condizioni meteorologiche ottimali l'accumulo di agenti tossici di origine fotochimica può essere rapidissimo, e si possono registrare incrementi dell'ordine di decine di ppb in pochi minuti.

La relazione tra la concentrazione dei precursori (NO_x e COV) e la produzione di O_3 è di natura non lineare. Ne consegue che politiche di intervento finalizzate alla riduzione dell'inquinamento devono tenere in considerazione che l'azione su uno soltanto dei due gruppi non garantisce una parallela diminuzione del carico di O_3, ma può sortire addirittura effetti opposti. Per esempio, un modello elaborato per la Polonia (con bassi livelli di traffico veicolare e, quindi, relativamente modeste emissioni di NO_x) prevede che un abbattimento del 50% dei COV comporti ... un aumento del 2% delle concentrazioni di O_3! È vero che in sistemi così complessi i modelli hanno un valore pratico limitato, ma ad Atene le analisi hanno dimostrato che la riduzione del 10-20% delle concentrazioni medie dei precursori, osservata nel periodo 1984-1999, non ha portato alcun beneficio sui livelli dell'ossidante. Ciò perché la riduzione dipende non tanto dai valori assoluti di NO_x e COV quanto, e soprattutto, dal loro rapporto. Sono stati individuati tre regimi chimici:

1) sensibile ai COV, tipico delle aree urbane e caratterizzato da un incremento dell'O_3, che segue parallelamente quello delle emissioni di COV (e un suo immutato o decrescente livello con l'aumento di NO_x);

2) sensibile agli NO_x, peculiare delle zone rurali, ovvero all'innalzamento di questi ossidi corrispondono concentrazioni elevate di O_3 (che non cambia o diminuisce, quando sono i COV a crescere);

3) transizionale, che può essere considerato una via di mezzo tra i primi due.

Ozono e PAN sono caratterizzati da una grande reattività con molte molecole e hanno vita molto breve nell'atmosfera; pertanto, le piante vengono in contatto con questi ossidanti in quantità spesso variabili di giorno in giorno, essendo la loro formazione strettamente dipendente, oltre che dalla presenza di precursori, dalle condizioni meteorologiche (dall'illuminazione solare, in particolare).

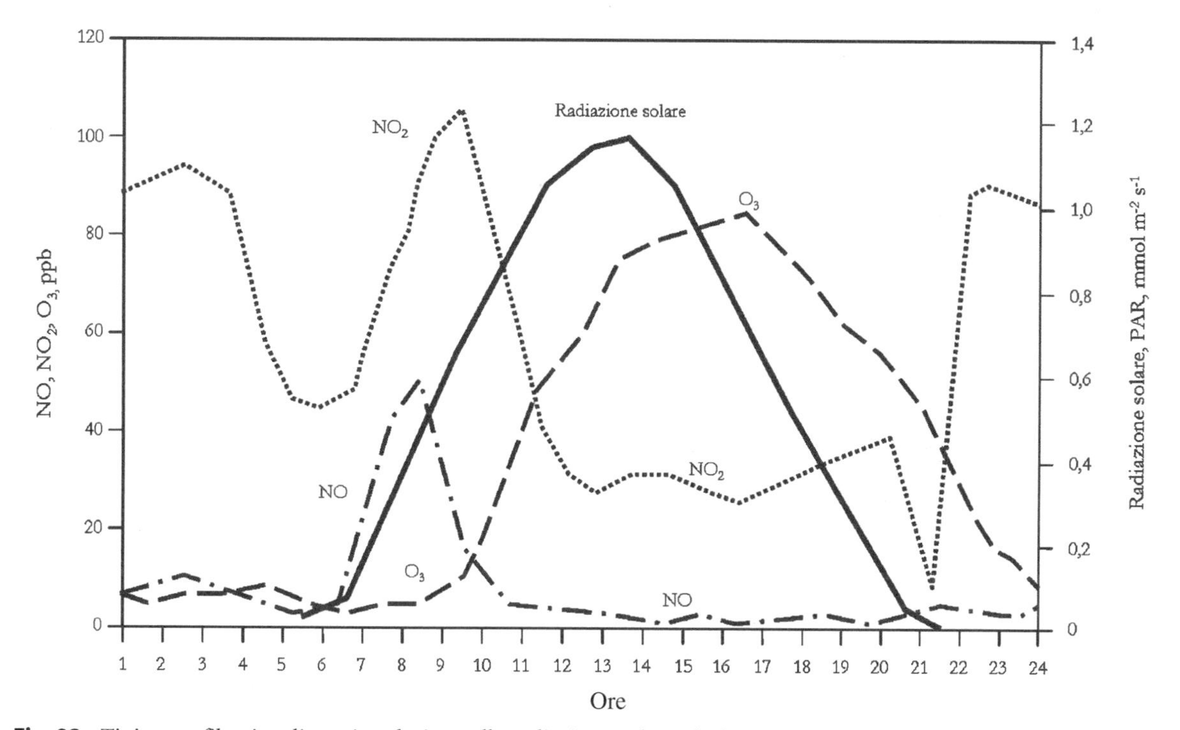

Fig. 92. Tipico profilo circadiano, in relazione alla radiazione solare, degli inquinanti ossidanti secondari (ossidi di azoto e ozono) in atmosfera urbana in condizioni di *smog fotochimico*

Capitolo 4
Ozono (O_3)

"Per il filosofo, il fisico, il meteorologo e il chimico, forse non c'è soggetto più interessante dell'ozono"
(C.B. Fox, *Ozone and antozone*, J. & A. Churchill, Londra, 1873)

Nel 1785 lo scienziato tedesco Martinus van Marum notò che l'aria esposta a scariche elettriche esalava in modo caratteristico ed era dotata di proprietà ossidanti. Il fenomeno fu spiegato un centinaio di anni dopo da un ricercatore svizzero, Christian Schönbein, con la formazione di un gas, l'ozono (dal greco οζω, "emanare odore"). Si tratta della forma allotropica triatomica dell'ossigeno, di colore azzurrino, di odore particolare pungente agliaceo (il limite di percezione olfattiva è circa 10 ppb) e con un alto potenziale di riduzione (+2,07 V), in virtù del quale attacca direttamente matrici animali e vegetali, nonché materiali non biologici. Dal 1851 è nota la sua azione irritante a carico dei polmoni e, da allora, numerose pubblicazioni hanno descritto le principali manifestazioni sintomatiche riconducibili all'inquinante; a esso vengono attribuiti ruoli primari nei numerosi casi di mortalità associati alle "ondate di calore", che spesso affliggono il nostro Paese in estate, e anche i mezzi di informazione sono attenti al problema (Fig. 93). Come ampiamente riportato in 4.1, l'O_3 è da tempo oggetto di interventi normativi in sede sia nazionale sia comunitaria.

Fibre tessili, elastomeri, coloranti e vernici che contengono polimeri organici vengono danneggiati dall'O_3, che si combina ai due atomi di carbonio dei legami multipli con formazione di ozonuri instabili, che successivamente si decompongono, con perdita di resistenza alla tensione; si può avere anche collegamento trasversale tra catene, con riduzione dell'elasticità e aumento della fragilità. Come conseguenza si verificano rottura delle fibre e cambiamento di colore. È stato in seguito a osservazioni di questo tipo che molti musei – per preservare le opere d'arte – hanno intrapreso azioni per contenere i livelli dell'ossidante all'interno degli edifici, ricorrendo prevalentemente a sistemi di ventilazione basati su filtri a carbone attivo. Sono comunemente in uso tecniche di protezione per i materiali tessili destinati a lunghe esposizioni all'esterno (es. bandiere, tendaggi) con l'inserimento di fibre acriliche.

È da oltre un secolo che si hanno evidenze sperimentali della fitotossicità dell'O_3; risale, però, soltanto al 1958 la prima segnalazione di danni macroscopici imputabili con certezza a questo inquinante su specie vegetali (nel caso specifico, vite, Figura 94) in condizioni naturali, anche se già nella metà degli anni '40, nel bacino di Los Angeles, furono osservati insoliti sintomi fogliari non associati ad alcuno dei fattori di *stress* sino ad allora noti, che furono attribuiti allo *smog fotochimico*, di cui oggi sappiamo che l'O_3 è il componente principale (vedi

Fig. 93. La presenza e diffusione dell'ozono nell'aria ambiente, spesso oggetto di accese dispute a livello politico, rappresenta uno dei temi ambientali maggiormente percepiti dalla popolazione

Fig. 94. Sintomi indotti su vite (*Vitis vinifera*) da esposizione all'ozono in condizioni artificiali a 150 ppb per 8 ore al giorno, per 6 giorni (**a**) (per gentile concessione di D. Saitanis) o naturali (**b**) (per gentile concessione di C. Velissariou), (**c**), (**d**). La vite è stata la prima specie per la quale sono stati identificati con certezza (in California) danni fogliari indotti da questo inquinante

Figura 19). Le piante sono i recettori più sensibili alla sua azione nociva e non è casuale il fatto che la prima percezione di una problematica ambientale relativa alla presenza di ossidanti atmosferici sia legata appunto all'individuazione di anomalie nella vegetazione anche a seguito di indagini sperimentali e di osservazioni empiriche (per esempio, filtrando in ingresso l'aria delle serre le piante crescevano "sane"). Da tempo l'O_3 è ritenuto il contaminante atmosferico fitotossico più pericoloso nei Paesi sviluppati, e la maggior parte dell'attività sperimentale nel settore delle interazioni biologiche degli inquinanti oggi riguarda proprio questo tema.

In relazione alla sua notevole diffusione geografica e alla grande attività chimica, sono in molti a ritenere che l'O_3 possa svolgere un ruolo in diverse situazioni critiche, così da costituire un primario fattore di rischio per gli organismi. Nell'epoca moderna, la patologia vegetale (così come la medicina umana) sta vivendo una transizione da un criterio

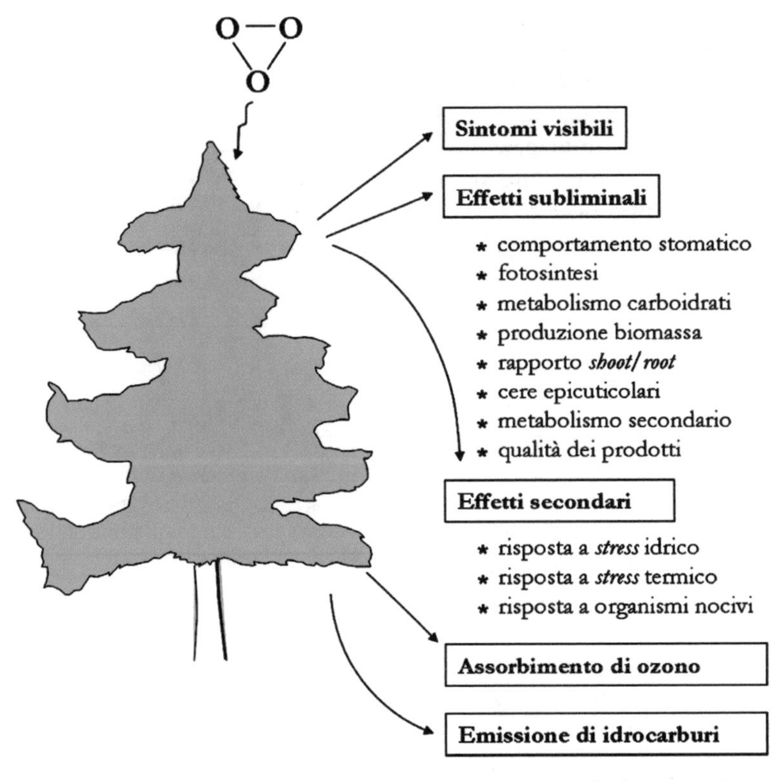

Fig. 95. Schematizzazione delle molteplici interazioni tra ozono e piante: esse costituiscono un bersaglio vulnerabile dell'azione tossica, con manifestazioni sintomatiche manifeste o invisibili a occhio nudo, ma si possono innescare anche effetti secondari, in relazione alle menomate capacità di rispondere ad altri fattori ostili. Inoltre, i vegetali contribuiscono alla rimozione dell'inquinante, per lo più a seguito di assorbimento fogliare. Infine, le piante emettono idrocarburi volatili che contribuiscono – al pari di quelli antropogenici – ai fenomeni che portano alla formazione dello *smog fotochimico*. Paradossalmente, è dimostrato che nei soggetti esposti all'ozono la produzione di queste sostanze organiche naturali è aumentata!

di "causalità forte", caratteristico delle malattie infettive "del passato", a uno di "causalità debole", tipico delle alterazioni di tipo degenerativo. Infatti, i casi infettivi tradizionali, che tanto preoccupavano in tempi andati, sono ormai ben conosciuti, e di norma sono disponibili adeguati provvedimenti di difesa, su base chimica e non. Al contrario, si stanno diffondendo problemi fitosanitari inediti (specialmente nel settore forestale in cui sono numerosi i fenomeni di "deperimento di nuovo tipo" (vedi paragrafo 12.3), per i quali un rapporto causa-effetto non è facilmente individuabile, e che verosimilmente sono imputabili a un complesso di cause e fattori tra i quali l'O_3 svolge una funzione non secondaria. La Figura 95 sintetizza le molteplici interazioni tra piante e O_3.

4.1 Fonti e diffusione

L'O_3 è un normale componente della stratosfera (da circa 12 a 40 km dalla superficie terrestre, con un massimo tra 20 e 25 km) e la sua presenza riveste grande importanza dal punto di vista climatico e medico in virtù del suo potere di assorbire le radiazioni solari UV ad alta energia ($\lambda < 290$ nm), potenziali responsabili, tra l'altro, di cancro all'epidermide e di lesioni oculari sull'uomo. Sono note le apprensioni suscitate dall'impiego di alcuni gas (i cosiddetti "freon", o cloro-fluoro-carburi) come solventi e propellenti nelle comuni bombolette *spray*, in quanto essi, dotati di lunga vita e grande mobilità, raggiungono gli strati superiori dell'atmosfera e vi svolgono la funzione di *killer* dell'O_3 "buono" (il fenomeno è comunemente noto come "buco dell'ozono", anche se si tratta di un assottigliamento dell'ozonosfera). Al contrario, ha acquistato importanza ecologica il suo incremento "al suolo", nella troposfera, ove – come detto – si rende responsabile di effetti negativi a carico di animali, piante e manufatti.

Nel corso di particolari condizioni meteorologiche l'O_3 stratosferico può raggiungere la parte bassa dell'atmosfera; altra importante fonte naturale è costituita dalle scariche elettriche durante i temporali. Non esistono processi importanti di rilascio diretto di questo gas nella troposfera da parte di attività antropiche: si tratta, quindi, di un tipico inquinante secondario, la cui formazione si realizza nell'ambito delle reazioni dello *smog fotochimico* innescate soprattutto dagli idrocarburi volatili presenti negli scarichi veicolari (vedi Capitolo 3). In conseguenza del fatto che la sintesi richiede un certo tempo e della facilità con la quale si spostano i precursori, è frequente il caso in cui la concentrazione di O_3 è superiore in aree poste alcune decine di chilometri sottovento rispetto ai centri urbani, che non negli agglomerati stessi. Inoltre, proprio nelle zone più inquinate si verificano con maggior intensità le reazioni che portano alla distruzione dell'O_3 ("titolazione"), in particolare la combinazione con NO.

La possibilità di trasporto a lunghe distanze (anche diverse centinaia di chilometri) dei precursori e dello stesso O_3 in remote aree rurali e forestali (e in alto mare) è ben dimostrata. Per esempio: la maggior parte dell'inquinante che si ritrova all'isola di Creta trae origine dalla terraferma; studi con tecniche di biomonitoraggio (vedi paragrafo 13.3) hanno evidenziato la presenza di significativi livelli dell'ossidante nelle isole minori dell'Arcipelago Toscano (Gorgona e Capraia), dove la produzione locale di precursori è irrilevante.

Si possono avere elevate concentrazioni anche di notte. Tre sono i possibili meccanismi che giustificano il fenomeno: trasporto orizzontale da altre località; discesa dalla stratosfera; ricaduta a terra di quello intrappolato durante il giorno, in uno strato di inversione termica, quando la sua base scende al suolo.

In relazione ai particolari meccanismi di genesi, che vedono in veste primaria la temperatura e la radiazione solare, è facilmente intuibile che lo *smog fotochimico* (e in particolare l'O_3) rappresenti un problema severo nelle regioni più calde e soleggiate; inspiegabilmente, però, in Europa il tema ha costituito a lungo motivo di interesse prevalentemente nei Paesi nordici e solo di recente ha attirato l'attenzione della comunità scientifica di quelli mediterranei, ove i fattori meteoclimatici sono sicuramente più favorevoli (Fig. 96). I ruoli dell'O_3 sono complessi, dal momento che esso prende parte a diversi processi di ossidazione, contribuendo al fenomeno noto come "effetto serra" (in genere sbrigativamente attribuito alla sola CO_2) e riducendo la visibilità.

Anche se è difficile valutare i livelli di *background* della molecola, divenuta ormai ubiquitaria, le concentrazioni di fondo sono stimabili nell'ordine di 10-20 ppb; in zone fortemente inquinate i picchi giornalieri possono superare 200 ppb. L'O_3 non persiste a lungo nell'atmosfera, essendo caratterizzato da grande reattività; pertanto, può ridursi a livelli

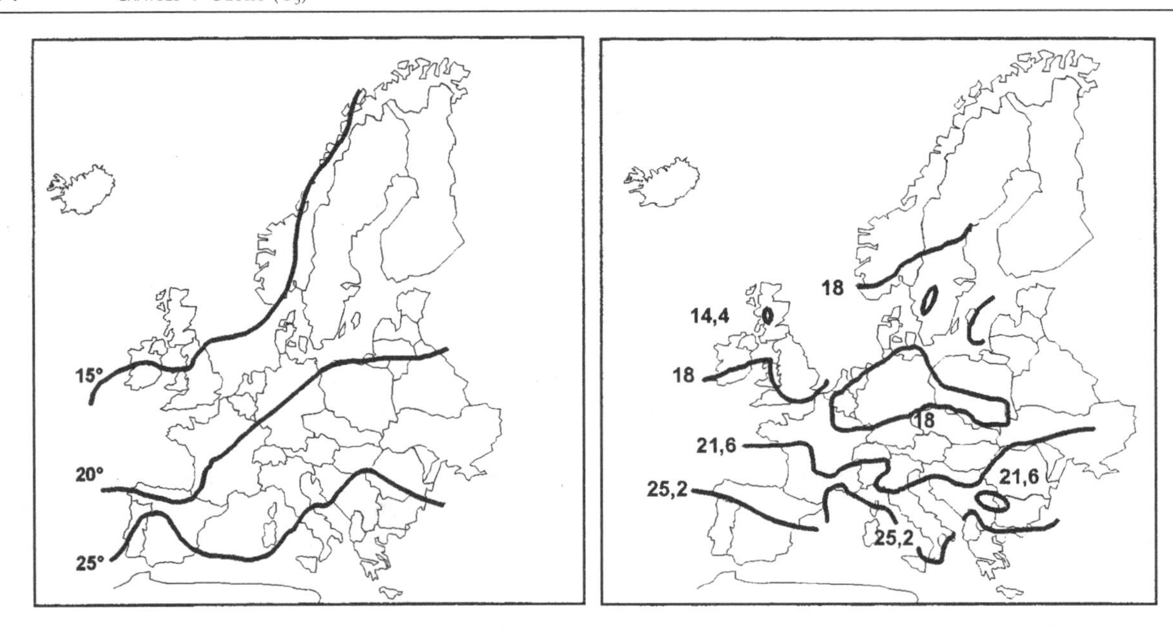

Fig. 96. Caratteristiche climatiche dell'Europa, con in evidenza i gradienti nord-sud di temperatura e radiazione solare. *A sinistra*: isoterme di luglio a livello del mare (in gradi Celsius); *a destra*: irradianza media di luglio (in MJ m^{-2} $giorno^{-1}$). (Da Lorenzini, 1993)

bassissimi in breve tempo, dal momento in cui si arresta la sua produzione che – come detto – dipende dalla presenza di fotoni e manifesta un caratteristico andamento giornaliero, con un picco nelle ore più calde (Fig. 97). Per lo stesso motivo, la sua di-

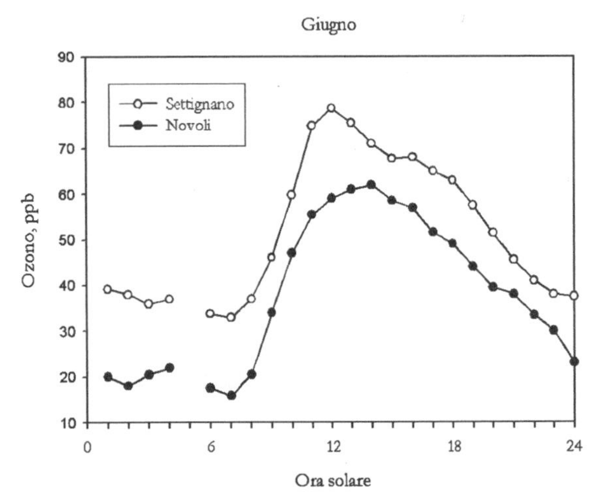

Fig. 97. Profilo del giorno tipico estivo delle concentrazioni di ozono in due stazioni di monitoraggio fiorentine, una situata in ambiente urbano-centrale (Novoli) e l'altra in periferia (Settignano). Si noti come i valori più elevati siano sistematicamente riscontrati nell'area extraurbana. I dati mancanti sono relativi al periodo di autocalibrazione degli strumenti. (Da Nali *et al.*, 2001). Il fenomeno della maggiore presenza di ozono nelle aree extra-urbane si spiega con l'abbondante presenza, nei centri cittadini, di monossido di azoto, responsabile della sua riduzione a ossigeno

stribuzione nel corso di una stagione può essere sostanzialmente diversa da quella in altre annate e in altri periodi (Fig. 98); è comunque certo che l'andamento generale è da tempo in continua e progressiva crescita (si stima dell'1-2% all'anno), in relazione all'aumentata presenza di precursori. Più precisamente, l'analisi delle tendenze sembra individuare leggere riduzioni dei valori di picco, ma significativi incrementi dei livelli medi e delle superfici nelle quali vengono superate le soglie di tossicità ambientale. L'importanza dell'O_3 va discussa anche in prospettiva: se oggi il 10-35% delle produzioni cerealicole mondiali si realizzano in aree in cui i livelli di inquinamento sono tali da ridurre di almeno il 5-10% le rese (in termini meramente quantitativi), si ritiene che nel 2025 l'estensione di tali zone sarà almeno triplicata se non verranno intraprese iniziative per abbattere le emissioni di precursori. Lo studio degli effetti in campo si presenta non facile, sia perché viene a mancare un gradiente identificabile di concentrazioni (come, invece, si verifica per gli inquinanti primari emessi specialmente da sorgenti puntiformi), sia perché l'O_3 non viene mai, di norma, a trovarsi solo nell'atmosfera, essendo sistematicamente associati a esso numerosi altri componenti del complesso degli ossidanti fotochimici.

In epoca recente (come esaminato nel paragrafo 1.10) è invalso l'uso di quantificare la presenza dell'O_3 in termini di "dose accumulata al di sopra di

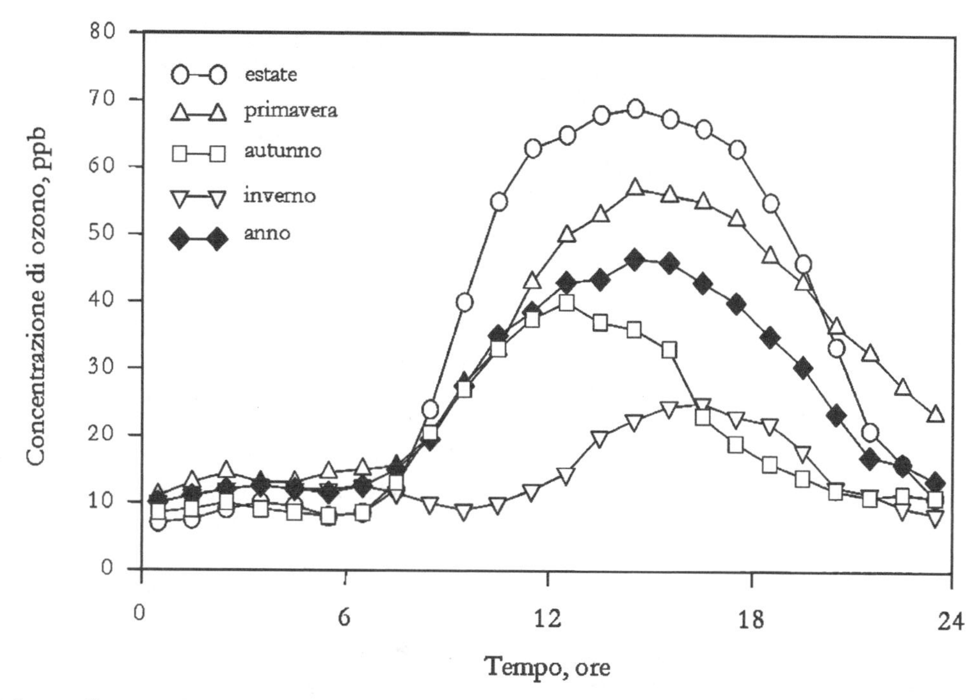

Fig. 98. Tipico profilo giornaliero e stagionale dell'ozono al suolo a Pisa. (Da Lorenzini *et al.*, 1994)

una soglia" (AOT, di norma AOT40 ppb), in relazione anche all'approccio metodologico dei "livelli critici". Nelle nostre aree urbane si raggiungono cumulativamente anche 10 ppm·h al mese. È stato stimato che il 75% della popolazione del Sud e il 40% di quella del Nord Europa vive in aree urbane dove le concentrazioni dell'inquinante oltrepassano i valori di 120 μg m^{-3} (circa 60 ppb) per più di 20 giorni (Tabella 13).

È entrata in vigore la Direttiva 2002/3/CE del 12 febbraio 2002, relativa all'O_3 nell'aria, che ottempera a quella Quadro 96/62/CE in materia di valutazione e di gestione della qualità dell'aria ambiente, i cui scopi principali sono, da un lato, definire gli

Tabella 13. "Valori bersaglio" e "obiettivo a lungo termine" per l'inquinamento da ozono definiti da WHO e dalla Direttiva Europea 2002/3/CE e proposti dall'Istituto Nazionale di Medicina Ambientale Svedese (IMM)

	Valore medio		
	orario (*in μg m^{-3}*) (per la salute umana)	su 8 ore (*in μg m^{-3}*) (per la salute umana)	su 3 mesi (*in μg m^{-3} ·h*) (per la vegetazione)
WHO	-	120	-
UE valore bersaglio	180-240[a]	120[b]	18.000[c]
UE obiettivo a lungo termine	-	120[d]	6.000[e]
IMM	80	-	-

[a] il primo valore rappresenta il *livello di informazione alla popolazione*; il secondo, il *livello di allarme* (oltrepassato il quale devono essere intrapresi interventi nel breve periodo)
[b] da non superare per più di 25 giorni in un anno (come media su 3 anni)
[c] valore bersaglio previsto per il 2010, AOT40 da maggio a luglio (come media su 5 anni)
[d] nell'arco di un anno
[e] AOT40 da maggio a luglio
Il valore medio sui tre mesi è espresso in termini di AOT40 (esposizione accumulata sopra la soglia di 40 ppb).
(Da Elvingson e Ågren, 2004)

standard di qualità (da raggiungere nel corso di un determinato periodo di tempo) e, dall'altro, compiere valutazioni negli Stati membri mediante metodi e criteri comuni. Essa nasce con l'esigenza, posta dal quinto programma d'azione a favore dell'ambiente e dello sviluppo sostenibile, di adeguare la legislazione vigente in materia di inquinanti atmosferici e di stabilire obiettivi a lungo termine. La Direttiva Quadro 96/62/CE prescrive la fissazione di valori-limite e -obiettivo per le concentrazioni del contaminante nell'atmosfera. Data la sua natura transfrontaliera, occorre che vengano stabiliti su base comunitaria i livelli bersaglio per la protezione della salute umana e della vegetazione, i quali dovrebbero riferirsi agli obiettivi provvisori fissati dalla strategia comunitaria integrata per combattere l'acidificazione e l'O_3 al suolo, che costituiscono altresì il fondamento della Direttiva 2001/81/CE del Parlamento Europeo e del Consiglio, del 23 ottobre 2001, relativa ai limiti nazionali di emissione di alcuni inquinanti dell'aria. Sulla base di queste considerazioni, sono state elaborate le finalità della Direttiva:

- fissare *obiettivi a lungo termine* (concentrazione di O_3 al di sotto della quale si ritengono improbabili, in base alle conoscenze scientifiche attuali, effetti nocivi diretti sulla salute umana e/o sull'ambiente nel suo complesso), *valori bersaglio* (livello teso a evitare a lungo termine effetti nocivi sulla salute umana e/o sull'ambiente nel suo complesso), una *soglia di allarme* (oltre la quale vi è un rischio per la salute umana in caso di esposizione di breve durata della popolazione in generale) e una *di informazione* (oltre la quale la pericolosità è limitata ad alcuni gruppi particolarmente sensibili e raggiunta la quale sono necessarie informazioni aggiornate in merito) relativi alle concentrazioni di O_3 nell'aria della Comunità, al fine di evitare, prevenire o ridurre gli effetti nocivi sulla salute umana e sull'ambiente nel suo complesso;
- garantire che in tutti gli Stati membri siano utilizzati metodi e criteri uniformi per la valutazione delle concentrazioni di O_3 e, laddove opportuno, dei suoi precursori (NO_x e COV);
- ottenere adeguate informazioni sui livelli ambientali di O_3 e metterle a disposizione della popolazione;
- garantire che, per quanto riguarda l'O_3, la qualità dell'aria sia salvaguardata laddove è accettabile e sia migliorata negli altri casi;
- promuovere una maggiore cooperazione tra gli Stati membri per quanto riguarda la riduzione dei livelli di O_3 e l'uso delle potenzialità delle misure transfrontaliere e l'accordo su esse.

La Commissione ha stabilito, come obiettivo a lungo termine per la protezione della vegetazione, una AOT40 di 6.000 $\mu g\ m^{-3} \cdot h$ (circa 3 ppm·h), calcolata da maggio a luglio sui valori orari dalle 8 alle 20, diversa da quella del valore bersaglio fissato a 18.000 $\mu g\ m^{-3} \cdot h$ (circa 9 ppm·h) come media su 5 anni. Nel primo caso è stato preso come anno di riferimento per il conseguimento il 2020, da sottoporre eventualmente a riesame, mentre il raggiungimento del secondo è fissato al 2010.

Le misurazioni continue si rendono obbligatorie nelle zone e negli agglomerati nei quali durante almeno uno degli ultimi cinque anni di rilevamento le concentrazioni di O_3 abbiano superato gli obiettivi a lungo termine. Nella Direttiva vengono anche riportati i criteri per l'ubicazione dei punti di campionamento ai fini della misurazione dell'O_3. In corrispondenza del 50% di essi deve essere effettuata anche la determinazione dell'NO_2. Gli Stati membri si impegnano a inviare alla Commissione una relazione annuale che fornisca un quadro globale della situazione e a dare informazioni, a scadenza triennale, sui progressi realizzati nell'ambito di ciascun piano o programma d'azione. La Commissione provvede a sua volta a pubblicare ogni anno gli elenchi e le relazioni in maniera da garantire un'informazione adeguata. In Italia la Direttiva è stata recepita col D.L. n. 183 del 21 maggio 2004.

Nonostante i notevoli passi avanti, dal punto di vista sia scientifico che giuridico, in merito agli indici di esposizione della vegetazione all'O_3, rimangono numerosi dubbi riguardo l'attendibilità dei livelli critici. L'AOT40, infatti, si limita a indicare un valore relativo all'esposizione delle piante, ma non fornisce alcuna informazione circa il flusso effettivo dell'inquinante nella foglia, che varia in dipendenza delle caratteristiche fisiologiche della pianta e ambientali. Altre incertezze sono legate anche al fatto che: (*a*) le funzioni dose/risposta si basano su studi condotti in OTC, in cui le condizioni microclimatiche sono in parte alterate, e su un numero ridotto di specie; (*b*) i dati sulle esposizioni stimate sono stati ottenuti in nord Europa, mentre la situazione concernente il sud viene estrapolata; (*c*) in zone urbane, suburbane e rurali l'emissione biogenica rappresenta una sorgente significativa di idrocarburi precursori dell'O_3. Inoltre, si può computare lo stesso valore di AOT40 partendo da dati completamente diversi; in particolare, le concentrazioni più significative per gli effetti biologici sembrano essere quelle nel *range* 50-90 ppb, in quanto quelle più elevate si verificano in condizioni meteorologiche che limitano il flusso di O_3 nella pianta, poiché il *deficit* di pressione di vapore è alto (e la conduttanza stomatica pertanto è minima) ed è elevata la resistenza dello strato limite fogliare.

Il superamento delle soglie indicate dalla Direttiva è comune in molti paesi del Mediterraneo. Nell'area intorno a Madrid, nel periodo maggio - luglio, sono state registrate frequentemente AOT40 dell'ordine di 6-10 ppm·h. Nell'estate 1997 nel Parco Nazionale del Parnaso, a nord del bacino di Atene, i valori di AOT40 da giugno a settembre erano di circa 20 ppm·h ed eccedevano la soglia critica per le foreste. Questi risultati suggeriscono che l'impatto dell'O_3 sulla vegetazione è particolarmente significativo nell'area del Mediterraneo, dove l'inquinante raggiunge i valori più elevati in comparazione con le zone nord-europee, sebbene la mappatura dei livelli critici di esposizione in Germania mostri che la soglia delle 3 ppm·h è stata superata sul 93,7% del territorio agricolo negli anni dal 1991 al 1995. Nella costa sud-ovest dell'Inghilterra l'AOT40 nel maggio - luglio 1989 ha evidenziato valori eccedenti 10 ppm·h. In Lituania il livello critico di lungo periodo per le specie agricole è stato raggiunto quasi ogni anno dal 1990 al 1994.

Per quanto riguarda l'Italia, al nord i valori di AOT40 nei tre mesi estivi sono sempre superiori a 3 ppm·h e, frequentemente, intorno a 20 ppm·h. Uno studio del territorio toscano dal 1995 al 1997 mostra come il 93% della zona abbia presentato superamenti di 3 ppm·h, spesso con valori 10 volte superiori alla soglia critica per le colture (Fig. 99), rivelando una potenzialità elevata di riduzione della produttività di importanti specie agricole presenti nell'area. La Figura 100 mostra il superamento dei livelli critici di lungo periodo per le colture agrarie e la vegetazione spontanea in una stazione della provincia di Livorno nel periodo 2000-2002.

È da segnalare che studi recenti hanno previsto per il 2100 un aumento dei livelli di O_3, con gravi effetti sulla vegetazione. In particolare, nel 2030 il valore dell'AOT40 medio giornaliero raggiungerà circa due volte quello attuale, e nel 2100 sarà di dieci volte superiore; le medie giornaliere supereranno i valori di 40 ppb a causa, principalmente, dell'incremento delle concentrazioni di *background* in inverno e all'inizio della primavera. Il concetto di AOT40, attualmente applicato, potrebbe non essere adeguato a spiegare gli effetti riconducibili all'aumento della concentrazione di *background*. Alla luce di ciò, potrebbe rivelarsi utile un approccio alternativo basato su modelli di flusso stomatico di O_3, che può essere stimato come il prodotto tra la concentrazione dell'inquinante in corrispondenza delle foglie e l'inverso della somma delle resistenze localizzate lungo la via che l'inquinante percorre nella sua diffusione verso il mesofillo. Il principale vantaggio è che nel computo vengono incluse le sostanziali differenze dovute alle variabili climatiche sull'assorbimento del gas. Relazioni dose-risposta tra la produttività e i valori di flusso cumulativo sono già state elaborate per grano e patata.

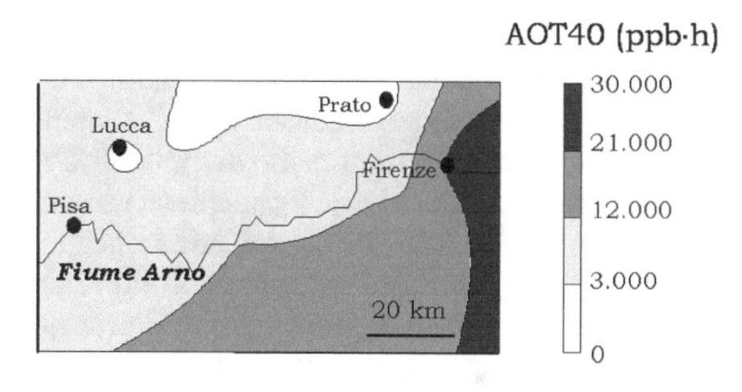

Fig. 99. Mappa dei valori medi dell'AOT40 di ozono per il calcolo dei superamenti delle soglie critiche di lungo periodo per le colture nel periodo 1995-1997 nella Toscana centrale. (Da Nali *et al.*, 2002)

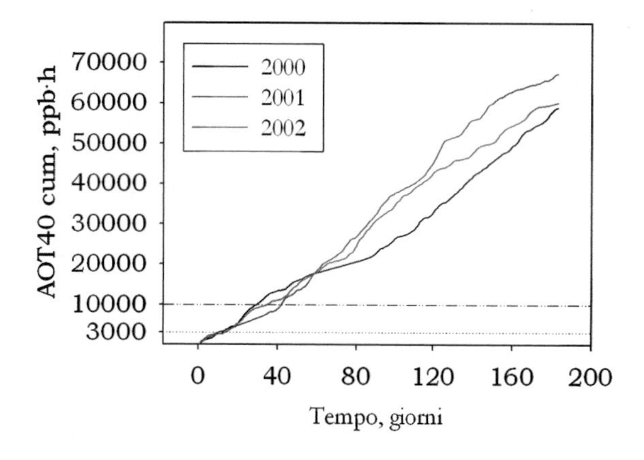

Fig. 100. Andamento delle AOT40 di ozono rilevate nella stazione di Gabbro (comune di Rosignano M.mo, LI) dal 2000 al 2002 rispetto alle soglie di 3.000 e 10.000 ppb·h, relative ai *critical level* per le colture agrarie (su tre mesi) e le specie forestali (su sei mesi)

4.2 Meccanismi di fitotossicità

Il processo patogenetico dell'O_3 non è ancora del tutto chiaro; certamente, una volta penetrato all'interno della foglia, esso interagisce dapprima con il parenchima a palizzata. Fondamentale è l'importanza degli stomi presenti sulla pagina abassiale; anche in piante anfistomatose, esso deve entrare attraverso le aperture inferiori per provocare danni. Pertanto, il gas passa, senza conseguenze, attraverso le cellule di guardia degli stomi e quelle del mesofillo lacunoso prima di raggiungere quelle suscettibili dello strato a palizzata (Fig. 101). Indagini ultrastrutturali evidenziano un'intensa granulazione dello stroma dei cloroplasti danneggiati e un aumento dell'opacità agli elettroni o la formazione di granuli e fibrille; i componenti tendono ad aggregarsi al centro della cellula.

In realtà, in soluzione acquosa (nell'apoplasto), l'O_3 degrada rapidamente in diversi derivati attivi dell'O_2, che sono ritenuti i veri responsabili degli effetti tossici. Come noto, per "radicale libero" si intende un atomo, molecola o frammento di molecola dotato di grande reattività chimica a causa della presenza di almeno un elettrone libero (cioè non impegnato da legame) a seguito della rottura omolitica di un legame (vale a dire, ogni atomo conserva il proprio elettrone di legame). I radicali liberi centrati sull'O_2 ("ossiradicali") sono da tempo all'attenzione dei biologi per la loro ubiquità e le loro potenzialità tossiche; in medicina umana essi risultano coinvolti in numerosi stati patologici, dall'infarto al miocardio, ai tumori, alla riduzione della longevità, ai morbi di Parkinson e di Alzheimer.

Le specie reattive dell'O_2 (*Reactive Oxygen Species*, ROS) (Tabella 14) si formano durante alcune reazioni *redox*, la riduzione incompleta dell'O_2 o l'ossidazione dell'acqua da parte delle catene di trasporto degli elettroni dei mitocondri o dei cloroplasti. La presenza dell'ossigeno singoletto ($^1O_2$) stimola successivamente la produzione di altre ROS, come il perossido d'idrogeno (acqua ossigenata, H_2O_2), l'anione superossido ($O_2^{\cdot-}$) e i radicali ossidrilico ($OH^{\cdot}$) e perossidrilico ($O_2H^{\cdot}$). Queste specie molecolari si rinvengono prima della comparsa di sintomi. In particolare, l'idrossile, tra le specie più reattive conosciute, con un'emivita dell'ordine di microsecondi, rappresenta la minaccia maggiore, essendo capace anche di proprietà mutageniche; esso reagisce con specifici bersagli biomolecolari (lipidi, acidi nucleici e proteine) nelle immediate vicinanze del sito dove è prodotto. Al

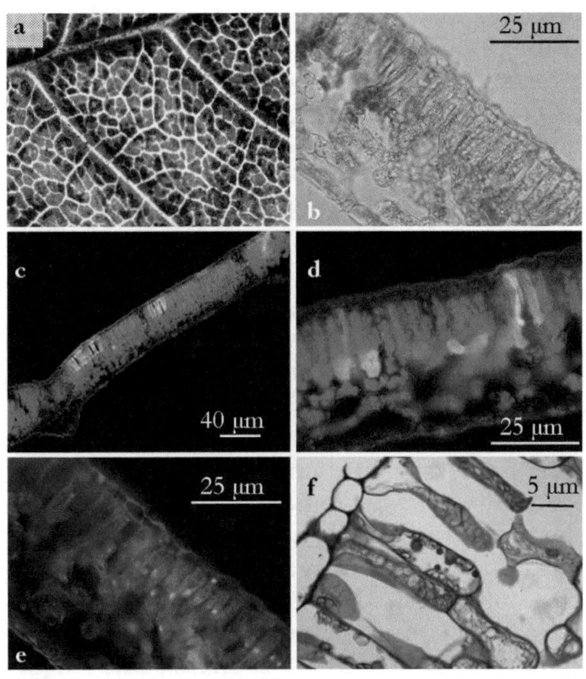

Fig. 101. Istopatologia del danno da ozono su frassino maggiore (*Fraxinus excelsior*).
(**a**) Stereomicrofotografia di una fogliola (pagina adassiale) con in evidenza i margini irregolari delle minute necrosi che tipicamente non interessano le nervature. (**b**) Sezione a fresco della stessa lamina. Si notano il tessuto a palizzata e il lacunoso, verdi a causa della clorofilla contenuta nei cloroplasti; è visibile una zona del palizzata, di colore marrone, costituita da cellule danneggiate. (**c**) Sezione osservata con epifluorescenza in luce blu (lunghezza d'onda 450-490 nm) con autofluorescenza della clorofilla in rosso: le cellule danneggiate sono colorate in giallo a causa dell'assenza di clorofilla e per la presenza di sostanze diverse. Si noti come al danno corrisponda un interessamento, a livello microscopico, del solo tessuto a palizzata, nonostante l'ozono entri all'interno della foglia dagli stomi, localizzati nella superficie abassiale. In questa sezione si notano tre distinte situazioni: *1*) due necrosi con le cellule del palizzata interessate, ormai con pareti collabite e necrotiche; *2*) una piccola cellula della parte inferiore del palizzata danneggiata: questo è definito danno *pre-visual*, in quanto non è visibile a occhio nudo, essendo "mascherato" dalle cellule ancora vitali della parte superiore del palizzata; *3*) alcune cellule della sola epidermide superiore che hanno un'autofluorescenza diversa dalle altre e che, pertanto, a occhio nudo risultano di colore diverso: tale situazione è, sostanzialmente, opposta a quella del punto *2*), in quanto un osservatore a occhio nudo potrebbe scambiare per vitale una necrosi da ozono. (**d**) Sezione osservata con epifluorescenza in luce blu (450-490 nm) con autofluorescenza della clorofilla in rosso: come in (**c**) le cellule gialle sono quelle danneggiate. Anche in questa sezione si può notare la tipologia di danno *pre-visual*. (**e**) Sezione fogliare a fresco ottenuta con epifluorescenza in luce UV (360-390 nm) con autofluorescenza: le piccole sfere leggermente fluorescenti sono i cosiddetti *lipidic bodies* (corpi lipidici), prodotti del metabolismo secondario e *marker* di *stress*. (**f**) Sezione in *Historesin*: particolare della zona adiacente a quella danneggiata; si noti l'aumento dello spazio occupato dal vacuolo e la presenza di sostanze di natura polifenolica e grassi neutri (piccole sfere blu scuro)

contrario, $O_2^{\cdot-}$, meno reattivo e con una vita più lunga, può "viaggiare" per alcune distanze molecolari.

Occorre considerare, però, che sia $O_2^{\cdot-}$ che H_2O_2 reagiscono con i metalli di transizione nello stato ridotto (soprattutto ferro e rame, rilasciati – per esempio – dalle metallo-proteine dopo l'attacco ossidativo delle stesse ROS), generando $OH^{\cdot}$ attraverso le reazioni di Fenton e di Haber-Weiss:

$H_2O_2 + Fe^{2+} \rightarrow OH^- + OH^{\cdot} + Fe^{3+}$
(*reazione di Fenton*)

$O_2^{\cdot-} + Fe^{3+} \rightarrow O_2 + Fe^{2+}$

$H_2O_2 + O_2^{\cdot-} \rightarrow O_2 + OH^- + OH^{\cdot}$
(*reazione di Haber-Weiss*)

Specie attive di O_2 sono presenti anche nella cellula "sana": per esempio, il superossido è prodotto nel cloroplasto quando gli elettroni sono trasferiti direttamente dal PSI all'O_2. Ciò nonostante, esso (insieme a H_2O_2) è anche necessario per la lignificazione e funziona da segnale nella risposta di difesa contro le aggressioni da patogeni.

Tutti gli organismi che si sono evoluti in ambienti aerobici dispongono di meccanismi endogeni (enzimatici e non) per prevenire l'ossidazione dei componenti cellulari. La pianta è normalmente dotata di sistemi difensivi di natura catalitica, quali le superossido dismutasi (SOD) (che convertono il superossido in H_2O_2, anch'esso citotossico, il quale, a sua volta, è decomposto dalle catalasi a H_2O e O_2); le perossidasi riducono H_2O_2 a H_2O, utilizzando una gamma di donatori di elettroni presenti nella cellula. Radicali liberi sono neutralizzati anche mediante reazione diretta (reversibile o meno) con antiossidanti (molecole che fungono

Tabella 14. Struttura molecolare delle specie reattive dell'ossigeno

Composto		Struttura
Ossigeno molecolare	O_2	:Ö=Ö: $1s^2 2s^2 (\sigma_s)^2 (\sigma_s*)^2 (\sigma_x)^2 (\pi_y)^2 (\pi_z)^2 (\pi_y*)^1 (\pi_z*)^1$
Ossigeno singoletto	$^1O_2$	:Ö=Ö: $1s^2 2s^2 (\sigma_s)^2 (\sigma_s*)^2 (\sigma_x)^2 (\pi_y)^2 (\pi_z)^2 (\pi_y*)^2$
Anione superossido	$O_2^{\cdot-}$	[:Ö=Ö:]⁻
Perossido di idrogeno	H_2O_2	H—Ö—Ö—H
Radicale ossidrilico	$OH^{\bullet}$	:Ö—H
Radicale perossidrilico	$O_2H^{\bullet}$	:Ö=Ö—H
Ozono	O_3	O=O⁺—O⁻

Oltre all'esposizione delle piante all'ozono e ad altri fattori di *stress* (siccità, caldo e freddo, senescenza, ecc.), esistono numerose vie fisiologiche di formazione di queste sostanze. Il *singoletto* si genera nel cloroplasto nelle reazioni di trasporto elettronico nell'ambito del fotosistema II; il *superossido* nelle reazioni mitocondriali di trasporto elettronico, nella reazione di Mehler nel cloroplasto (riduzione di O_2 da parte del centro ferro-zolfo del fotosistema I), fotorespirazione dei gliossisomi, attività dei perossisomi, difesa contro patogeni; il *perossido di idrogeno* nella fotorespirazione, nella difesa contro patogeni, nella decomposizione di superossido indotta da protoni; il *radicale ossidrilico* nella difesa contro patogeni.
(Modificata da Bray *et al.*, 2003)

Tabella 15. Localizzazione subcellulare degli enzimi antiossidanti

Enzima antiossidante	Abbreviazione	Localizzazione subcellulare
Ascorbato perossidasi	APX	Citosol, stroma e membrana del plastidio, noduli radicali
Catalasi	CAT	Citosol, gliossisoma, perossisoma
Deidroascorbato riduttasi	DHAR	Citosol, stroma del plastidio, noduli radicali
Glutatione riduttasi	GR	Citosol, mitocondrio, stroma del plastidio, noduli radicali
Monodeidroascorbato riduttasi	MDHAR	Stroma del plastidio, noduli radicali
Superossido dismutasi (raggruppate in base al cofattore metallico)	Cu/ZnSOD MnSOD FeSOD	Citosol, perossisoma, plastidio, noduli radicali Mitocondrio Plastidio

(Modificata da Bray *et al.*, 2003)

Tabella 16. Localizzazione subcellulare delle sostanze antiossidanti

Antiossidante	Struttura	Localizzazione subcellulare
Acido ascorbico (vitamina C)	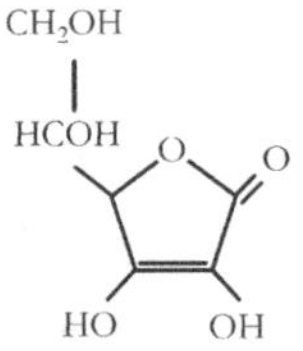 CH_2OH, HCOH, O, O, HO, OH	Apoplasto, citosol, plastidio, vacuolo
β-carotene	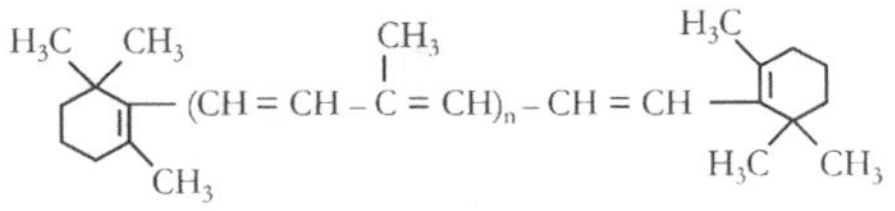 H_3C CH_3 CH_3 — $(CH = CH - C = CH)_n - CH = CH$ — H_3C CH_3 H_3C CH_3	Plastidio
Glutatione ridotto (GSH)	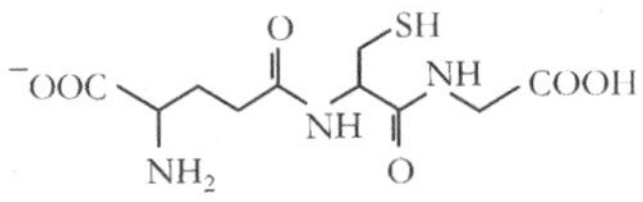 ^-OOC, NH_2, O, NH, SH, NH, COOH, O	Citosol, mitocondrio, plastidio
Poliammine (es. putrescina)	$H_2N(CH_2)_4NH_2$	Citosol, mitocondrio, nucleo, plastidio
α-tocoferolo (vitamina E)	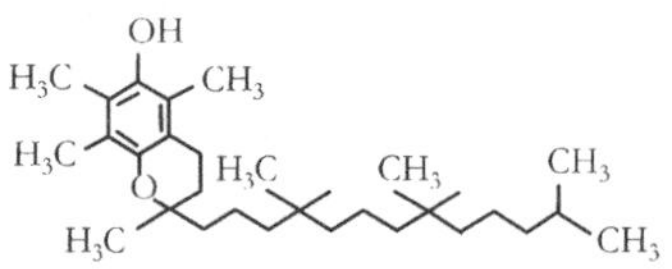 OH, H_3C, CH_3, H_3C, O, H_3C, H_3C, CH_3, CH_3, CH_3	Membrane cellulari (comprese le membrane dei plastidi)
Zeaxantina	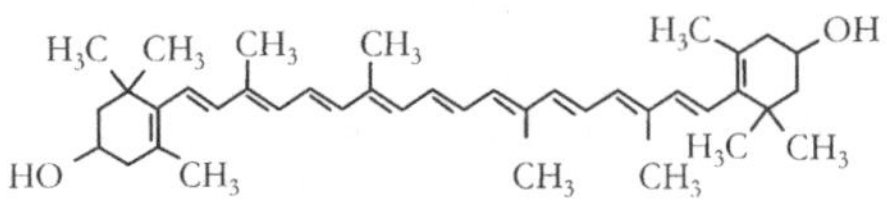 H_3C CH_3 CH_3 CH_3, HO, CH_3, CH_3, CH_3, H_3C, OH, H_3C CH_3	Cloroplasto

(Modificata da Bray *et al.*, 2003)

da accettori di elettroni) quali acido ascorbico, glutatione (un tripeptide composto da glicina, acido glutammico e cisteina), α-tocoferolo, β-carotene, carotenoidi (che rendono innocuo il singoletto di ossigeno) e i flavonoidi (che neutralizzano i radicali idrossililici, non inattivabili per via enzimatica). Queste sostanze sono variamente localizzate a livello subcellulare (Tabelle 15 e 16). Il tasso di rigenerazione e quello di risintesi di questi *scavenger* condizionano l'esito della risposta della pianta all'attacco ossidante al punto tale che, se queste difese falliscono nell'arrestare le reazioni a catena di autossidazione associate con le ROS, il risultato è la morte cellulare.

Da tempo è stata centrata l'attenzione sul ciclo ascorbato-glutatione (definito da Halliwell e Asada, Figura 102) come fondamentale via di detossificazione nei plastidi. L'apparato fotosintetico riceve

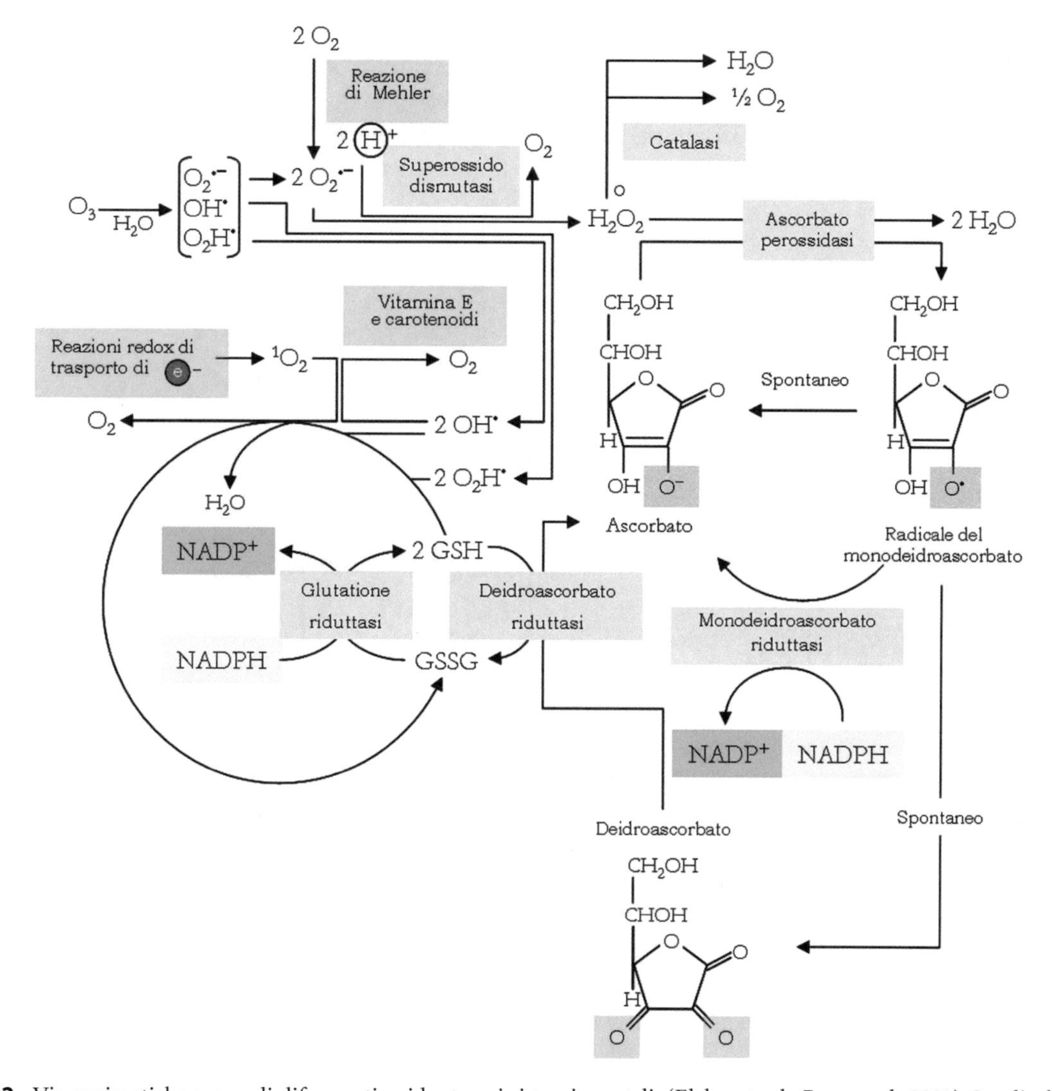

Fig. 102. Vie enzimatiche e non di difesa antiossidante nei sistemi vegetali. (Elaborato da Bray *et al.*, 2003). I radicali superossido ($O_2^{\cdot-}$) sono eliminati dalla superossido dismutasi (SOD) in una reazione che produce perossido di idrogeno (H_2O_2). Questo è consumato, attraverso la conversione a ossigeno e acqua, dalla catalasi, o a sola acqua, attraverso l'ossidazione dell'ascorbato. Quest'ultimo, a sua volta, è rigenerato attraverso due meccanismi: (**a**) riduzione enzimatica di monodeidroascorbato nei plastidi; (**b**) il monodeidroascorbato è spontaneamente dismutato a deidroascorbato e reagisce con il glutatione (GSH) a dare ascorbato e glutatione ossidato (GSSG) in una reazione catalizzata dalla deidroascorbato riduttasi. GSSG è ridotto dalla glutatione riduttasi, che richiede consumo di nicotinamide adenin dinucletide fosfato ridotto (NADPH). L'ossigeno singoletto e gli ioni ossidrilici sono eliminati nella via del glutatione. L'azione tossica dell'ossigeno singoletto e degli ioni ossidrilici viene contrastata dagli antiossidanti non enzimatici, quali carotenoidi e vitamina E (vedi Tabella 16)

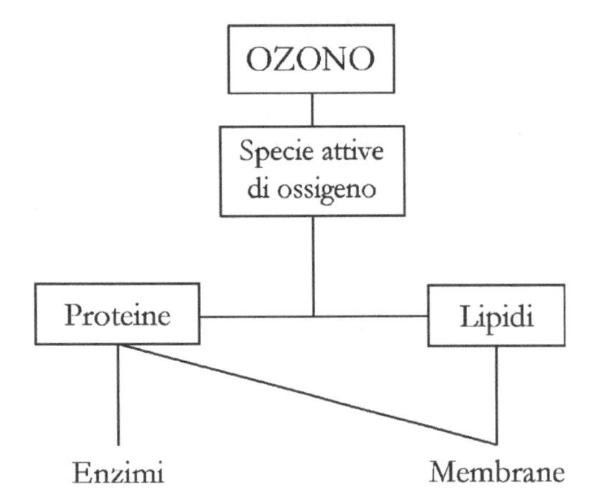

Fig. 103. Bersagli molecolari dell'azione tossica dei derivati dell'ozono

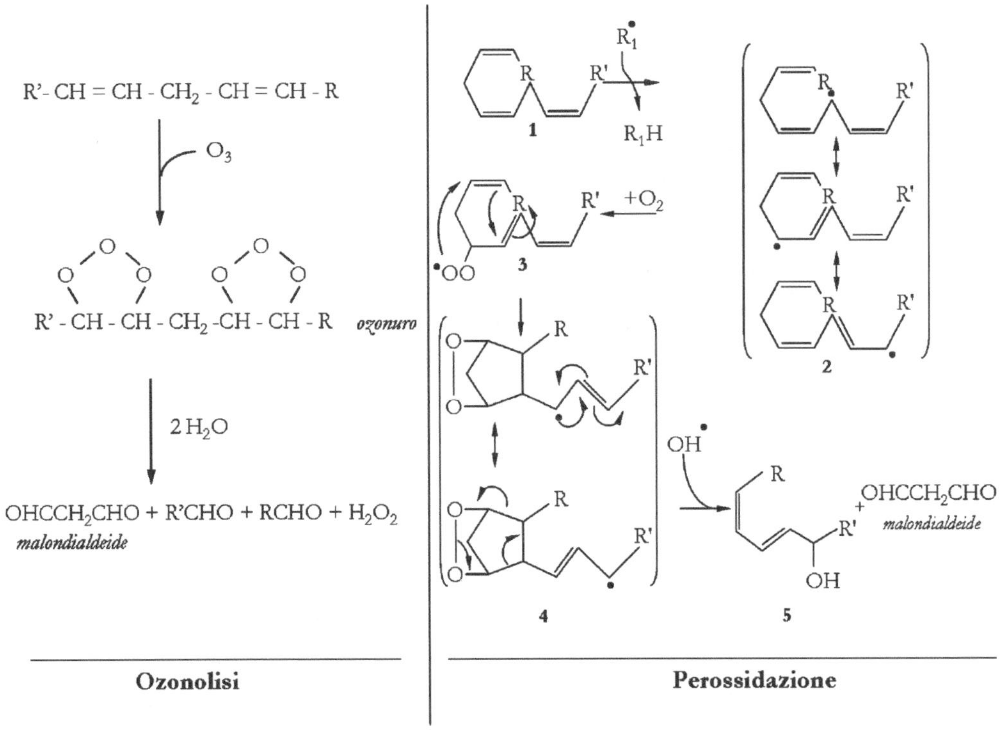

un'ulteriore protezione attraverso la produzione esotermica della xantofilla zeaxantina.

L'O_3 può reagire con l'etilene e altri alcheni nel fluido apoplastico per formare il radicale idrossilico, l'anione superossido e H_2O_2. L'inquinante e le ROS a questo livello interagiscono con la membrana cellulare e i suoi componenti. In particolare (Fig. 103), tre aminoacidi (cisteina, metionina e triptofano) sono assai vulnerabili in soluzione acquosa; nel primo, i gruppi SH di due molecole vanno a formare ponti S-S, con conversione a cistina; nel secondo, l'atomo di S è ossidato a sulfossido; nel terzo, si ha la rottura dell'anello pirrolico. L'aggressione alle proteine coinvolge la struttura e la funzionalità sia delle membrane sia degli enzimi,

R'- CH = CH - CH_2 - CH = CH - R

O_3

R' - CH - CH - CH_2 -CH - CH - R *ozonuro*

2 H_2O

$OHCCH_2CHO$ + R'CHO + RCHO + H_2O_2
malondialdeide

Ozonolisi

$R_1^{\bullet}$ R R' 1 R_1H

R' $+O_2$ •OO 3

R R' 4

$OH^{\bullet}$ R R' OH 5 + $OHCCH_2CHO$ *malondialdeide*

R R' 2

Perossidazione

Fig. 104. Reazioni fondamentali dei processi di ozonolisi (*a sinistra*) e di perossidazione lipidica (*a destra*). Sebbene questi due termini siano spesso considerati sinonimi, essi sono distinti. Il primo porta alla formazione di H_2O_2, non coinvolge nell'attacco iniziale radicali liberi e non comporta la coniugazione tra doppi legami (cioè mantiene alternati doppi e singoli legami carbonio-carbonio); la perossidazione forma prodotti coniugati, prevede attacco iniziale da parte di radicali liberi (piuttosto che ozono) e non forma H_2O_2. La sintesi di malondialdeide ($OHCCH_2CHO$, composto *marker* rintracciato per via spettrofotometrica nel materiale biologico trattato) è comune alle due catene di reazioni e non costituisce evidenza differenziale. In breve, la perossidazione prevede i seguenti passaggi razionali: da 1 a 2 è la rottura di un legame C-H in posizione allilica rispetto a due doppi legami, con formazione di un radicale (2) stabilizzato per risonanza. Poi, una molecola di O_2 attacca su una delle tre possibili posizioni del radicale 2, per dare il radicale 3, il quale, iniziando un attacco al doppio legame terminale, mette in moto la reazione di ciclizzazione che porta alla formazione del perossido ciclico 4, caratterizzato dalla presenza di un radicale allilico in catena. Segue l'addizione di un radicale idrossilico su un radicale al C per dare un legame C-O e l'eliminazione di malondialdeide dal perossido ciclico portando ai prodotti finali

specialmente se queste alterazioni riguardano la configurazione secondaria e terziaria. Anche i lipidi sono bersaglio di reazioni di ozonolisi e/o perossidazione in corrispondenza di acidi grassi polinsaturi (Fig. 104), con formazione di malondialdeide e ulteriore produzione di ROS. Il danno alla membrana plasmatica modifica il trasporto degli ioni, fa aumentare la sua permeabilità e crollare il suo potenziale, inibisce l'attività delle pompe protoniche e favorisce l'ingresso degli ioni Ca^{2+} dall'apoplasto. Seguono, in cascata, un'articolata e complessa serie di eventi che possono coinvolgere persino gli acidi nucleici.

Dentro la cellula, la presenza di ROS e molecole alterate può stimolare l'attivazione del sistema di difesa antiossidante. Così, viene a essere indotta la sintesi di etilene da ferita e la produzione di acido salicilico, che agiscono in diverse vie di traduzione del segnale, con cambiamenti specifici dell'espressione genica e del metabolismo.

Oltre al danno biochimico cellulare, all'O_3 viene attribuita anche una certa capacità di aggressione diretta alle cuticole fogliari attraverso interferenze nei meccanismi di sintesi e strutturazione delle cere. Le conseguenze negative per i bilanci idrico e minerale della pianta sono intuibili; ripercussioni si possono avere anche sulla resistenza ad agenti biotici e, soprattutto, abiotici.

Interessanti appaiono le similitudini tra il danno da O_3 e quello da radiazioni, così che questo gas è stato definito "radiomimetico"; è stato, altresì, ipotizzato che gli effetti nocivi delle radiazioni ai tessuti vegetali possano essere causate da O_3 prodotto *in situ*.

4.2.1 Effetti sulla fotosintesi

Una minore produzione di biomassa è frequentemente associata alla prolungata esposizione delle piante all'O_3, anche in assenza di significativi effetti fogliari macroscopici, e la riduzione dei processi fotosintetici è ritenuta la principale causa del fenomeno, sebbene i rapporti tra queste due funzioni siano complessi. L'inquinante può determinare, in modo simultaneo o sequenziale, limitazioni di natura stomatica e/o mesofillica all'assorbimento della CO_2. Si consideri che non è facile decifrare se un'aumentata resistenza stomatica sia provocata direttamente dalla presenza del gas o non sia piuttosto dovuta a un effetto *feedback* innescato da una minore fissazione della CO_2 a livello del mesofillo, da cui deriva un suo incremento nella camera sottostomatica al quale consegue una tendenza alla chiusura stomatica.

Le interferenze sul processo fotosintetico possono realizzarsi anche nella fase di fissazione della CO_2. L'attività dell'enzima chiave del ciclo di Calvin, RubisCO, è inibita da esposizioni realistiche all'O_3 a causa dell'alterazione della struttura (e quindi della funzionalità) della molecola da parte dei derivati ossidanti che raggiungono lo stroma del cloroplasto. In realtà, la sua diminuita attività è spesso associata anche a una minore "quantità" di enzima. Questa, a sua volta, potrebbe dipendere o da una ridotta sintesi o da maggiore azione delle proteasi, favorite anche da una denaturazione che la rende substrato più idoneo per la loro azione. In patata, l'induzione della sintesi di etilene è seguita da una diminuzione dei livelli dei trascritti *rbcS* e *rbcL*, suggerendo che l'espressione genica possa essere regolata dalla produzione indotta da *stress* di questo fitormone. La degradazione della subunità maggiore è stata osservata anche in risposta ad altre forme di danno ossidativo (da elevata intensità luminosa e da *paraquat*, per esempio). Data l'importanza in termini quantitativi della RubisCO anche come proteina fogliare, questi meccanismi sembrano importanti per spiegare pure l'induzione di senescenza precoce; come noto, si ritiene che la degradazione proteica sia finalizzata all'esportazione di azoto e carbonio verso le regioni della pianta in accrescimento. Altri enzimi del ciclo di Calvin possono essere inibiti, anche se la quasi totalità degli studi in materia ha preso in esame soltanto la RubisCO.

Gli effetti negativi dei derivati tossici dell'O_3 a carico dei processi fotosintetici comprendono anche lesioni alle membrane tilacoidali e altre alterazioni strutturali dei cloroplasti, nonchè distruzione dei pigmenti clorofilliani. Inoltre, il declino nell'attività fotosintetica può essere anche un effetto secondario, se NADPH è dirottato dalla riduzione del carbonio per provvedere alla sintesi di glutatione e alla sua rigenerazione (riduzione del glutatione ossidato, vedi Figura 102). In sintesi, la perdita di capacità fotosintetica è attribuibile a uno o più dei seguenti fattori: (*a*) ridotta attività di PSI, PSII e RubisCO; (*b*) abbassamento della concentrazione di quest'ultimo enzima; (*c*) aumento del ricambio della proteina D1 del PSII; (*d*) fotoinibizione.

Dal momento che i carboidrati sono i prodotti e i substrati rispettivamente della fotosintesi e della respirazione, gli effetti dell'O_3 su questi processi si ripercuotono anche sul loro metabolismo, indipendentemente dall'azione diretta che l'inquinante può avere sugli enzimi che catalizzano le reazioni coinvolte.

Per quanto riguarda la parte aerea, le risposte sono controverse. L'impatto complessivo sui vari organi è anche il risultato di interferenze sulla traslocazione degli assimilati dalle foglie, nonché sulla loro ripartizione. È frequente un decremento maggiore negli apparati radicali rispetto alle porzioni epigee, fenomeno, peraltro, noto nel campo della fitotossicologia. Alterazioni nella distribuzione tra le foglie e il resto della pianta spesso determinano riduzioni sia nelle dimensioni che nella longevità di questi organi e ciò può nuocere, nel lungo periodo, alla capacità fotosintetica.

4.2.2 Effetti sulla produttività

Spesso le concentrazioni ambiente di O_3 sono responsabili di significative riduzioni delle prestazioni produttive e vi è una riconosciuta esigenza di disporre di adeguate funzioni dose/risposta sulle colture agrarie, allo scopo di inserire queste informazioni in un contesto di analisi costo/beneficio. Purtroppo, considerati i numerosi fattori che influiscono sulla risposta delle piante, le evidenze certe, sulle quali basare modelli matematici, sono ancora modeste.

Si è discusso a lungo su quale sia il migliore descrittore numerico dell'esposizione all'inquinante correlabile con gli effetti produttivi. In passato è stata utilizzata una media trascinata delle 7 (o 8) ore giornaliere consecutive più elevate (di norma dalle 9 alle 16 o 17), ovviamente riferita al periodo vegetativo. Per esempio, per esposizioni di 7 ore al giorno, in condizioni sperimentali, si stima che una concentrazione media di O_3 di 72-86 ppb sia sufficiente a ridurre del 10% la produzione di piante di fagiolo.

Come descritto in 1.10.1, la rete NCLAN ha valutato l'impatto dell'O_3 sulle rese di alcune colture erbacee in diversi contesti agroclimatici. Non è semplice sintetizzare l'enorme massa di informazioni raccolte. Modelli economici stimano che i benefici della riduzione dei livelli di O_3 del 10, 25 o 40% siano pari rispettivamente a 0,8, 1,9 o 2,8 miliardi di dollari all'anno. Questi valori rappresentano circa l'1-3% del bilancio globale dell'agricoltura Usa. Al contrario, un aumento del 25% della concentrazione di O_3 comporterebbe ulteriori perdite, pari a 2,4 miliardi di dollari. Si consideri che sinora l'attenzione è stata rivolta pressochè esclusivamente agli aspetti quantitativi delle produzioni e, pertanto, queste stime sono verosimilmente riduttive.

L'altro approccio, oggi accettato in Europa, è quello dei "livelli critici" (vedi 1.10.2). Le informazioni sperimentali sono ancora scarse; per esempio, per le essenze forestali i (pochi) dati disponibili sono riferiti esclusivamente a specie nord-europee. Sulla base di questi modelli, si ritiene che nell'Europa meridionale le produzioni di frumento possano essere ridotte anche del 30% dai livelli attuali di O_3.

Una disamina degli effetti sulla produttività non può tralasciare gli aspetti qualitativi, peraltro difficili da riconoscere, anche perché spesso non associati a sintomi o a riduzioni nella resa; questi fenomeni coinvolgono le caratteristiche organolettiche e il contenuto in nutrienti (proteine, lipidi, carboidrati, metalli e vitamine), per non parlare, poi, dei possibili riflessi tossicologici derivanti dalle alterazioni del metabolismo secondario (vedi 1.6.4).

4.2.3 La risposta delle piante

La tossicità dipende essenzialmente da tre fattori: la penetrazione all'interno dei tessuti fogliari, la sua influenza sui costituenti cellulari e, infine, le eventuali reazioni di difesa.

Riguardo al primo punto, è da tempo nota una notevole variabilità inter- e intraspecifica; per esempio, alcune cultivar di tabacco simili per caratteri morfologici e produttivi rispondono in maniera differente all'O_3. Una schematica rappresentazione dei meccanismi alla base di questi comportamenti differenziali, riferita alla nota "teoria generale della risposta agli *stress*" (vedi Figura 62) è riportata in Figura 105.

L'assorbimento è ovviamente un prerequisito per la tossicità di un agente gassoso e, in primo luogo, una pianta può "escluderlo" fisicamente, impedendone la penetrazione attraverso le aperture stomatiche. Poiché queste sono necessarie per i normali scambi gassosi (CO_2, O_2, vapor d'acqua), non è pensabile un organismo vegetale che "*mantenga chiusi gli stomi durante il giorno per non far penetrare l'ozono*". In effetti, mentre la resistenza di tipo costitutivo (su base morfo-anatomica) sembra essere inverosimile, esisto-

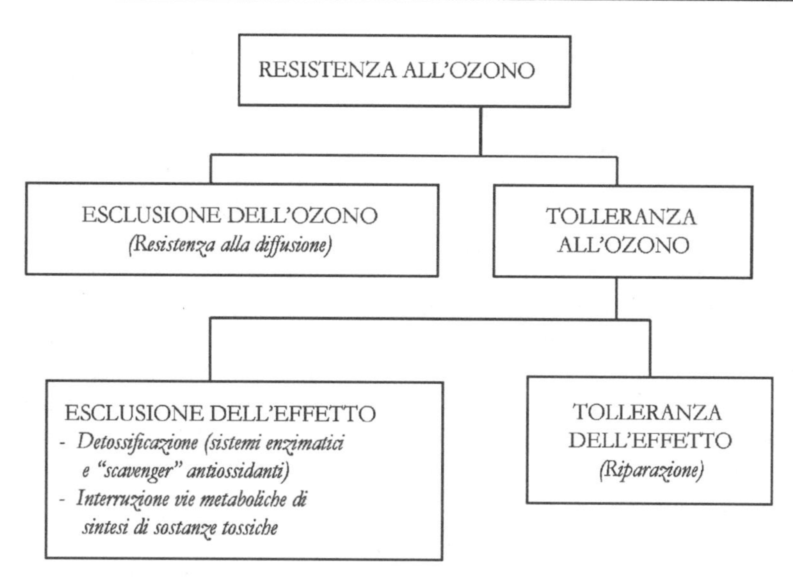

Fig. 105. Rappresentazione schematica, riferita all'ozono, delle componenti della resistenza di un organismo a un fattore di *stress*, in accordo con la teoria di Levitt

no (rare) evidenze che in alcuni genotipi, per esempio di cipolla (vedi paragrafo 4.4), tabacco e fagiolo, sia presente un meccanismo attivo (dinamico e inducibile) tale da consentire una parziale chiusura stomatica in presenza di elevati livelli di O_3, per poi consentire la ripresa di un normale scambio di gas quando la sua concentrazione non è più pericolosa. Sembra, comunque, che questa forma di difesa non sia realmente importante in termini generali, ma che i meccanismi di protezione più diffusi siano di ordine biochimico, piuttosto che biofisico.

Una volta che l'inquinante viene assorbito, la pianta può evitare che esso causi danni, per esempio neutralizzandolo con adeguati sistemi enzimatici e con un *pool* di antiossidanti ("resistenza biochimica" o tolleranza). Come detto, questi sono normalmente presenti nella pianta, ma possono essere saturati se il flusso di O_3 (stimabile come il prodotto tra concentrazione di inquinante e l'inverso della somma delle resistenze lungo il percorso di diffusione verso l'interno) è superiore alle capacità detossificanti: negli individui resistenti essi si attivano più rapidamente e/o sono disponibili in maggiore quantità e/o agiscono con più efficienza rispetto a quelli suscettibili. Un'ulteriore forma di resistenza può essere legata alla mancata attivazione (o interruzione) di vie metaboliche che portano al processo patogenetico: è questo il caso del cosiddetto "etilene da *stress*" (vedi oltre). Teoricamente, si potrebbe pensare anche a una scarsa "congenialità" di determinati bersagli molecolari all'azione tossica, anche se in merito le indicazioni certe mancano.

Infine, una pianta può – al contrario di altre – rimediare il danno subìto; naturalmente, il continuo mantenimento di adeguati livelli di antiossidanti e la messa in atto di processi di riparazione implica costi energetici, che – in ultima analisi – ostacolano l'accumulo di fitomassa.

Tra tutte queste ipotesi, al momento sembrano godere della maggiore credibilità quelle legate ai processi di detossificazione e neutralizzazione delle ROS. Questi fenomeni svolgono certamente un ruolo determinante nel prevenire *stress* di tipo ossidativo. Sono stati, però, osservati risultati contrastanti e il quadro è lungi dall'essere definito. Anche le prime esperienze condotte con piante transgeniche non hanno fornito evidenze conclusive. Infatti, numerosi sono i casi di sovraespressione dei geni della SOD nelle piante; quando, però, la loro suscettibilità viene saggiata, non sempre risultano incrementi nella tolleranza all'ossidante. Questo probabilmente è legato alla concomitanza di alcuni fattori: esistono diversi isoenzimi della SOD, che concorrono alla detossificazione dei radicali tossici; la sua localizzazione subcellulare (spesso sottovalutata), che gioca un ruolo determinante sugli effetti che la sovraproduzione può avere; nelle piante esistono più sostanze, enzimatiche e non, che agiscono come detossificanti delle forme attive di ossigeno.

Inoltre, anche se la SOD è presente in quantità non limitante, ma sono carenti uno o più dei detossificanti che agiscono in serie (catalasi, per esempio), si può accumulare H_2O_2 in quantità nocive.

In sintesi, elevati livelli degli enzimi che costituiscono la via di Halliwell-Asada (vedi Figura 102), spesso non sono sufficienti a conferire tolleranza alle piante. Questo supporterebbe l'ipotesi che nei vegetali esistano diversi sistemi di neutralizzazione delle ROS, anche in considerazione del fatto che questa via consuma notevoli quantità di energia (in forma di NADPH) e non potrebbe essere attivata a lungo senza influenzare negativamente la pianta.

È stato ipotizzato che la capacità di produrre etilene in risposta all'esposizione a O_3 possa essere un fattore determinante per la suscettibilità. Questa sostanza, presumibilmente, reagisce direttamente con l'inquinante dando luogo ai temibili radicali idrossilici, forse i veri responsabili degli effetti tossici. A conferma di ciò, esistono evidenze secondo le quali l'inibizione della sua sintesi minimizza i danni e una sua applicazione prima della fumigazione comporta una riduzione dei sintomi imputabile, verosimilmente, all'induzione di meccanismi di difesa da parte della pianta, tra i quali, per esempio, la stimolazione dell'attività perossidasica. La formazione di etilene a partire dalla metionina è regolata dall'acido 1-ammino-ciclopropan 1-carbossilico (ACC) sintasi; con l'uso di sonde geniche è stata osservata una rapida attivazione della trascrizione in risposta allo *stress* ed è stata evidenziata l'esistenza di diversi transcritti dell'ACCsintasi, indicando che esistono vari isoenzimi, i quali possono essere distribuiti e attivati separatamente in risposta a fattori di aggressione (ferite, per esempio). Anche in conseguenza dell'esposizione a O_3, la concentrazione di etilene e del suo precursore (ACC) sale considerevolmente in tabacco cv. Bel-W3 (supersensibile) ed è correlata ai sintomi fogliari, mentre rimane stabile nella Bel-B (resistente). Inoltre, pre-trattamenti con un inibitore della sintesi, l'amminoetossivinilglicina (che ostacola la conversione della S-adenosil metionina ad ACC), rendono le piante più resistenti.

Ancora riguardo al metabolismo secondario, anche le poliammine alifatiche (putrescina, spermidina, spermina) sembrano coinvolte nei fenomeni di difesa. Esse sono composti azotati, ubiquitari nella pianta, implicati nella crescita e agenti, soprattutto, nei processi di divisione cellulare, anche se il loro meccanismo d'azione è complesso. La loro induzione in risposta a vari stati di sofferenza è dimostrata. Significative riduzioni dei sintomi risultano da trattamenti esogeni con queste sostanze prima della fumigazione con O_3; è stata osservata una relazione positiva tra esposizione all'ossidante e induzione dell'attività dell'arginina decarbossilasi (enzima-chiave del percorso biosintetico delle poliammine) prima della comparsa delle lesioni. Quando α-difluorometil arginina (un inibitore irreversibile dell'arginina decarbossilasi) viene applicata alle foglie, le necrosi aumentano notevolmente. È presumibile, quindi, che le poliammine esplichino un ruolo protettivo, in quanto capaci di: (*a*) chelare metalli che catalizzano la perossidazione dei lipidi; (*b*) reprimere la sintesi dell'etilene, avendo in comune con questo il precursore ACC; (*c*) fungere da agenti stabilizzanti delle membrane e da *scavenger* di radicali tossici.

Le cosiddette *proteine di patogenesi* (proteine PR, *Pathogenesis-Related*) costituiscono un gruppo di polipeptidi di peso relativamente basso, la cui sintesi si verifica in risposta a stimoli di natura fisica, biologica e chimica, tra cui l'O_3. Agenti patogeni diversi inducono nella pianta comportamenti biochimici in una certa misura "unificanti". In effetti, lo *stress* ossidante è molto comune: fattori quali la bassa temperatura, la carenza di acqua (con conseguente chiusura stomatica) e la radiazione UV, che portano a una scarsa efficienza di assimilazione della CO_2, comportano che una significativa frazione dell'energia dei fotoni sia trasferita all'ossigeno. Pertanto, lo studio del comportamento della vegetazione all'O_3 è anche un utile strumento di indagine per meglio chiarire le reazioni a diverse cause di alterazione, compresa la senescenza.

In conclusione, si può immaginare un meccanismo complesso di risposta delle piante alle ROS. Il segnale iniziale è probabilmente rappresentato dalle stesse molecole reattive. Un aumento della concentrazione citosolica di Ca^{2+} può agire come secondo messaggero insieme a etilene e acido salicilico, che intervengono per modulare la risposta. L'esposizione a O_3 provoca un incremento di H_2O_2, che stimola la produzione di acido salicilico. Ciò determina una crescita temporanea del numero di trascritti che codificano per alcuni metaboliti secondari correlati alla difesa (le fitoalessine, per esempio), per molecole che vanno a costituire barriere cellulari (lignina, callosio, estensina) e per proteine PR, quali β 1-3-glucanasi, chitinasi, glutatione *S*-transferasi, fenilalanina ammonio liasi. Non ben identificato è il segnale che stimola l'aumento degli enzimi antiossidanti, che rappresentano il punto-chiave della difesa contro lo *stress* ossidativo. Oltre al già citato acido salicilico, si ritiene implicato il metil jasmonato.

4.2.4 Etilendiurea (EDU) e altri agenti protettivi nei confronti dell'O_3

L'applicazione alle foglie di composti antiossidanti (per esempio, glutatione, β-mercaptoetanolo) allo scopo di prevenire il danno da O_3 è stata indagata a livello sperimentale sin dagli anni '60. In seguito, l'interesse è stato esteso ad altre sostanze, in particolare gli anticrittogamici benzimidazolici, notoriamente dotati di capacità sistemiche e di proprietà citochinino-simili e antisenescenti.

L'unica molecola specifica come antiozonante, che però ha attirato l'interesse anche del mondo operativo, è stata l'EDU (vedi 1.3). Essa, somministrata con irrorazione fogliare o al terreno, protegge numerose specie dallo *stress* ossidante anche in condizioni realistiche. Il suo meccanismo di azione non è stato ancora caratterizzato in dettaglio. A livello cellulare, l'EDU riesce a prevenire la rottura del tonoplasto e il rigonfiamento del cloroplasto. Tra le ipotesi avanzate per spiegare le basi biochimiche di queste interazioni, si ricordano le seguenti:

- alterazione degli scambi gassosi, con conseguente parziale chiusura stomatica; questa attività antitraspirante è, comunque, limitata e non può rappresentare il meccanismo principale di protezione;
- azione antisenescenza, in termini di riduzione delle perdite di clorofilla e di aumento nella capacità di sintetizzare RNA e proteine;
- induzione di sistemi antiossidanti; in effetti, pochi e contraddittori sono i dati in letteratura riguardanti le alterazioni nell'attività di enzimi e/o nei livelli di metaboliti con questa azione in piante trattate con EDU e, nella maggior parte dei casi, sono state utilizzate concentrazioni di O_3 non realistiche;
- riduzione della produzione di etilene da *stress*; la pre-applicazione di EDU negli individui esposti a O_3 impedisce il rapido accumulo di questo fitormone, sebbene sia stato evidenziato che la sostanza non interagisce con la via biosintetica.

In definitiva, in relazione anche al fatto che spesso gli effetti protettivi che si riscontrano a carico dei quadri sintomatici non sono associati a significativi incrementi produttivi (per non citare poi gli aspetti economici e ambientali), le prospettive pratiche sono pressoché nulle. Oggi l'EDU rappresenta per lo più uno strumento di indagine di pieno campo, utile per diagnosticare effetti macroscopici dell'O_3 e, eventualmente, per valutarne l'impatto sulla produzione.

Da alcuni anni hanno incontrato un discreto successo in orticoltura, floricoltura e vivaismo i cosiddetti "tessuti non-tessuto", ovvero leggeri teli costituiti da sottili fibre di polipropilene, poliestere o poliammide, utilizzati con i seguenti obiettivi: (*a*) migliorare le condizioni termiche; (*b*) offrire una protezione meccanica contro vento, grandine, insetti; (*c*) ridurre i processi di evapotraspirazione. Sono state compiute indagini che hanno dimostrato un loro parziale potere protettivo, tale da ridurre gli effetti fitotossici dell'O_3; rimane da verificare il contributo al fenomeno della filtrazione dell'O_3 e il ruolo delle mutate condizioni microclimatiche ed ecofisiologiche. Allo studio sono anche alcune molecole ad azione antitraspirante che, quando distribuite sulle foglie, formano una sottile pellicola che consente la diffusione di O_2 e CO_2, ma ostacola il passaggio dell'acqua; è questo il caso del *pinolene*; la Figura 106 evidenzia la notevole efficacia protettiva che questo composto offre nei confronti dell'azione tossica di O_3.

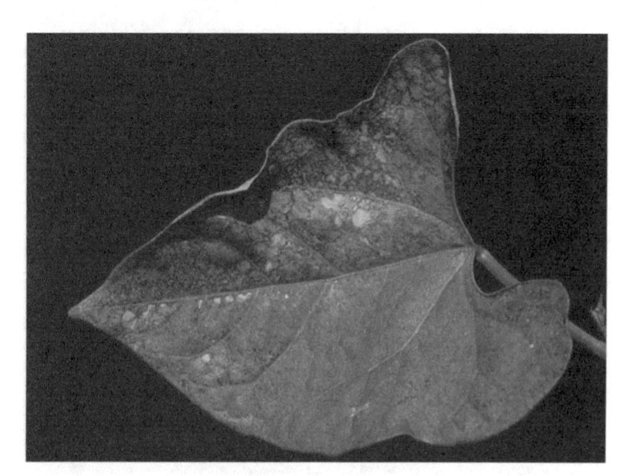

Fig. 106. Foglia primaria di fagiolo Pinto esposta all'ozono in condizioni sperimentali (150 ppb, 4 h); la metà inferiore è stata trattata con un antitraspirante protettivo commerciale a base di *pinolene,* che ha assicurato una protezione quasi totale dal danno. Il prodotto viene comunemente utilizzato sotto forma di emulsione per ridurre lo *stress* da trapianto e da innesto, per prevenire lo spacco dei frutti e fisiopatie dovute a squilibri idrici

4.3 Effetti fitotossici macroscopici

Uno dei primi effetti percepibili precocemente a seguito di esposizione severa a O_3 è la presenza di ridotte aree (l-2 mm) di aspetto idropico o "allessato" (vedi Figura 34), ceroso od oleoso, che denotano stati di congestione dell'acqua negli spazi intercellulari e possono, o meno, divenire permanenti ed evolvere a necrosi. Stadi successivi sono rappresentati da una "bronzatura" o dalla comparsa di lesioni puntiformi (*stippling*) o, comunque, localizzate (pochi millimetri) (*flecking*), per lo più limitate al tessuto a palizzata delle regioni internervali. L'O_3 è noto per essere caratterizzato da un'ampia "divergenza sintomatica", così che colore e distribuzione delle lesioni variano anche sostanzialmente da una specie all'altra, in relazione anche alla loro maturità (Fig. 107). A questo livello, le foglie con parenchima a palizzata mostrano sintomi soltanto sulla pagina adassiale; se, invece, il mesofillo è indifferenziato, il danno può apparire su entrambe le lamine. Nei casi molto severi e nelle specie eccezionalmente sensibili le aree necrotiche collassano, divenendo bifacciali. Si può avere la coalescenza di lesioni adiacenti e si può osservare il loro allargamento anche una volta cessata l'esposizione all'O_3, in conseguenza del collasso dei tessuti limitrofi. Nelle monocotiledoni, le clorosi e le necrosi sono tendenzialmente internervali (Fig. 108), mentre nelle conifere i sintomi si presentano soprattutto negli aghi semimaturi, in forma di bande trasversali variamente distribuite (Fig. 109).

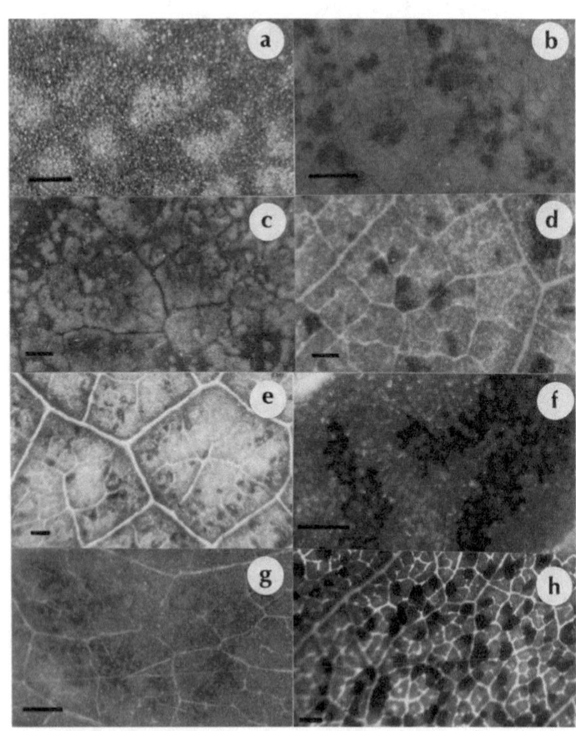

Fig. 107. Lesioni fogliari indotte dall'esposizione all'ozono, osservate al microscopio stereoscopico. (**a**) Tabacco (*Nicotiana tabacum* cv. Bel-W3). (**b**) Vite (*Vitis vinifera* cv. Trebbiano). (**c**) Ailanto (*Ailanthus altissima*). (**d**) Pioppo (*Populus deltoides* x *maximowiczii* clone Eridano). (**e**) Fagiolo (*Phaseolus vulgaris* cv. Pinto. (**f**) Viburno (*Viburnum tynus*). (**g**) soia (*Glycine max* cv. Gemma). (**h**) Robinia (*Robinia pseudo-acacia*). In ogni immagine la barra equivale a 3 mm

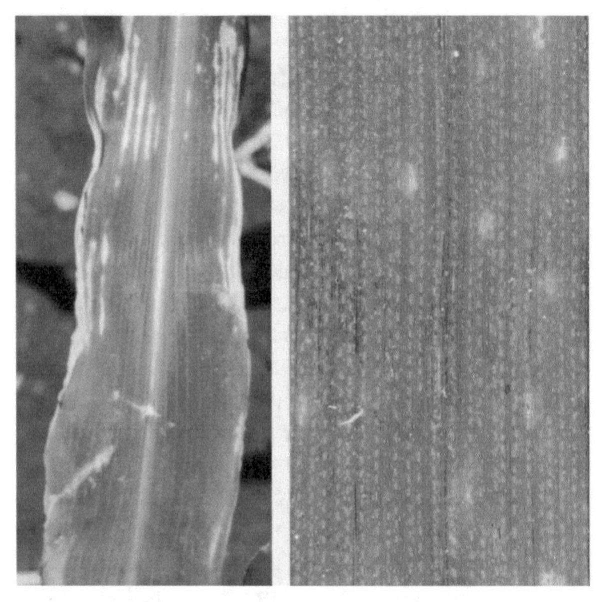

Fig. 108. Sintomi macroscopici indotti dall'ozono su foglie di mais (*a sinistra*, per gentile concessione di D. Velissariou) e di grano (*a destra*)

Fig. 109. Sintomi macroscopici indotti dall'ozono su aghi di pino (*a sinistra*) e di abete (*a destra*, per gentile concessione di D. Velissariou)

Il sintomo più diffuso nelle piante cresciute in presenza dei livelli ambientali di O_3 comuni nelle nostre realtà produttive è, comunque, la comparsa di una clorosi diffusa, peraltro aspecifica, seguita da prematura induzione di senescenza, notoriamente collegata ai processi di perossidazione lipidica e di alterazione della permeabilità di membrana; tali fenomeni non sono di facile individuazione in condizioni di campo e sfuggono inevitabilmente alla percezione.

Pur avendo perduto di importanza l'argomento, in relazione all'accertata possibilità che una rilevante influenza negativa si realizzi anche in condizioni subliminali, a oggi, in Europa, sono stati segnalati danni visibili da O_3 su almeno 25 specie di interesse agrario: arachide, bietola, carciofo, cicoria, cipolla, cocomero, cotone, erba medica, fagiolo, frumento, lattuga, mais, melone, patata, peperone, pesco, pomodoro, prezzemolo, ravanello, soia, spinacio, tabacco, trifoglio, vite e zucchino. Le Figure 110-115 mostrano un'ampia gamma di sintomi indotti dall'O_3 su piante di interesse agrario. Inoltre, su molte essenze forestali sono descritti in natura sin-

Fig. 110. Lesioni fogliari indotte dall'ozono su una coltura di cipolla in Grecia. (Per gentile concessione di D. Velissariou)

Fig. 111. Sintomi attribuibili all'ozono su foglie primarie e trifogliate di fagiolo, in condizioni naturali (**a-d**); le diverse caratteristiche dipendono dalle modalità di esposizione e dalle condizioni agronomiche e climatiche

Fig. 112. Sintomi indotti dall'ozono su cucurbitacee. (**a-d**) Condizioni naturali in Grecia. (Per gentile concessione di D. Velissariou). (**e**) Trattamento con 150 ppb per 5 h al giorno per 5 giorni. (**f**) Condizioni naturali in Pianura Padana. (Per gentile concessione di G. Schenone)

Fig. 113. Lesioni fogliari indotte dall'ozono. (**a**) Prezzemolo. (Per gentile concessione di D. Velissariou). (**b**) Bietola. (Per gentile concessione di L. Temmermann). (**c**) Trifoglio bianco

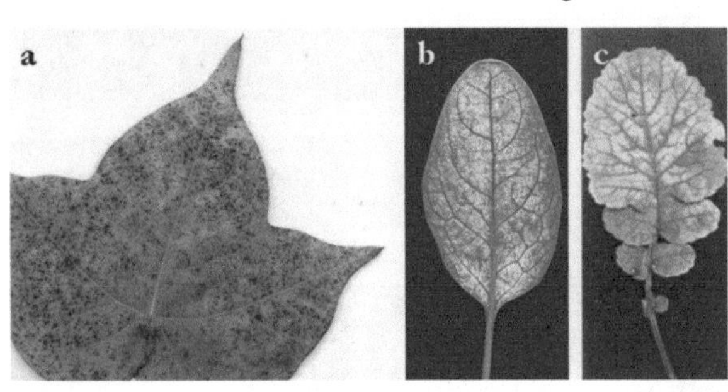

Fig. 114. Foglie di cotone (**a**) (per gentile concessione di C. Saitanis), spinacio (**b**) e ravanello (**c**) mostranti sintomi indotti dall'ozono

Fig. 115. Effetti dell'ozono su pomodoro; la foto di *sinistra* è stata gentilmente concessa da O.C. Taylor

Fig. 116. Sintomi *ozone-like* osservati su specie forestali. (Per gentile concessione di M. Schaub). (**a**) *Liriodendron tulipifera.* (**b**) *Carpinus betulus.* (**c**) *Viburnum lantana* (si noti l'"effetto ombra" provocato dalla presenza di una foglia sottostante, a coprire parzialmente l'assorbimento di gas). (**d**) *Fraxinus excelsior.* (**e**) *Sambucus racemosa.* (**f**) *Tilia cordata*

tomi O_3-*like* (Figg. 116 e 117); lo stesso vale per piante erbacee spontanee (Fig. 118).

Tipica è l'evoluzione della suscettibilità all'O_3 durante l'ontogenesi. Le foglie giovanissime sono resistenti e, durante l'espansione, diventano vulnerabili a cominciare dalle porzioni distali; le mature pienamente espanse sono di norma assai resistenti e la maggior parte di quelle più vecchie rispondono solo nelle porzioni prossimali (vedi Fig. 54). Tra le risposte meno frequenti, si ricorda la possibilità di formazione di enazioni (omeoplasie crestiformi, proliferazioni delle nervature principali della pagi-

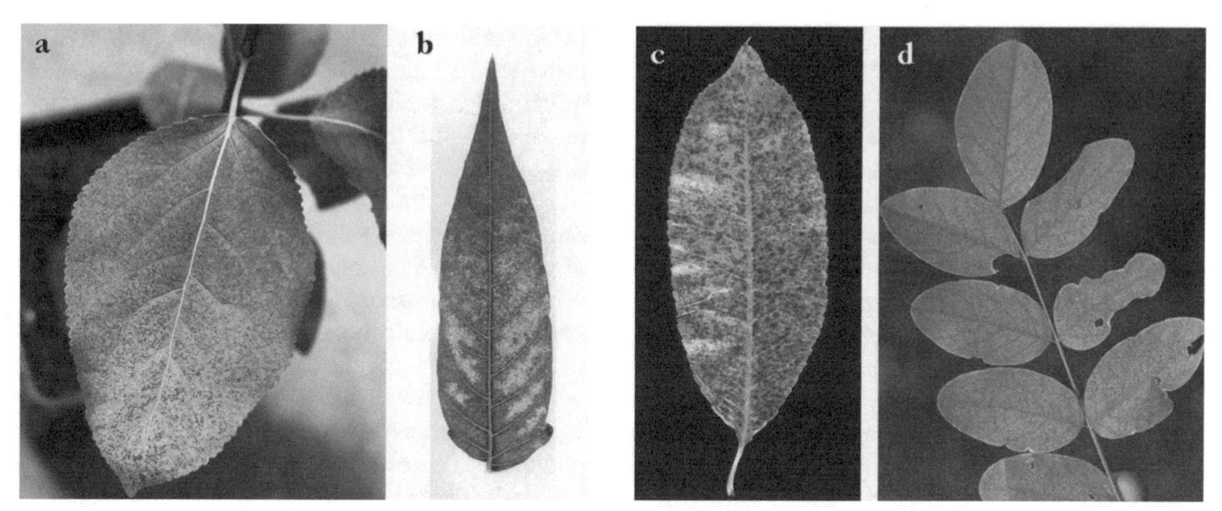

Fig. 117. Ulteriori sintomi *ozone-like* osservati su specie forestali. (a) Pioppo (*Populus deltoides* x *maximowiczii* clone Eridano). (b) Ailanto (*Ailanthus altissima*). (c) *Prunus serotina*. (Per gentile concessione di M. Schaub). (d) *Robinia pseudoacacia*. (Per gentile concessione di M. Schaub)

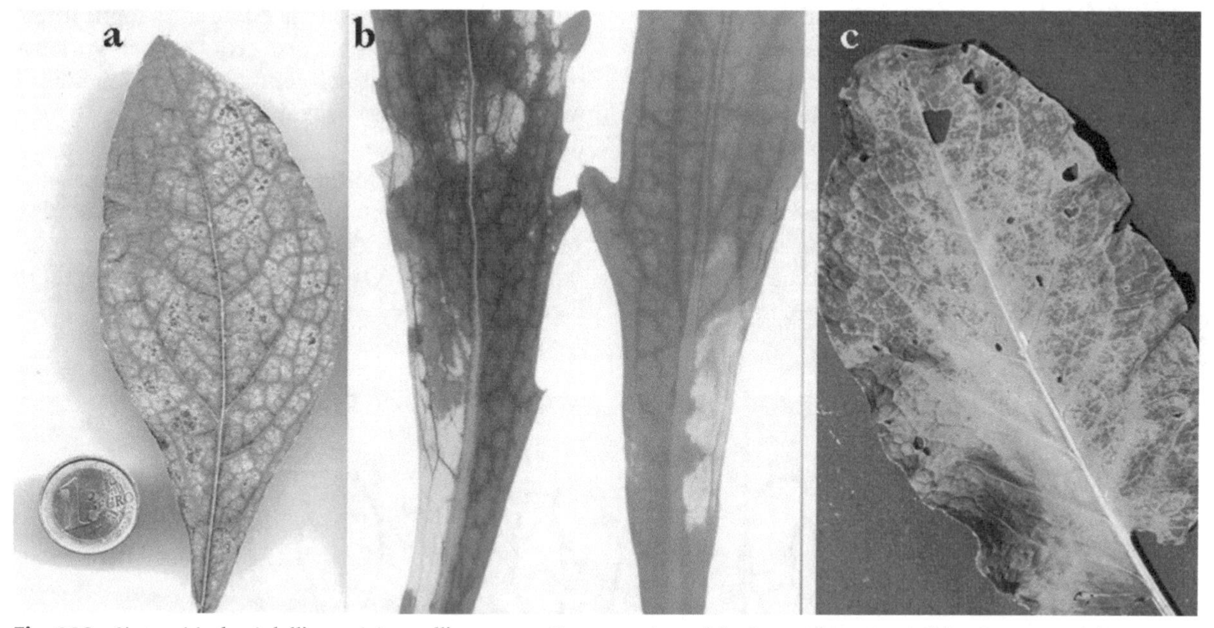

Fig. 118. Sintomi indotti dall'esposizione all'ozono su *Centaurea jacea* (a), *Conyza bonariensis* (b) e *Rumex* sp. (c)

na fogliare abassiale), come nel caso di *Brassica oleracea* var. *italica* (broccoli). Si tratta di uno dei rarissimi casi in cui il comportamento nei confronti di un inquinante è di tipo ipertrofico.

Uno *stress* idrico rende le piante meno suscettibili all'O_3, inducendo verosimilmente la chiusura degli stomi. I dati relativi al ruolo della fertilità del terreno sono talvolta contraddittori, così come l'importanza della luce sembra difficilmente generalizzabile tra le varie specie. Interazioni tra O_3 e altri agenti tossici sono ben dimostrate e, anzi, riguarda proprio questo gas la prima evidenza sperimentale di sinergismo. I casi più noti sono quelli relativi alla compresenza di SO_2.

Complesse sono anche le possibili interazioni tra malattie parassitarie e azione fitotossica dell'O_3. Per esempio, in numerosi patosistemi si assiste a una azione di protezione da parte dell'organismo patogeno, come nel caso di fava e *Uromyces viciae fabae* (vedi Figura 56); analogamente, alcune infezioni virali proteggono, almeno parzialmente, le piante dall'esposizione al gas.

4.4 Sensibilità specifica e basi della resistenza

A titolo orientativo, si può indicare in esposizioni di alcune ore a concentrazioni di O_3 dell'ordine di 50 ppb la soglia per la manifestazione del danno visibile nelle piante particolarmente sensibili. Differenze nella risposta a livello di cultivar sono note in numerose piante coltivate, tra cui erba medica, cipolla, cetriolo, melanzana, vite, soia, petunia, spinacio, tabacco, pomodoro, begonia, fagiolo, pisello, patata, mais, ravanello, lattuga, poinsettia, crisantemo.

Si conoscono almeno quattro meccanismi attraverso cui è possibile manifestare resistenza a O_3: (*1*) livelli naturalmente elevati di zuccheri, (*2*) alti contenuti di antiossidanti naturali, (*3*) aumentata quantità di suberina nelle pareti cellulari del mesofillo, (*4*) chiusura degli stomi in presenza del gas. In merito al punto (*3*), il fenomeno è stato ipotizzato essere alla base della notevole resistenza delle foglie mature, così come di talune differenti risposte varietali. L'esempio più noto, relativo al possibile ruolo degli stomi nei meccanismi di resistenza, è quello ormai classico di Engle e Gabelman su alcune cultivar di cipolla. Indagini su materiale resistente e non, hanno consentito di accertare che (Fig. 119): (*a*) in ambiente esente da O_3 tutte le piante si comportano in maniera analoga; (*b*) in presenza dell'inquinante la traspirazione di quelle resistenti è ridotta rispetto sia ai livelli in assenza del gas sia a quelli delle suscettibili in presenza di esso; (*c*) una volta eliminato lo *stress* la traspirazione degli individui resistenti ritorna ai valori normali, indicando quindi che la chiusura degli stomi era una risposta reversibile. Il carattere è ereditario e appare controllato da un singolo gene. Non sono note, però, applicazioni pratiche di questa scoperta.

Si conoscono altri casi, forse meno indagati, ma certamente interessanti. Per esempio, in petunia si può avere la chiusura degli stomi in presenza di O_3, ma questa risposta è condizionata dall'umidità relativa: quando è intorno al 50% il fenomeno si manifesta, ma a valori del 90% gli stomi non rispondono alla presenza dell'inquinante. In tabacco le risposte differenziali si hanno anche esponendo foglie intere staccate dalle piante, ma non cellule isolate o cloroplasti. In queste ultime condizioni sperimentali il materiale resistente si comporta analogamente a quello suscettibile.

L'analisi di un'ampia gamma di parametri, che ha interessato due cloni di pioppo (*Populus deltoides* x *maximowiczii* Eridano, O_3-sensibile, e *P.* x *euramericana* I-214, O_3-resistente) è sintetizzata in Figura 120.

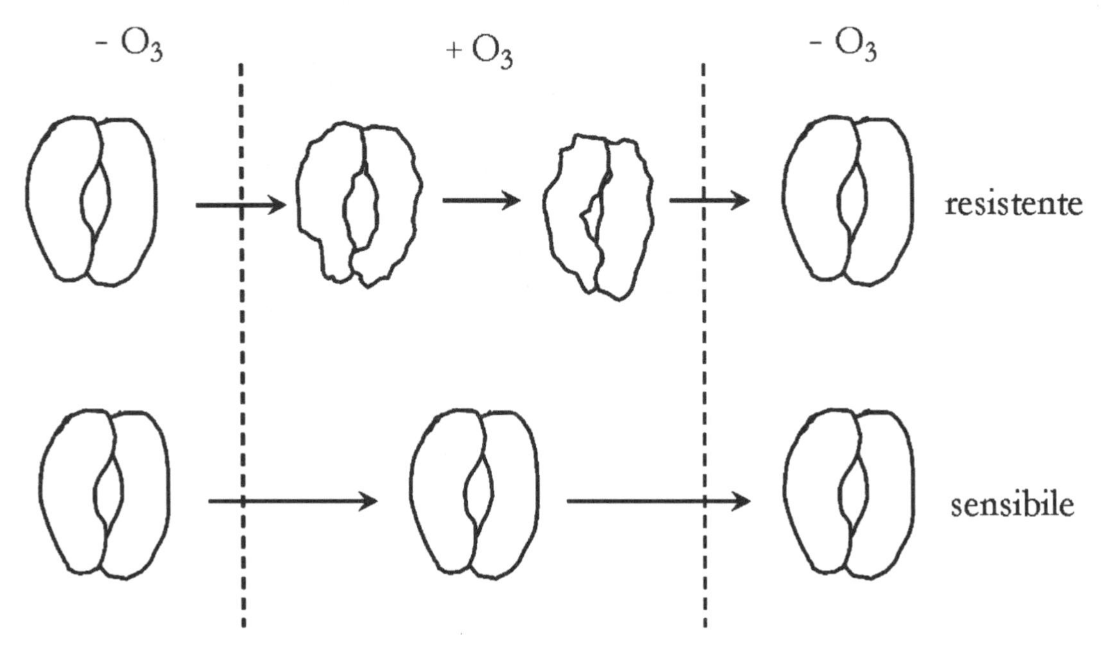

Fig. 119. Comportamento differenziale degli stomi in piante di cipolla resistenti e sensibili all'ozono. (Ridisegnato da Gabelman, 1970)

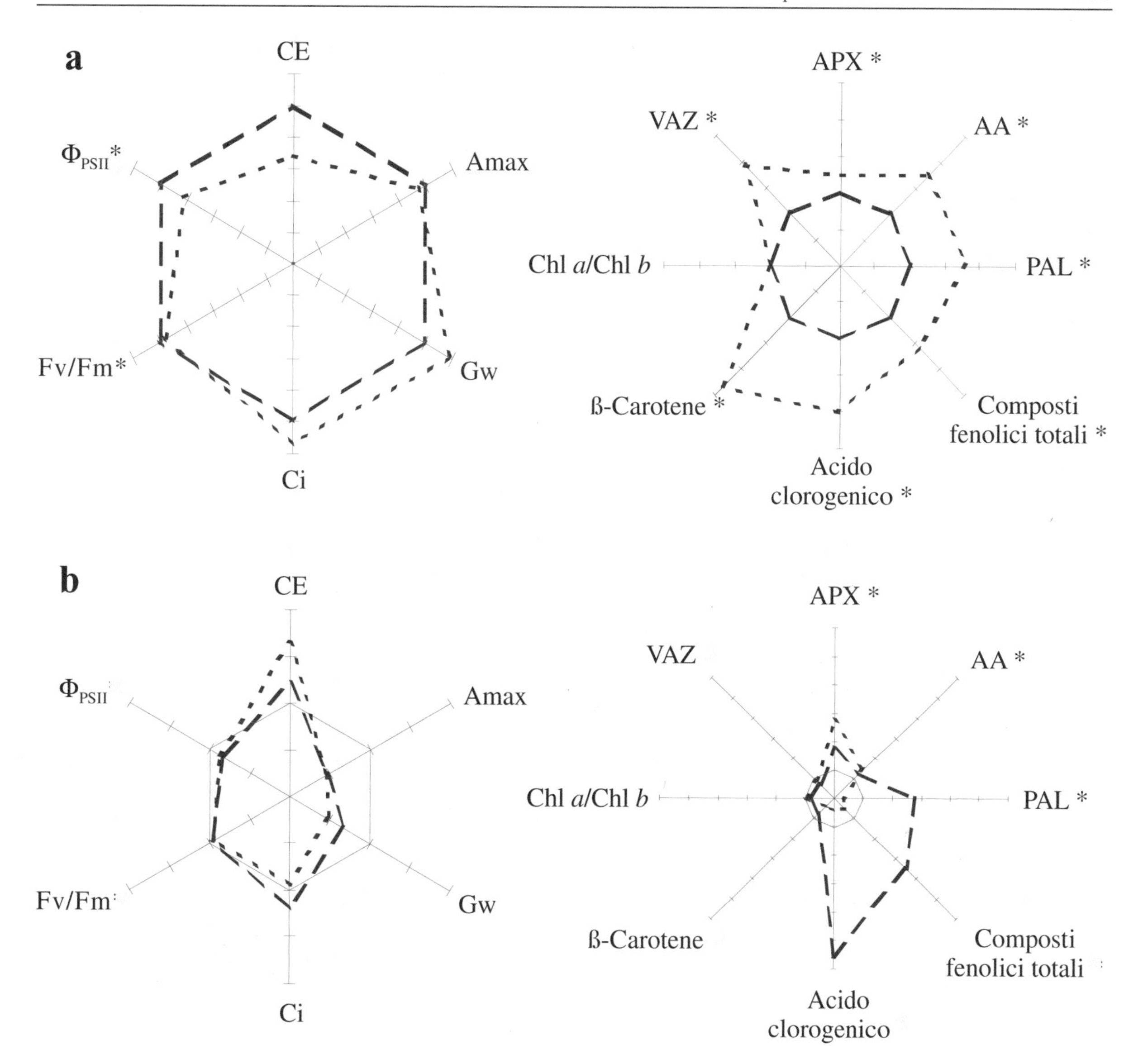

CE: conducibilità elettrica di eluati da dischi fogliari (un indice della permeabilità di membrana)
Amax: tasso di fotosintesi a luce saturante
Gw: conduttanza stomatica
Ci: concentrazione di CO_2 intercellulare
Fv/Fm: rapporto tra livelli di fluorescenza variabile e massima della clorofilla *a*
Φ_{PSII}: resa quantica effettiva
APX: attività ascorbato-perossidasica
AA: contenuto in acido ascorbico
PAL: attività della fenilalanina-ammonio-liasi
Chl*a*/Chl*b*: rapporto tra clorofilla *a* e *b*
VAZ: contenuto dei pigmenti del ciclo delle xantofille (violaxantina + anteraxantina + zeazantina)

Fig. 120. Grafici polari per il confronto tra parametri fogliari di due cloni di pioppo (*Populus deltoides* x *maximowiczii* Eridano, O_3-sensibile – *linee punteggiate*, e *P.* x *euramericana* I-214, O_3-resistente – *linee tratteggiate*). (**a**) Valori costitutivi (in assenza di ozono), *a destra* i dati fisiologici e *a sinistra* quelli biochimici. (**b**) Confronto tra i valori del controllo (*linee intere*) e quelli del materiale trattato con ozono per 5 ore a 150 ppb. Gli asterischi indicano che le differenze tra i cloni sono significative con probabilità di errore non superiore al 5%. (Rielaborato da Lorenzini e Nali, 2002)

Diversi meccanismi di risposta possono succedersi nel corso della crescita delle foglie. La densità delle cellule, che caratterizza le prime fasi di sviluppo, può essere invocata a giustificare la resistenza, in relazione a una ridotta penetrazione dell'O_3 nel mesofillo; come detto, per le foglie mature la minore sensibilità pare ascrivibile alla suberizzazione delle pareti cellulari, che indubbiamente limita la penetrazione del gas nel citoplasma. Esistono anche interessanti relazioni tra certi caratteri e il comportamento delle piante all'O_3: le cultivar di begonia e di petunia a fiori rossi sono meno sensibili di quelle a fiori bianchi, mentre in alcune specie (pomodoro, tabacco, petunia) si ha correlazione tra sensibilità all'inquinante della pianta e del polline da questa prodotto.

È stata anche accertata sperimentalmente la possibilità che si sviluppino processi di adattamento a esposizioni continue di O_3. In *Raphanus sativus* si osserva dapprima un'alterazione dell'andamento della distribuzione degli assimilati, per cui si formano rapidamente nuove foglie a scapito dell'accrescimento dell'ipocotile; queste manifestano una progressiva riduzione della sensibilità così che, in un dato momento, i parametri di sviluppo relativo sono i medesimi in piante fumigate e nei controlli non trattati.

4.5 Diagnosi dei danni

a. Su base sintomatica

La senescenza precoce indotta dall'esposizione prolungata a O_3 è quanto mai aspecifica e di scarsissimo significato diagnostico, anche perché non apprezzabile in assenza di confronto con materiale cresciuto in aria esente dall'inquinante. Inoltre, le piante sono capaci di una vasta gamma di risposte sintomatiche a una stessa concentrazione del contaminante (che, sotto tale profilo, appare forse il più "imprevedibile"), dal momento che possono variare le dimensioni e, soprattutto, la pigmentazione delle lesioni. Un indizio di indubbio valore è rappresentato dalla localizzazione delle necrosi, in molti casi, nella pagina adassiale; sono, comunque, numerosi gli effetti macroscopici in qualche misura confondibili con quelli causati dall'O_3. Attacchi di insetti (Fig. 121) e di acari, malattie parassitarie (*Botrytis* su foglie di cipolla), squilibri nutrizionali (come l'eccesso di manganese) e altri inquinanti (singolarmente, come nel caso del cloro, o in miscela, come SO_2 + NO_2) possono costituire elementi di confusione. L'utilizzazione dell'EDU può essere di qualche ausilio in impianti sperimentali. Si ritiene, in definitiva, che la maggior parte degli effetti fitotossici dovuti a O_3 sfuggano totalmente alla percezione.

b. Su base chimica

Nessun tipo di indagine analitica sui tessuti vegetali può essere di alcuna utilità per la diagnosi dell'azione fitotossica dell'O_3.

Fig. 121. Attacchi di organismi nocivi che possono indurre quadri sintomatici in qualche misura ricordanti il danno fogliare da ozono. (**a**) "Tingide americana" (*Corythuca ciliata*, insetto rincote) su platano. (**b**) Acari tetranichidi su oleandro. (**c**) "Ruggine" (*Phragmidium* sp.) su rovo

Capitolo 5
Nitrato di perossiacetile (PAN)

È soltanto dal 1961 che questo inquinante secondario, la cui formula è $H_3C\text{-}C(O)\text{-}O\text{-}O\text{-}NO_2$, è stato individuato nello *smog fotochimico* e la sua presenza è stata correlata ad alcuni sintomi caratteristici osservati sulle piante sin dagli anni '40 e attribuiti provvisoriamente a un non meglio identificato *composto X*. Il nitrato di perossiacetile (PAN) ha ricevuto notevole attenzione in California nel corso degli anni '60-'70, ma la sua importanza è sensibilmente diminuita, almeno rispetto all'O_3. In Europa e in altre regioni esso risulta scarsamente preoccupante e non riveste alcun significato fitotossicologico.

5.1 Fonti e diffusione

Il PAN si origina nell'ambito delle complesse interazioni che si realizzano quando la presenza di idrocarburi sconvolge il normale ciclo fotolitico dell'NO_2 (vedi Capitolo 3). Non si conoscono altre vie di formazione di questa molecola, non presente in ambienti non contaminati. In laboratorio, essa è ottenibile per fotolisi di una miscela di *cis*-2-butene con NO o NO_2 in ossigeno, o in aria, a seguito di irradiamento con luce UV. Le stesse reazioni che portano alla formazione del PAN possono dare luogo anche a omologhi superiori: nitrato di perossipropionile (PPN) e nitrato di perossibutirrile (PBN). Anche se queste due sostanze sono ritenute di gran lunga più fitotossiche del PAN, in condizioni naturali esse sono presenti soltanto in tracce anche nelle aree maggiormente inquinate da *fotosmog*. In alcune zone della California le concentrazioni sono dell'ordine di 10-20 ppb, con possibilità di punte eccezionali di 50 ppb; in Europa la sua presenza è segnalata sin dal 1965 (in Olanda), ma non suscita al momento apprensione. In relazione alla facilità con cui viene decomposto in presenza di alta umidità relativa, questo inquinante è maggiormente pericoloso nelle regioni secche; ciò può spiegare perché negli Usa le zone atlantiche non hanno mai conosciuto problemi al riguardo.

5.2 Effetti fitotossici

L'esposizione di piante sensibili per poche ore a concentrazioni dell'ordine di 25-30 ppb di PAN può essere sufficiente per causare la rapida comparsa di sintomi tipici, che comprendono una vasta gamma di espressioni in relazione alla concentrazione dell'inquinante, alla durata dell'esposizione, alla natura e maturità dei tessuti esposti. Nella maggior parte dei casi esso provoca "argentatura", "specchiatura" ed eventualmente "bronzatura" della pagina abassiale delle foglie (Fig. 122). Ciò è in conseguenza del

Fig. 122. *Sopra:* "bronzatura" a carico della pagina abassiale di una foglia primaria di fagiolo (*Phaseolus vulgaris* cv. Pinto) (*a destra*) esposta al PAN; la foglia *di sinistra* è stata prelevata da una pianta di controllo. (Da Taylor e MacLean, 1970). *Sotto:* piante di ortica (*Urtica urens*) esposte in condizioni controllate al PAN e mostranti i tipici sintomi sotto forma di "argentatura" fogliare a bande. Questa specie è un'ottima "indicatrice" della presenza del PAN in atmosfera. (Foto Posthumus)

fatto che il PAN – a differenza dell'O_3 – agisce esclusivamente a carico della pagina inferiore, causando plasmolisi dell'epidermide e del mesofillo lacunoso; gli spazi con aria che si vengono così a creare sono responsabili della comparsa dei riflessi metallici. In alcune specie (lattuga, Figura 123; zinnia) sono, comunque, entrambe le superfici a mostrare i tipici sintomi. Inoltre, nei casi in cui il PAN raggiunge il palizzata, i cloroplasti sono danneggiati esattamente come quando sono interessati dall'O_3 e ciò può giustificare la comparsa di clorosi, talvolta presenti nella parte superiore della lamina.

Di norma, soltanto alcune foglie in rapido accrescimento sono lesionate dal PAN. Inoltre, poiché le cellule sono sensibili per un breve periodo nel corso dello sviluppo, il danno si viene a localizzare in bande trasversali, in relazione alla loro maturazione: gli effetti sono concentrati e limitati all'apice delle foglie più giovani, al centro delle intermedie e alla base delle più mature (Figg. 124 e 125). Sono note eccezioni a questo comportamento, come nel

Fig. 124. Lesioni collassate e decolorate, localizzate in bande trasversali diffuse, su foglie di petunia esposte al PAN; la foglia più giovane (*in alto a destra*) risulta colpita soltanto nelle regioni distali, mentre la più vecchia presenta sintomi soltanto nelle porzioni basali. (Da Taylor e MacLean, 1970)

Fig. 123. "Bronzatura" delle foglie di lattuga romana (*Lactuca sativa*) esposte al PAN. (Da Taylor e MacLean, 1970)

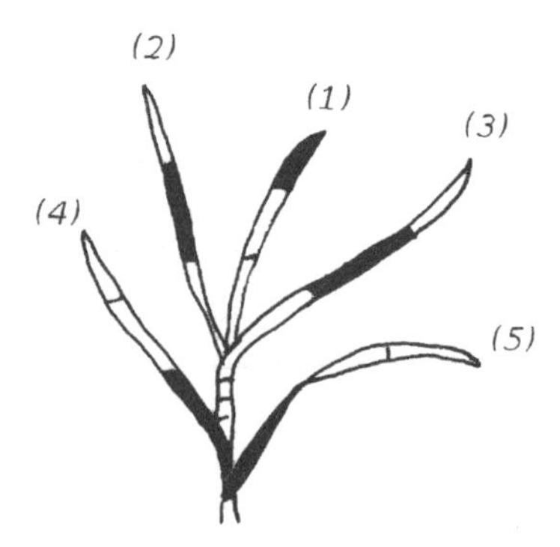

Fig. 125. Rappresentazione schematica delle diverse porzioni di foglie di una pianta di *Poa annua* danneggiate dall'esposizione al PAN; le foglie sono numerate progressivamente a partire dalla più giovane. (Ricavato da Bobrov, 1955). In realtà la Bobrov nel suo lavoro parla di *smog* e non specificatamente di PAN, in quanto questo composto fitotossico non era ancora stato identificato all'epoca; comunque, le descrizioni dei sintomi e della distribuzione del danno nella pianta corrispondono a quanto successivamente riferito al PAN

caso del fagiolo, in cui il sintomo interessa uniformemente l'intero organo (vedi Figura 122). Il collasso provocato dal PAN non porta, di norma, a vistose differenze di spessore della foglia; in quelle in cui si evidenziano i danni descritti, lo sviluppo dei tessuti è, almeno in parte, compromesso, per cui alla maturità si notano deformazioni di varia natura. A concentrazioni molto basse, l'unica manifestazione visibile è una semplice clorosi; esposizioni prolungate portano a prematura senescenza e a filloptosi anticipata.

La fitotossicità del PAN appare condizionata da qualche fattore dipendente dalla luminosità e il sistema fotosintetico potrebbe costituire il sito primario di azione. Piante tenute alla luce prima, durante e dopo la fumigazione sono suscettibili; viceversa, individui esposti al buio, prima o dopo il trattamento, sono resistenti, e quelli esposti al buio al PAN, e lasciati prima e dopo all'oscurità, non subiscono conseguenze, anche se gli stomi rimangono aperti. Questo comportamento appare completamente diverso da quello mostrato nei confronti dell'O_3.

5.3 Meccanismi di fitotossicità

Il PAN penetra attraverso gli stomi e può essere responsabile di una serie di effetti biochimici. In soluzione acquosa esso si decompone rapidamente a tutti i valori di pH, ma più facilmente in mezzo alcalino; la vita media a pH 6,5 è di soli 3-4 minuti. I prodotti risultanti sono ioni acetato e nitrito e O_2. Essi sono relativamente poco tossici; sulla base delle caratteristiche dei sintomi, l'azione nociva del PAN non può essere attribuita allo ione nitrito. Alcune possibili reazioni tossiche sono quelle con i gruppi sulfidrilici, con le basi degli acidi nucleici, con l'acido indolacetico; tra le numerose interferenze osservate, sono anche quelle relative alla fissazione della CO_2 e della fotofosforilazione ciclica e non. La reazione dell'inquinante con i doppi legami etilenici porta alla formazione di epossidi: nei sistemi biologici ciò può comportare variazioni sostanziali nella permeabilità delle membrane. Studi con la sostanza marcata hanno evidenziato come il PAN (o meglio, i suoi derivati) si accumuli nei cloroplasti; anche indagini ultrastrutturali confermano che il primo sito di reazione dovrebbe essere a livello dello stroma. I processi riduttivi nell'ambito del PSII risultano maggiormente sensibili, rispetto a quelli del PSI. L'inibizione di enzimi essenziali per la sintesi e la degradazione dei costituenti della parete cellulare (enolasi, per esempio) può essere responsabile della riduzione di sviluppo cellulare e di crescita associate al danno da PAN.

A livello fisiologico, le piante esposte presentano un aumento dell'apertura stomatica e conseguentemente della traspirazione; il fenomeno è forse correlabile con la riduzione di turgore delle cellule epidermiche, che comporta una diminuzione della pressione esercitata su quelle di guardia.

Un discreto interesse ha suscitato la peculiare localizzazione della vulnerabilità a ristrette aree di poche foglie per pianta. La resistenza dei tessuti più maturi è attribuita al fisiologico sviluppo di strati cerosi attorno alle singole cellule, nonché al maggiore spessore della cuticola, alla lignificazione avanzata, alla ridotta attività stomatica e, più in generale, a un rallentamento dell'attività metabolica. Nelle parti giovani, la ridotta sensibilità è correlata al fatto che gli stomi non sono perfettamente formati e gli spazi intercellulari sono relativamente poco sviluppati.

5.4 Diagnosi dei danni

a. Su base sintomatica

L'"argentatura" o "bronzatura" delle foglie (limitata alla pagina abassiale nelle specie con mesofillo a palizzata, "bifacciale", di norma, nelle altre), specialmente se localizzate in bande trasversali, sono caratteristiche espressioni dell'azione del PAN sulle angiosperme e sono difficilmente confondibili con i sintomi causati da altri fattori. Più ardua è la diagnosi per le conifere, che evidenziano clorosi o decolorazioni per niente specifiche. Complesso è il problema della somiglianza del danno da PAN con quello provocato da repentini abbassamenti di temperatura; in questi casi l'epidermide può separarsi dal mesofillo, però solitamente il fenomeno si verifica più intensamente sulla pagina adassiale; inoltre, la sensibilità al freddo può essere notevolmente diversa rispetto a quella relativa al PAN.

b. Su base chimica

Nessuna analisi dei tessuti vegetali è in grado di consentire la diagnosi del danno da PAN.

Capitolo 6
Anidride solforosa (SO_2)

È noto da oltre due secoli che lo zolfo è un nutriente essenziale per la vita vegetale; è, infatti, un costituente di aminoacidi (cistina, cisteina e metionina), di vitamine (tiamina, biotina) e di altri importanti composti (glutatione, coenzima A e citocromo *c*). La frazione legata organicamente (per l'80% in forma proteica) rappresenta una percentuale oscillante tra lo 0,06 (nelle conifere) e lo 0,7 (nelle crocifere) del peso secco fogliare. Ogni anno vengono utilizzate $10 \cdot 10^6$ t di questo elemento come fertilizzante, che costituisce il quarto fattore della nutrizione minerale (dopo azoto, fosforo e potassio). Numerosi sono i casi nei quali esso svolge un ruolo fondamentale nel condizionare le qualità dei prodotti vegetali (vedi Figura 46).

Sebbene la principale fonte sia il terreno (il tenore indicativo è circa 0,01-0,05%) in forma di solfato (SO_4^{2-}), che viene assorbito attraverso le radici e traslocato alle foglie ove gran parte di esso viene ridotto e metabolizzato, un'importante sorgente secondaria è rappresentata dall'aria ambiente, dove sono almeno quindici le specie molecolari aerodisperse contenenti questo elemento. Se le piante non sono in grado di ottenere un'adeguata nutrizione solforica attraverso il suolo, possono provvedere alle loro esigenze assimilando anidride solforosa (SO_2) o altri composti volatili, come H_2S. Quando, però, la molecola è assorbita dall'atmosfera in quantità maggiori rispetto a quelle necessarie, i vegetali possono essere influenzati negativamente.

La fitotossicità di questo gas è nota da più di 300 anni (vedi 1.2), ma i meccanismi alla base del fenomeno sono stati chiariti solo nel XIX secolo. Per lunghi anni esso è stato considerato l'inquinante più importante in tutto il mondo: la fitotossicologia trae le sue origini proprio da episodi gravissimi di mortalità estesa della vegetazione dovuta all'SO_2 emessa da impianti di estrazione dei metalli. Classici esempi riguardano alcune zone della Repubblica Ceca (Fig. 126), della Polonia e dell'*ex* Germania dell'Est, le foreste vicino a Trail (Columbia Britannica), la valle della Ruhr (*ex*

Fig. 126. Devastanti effetti sulla vegetazione forestale di un impianto di estrazione di metalli (fonderia di minerali sulfurei), soprattutto a causa delle emissioni di anidride solforosa nella Repubblica Ceca

Germania Ovest), Ducktown (Tennessee) negli Usa e la Penisola di Kola in Russia (vedi Figura 81). Ma il caso più clamoroso è quello costituito da Sudbury (Ontario), in Canada, ove un singolo stabilimento liberava, negli anni '60, ben il 4% delle emissioni mondiali di SO_2, innescando effetti ambientali devastanti con fenomeni di desertificazione che si estendevano per chilometri: oggi il quadro è profondamente mutato, con l'adozione di appropriate metodologie di trattamento degli effluenti gassosi.

Ormai l'SO_2 ha perduto il poco invidiabile primato sia per la sua diminuita diffusione, soprattutto nei Paesi maggiormente progrediti (Fig. 127), sia per la contemporanea accresciuta rilevanza dello *smog* fotochimico. È preoccupante, comunque, il fatto che nelle aree in via di sviluppo siano presenti ancora problemi di questo tipo (Fig. 128): si pensi che oltre 600 milioni di persone vivono in zone urbane dove le concentrazioni del contaminante superano le linee guida del WHO (Tabella 17). La IUFRO (*International Union for Forest Research Organization*) individua in 50 μg m^{-3} la massima media annuale per la "piena produttività" delle foreste e in 25 μg m^{-3} quella per la "protezione ambientale" (per esempio contro erosione e rischio valanghe); le massime orarie sono, rispettivamente, 100 e 50 μg m^{-3}.

L'SO_2 è un gas incolore, con caratteristico odore pungente (il limite per la percezione olfattiva è di 80 ppb), che preoccupa per i suoi riflessi sulla salute dell'uomo, per l'attività corrosiva sui manufatti e, agendo in fase sia secca che umida, per il suo impatto ambientale, essendo responsabile anche dell'acidificazione dei suoli e delle precipitazioni. I processi che conducono alla formazione di SO_2 producono anche piccole quantità di anidride solforica (SO_3) in un rapporto dell'ordine di 100:1; per questo, sarebbe opportuno esprimersi in termini di SO_x. In effetti, quando nell'aria la concentrazione di vapore è bassa è presente SO_3 gassosa; in caso contrario, la molecola reagisce rapidamente con l'acqua per dare H_2SO_4, che finisce, quindi, per essere il composto più frequente. Comunque, l'importanza di SO_3 è assai scarsa, essendo la sua tossicità 30 volte inferiore rispetto a SO_2 a causa del fatto che nella foglia dà luogo direttamente a solfati, invece che a solfiti.

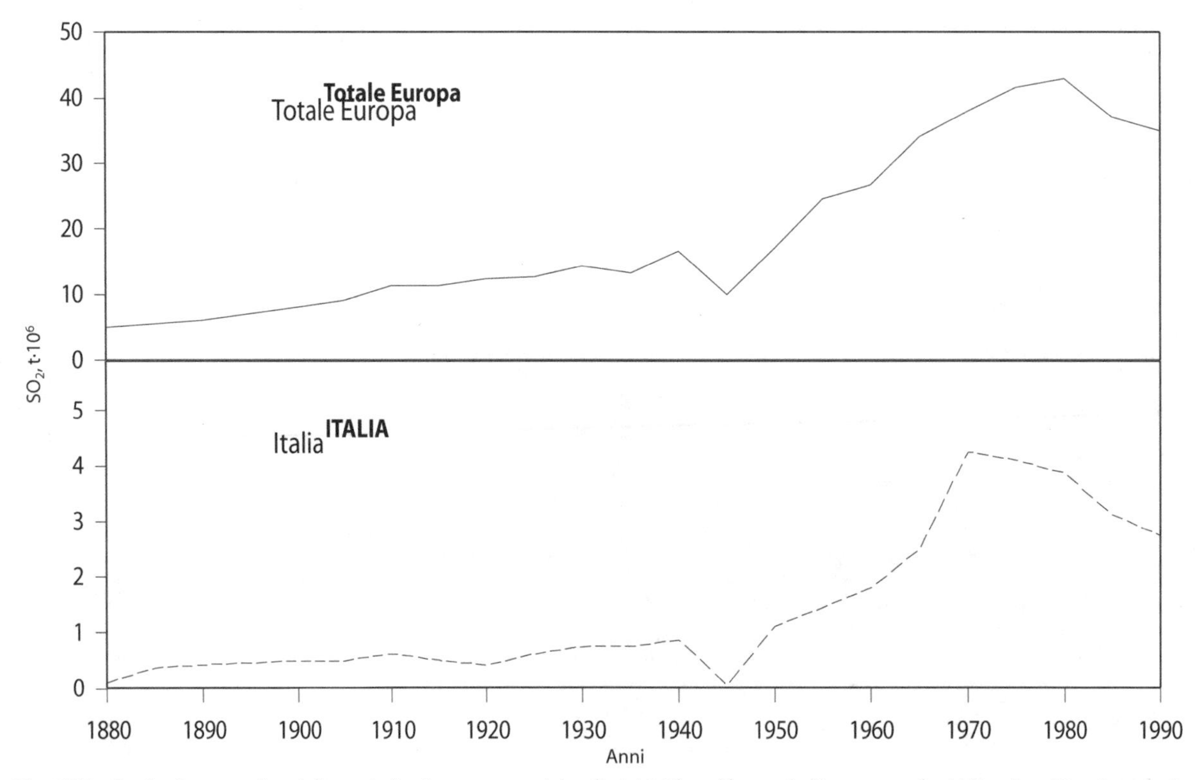

Fig. 127. Evoluzione storica delle emissioni antropogeniche di anidride solforosa in Europa, esclusi i Paesi ex Urss (*sopra*, dati di *United Nations/Economic Commission for Europe*) e in Italia (*sotto*, dati di Allegrini e Brocco, 1995)

Tabella 17. "Valori bersaglio" per l'inquinamento da anidride solforosa definiti da WHO e dalla Direttiva Europea 1999/30/CE

	Valore medio (*in* $\mu g\ m^{-3}$)			
	su 10 minuti	orario	massimo nelle 24 ore	annuale
WHO	500	-	125	50 (per la salute umana)
EU	–	350[a]	125[b]	20[c] per le foreste e la vegetazione naturale 30 per le specie agrarie 10 per specie licheniche sensibili

[a] Da non superare per più di 24 volte in un anno
[b] Da non superare per più di 3 volte in un anno
[c] Nel caso di tipi vegetazionali rilevanti (es. conifere), il livello critico si calcola sui soli mesi freddi (ottobre-marzo)

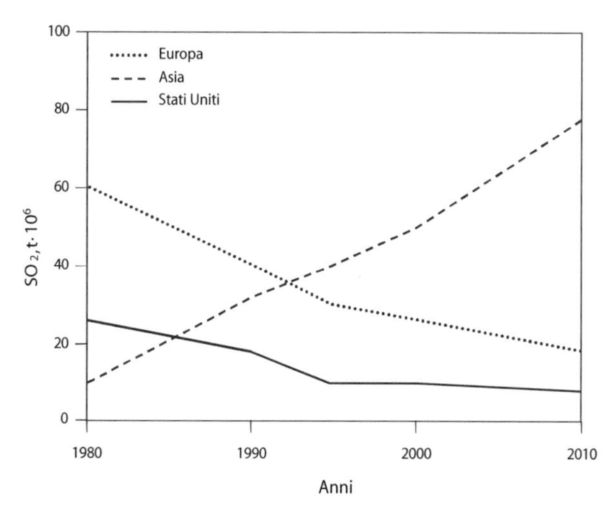

Fig. 128. Stime recenti e proiezioni delle emissioni antropogeniche di anidride solforosa in Europa, Asia e Usa. (Disegnato da dati UNEP)

I modesti livelli, di norma presenti nelle regioni non inquinate dalle attività umane, derivano – in primo luogo – dal metabolismo microbico. SO_2 è, dopo il vapore acqueo e insieme a CO_2, il gas dominante negli aeriformi emessi dai vulcani; per esempio, l'Etna ne libera giornalmente quantitativi dell'ordine di diverse migliaia di tonnellate, in relazione all'evolversi delle fasi di attività. Complessivamente, le stime globali indicano produzioni di $1{,}5\text{-}15 \cdot 10^6$ t annue.

È ipotizzato che circa il 50% dello zolfo presente nell'aria derivi da trasformazioni biologiche negli ecosistemi acquatici e nel terreno; l'elemento viene volatilizzato come H_2S (il suo tempo di residenza non supera le 48 ore e a sua volta viene velocemente ossidato a SO_2) attraverso due vie: riduzione dei solfati (a opera di *Desulfovibrio* e batteri analoghi) e decomposizione di sostanza organica dovuta a diversi gruppi di microrganismi. Anche la volatilizzazione dal suolo di solfuro di carbonile (con un tem-

6.1 Fonti e diffusione

Numerose sono le fonti naturali e antropiche che rilasciano SO_2 nell'atmosfera, secondo modalità ben distinte nel tempo e nello spazio nell'ambito di un complesso ciclo biogeochimico (Fig. 129). La quantità globale emessa è stimata in $194 \cdot 10^6$ t annue, di cui l'83% è dovuto alla combustione di materiali fossili, nonostante i considerevoli progressi compiuti sullo sviluppo e sulla realizzazione di tecnologie di controllo. Le sue concentrazioni nell'ambiente sono inferiori a 1 ppb in zone remote e variano da 1-30 ppb in aree rurali a 30-200 ppb in quelle moderatamente contaminate.

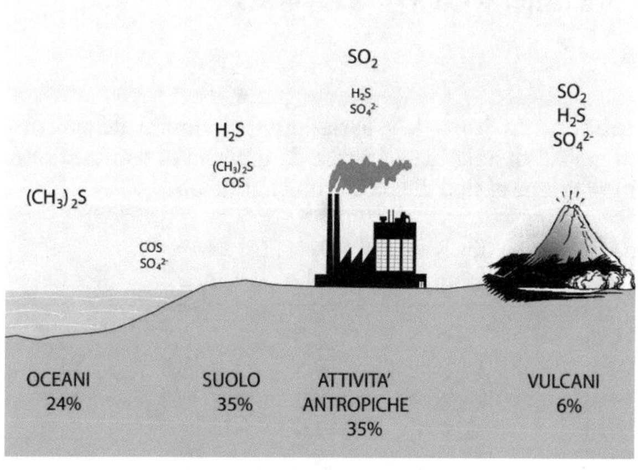

Fig. 129. Contributo delle emissioni naturali e antropogeniche al bilancio atmosferico globale dello zolfo. (Ridisegnato da Noggle *et al.*, 1986)

po di residenza indicato in 31 anni!), dimetil-solfuro, dimetil-disolfuro e metil-mercaptano è stata dimostrata. Le stime globali annue della produzione biologica di composti solforati sono intorno a 0,6-11·10^3 t.

La terza sorgente è costituita dagli aerosol di acqua marina, che introducono nell'atmosfera circa 43·10^6 t annue di zolfo in forma di solfati.

Le combustioni di materiali fossili e la lavorazione dei metalli sono le attività antropiche principalmente responsabili dell'emissione di SO_2, al punto tale che questo gas ne viene considerato un "tracciante". Si tratta per la maggior parte di singoli e grandi impianti puntiformi: in Europa, il 42% del totale viene attribuito alle 100 principali sorgenti, delle quali 93 sono centrali termoelettriche. Per esempio, si calcola che una sola di esse da 600 MW produca 1,7 kg di SO_2 s^{-1} con funzionamento a olio combustibile (al 2,4% di zolfo) e 1 kg s^{-1} a carbone (all'1%). L'evoluzione temporale di questa forma di contaminazione è illustrata in Tabella 18. La principale fonte del continente europeo è la centrale Maritsa II, in Bulgaria, che libera ogni anno oltre 330.000·10^3 tonnellate di SO_2.

L'agente tossico si origina dalla combustione di tutte quelle sostanze che contengono zolfo, ovvero materiali fossili – come già accennato – e minerali sulfurei (pirite, calcopirite, calcosina, blenda e galena, per esempio). A livello mondiale, l'estrazione di rame è l'attività metallurgica maggiormente responsabile della produzione di SO_2, secondo reazioni del tipo:

$$2\ Cu_2S + 3\ O_2 \rightarrow 2\ Cu_2O + 2\ SO_2$$

$$2\ Cu_2O + Cu_2S \rightarrow 6\ Cu + SO_2$$

Tabella 18. Stima delle variazioni temporali delle emissioni globali di anidride solforosa da processi di combustione, in relazione al tipo di combustibile utilizzato

Anno	Emissioni di SO_2-S (*10^6 t anno^{-1}*)			
	Carbone	Petrolio	Altri	Totale
1860	2,4	0,0	0,1	2,5
1900	12,6	0,2	1,3	14,1
1940	24,2	2,3	6,2	32,7
1970	32,4	17,6	12,0	62,0
1985	48	25	17	90
2000	55	23	22	100

(Dati di Freedman, 1989)

Da tempo, però, è l'utilizzazione dei combustibili fossili a rappresentare la voce di gran lunga più rilevante. Lo zolfo è un'impurità comune in questi prodotti, che sono costituiti da materiali organici (una volta viventi); dal momento che questo elemento resiste ai processi di fossilizzazione, esso si ritrova nel carbone (in media 2-4%) e nel petrolio (1-2%). Altre fonti antropiche sono il riscaldamento domestico, laddove siano ancora utilizzati combustibili solidi o liquidi contenenti zolfo, e i veicoli a motore. Un certo interesse, nelle città portuali, riveste anche la voce relativa alle emissioni da navi.

Si ritiene che almeno il 90% della SO_2 derivante dalle attività umane provenga dall'emisfero settentrionale, ma fenomeni di *import-export* transfrontaliero di questo inquinante sono ampiamente dimostrati (vedi paragrafo 12.1). In passato, in zone eccezionalmente inquinate (il bacino della Ruhr in Germania) sono stati raggiunti valori di 1,75 ppm; a Milano, nel semestre invernale degli anni '70 e '71, la concentrazione media era di 240 ppb e oggi si è ridotta di un fattore 10 (vedi Figura 7); lo stesso si è verificato, per esempio, a Londra e Atene (Fig. 130).

Complesse sono le possibili vie che l'SO_2 può seguire una volta rilasciata in atmosfera; la sua presenza è, comunque, breve, essendo la vita media valutata tra 20 minuti e sette giorni. I corpi idrici ne rimuovono buona parte e molte sono le reazioni chimiche di conversione. Un'importante frazione viene depositata in fase secca sulle superfici (edifici, suolo, vegetazione), in dipendenza delle condizioni meteorologiche. L'assorbimento da parte del terreno avviene in funzione del pH (è maggiore in quello alcalino). Inoltre – oltre alla già citata ossidazione a SO_3 e alla formazione di H_2SO_4 – una parte dell'SO_2 reagisce con NH_3, contribuendo all'acidificazione delle precipitazioni (vedi Capitolo 12).

La concentrazione dell'inquinante che riesce a raggiungere le piante è correlata, in definitiva, al suo livello alla sorgente e alla diluizione subita durante il percorso. Con la tendenza ad aumentare l'altezza dei camini delle principali sorgenti, si sono verificati progressive riduzioni delle aree interessate da contaminazione elevata e, al contempo, notevoli incrementi della superficie globale soggetta a modeste quantità di inquinamento (Fig. 131).

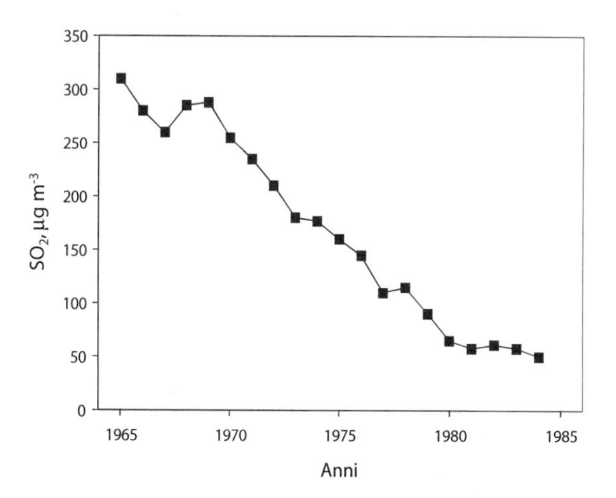

Fig. 130. Andamento delle concentrazioni medie annuali di anidride solforosa nella *City* di Londra, 1965-1984, sulla base di quattro stazioni di rilevamento. (Disegnato da dati di Duncan *et al.*, 1987). Andamenti analoghi sono descritti per moltissime altre aree urbane europee e nord-americane

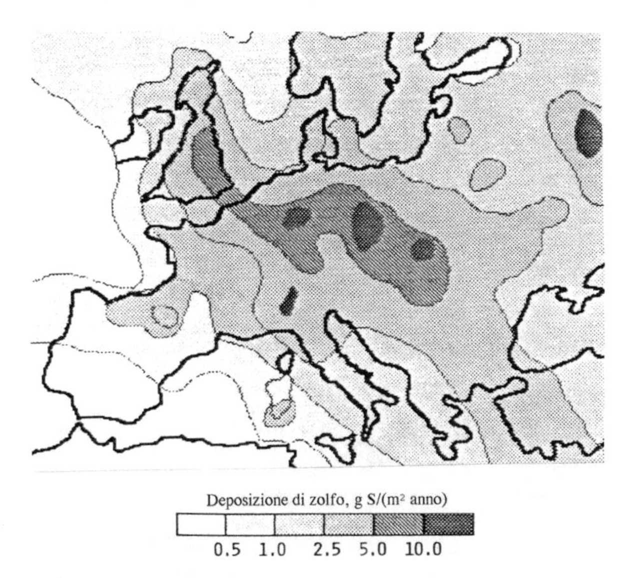

Fig. 131. Deposizioni annue di zolfo in Europa. (Disegnato da dati WMO-UNEP)

6.2 Effetti fitotossici

L'assorbimento del gas avviene per via stomatica, sebbene a elevate concentrazioni esso possa agire anche direttamente come caustico sulla cuticola. I primi sintomi sono rappresentati dalla comparsa di zone allessate diffuse, internervali (il danno severo può interessare anche le nervature) e di colore verde scuro, che rapidamente evolvono in necrosi bifacciali. Nel volgere di poco tempo, si ha la maturazione delle lesioni e il loro disseccamento, con coalescenza delle aree vicine (Fig. 132). L'aspetto più frequente è la distribuzione delle regioni residuali sane "a lisca di pesce" (o "ad albero di Natale"). Le foglie colpite – specialmente se in espansione – possono subire anche deformazioni e distorsioni a seguito dell'arresto della crescita delle porzioni lesionate: la lamina assume una conformazione "a cucchiaio"; in quelle larghe e delicate (lattuga, tabacco, spinacio) si verifica, talvolta, il repentino distacco delle parti colpite ("impallinatura"). Questo quadro è il risultato dell'azione dell'inquinante su entrambi i tessuti a palizzata e lacunoso, nei quali provoca plasmolisi delle cellule e rigonfiamento dei cloroplasti: l'intero mesofillo viene, pertanto, a collassare, così che le epidermidi possono trovarsi addirittura a contatto (Fig. 133).

Fig. 132. Progressione delle lesioni acute in foglie di *Betula papyrifera* esposte all'anidride solforosa. Il primo sintomo visibile consiste in una "allessatura" dei tessuti internervali (**a**), cui segue la clorosi (**b**) e rapidamente la necrosi (**c**,**d**). Il colore assunto dalle lesioni definitive è ocraceo. (Da Mahlotra e Blauel, 1980)

Fig. 133. Istopatologia del danno acuto dell'anidride solforosa su acero montano (*Acer pseudoplatanus*). (**a**) Necrosi su pagina adassiale della foglia con margini irregolari e, talvolta, anche contornata di una cornice di colore nerastro. (**b**) Stessa foglia fotografata nella pagina abassiale: le necrosi sono bifacciali. (**c**) Sezione osservata con epifluorescenza in luce blu (lunghezza d'onda 450-490 nm) con autofluorescenza della clorofilla in rosso: le cellule danneggiate sono colorate in giallo a causa dell'assenza di clorofilla (che si è degradata) e per la presenza di sostanze diverse. Si noti come il danno parta dal tessuto lacunoso e pertanto, in questa fase precoce, non possa essere visibile alcun sintomo esterno. (**d**) Stessa sezione osservata con epifluorescenza in luce UV (lunghezza d'onda 360-390 nm) con autofluorescenza delle sostanze polifenoliche (in particolare lignina) in colore bianco luminoso. Si noti come le cellule del tessuto lacunoso abbiano pareti ispessite e impregnate di lignina apposta come risposta attiva alla presenza dell'inquinante e/o dei suoi derivati nell'apoplasto. Tale modificazione delle pareti riguarda anche la porzione delle cellule del palizzata a contatto con l'apoplasto del lacunoso; presenza di una fascia di sclerenchima che attraversa la sezione verticalmente e che ha anche il compito di "isolare" la zona danneggiata ("compartimentazione"). (**e**) Un'altra sezione, osservata a minore ingrandimento, nella quale è possibile osservare una intera lesione necrotica; epifluorescenza in luce blu (450-490 nm) con autofluorescenza della clorofilla in rosso: le cellule danneggiate sono colorate in giallo e si estendono per tutto il mesofillo. (**f**) Particolare di (**e**): epifluorescenza in luce UV (360-390 nm), con autofluorescenza delle sostanze polifenoliche (in particolare lignina) in colore bianco luminoso. Si noti anche qui una banda di cellule con parete fortemente ispessita e con abbondante presenza di lignina (ma non sclereidi) con la funzione di compartimentare la zona danneggiata

A seguito della scomparsa di clorofilla, le aree necrotiche assumono colorazioni dal bianco avorio, al marrone rossastro fino al nero – a seconda della specie – con margini irregolari e occasionalmente pigmentati. La tonalità è, di norma, più intensa sulla pagina adassiale e dipende dallo stato nutrizionale e dall'età dei tessuti, nonché da fattori ambientali. Alcuni esempi su dicotiledoni sono riportati nelle Figure 134-136. Nelle monocotiledoni, i sintomi

Fig. 134. Giovani piante di faggio con vistose necrosi internervali indotte da esposizione acuta ad anidride solforosa

Fig. 135. Lesioni fogliari acute da anidride solforosa: *Liquidambar styraciflua* (**a**), platano (*Platanus* sp.) (**b**), noce (*Juglans nigra*) (**c**), orniello (*Fraxinus ornus*) (**d**), castagno (*Castanea sativa*) (**e**)

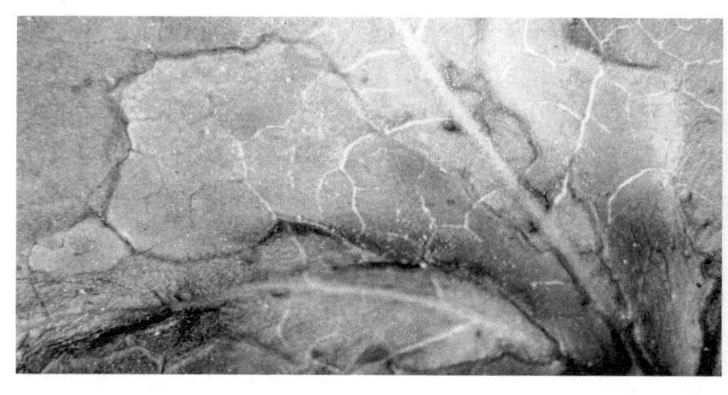

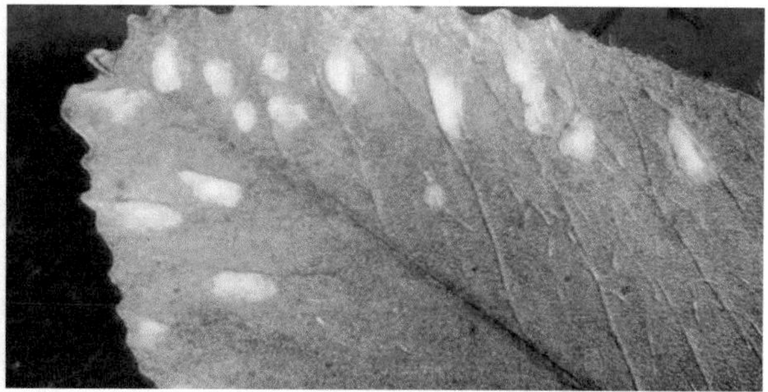

Fig. 136. Particolari di foglie di dicotiledoni con vistose necrosi internervali indotte dall'anidride solforosa: *Liquidambar styraciflua* (*a sinistra*); erba medica (*Medicago sativa*) (*a destra*)

si manifestano inizialmente all'apice della foglie, sviluppandosi poi verso la base come linee necrotiche e clorotiche, con occasionali pigmentazioni rossastre (Fig. 137). Nelle conifere, effetti macroscopici compaiono sugli aghi di secondo anno (o più) e consistono in necrosi, che variano dal marrone rossiccio al bruno scuro, generalmente interessanti l'apice (Fig. 138).

Sebbene le sindromi descritte rivestano indubbio valore diagnostico, eventi di questo tipo sono da considerarsi ormai rari e legati per lo più a episodi accidentali (Tabella 19).

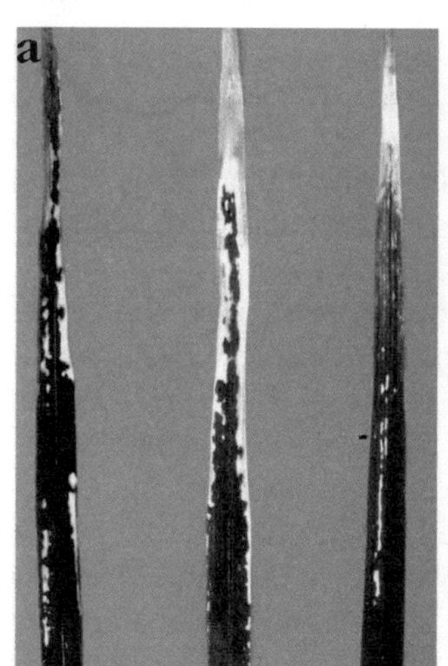

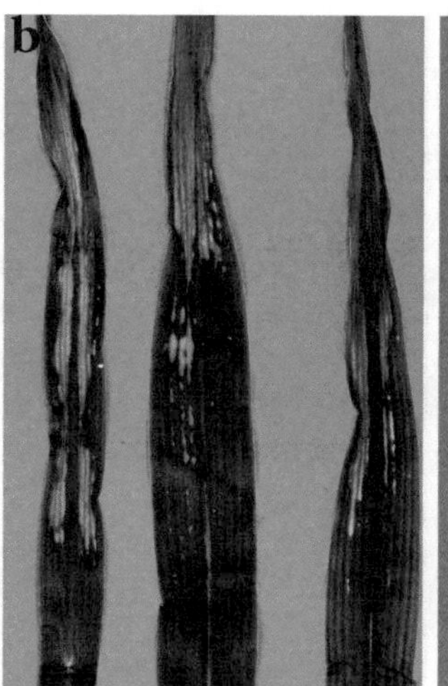

Fig. 137. Sintomi indotti su graminacee da esposizioni acute all'anidride solforosa. (**a**) Orzo. (**b**) Mais. (**c**) Grano

Fig. 138. Stereomicrofotografia delle lesioni indotte dall'anidride solforosa su aghi di pino marittimo (*Pinus pinaster*)

Tabella 19. Concentrazioni di anidride solforosa sufficienti per produrre effetti fitotossici macroscopici in esposizioni sperimentali acute che prevedono le condizioni di maggiore suscettibilità

Durata della esposizione (*ore*)	Concentrazioni (*ppm*) che causano danni in piante diversamente sensibili		
	sensibili	intermedie	resistenti
0,5	1,0 – 5,0	4,0 – 12,0	≥10
1,0	0,5 – 4,0	3,0 – 10,0	≥ 8
2,0	0,25 – 3,0	2,0 – 7,5	≥ 6
4,0	0,1 – 2,0	1,0 – 5,0	≥ 4
8,0	0,05 – 1,0	0,5 – 2,5	≥ 2

(Da Heggestad e Heck, 1971)

La clorosi costituisce il tipico risultato dell'esposizione a concentrazioni basse di SO_2, che possono interessare però l'intero ciclo di crescita o, persino, la vita della pianta. È la lamina nel suo complesso ad assumere una colorazione giallastra, oppure si differenziano aree localizzate (Figg. 139 e 140). Occasionalmente, si manifestano anche argentature e bronzature sulle pagine adassiali. Il sintomo non è, comunque, specifico e il suo significato diagnostico è, pertanto, irrilevante. Inoltre, il fenomeno è considerato reversibile, in quanto le foglie (specialmente quelle giovani) possono recuperare e rigenerare i pigmenti.

Periodi prolungati di contaminazione a livelli subnecrotici finiscono con l'influire sull'aspetto generale della vegetazione. Sono stati osservati rallentamenti di sviluppo, diminuzioni della superficie totale e, quindi, della produttività. L'SO_2 riduce preferenzialmente l'accrescimento delle radici, il che dipende non tanto da un'azione diretta del gas presente nel terreno, quanto dall'alterazione della quantità e qualità dei fotosintati che raggiungono le porzioni epigee.

Fig. 139. Clorosi diffusa su foglie di erba medica (*Medicago sativa*) conseguente a prolungate esposizioni a dosi croniche di anidride solforosa

Fig. 140. Clorosi internervale indotta dall'anidride solforosa su foglia di pioppo

Le concentrazioni del contaminante rinvenute nelle aree industriali e urbane sembrano manifestare scarsi effetti deleteri sui processi riproduttivi; sono state, talvolta, riscontrate riduzioni della germinabilità del polline e dell'allungamento del relativo tubulo nelle conifere.

6.3 Meccanismi di fitotossicità

Una volta entrata nella foglia, come già accennato, attraverso gli stomi, l'SO_2 si dissolve rapidamente nella componente acquosa dello spazio apoplastico per formare bisolfito (HSO_3^-) e solfito (SO_3^{2-}). Una rapida conversione di quest'ultimo, tossico, a SO_4^{2-}, non tossico, può verificarsi in questa sede. L'SO_3^{2-}, inoltre, inibisce l'attività delle perossidasi e la sua ossidazione compete con quella dei composti fenolici per la formazione di lignina.

Risale al 1966 la prima osservazione che piante esposte a SO_2 riemettono parte dello zolfo assorbito, prevalentemente sotto forma di H_2S (Fig. 141); si tratta di un fenomeno frequente tra le specie superiori (interessa il 7-15% del gas assorbito), che avviene nel cloroplasto ed è mediato dalla luce. In quest'ottica, occorre rivedere il concetto secondo il quale questo inquinante è esclusivamente responsabile

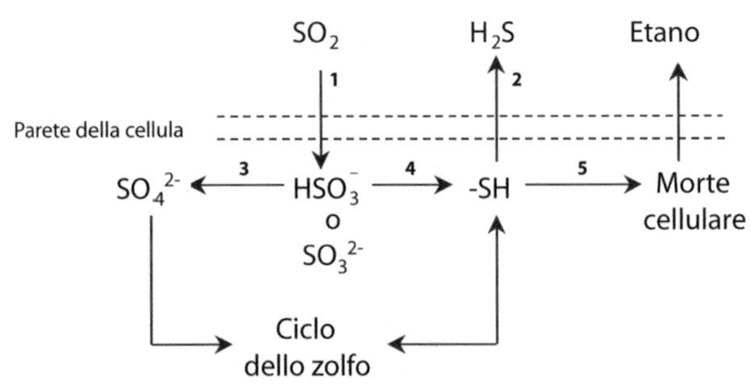

Fig. 141. Vie alternative del metabolismo dello zolfo a seguito dell'assorbimento di anidride solforosa dall'aria; (1) le piante possono metabolizzare solfiti e bisolfiti a zolfo ridotto (4) e rilasciare idrogeno solforato (2), diminuendo la quantità di zolfo che entra nel ciclo (3) e il livello di danno (5). (Ridisegnato da Wellburn, 1988)

di un'azione riducente: se viene seguito questo percorso metabolico l'agente tossico si comporta come un ossidante. Questa capacità risulta correlata anche con la sensibilità al contaminante: è stato osservato, a titolo di esempio, che foglie giovani di cocomero, pur assorbendo maggiori quantità di SO_2, risultano più resistenti rispetto a quelle mature, che hanno assunto l'inquinante in misura inferiore; in entrambi i casi, circa il 60% della molecola è ossidato a SO_4^{2-}, ma le prime emettono H_2S in quantità maggiori di 100 volte rispetto a quanto si verifica nelle seconde.

Gli effetti della SO_2 sugli stomi sono particolarmente complessi per poter trarre delle conclusioni soddisfacenti; in generale, è stato osservato che trattamenti di breve periodo, in particolare con concentrazioni al di sotto di 50 ppb, spesso causano una maggiore apertura, mentre livelli elevati ne comportano una parziale chiusura. La prima situazione sembra determinata da un danno preferenziale subìto dalle cellule epidermiche adiacenti agli stomi, cui consegue una loro apertura passiva (Fig. 142). In entrambi i casi si verificano importanti conseguenze, in termini di aumento o riduzione nell'assorbimento di CO_2, di perdita di acqua per traspirazione e di squilibri nella temperatura delle foglie. Anche le condizioni ambientali (luce, temperatura, umidità relativa e del terreno), così come altri composti chimici presenti nell'atmosfera (concentrazione di CO_2) possono modificare la risposta stomatica. Per esempio, studi su fava hanno evidenziato due tipi di reazioni all'inquinante, che dipendono dall'umidità relativa dell'aria: con valori superiori al 40% gli stomi si aprono maggiormente, in caso contrario la risposta è opposta.

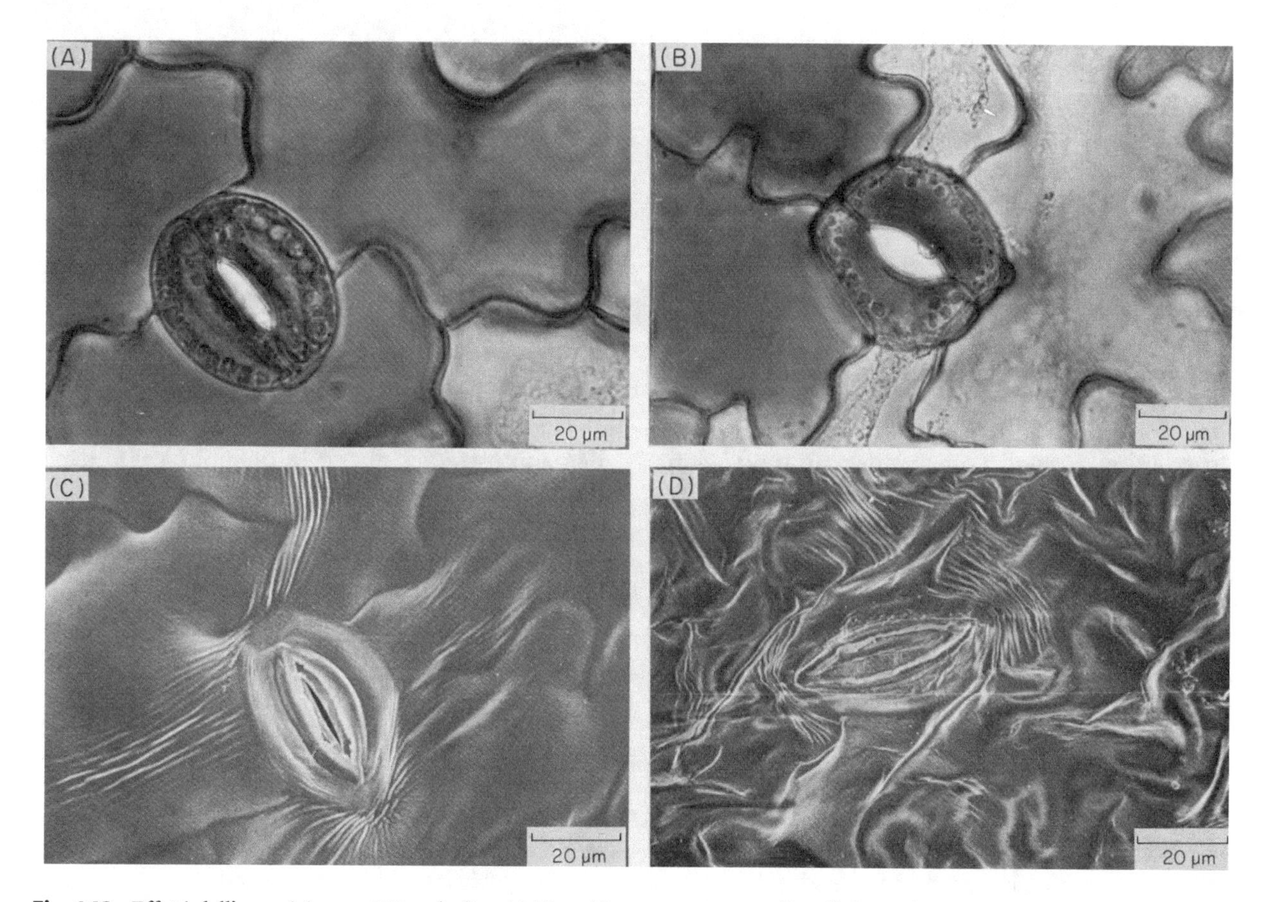

Fig. 142. Effetti dell'esposizione a 175 ppb di anidride solforosa per 2 ore sulle cellule epidermiche di fava (*Vicia faba*). Le foto (A) e (B) sono eseguite al microscopio ottico, le altre al microscopio elettronico a scansione; le foto (A) e (C) sono riferite a foglie di controllo. Il trattamento provoca una sensibile riduzione della vitalità delle cellule epidermiche, ma ha scarsi effetti diretti sulle cellule di guardia degli stomi. In (A) si noti come le cellule di guardia e quelle epidermiche adiacenti siano normali e abbiano accumulato il colorante (rosso neutro). In (B) le cellule di guardia non mostrano danni, ma diverse tra quelle adiacenti non sono vitali e presentano ammassi citoplasmatici. In (C) tutte le cellule appaiono rigonfie o apparentemente turgide. In (D) la maggior parte delle cellule sono collassate e le pareti cellulari corrugate. (Da Black e Black, 1979)

Indipendentemente dal tipo di esposizione, l'SO_2 può indurre una diminuzione della *performance* fotosintetica e del contenuto totale di clorofilla, nonché un accumulo di zolfo totale. In aghi di pino è stata osservata, poi, una diminuzione del contenuto totale di ATP, come possibile riduzione del processo di fosforilazione ossidativa e/o come incremento del consumo energetico, in risposta allo *stress*, similmente a quanto dimostrato nell'aggressione da parte di patogeni, che può determinare livelli maggiori di respirazione nei tessuti infetti.

Tuttora scarse risultano le conoscenze relative al meccanismo di distruzione della clorofilla. Alcune sono le possibili spiegazioni: (*a*) l'aumento di ferro idrosolubile correlato con le fumigazioni suggerisce che l'SO_2 inattivi questo metallo nei cloroplasti, interferendo con le sue proprietà catalitiche; (*b*) un distacco del magnesio dalla struttura, con formazione di feofitina; (*c*) la clorofillasi, che lega il fitolo al clorofillide *a*, può essere inibita. Si tratta, in ogni caso, di fenomeni lenti, che non sembrano poter spiegare da soli la rapida caduta della fotosintesi in conseguenza dell'esposizione a SO_2. È stato accertato che i solfiti sono in grado di inibire l'attività degli enzimi della carbossilazione (RubisCO e fosfoenolpiruvato carbossilasi, PEP, nei sistemi "C_3" e "C_4", rispettivamente). Un'altra ipotesi prevede la partecipazione di radicali liberi nel cloroplasto: applicazioni fogliari di antiossidanti proteggono i vegetali dall'inquinante ed enzimi detossificanti le specie attive di O_2 sono prodotti in risposta al trattamento. Anche indagini ultrastrutturali indicano che i primi organuli a essere interessati sono i cloroplasti (Fig. 143); in particolare, un effetto rilevante e precoce è l'ingrossamento dei tilacoidi.

Vi sono indicazioni che la permeabilità cellulare venga alterata, in conseguenza dell'attacco alle proteine della membrana. Questi effetti, così come nel caso dell'inattivazione enzimatica, sono riferibili alla reazione dell'inquinante (o dei suoi derivati) a livello dei legami S-S, con formazione di acido tiosolforico e tioli:

$$RSSR + H_2SO_3 \rightleftarrows RSSO_3H + RSH$$

Esiste un buon grado di associazione tra la sensibilità al contaminante e senescenza precoce, soprattutto quando il trattamento è prolungato e a concentrazioni modeste. Alla base del fenomeno vi è l'accumulo di serina e di etilene.

Complessi sono anche gli effetti secondari: le piante debilitate diventano più suscettibili agli attacchi parassitari e alle gelate tardive; in relazione, poi, alle riduzioni nello sviluppo radicale, vi è anche una maggiore vulnerabilità al *deficit* idrico. Ben dimostrata è anche la possibilità che livelli moderati di SO_2 producano effetti benèfici sulle piante. Ciò è il risultato di una "concimazione solforata fogliare", alla base della quale vi sono stati carenziali di zolfo e un ritmo di assorbimento dell'inquinante molto lento. A titolo di esempio, il cotone è più efficiente della *Festuca arundinacea* nell'accumulo di zolfo atmosferico; l'intensità della risposta positiva di crescita alla SO_2 può variare a seconda della disponibilità di azoto nel terreno, essendo bassa in presenza di scarse quantità di esso, e alta, se la quantità di questo elemento è sufficiente. La deficienza di zolfo non è frequente nelle specie coltivate, sebbene possa essere ipotizzata una diffusione del fenomeno in futuro, in relazione alla diminuita presenza di impurità sulfuree nei fertilizzanti. Un'altra conseguenza favorevole deriva dalla riduzione dell'alcalinità dei terreni, che può determinare una maggiore disponibilità per le radici di elementi nutritivi quali fosforo e ferro.

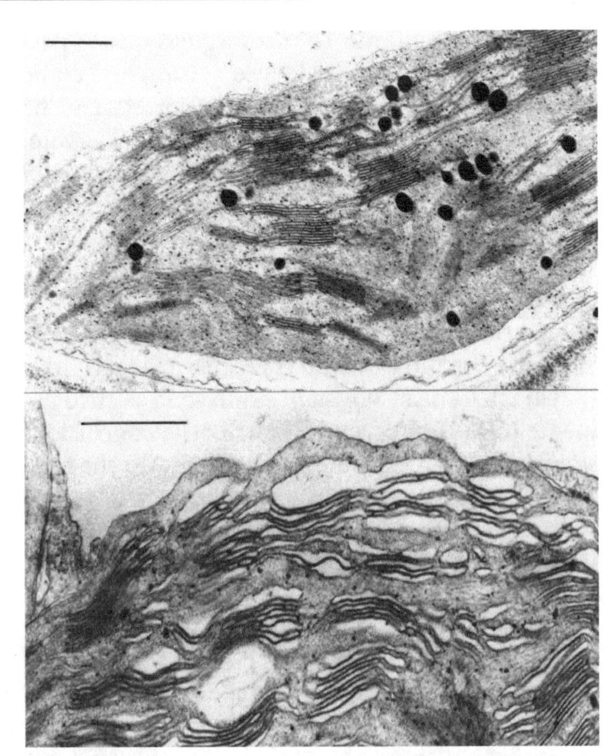

Fig. 143. Effetti di un'esposizione all'anidride solforosa (30 ppb, 30 giorni) sull'ultrastruttura del cloroplasto di grano (*Triticum aestivum*) cv. Mec (le barre equivalgono a 0,5 μm). *In alto*: pianta di controllo; *in basso*: dilatazione e distacco delle porzioni finali delle membrane del grana. (Da Baroni Fornasiero *et al.*, 1995)

Elevata illuminazione, temperatura e umidità relativa e buona dotazione idrica del terreno sono le condizioni che, inducendo un maggiore turgore delle cellule di guardia, favoriscono l'apertura degli stomi e un miglior assorbimento dell'inquinante. Per esempio, la suscettibilità dell'erba medica raddoppia se l'umidità relativa passa dal 40 al 100%; sono sufficienti variazioni anche modeste del contenuto di acqua nel suolo per avere una notevole variabilità nella risposta di piante di fagiolo. Anche l'età può rivelarsi un fattore determinante: i soggetti giovani si mostrano più resistenti, a eccezione delle conifere dove sono le plantule a manifestarsi più sensibili.

In linea generale, le conseguenze più deleterie si verificano durante i mesi in attiva crescita e in presenza di stati carenziali. Anche la capacità tampone e il contenuto in cationi sono importanti nel condizionare la possibilità di tollerare l'SO_2: substrati con NH_3 come sorgente azotata, *deficit* di potassio e basso pH aumentano la suscettibilità.

Sono stati dimostrati effetti più che additivi con altri inquinanti, specialmente nel caso di NO_2, la cui importanza pratica è notevole considerando che i due contaminanti presentano sorgenti comuni. La stessa situazione si verifica nelle miscele con O_3.

6.4 Sensibilità specifica e basi della resistenza

Esiste una notevole variabilità inter- e intraspecifica nella sensibilità all'SO_2. Numerosi sono gli Autori che hanno stilato liste in base alla risposta delle piante, sebbene sia ormai noto quanto numerose sono le variabili in gioco (vedi 1.8.3). Nella Tabella 20 sono state inserite solo quelle specie, per le quali esiste una certa concordanza in letteratura. Comportamenti differenziali sono stati, comunque, accertati tra cultivar ed ecotipi di numerose colture agrarie, quali begonia, crisantemo, erba medica, geranio, loietto, melo, pero, petunia e poinsettia.

Come fattori determinanti il fenomeno di suscettibilità/resistenza, sicuramente da non considerare è la densità degli stomi, sebbene siano stati segnalati casi in cui differenze nella risposta sono state imputate a diversi livelli di assorbimento. In effetti, come già accertato per altri inquinanti, sono stati chiamati in causa meccanismi di esclusione di tipo attivo (riduzione dell'assorbimento solo in situazioni di *stress*) o passivo (mantenimento di una bassa capacità di scambio gassoso indipendentemente dalla presenza dello specifico inquinante). Nel primo caso, la regolazione sembra dovuta all'acido abscissico.

L'eccesso di zolfo viene contrastato attraverso traslocazione e metabolizzazione di questo elemento in forma (Fig. 144):

- inorganica; i solfati costituiscono la principale forma movimentata in senso sia acropeto che basipeto ed è stata dimostrata anche un'espulsione radicale; l'immagazzinamento della frazione metabolicamente inattiva avviene nel vacuolo; anche il legno può rappresentare un sito di stoccaggio;

Tabella 20. Sensibilità relativa di specie vegetali (elencate in ordine alfabetico) all'azione acuta dell'anidride solforosa

Sensibili	Resistenti
Anagallis arvensis	*Acer campestre*
Avena sativa	*Berberis vulgaris*
Cicer arietinum	*Buxus sempervirens*
Cichorium endivia	*Capsella bursa-pastoris*
Corylus avellana	*Chamaecyparis lawsoniana*
Juglans regia	*Convallaria majalis*
Lactuca sativa	*Cornus sanguinea*
Larix europaea	*Cucumis melo*
Lathyrus odoratus	*Cucumis sativus*
Lotus corniculatus	*Cucurbita pepo*
Lupinus angustifolius	*Hybiscus syriacus*
Medicago lupolina	*Hydrangea macrophylla*
Medicago sativa	*Ilex aquifolium*
Mespilus germanica	*Lagerstroemia indica*
Oxalis acetosella	*Ligustrum ovalifolium*
Picea abies	*Liquidambar styraciflua*
Pisum sativum	*Olea europaea*
Plantago lanceolata	*Populus tremula*
Prunus domestica	*Portulaca oleracea*
Pteris aquilinum	*Prunus laurocerasus*
Raphanus sativus	*Quercus ilex*
Spinacia oleracea	*Syringa vulgaris*
Stellaria media	*Tamerix gallica*
Taraxacum officinale	*Taxus baccata*
Trifolium incarnatum	*Thuja occidentalis*
Trifolium repens	*Tulipa gesneriana*
Vicia faba	*Wisteria sinensis*
Vicia sativa	*Zea mays*

Si consideri che esistono significative differenze di risposta tra le cultivar.
(Adattata da: Baldacci e Ceccarelli, 1971; De Cormis e Bonte, 1981; Van Haut e Stratman, 1970)

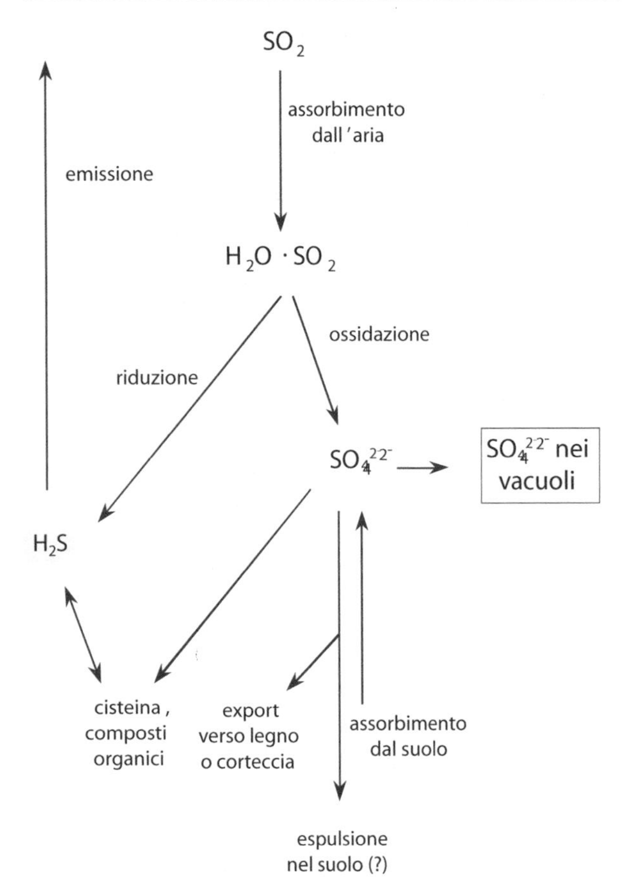

Fig. 144. Percorsi metabolici di detossificazione dell'anidride solforosa nelle piante. (Ridisegnato da Hueve *et al.*, 1995)

- organica; a lungo l'attenzione è stata focalizzata sul possibile ruolo del glutatione nei processi di neutralizzazione; lo zolfo in esso raggiunge meno dell'1% del totale della cellula; interessante è il percorso metabolico che porta alla sintesi di cisteina e metionina incorporate nelle proteine;
- di H_2S; un processo fotodipendente porta alla riduzione dell'SO_2, alla sintesi di questo gas e alla sua volatilizzazione.

Numerosi studiosi hanno utilizzato l'accumulo dello zolfo totale nelle foglie come un indicatore della risposta della pianta all'esposizione a SO_2. Il contenuto fogliare totale di questo elemento e della sua frazione inorganica è stato misurato in *Pinus contorta* e *P. banksiana*, esposti per 11 anni in cinque siti posti in prossimità di una sorgente puntiforme vicina a Whitecourt (Alberta, Canada). L'aumento di questi parametri era collegato con riduzioni della capacità fotosintetica osservata sugli aghi dell'anno corrente e del pH del terreno. Altri Autori giungono alle medesime conclusioni, aggiungendo che le correlazioni sono più affidabili in caso di scarsa quantità di azoto nel terreno e che queste analisi possono essere utilizzate anche per meglio comprendere i sintomi fogliari.

Ben dimostrata è la possibilità di evoluzione della sensibilità/tolleranza in popolazioni vegetali esposte per un certo tempo all'SO_2. La prima conseguenza è rappresentata dall'alterazione della competizione interspecifica: l'effetto dell'inquinante sugli individui più suscettibili è così marcato, che questi non possono più competere efficacemente per i fattori vitali determinanti per la crescita. Ciò favorisce lo sviluppo delle specie più resistenti. In uno studio condotto su una comunità vegetale posta in prossimità di una raffineria di petrolio è stato verificato che l'abbondanza delle specie arbustive perenni risulta significativamente inferiore e quella delle annuali è maggiore nelle zone più inquinate, rispetto ai siti di riferimento.

È stata indagata l'evoluzione della resistenza in una popolazione di *Geranium carolinianum* in aree poste in prossimità di una centrale elettrica in Georgia (Usa): le popolazioni poste a una distanza di 0,8 km dalla sorgente presentano in media una riduzione di circa il 20% del danno durante le 12 ore di esposizione a una concentrazione di SO_2 di 0,8 ppm, rispetto a quanto accade nelle zone non inquinate. È stato dimostrato che sostanziali differenze nella resistenza possono essere ottenute in cinque generazioni e che queste sono ereditate come caratteri quantitativi. Lo sviluppo di un fenomeno simile è stato osservato anche su *Lolium perenne*: in questo caso, il prodotto di due cloni indigeni presenti in aree inquinate risulta più resistente rispetto alle cultivar commerciali. È chiaro che una riduzione dello sviluppo e la mortalità dei genotipi sensibili permette a quelli resistenti di disporre di maggiori risorse (in particolare la luce), che consentono una maggiore crescita e il mantenimento della produttività.

Notevole è la sensibilità all'SO_2 di licheni (e muschi) e non vi è dubbio che proprio l'azione di questo inquinante sia alla base della rarefazione (e spesso della scomparsa) di queste forme nelle aree urbane e industriali. Da qui la possibilità di utilizzare i dati relativi alla loro presenza/assenza in determinate zone allo scopo di valutare il livello di qualità dell'aria (vedi Capitolo 13). Sebbene anche in questo caso le risposte differenziali tra le specie non manchino, si ritiene che il fenomeno sia da imputare alla componente algale e che derivi dalla mancanza di cuticola e di stomi (pertanto, l'assorbimento delle sostanze avviene attraverso l'intera superficie del tallo). Inoltre, essendo privi anche di meccanismi di escrezione, essi non hanno possibilità di eliminare le sostanze tossiche eventualmente accumulate.

6.5 Diagnosi dei danni

a. Su base sintomatica

La diagnosi in presenza dei soli sintomi derivanti da esposizioni croniche è difficile. Infatti, tra i numerosi fattori che inducono clorosi, le carenze nutrizionali sono al primo posto. La tipicità di alcune sindromi e la conoscenza della sensibilità delle specie oggetto di studio costituiscono elementi di grande utilità nel caso di danni acuti. Esistono, però, agenti che inducono quadri confondibili con quelli provocati da SO_2: deficienze minerali (Fig. 145), *stress* luminosi e termici, effetti fitotossici di fitofarmaci (Figg. 146-148), parassiti animali (Fig. 149) e altri inquinanti sono i fattori principali. Scarsamente risolutive sono le indagini istologiche, in relazione alla mancata specificità delle alterazioni anatomiche e citologiche indotte dal contaminante. Le principali modificazioni (plasmolisi delle cellule del mesofillo, distruzione dei cloroplasti, ecc.), infatti, sono di norma indistinguibili da quelle causate da altri gas tossici (fluoruri, per esempio).

b. Su base chimica

Il valore diagnostico del livello in solfati nei tessuti vegetali per l'individuazione degli effetti dell'SO_2 è

Fig. 145. Sintomi di stati carenziali di ferro su foglie di maggiociondolo (*Laburnum anagyroides, a sinistra*) e di *Liquidambar styraciflua*, che possono somigliare alle lesioni indotte dall'anidride solforosa

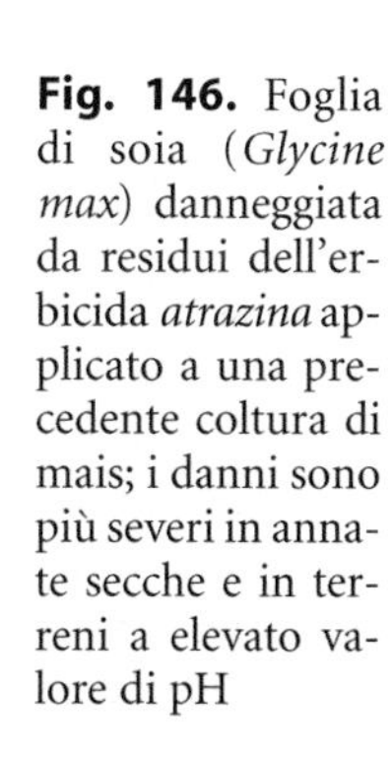

Fig. 146. Foglia di soia (*Glycine max*) danneggiata da residui dell'erbicida *atrazina* applicato a una precedente coltura di mais; i danni sono più severi in annate secche e in terreni a elevato valore di pH

Fig. 147. Manifestazioni fitotossiche dell'erbicida *chloridazon* su olmo (*a sinistra*) e tabacco

Fig. 148. Effetti fitotossici dello zolfo (applicato come fungicida antioidico) su vite (*Vitis vinifera*); il fenomeno è termo-dipendente

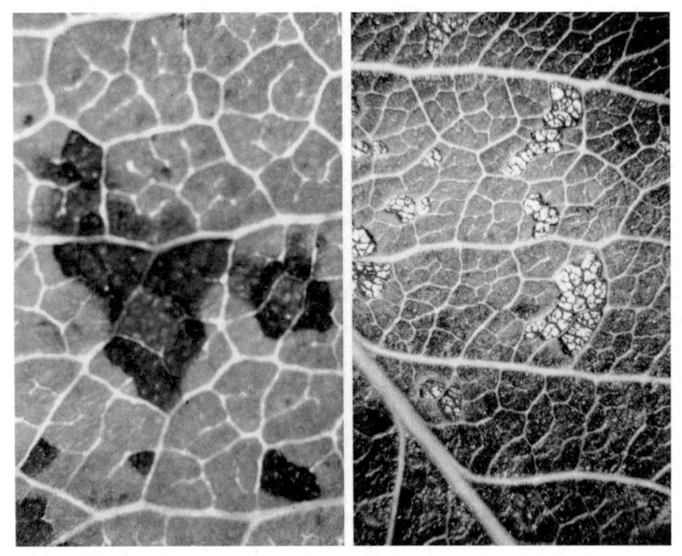

Fig. 149. Stereomicrofotografie relative alla parziale convergenza sintomatica tra le lesioni acute da anidride solforosa (*a sinistra*) e gli esiti degli attacchi delle larve dell'insetto fillominatore *Caliroa limacina* (*a destra*) su foglie di pero (*Pyrus communis*). Si noti nelle foglie danneggiate dall'inquinante la presenza di un distinto margine scuro che circonda le lesioni; anche i segni prodotti dal parassita sono tipicamente delimitati dalle nervature minori, ma la caratteristica erosione li rende facilmente distinguibili

stato a lungo dibattuto, specialmente per la mancanza di relazioni quantitative tra il contenuto in zolfo nelle piante e le concentrazioni di SO_2 nell'aria. Le conclusioni sono che il tenore di questo elemento (si tenga presente, però, che il contenuto in un soggetto "normale" varia dallo 0,08 allo 0,5% in peso secco) può, talvolta, essere utilizzato come indicatore della presenza dell'inquinante, ma non dei suoi effetti. Infatti, sono numerosi i casi in cui i livelli di solfati nei tessuti hanno raggiunto valori 10 volte superiori a quelli normali, senza che la vegetazione manifestasse alcuna alterazione significativa (Figg. 150 e 151).

Molti sono i parametri che condizionano l'accumulo di zolfo; per esempio, lo stadio di sviluppo e il ritmo di crescita. Si consideri che quest'ultimo è, a sua volta, regolato in una certa misura proprio dalla presenza di contaminanti. Anche l'età delle foglie è importante: in quelle più giovani è minore, di norma, l'arricchimento dall'atmosfera. I diversi tipi di terreno e le loro dotazioni minerali influiscono, poi, sul contenuto degli individui non

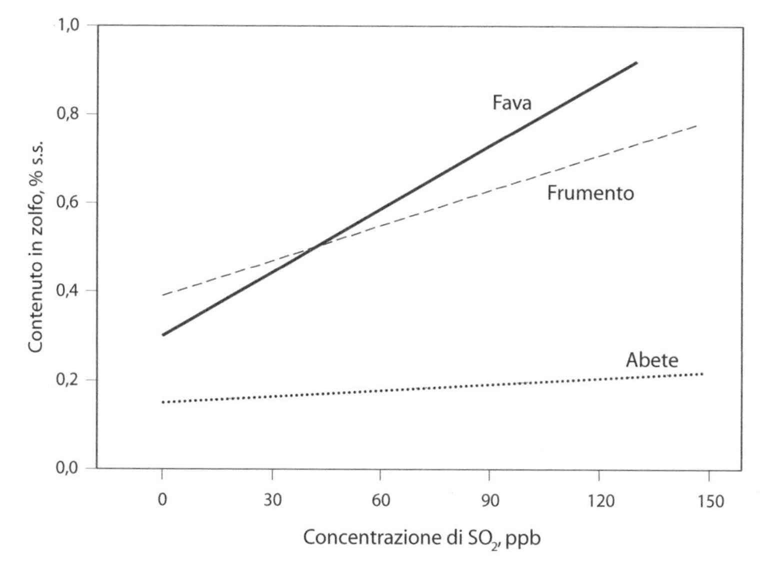

Fig. 150. Regressioni lineari dell'accumulo in zolfo totale nei tessuti fogliari di diverse specie a seguito dell'esposizione a gradienti di concentrazioni costanti di anidride solforosa. Fava: 41 giorni di trattamento. (Dati di Lorenzini *et al.*, 1990). Abete: 30 giorni di trattamento. (Dati di Keller, 1982). Frumento: 22 giorni di trattamento. (Dati di Bytnerowicz *et al.*, 1987)

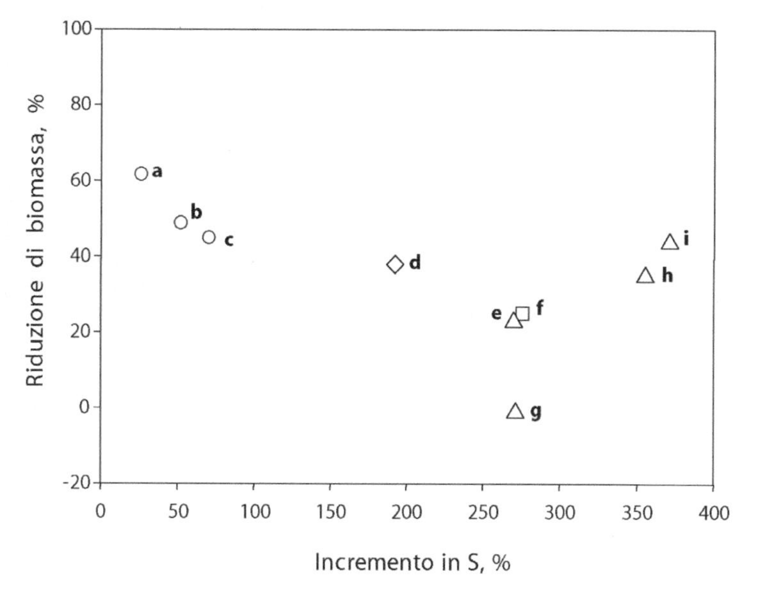

Fig. 151. Effetti di esposizioni prolungate all'anidride solforosa in condizioni controllate sul contenuto fogliare in zolfo totale e sulla produzione di biomassa di piante asintomatiche di frumento, orzo e *Lolium*. (Da Lorenzini e Panicucci, 1994). I dati si riferiscono alle variazioni percentuali rispetto al controllo mantenuto in aria filtrata. (**a**) Orzo Panda, 60 gg. di trattamento a 90 ppb SO_2. (**b**) Orzo Barberousse, *idem.* (**c**) Orzo Gerbel, *idem.* (**d**) *Lolium perenne* Tetralite, 117 gg. a 68 ppb. (**e**) *Lolium multiflorum* Pajbjierg, *idem.* (**f**) Frumento Manital, 37 gg. a 74 ppb. (**g**) Frumento Chiarano, *idem.* (**h**) Frumento Mec, *idem.* (**i**) Frumento Aurelio, *idem*

contaminati e sull'assorbimento del gas. In sintesi, condizionano il fenomeno non soltanto la concentrazione dell'inquinante e la durata dell'esposizione, ma anche – e soprattutto – l'attività metabolica delle piante, che è determinata da fattori interni ed esterni. A seguito di brevi esposizioni a livelli sufficientemente elevati da causare effetti macroscopici, l'assorbimento del gas è basso a causa dell'arresto degli scambi gassosi che precede di poco la morte dei tessuti. L'autoradiogramma di foglie trattate con alti livelli di $^{35}SO_2$ mostra che le cellule distrutte dall'inquinante non contengono tracce di zolfo marcato.

Occorre pure considerare che il contenuto dell'elemento nei tessuti vegetali presenta vistose fluttuazioni nel corso della stagione (Fig. 152) e che i tenori di accumulo, conseguenti all'esposizione, possono essere anche modesti rispetto a tali oscillazioni. A rendere ancora più incerti i risultati dei dati analitici concorre anche il fatto che il contenuto in zolfo delle piante non rimane costante. Anche nel caso in cui l'assorbimento della SO_2 sia rapido, si può avere buona traslocazione dei composti solforati nella pianta, comprese le radici, attraverso cui possono essere eliminati.

In definitiva, l'analisi chimica dei tessuti non può essere utilizzata come metodo diagnostico assoluto; soltanto un accurato campionamento del materiale oggetto di indagine e di quello di riferimento (non sottoposto all'azione della SO_2, ma in tutto e per tutto omogeneo con questo) può consentire di avvalersi dei risultati nel caso di esposizioni croniche.

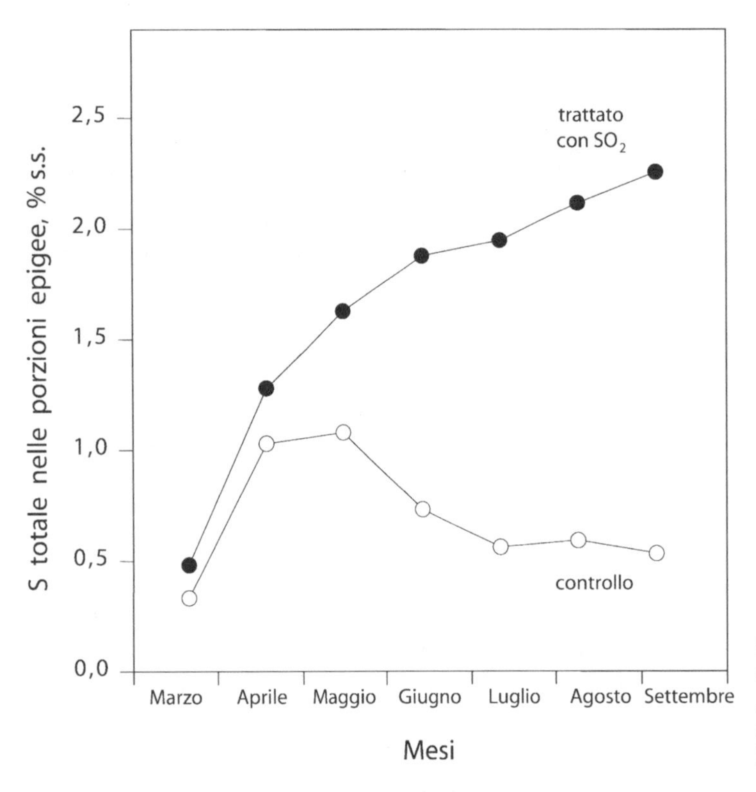

Fig. 152. Variazioni temporali delle concentrazioni di zolfo nelle porzioni epigee di piante di *Agropyron smithii*, in relazione all'esposizione all'anidride solforosa. (Dati di Milchunas e Lauenroth, 1984)

Capitolo 7
Composti del fluoro

Il termine "fluoruri" viene qui impiegato per indicare qualsiasi forma di combinazione dell'elemento fluoro, i cui effetti negativi sono noti da secoli; l'accertamento che esso può essere nocivo anche per le piante risale perlomeno al 1848. Un notevole incremento dei problemi ambientali provocati da queste molecole è stato registrato, a partire dagli anni '40 del secolo scorso, con l'espansione delle industrie dell'alluminio, dei fosfati e dei laterizi. Attualmente, tali composti costituiscono uno tra i principali gruppi di agenti fitotossici, anche se il loro impatto sulla vegetazione può spesso essere sottovalutato in relazione al particolare meccanismo di azione, caratterizzato dalla comparsa pressoché esclusiva di manifestazioni sintomatiche di tipo cronico. Importanti sono, poi, le ripercussioni di ordine ecologico e igienico-sanitario connesse con l'accumulo nei tessuti (si consideri che le foglie esposte all'acido fluoridrico, HF, possono raggiungere livelli di fluoro superiori di un milione di volte rispetto a quelli esterni!), in relazione alla loro dannosità per gli organismi animali. Si tenga presente che sino agli anni '50 questi inquinanti erano considerati i più pericolosi negli Usa; adesso sono stati scavalcati abbondantemente dagli ossidanti atmosferici e da altri contaminanti. Rimane, comunque, la constatazione che, in termini assoluti, il principale problema igienico-sanitario è proprio rappresentato dai gravi effetti dei fluoruri veicolati dalle piante negli erbivori; inoltre, nessuna sostanza risulta efficace in termini biologici a livelli così bassi come lo ione fluoruro, il più reattivo che si conosca, essendo capace di spostare l'O_2 dai suoi composti; in campo fitotossicologico, poi, appare determinante la sua facilità di combinazione, soprattutto con calcio e magnesio.

Il fluoro (primo membro degli alogeni) può trovarsi nell'atmosfera allo stato gassoso, principalmente come HF, tetrafluoruro di silicio (SiF_4), acido fluorosilicico (H_2SiF_6), o in forma particellata, specialmente come fluoruro di sodio (NaF, altamente idrosolubile) e criolite (Na_3AlF_6, insolubile). Questi composti presentano diversa fitotossicità: i materiali particellati insolubili, che vengono a depositarsi sulle superfici fogliari, sono poco dannosi e facilmente rimossi dalle piogge; quelli solubili possono essere assorbiti dopo reazione con acqua. Le dimensioni più ricorrenti sono dell'ordine di alcuni micrometri.

L'unità più comunemente usata per indicare le concentrazioni di fluoruri nell'atmosfera è microgrammi di fluoro per metro cubo (μg F m^{-3}); 1 μg F m^{-3} corrisponde a 0,874 ppb in peso o a 1,33 ppb in volume di qualsiasi gas contenente un atomo di fluoro per molecola. In aree remote, il livello "di fondo" è stimabile nell'ordine intorno a 0,1 μg F m^{-3}.

Le forme gassose risultano di gran lunga le più pericolose e sono considerate almeno 100 volte più nocive della SO_2 per la vegetazione. La loro tossicità è pressoché identica e, sostanzialmente, causano la comparsa di sintomi analoghi, per cui si inseriscono in un'unica trattazione. Di queste, l'HF rappresenta il composto più frequente. Salvo rare eccezioni e situazioni particolari (per esempio, piante di mais in presenza di alluminio nel substrato), si ritiene che il fluoro non sia elemento indispensabile per i vegetali, anche se la sua aggiunta in coltura idroponica può avere talvolta effetti stimolatori.

7.1 Fonti e diffusione

Il fluoro è un componente naturale della crosta terrestre (della cui parte superficiale costituisce circa lo 0,065%) ed è largamente diffuso in rocce e in più di un centinaio di minerali, quali fluoroapatite [$3Ca_3(PO_4) \cdot CaF$], criolite, fluorite (o spatofluoro, CaF_2), miche e orneblende. A causa della sua reattività, non si trova libero in natura. Fluoruri sono liberati ogni volta che tali materiali sono scaldati ad alta temperatura o trattati chimicamente (specie con acidi forti) o lavorati meccanicamente; e ciò si verifica in numerosi processi industriali. Inoltre, composti del fluoro sono utilizzati come catalizzatori o fondenti.

Per avere indicazione della varietà delle possibili fonti antropiche, si consideri che le istituzioni americane preposte alla tutela della salute nel posto di lavoro riconoscono 92 attività con potenziali rischi di esposizione a questi composti. In pratica, comunque, la maggior parte sono liberati nell'atmosfera da relativamente pochi gruppi di lavorazioni; le principali sorgenti risultano: fabbriche di perfosfati minerali e di acido fosforico (che utilizzano fosforiti), impianti che estraggono alluminio (riduzione elettrolitica dell'allumina, in cui criolite o fluorite sono utilizzate come basso-fondenti), fornaci di laterizi, vetrerie, industrie ceramiche, acciaierie e altri processi metallurgici. Si stima che durante la cottura dei mattoni venga rilasciato dal 30 al 95% del fluoro inizialmente presente nelle argille. Anche dalla combustione del carbone (che può contenere fino a 200 ppm di fluoro) provengono fluoruri in discrete quantità. Queste attività possono essere responsabili dell'emissione di alcune centinaia di chilogrammi di fluoro al giorno, in dipendenza del volume di produzione e del contenuto del materiale grezzo, nonché delle caratteristiche delle eventuali strutture per l'abbattimento degli scarichi. In generale, i problemi in discussione rivestono un'importanza locale, rimanendo confinati nel raggio di non molti chilometri attorno al punto di diffusione.

Tra le sorgenti naturali, sono al primo posto le emanazioni vulcaniche; un ruolo è svolto pure dall'erosione eolica degli strati superficiali di terreno e, in misura marginale, dagli incendi boschivi e dall'aerosol marino. Alcuni passaggi fondamentali del ciclo ambientale dei fluoruri sono schematizzati in Figura 153. La loro concentrazione atmosferica in aree molto inquinate può essere di circa 10 $\mu g\ m^{-3}$, due ordini di grandezza in più rispetto al livello di fondo. Di norma, la maggior parte dei composti è in forma particellata, ma il rapporto tra frazioni gassose e solide può ampiamente variare, così che le prime possono oscillare tra il 13 e il 74% del totale degli effluenti emessi dall'industria dell'alluminio e tra il 13 e il 40% di quelle impegnate nella lavorazione di rocce fosfatiche.

Gli strati superficiali del terreno agrario possono contenere anche 500 ppm di fluoro, con punte sino a 8.000, sebbene per lo più in forma insolubile, fermamente fissato alle argille. In suoli acidi, comunque, si trovano pure forme solubili (di sodio e di potassio, così come HF); in questi casi, essi possono essere assorbiti e accumulati dalle piante. Ciò, evidentemente, complica la comprensione dei meccanismi tossici dei fluoruri atmosferici. In tal caso, l'assorbimento del

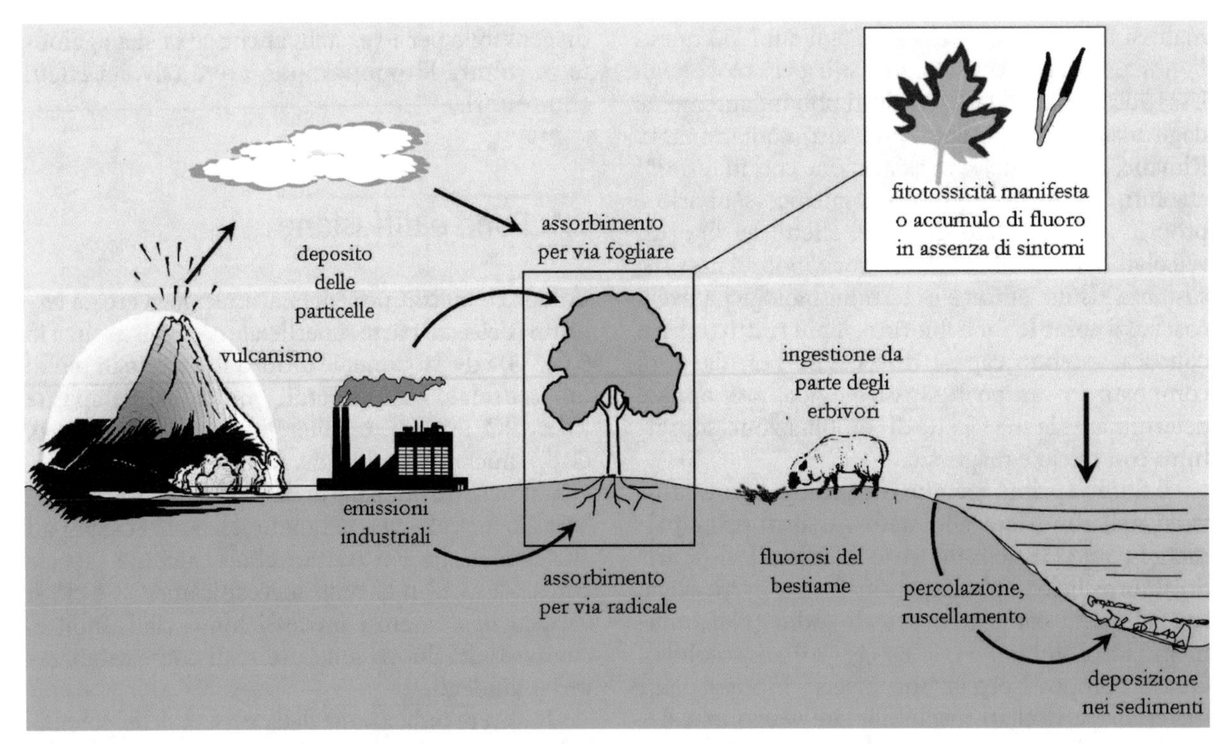

Fig. 153. Rappresentazione schematica del trasferimento ambientale dei fluoruri aerodispersi

fluoro è influenzato, oltre che dal pH, dal contenuto in calcio, in argille e in sostanza organica.

Come tutti gli inquinanti emessi in atmosfera, i fluoruri finiscono in buona parte nel suolo, dove possono accumularsi; in pratica, però, la loro dispersione è tale che le variazioni indotte risultano trascurabili. Per esempio, se una tonnellata di fluoro fosse emessa quotidianamente in aria da una sorgente, e metà di questa si depositasse in un raggio di una quindicina di chilometri, l'accumulo medio di questo elemento nei 10 cm superficiali di terreno sarebbe dell'ordine di 1 ppm all'anno; dovrebbero trascorrere decine di anni prima che questi quantitativi influenzassero significativamente il contenuto naturale.

7.2 Effetti fitotossici

I fluoruri sono tipici veleni cumulativi (Fig. 154); come già accennato, in condizioni naturali sono responsabili pressoché esclusivamente di alterazioni croniche. Effetti definibili acuti sono rarissimi e dovuti a concentrazioni eccezionali (per lo più a seguito di episodi accidentali), la cui azione è da attribuirsi, in genere, all'aggressività chimica dell'HF. Essi penetrano nelle foglie principalmente attraverso gli stomi; passano, poi, negli spazi intercellulari e sono, quindi, sia assorbiti dalle cellule, sia disciolti in acqua e trasportati nei tessuti vascolari verso i margini (nelle dicotiledoni) e verso le porzioni apicali (nelle monocotiledoni) (Figg. 155 e 156), dove finiscono con

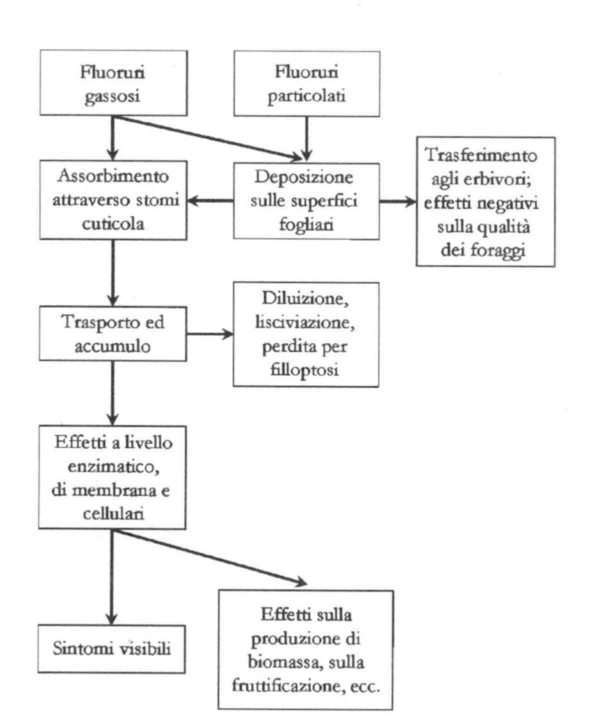

Fig. 154. Percorso metabolico nella pianta dei fluoruri aerodispersi

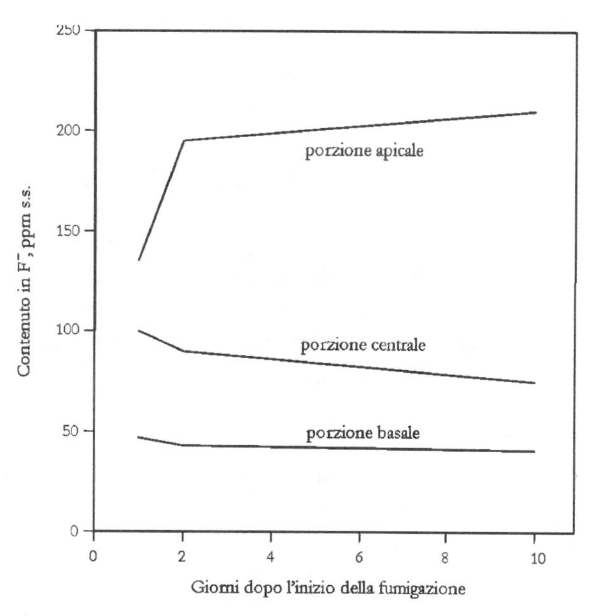

Fig. 155. Variazioni nel contenuto in fluoruri in diverse porzioni delle foglie di gladiolo cv. Snow Princess nel corso di un'esposizione a 40 μg HF m^{-3}. (Disegnato da dati di Hill, 1966)

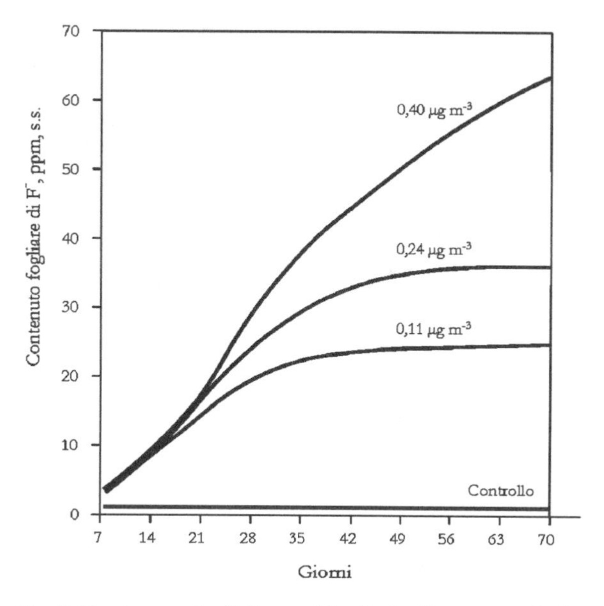

Fig. 156. Accumulo di fluoruri fogliari nella 4ª-5ª-6ª foglia dei tralci di piante di vite Semillon fumigate per dieci settimane con tre livelli di acido fluoridrico (e una tesi di controllo). (Disegnato da dati di Greenhalgh e Brown, 1984)

l'accumularsi; di fatto, la distribuzione segue i movimenti dell'acqua. Non sembrano possibili ulteriori passaggi dalla foglia in direzione di altri organi. Soltanto nel caso di concentrazioni nell'atmosfera relativamente alte (dell'ordine di alcuni microgrammi per metro cubo), questi composti possono essere assorbiti a un ritmo superiore a quello di traslocazione e produrre anche lesioni internervali sparse sulla lamina.

I fenomeni di accumulo descritti sono ampiamente dimostrati: in piante di mais fumigate, la metà distale della foglia contiene 2-3 volte più fluoruri di quella prossimale e i margini 2-3 volte più delle parti centrali (Tabella 21). Si conoscono anche casi in cui questi rapporti raggiungono valori dell'ordine di 1:100. Tali differenze derivano essenzialmente da un trasferimento secondario verso l'apice, piuttosto che da diversi ritmi di assorbimento nelle varie porzioni fogliari; in tutti i casi, la sede del deposito nello spessore del mesofillo non appare profonda, in quanto almeno un'aliquota è asportabile con un leggero lavaggio. L'accumulo nei frutti è trascurabile.

I sintomi che compaiono nelle foglie sono alquanto caratteristici e consistono in clorosi e/o necrosi bifacciali, di norma limitate al margine, che interessano in queste zone anche le nervature; la distribuzione è tendenzialmente simmetrica rispetto all'asse. Queste alterazioni si osservano quando i tessuti raggiungono concentrazioni tossiche di fluoruri. Le relazioni matematiche che correlano la presenza di tali ioni e l'espressione degli effetti macroscopici non sono semplici (Fig. 157, Tabella 22).

La prima manifestazione percettibile è una leggera clorosi marginale, che nel tempo evolve a necrosi (Fig. 158). Su specie molto sensibili, quali albicocco, gladiolo e vite, si evidenzia dapprima una decolorazione di aspetto allessato del margine o del-

Tabella 21. Concentrazione in fluoruri di tessuti fogliari raccolti da aree inquinate e non

Specie	Concentrazione in F^- (*ppm*)		
	Porzioni necrotiche	Porzioni non necrotiche	Controllo
Oryza sativa	3.950	920	15
Ficus religiosa	1.180	440	7
Eucalyptus robusta	1.030	580	7
Musa sapientum	750	90	4
Ipomea batatas	570	230	9

I valori sono espressi su base secca.
(Dati di Sun, 1994)

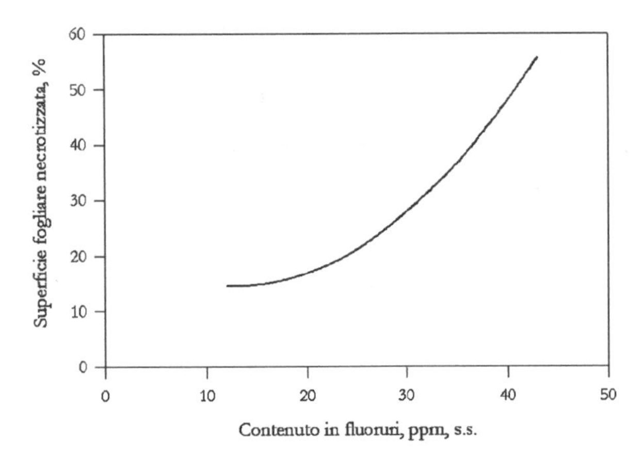

Fig. 157. Regressione curvilineare dell'intensità delle lesioni macroscopiche sulla concentrazione in fluoruri nei tessuti fogliari di piante di rosa. (Da Lorenzini *et al.*, 1987)

Tabella 22. Livelli di fluoruri riscontrati nelle foglie di alcune specie in corrispondenza della manifestazione di sintomi, ed epoca della comparsa delle lesioni macroscopiche

Specie	Contenuto in F^- (*ppm, s.s.*)	Epoca di comparsa dei sintomi
Rosa sp.	14	22 Maggio
Acer platanoides	18	12 Giugno
Ficus carica	57	1 Luglio
Mirabilis jalapa	23	1 Luglio
Tilia cordata	33	12 Settembre
Populus tremula	88	12 Settembre
Robinia pseudo-acacia	32	12 Settembre
Fraxinus ornus	23	2 Ottobre

Le indagini sono state condotte nei dintorni di una sorgente industriale di fluoruri e le specie sono elencate in base al momento in cui si sono evidenziate le necrosi fogliari.
(Da Lorenzini *et al.*, 1987)

Fig. 158. Dinamica dei sintomi fogliari provocati in condizioni naturali dai fluoruri atmosferici su *Robinia pseudo-acacia*: progressivamente la clorosi marginale (*a sinistra*) evolve a necrosi

l'apice della foglia, cui fa seguito la comparsa di lesioni di colore bruno-scuro, che possono separarsi e cadere; il bordo della lesione risulta, infatti, costituito da uno strato di abscissione, alla cui origine è una grande attività di divisione cellulare. La foglia assume, in questi casi, un margine irregolare. Una sottile, ma ben definita, cornice rossastra (ricca in antociani e pigmenti tanninici) separa spesso i tessuti danneggiati da quelli adiacenti sani; questa, a sua volta, può essere affiancata da un alone giallastro. Una clorosi internervale può accompagnare la necrosi delle regioni marginali. Le Figure da 159 a 163

Fig. 159. Sintomi naturali rinvenuti nelle vicinanze di una sorgente industriale di fluoruri. (**a**) Albicocco (*Prunus armeniaca*): si noti la tendenza delle aree marginali necrotizzate a distaccarsi. (**b**) Bosso (*Buxus sempervirens*). (**c**) Olmo (*Ulmus* sp.)

Fig. 160. Come in Figura 159. (**a**) Acero (*Acer platanoides*). (**b**) Vite (*Vitis vinifera*). (**c**) Rosa (*Rosa* sp.). (**d**) Olmo (*Ulmus* sp.): si noti la vistosa clorosi internervale che accompagna la necrosi marginale, verosimilmente attribuibile alla presenza anche di livelli tossici di anidride solforosa. (**e**) Susino (*Prunus domestica*): sono visibili le due lamine, a evidenziare come il sintomo sia bifacciale

Fig. 161. Come in Figura 159. *Potentilla reptans* (*a sinistra*) e rovo (*Rubus* sp.)

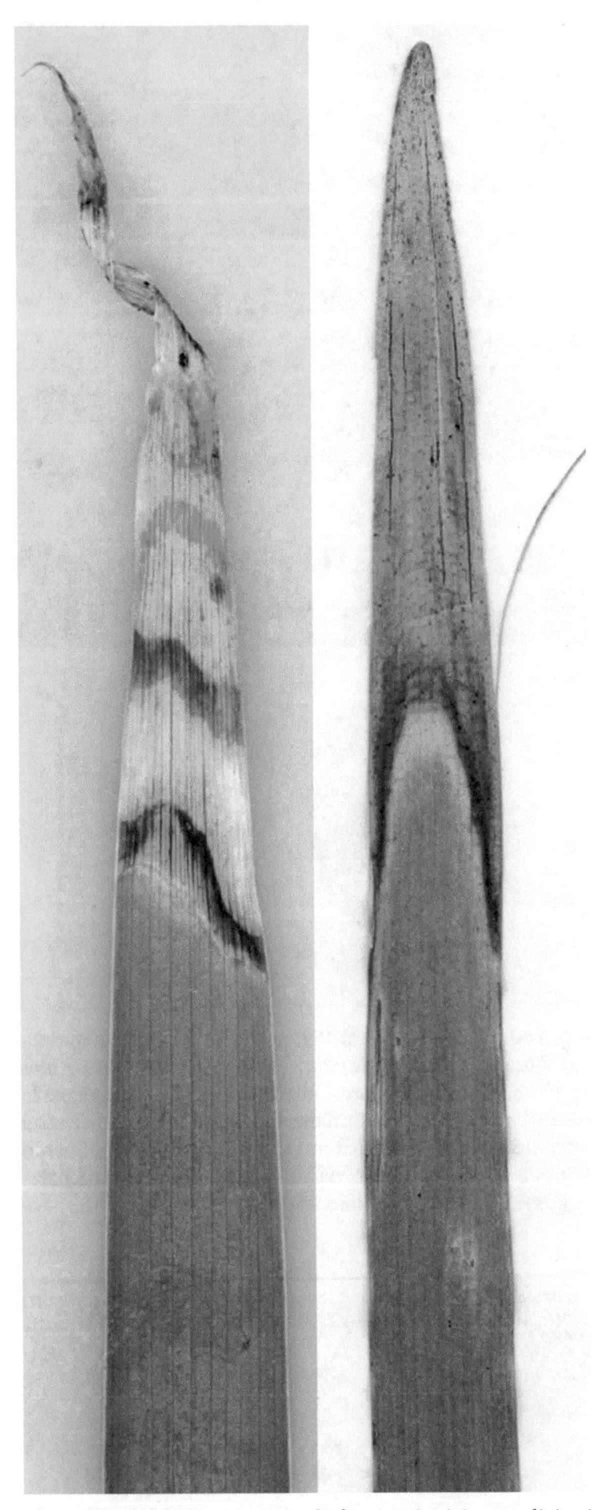

Fig. 162. Esiti di una serie di fumigazioni in condizioni controllate con HF su foglia di *Iris pumila* (*a sinistra*): si noti la successione di "bande" scure, ciascuna delle quali è riferibile a singole esposizioni a circa 1-2 µg HF m^{-3}. (Da Weinstein e Davison, 2003). Sintomi da tossicità dei fluoruri su *Typha acutifolia* rinvenuti in ambiente naturale (*a destra*)

Fig. 163. Piante di gladiolo (*Gladiolus gandavensis*) con vistose necrosi marginali indotte dai fluoruri atmosferici; questa è una delle specie maggiormente sensibili a tale forma di inquinamento, anche se sono note cultivar capaci di accumulare rilevanti livelli di F^- senza subire danno

esemplificano questi quadri sintomatici su dicotiledoni e monocotiledoni.

Quando si ripetono successive esposizioni, i sintomi si estendono progressivamente verso il centro della foglia, a costituire aree a conformazione "a ondate successive" (vedi Figura 162). Variazioni anatomiche sono limitate a una zona entro 1-2 mm dal bordo della lesione. Nei cereali la necrosi assume una colorazione marrone chiaro o biancastra, mentre nel mais è più frequente la comparsa di clorosi ben delimitate, sparse sulla lamina, ma di sovente concentrate specialmente verso l'apice. Gli agrumi presentano un quadro sintomatico alquanto tipico. I primi segni visibili dell'esposizione a concentrazioni non elevate consistono in una clorosi generale delle foglie giovani, più pronunciata verso l'apice; in quelle mature è, invece, di norma concentrata ai margini e nelle porzioni distali. In fumigazioni prolungate (o all'aumentare dei livelli di fluoruri), le aree in questione tendono a necrotizzare, potendosi avere abscissione delle lamine giovani (che si separano dal picciolo, che rimane intatto) e dei frutti in sviluppo; negli organi in senescenza, il fenomeno segue il decorso fisiologico e il distacco avviene alla base del picciolo. Nelle conifere si ha dapprima clorosi e quindi necrosi delle porzioni distali degli aghi dell'anno corrente, che tendono a estendersi, poi, verso la base (Fig. 164).

Di norma, i fiori non mostrano sintomi (con alcune eccezioni, come il gladiolo), anche se, come descritto in seguito, gli effetti dei fluoruri sui processi riproduttivi sono spesso importanti. Viceversa, i frutti sono, talvolta, addirittura più sen-

Fig. 164. Necrosi apicale degli aghi di pino (*Pinus pinea*) indotta dai fluoruri; il sintomo è però comune a numerosi altri fattori di *stress*

Fig. 165. Disfacimento apicale dei frutti di nettarina ("pesche-noci", *Prunus persica laevis*) causato dall'inquinamento da fluoruri atmosferici. La sindrome prevede maturazione precoce e anormale localizzata sul polo stilare o lungo la sutura; su tali regioni si manifestano aree di colore rosso-porpora, accompagnate da protuberanze che sono soggette a disfacimento, con compromissione del valore commerciale

sibili delle foglie: è questo il caso di alcune drupacee e pomacee. Su pesco, si riscontra la prematura maturazione di una ristretta regione, nettamente limitata, lungo uno o entrambi i lati della sutura nella porzione distale (Fig. 165). Questo sintomo – conosciuto con il nome di "sutura rossa morbida" o "disfacimento apicale" – si manifesta alcune settimane prima della raccolta e rende il prodotto incommerciabile, in quanto le aree precocemente maturate sono soggette a marcescenza. L'alterazione è nota da tempo e dapprima fu osservata in relazione a trattamenti insetticidi con criolite e fluorosilicato di sodio. Si consideri che livelli nell'aria dell'ordine di circa 2 μg F m^{-3} possono non causare danni fogliari, ma provocare la comparsa della "sutura morbida" sulla maggior parte dei frutti. La fisiopatia non è correlata con la presenza di elevati livelli di fluoro in questi organi. La fase critica risulta quella dell'indurimento del nocciolo, quando la richiesta di ioni calcio è massima.

La sensibilità dei frutti di drupacee all'azione dei fluoruri comporta evidenti riflessi sulle scelte colturali in aree inquinate da questi composti. Per esempio, Mezzetti e Sansavini hanno riportato che nei dintorni di Sassuolo (Modena), importante centro per la produzione di ceramiche, la peschicoltura – una volta fiorente – è da tempo estinta. Casi analoghi sono descritti in diversi comprensori industriali.

Sono noti altri effetti specifici dei fluoruri sui frutti: su albicocco, ciliegio, susino e pero (Fig. 166) si sviluppano lesioni localizzate nelle porzioni distali; sulle mele si osserva un arrossamento dell'epidermide con formazione di screpolature attorno al seno calicino e/o sul lato del frutto esposto alla sorgente dell'inquinante. Anche i sintomi in questione

Fig. 166. Necrosi apicale provocata da fluoruri atmosferici su frutto di pero. (Per gentile concessione di A. Bolay)

sono identici qualunque sia l'origine dei composti del fluoro: fluoruri atmosferici (gassosi o particellati) o apporti radicali, per esempio, sotto forma di fluoroborato.

7.3 Meccanismi di fitotossicità

Il fluoro è citotossico in concentrazioni millimolari ed è noto per le sue proprietà inibitrici di enzimi. Normalmente, questa azione è conseguenza della sintesi di complessi che bloccano un sito attivo; per esempio, nel caso dell'enolasi si ha formazione di fosfato di fluoromagnesio in quello catalitico. Si conoscono, comunque, anche fenomeni di apparente stimolazione in piante esposte a fluoruri; si consideri, però, che questi incrementi potrebbero essere il risultato di un'azione di soppressione dell'attività di specifici inibitori. In base a ciò, è indubbio che essi esplichino ripercussioni a diversi livelli del metabolismo: respirazione, fotosintesi, sintesi dei carboidrati, formazione della parete cellulare, bilancio energetico, sintesi degli acidi nucleici, sono i principali processi con cui gli ioni fluoro sono capaci di interferire. La concentrazione e distribuzione all'interno della cellula possono determinare non solo il grado a cui i processi sono influenzati, ma anche il tipo di alterazione (Tabella 23).

Come accennato, il fluoro è l'elemento più elettronegativo che si conosca e dà composti con quasi tutti gli elementi, eccetto i gas nobili. La formazione di complessi "metallo-fluoro" (in particolare con calcio, magnesio, rame, zinco, ferro) può comportare squilibri dello stato nutrizionale, esercitando effetti di vasta portata e interferendo sui sistemi fisiologici in molte maniere. Un'azione diretta può essere la formazione di CaF_2 (insolubile), da cui deriva una deficienza di disponibilità di ioni calcio; una volta precipitato tutto questo elemento, il fluoro – se presente in eccesso – può agire allo stesso modo sul magnesio, a spese della molecola della clorofilla.

Complessi sono gli effetti sulla respirazione: una risposta accertata è la stimolazione in presenza di concentrazioni basse e l'inibizione a livelli superiori. Si tenga presente che anche la necrosi causata dalla tossicità dei fluoruri (ma anche da un danno meccanico e da squilibri termici) comporta aumenti dell'assorbimento di O_2 da parte dei tessuti adiacenti. È, pertanto, difficile distinguere quali cambiamenti metabolici siano la causa e non il risultato della lesione. Ancora meno definite sono le azioni sulla fotosintesi, considerando che il sito preferenziale di accumulo sono i cloroplasti. Le alterazioni osservate a carico della formazione della parete cellulare sono attribuite a disturbi nella sintesi della cellulosa.

La pianta mette in atto meccanismi di adattamento omeostatico per reagire alla presenza di eccessi di fluoruri; l'aggiustamento metabolico può

Tabella 23. Principali effetti fisiologici dei fluoruri nelle piante

Processo metabolico	Alterazione	Interazione con cationi	
		Ca^{2+}	Mg^{2+}
Respirazione e metabolismo dei carboidrati	Inibizione glicolisi		*
	Riduzione fosforilazione ossidativa		*
	Rigonfiamento mitocondri		*
Fotosintesi	Anomalie strutturali dei cloroplasti		*
	Inibizione sintesi pigmenti		*
	Aumento attività PEPC[1]		*
	Ridotto flusso elettronico	*	
Metabolismo proteico	Aumento in aminoacidi liberi	*	*
Metabolismo acidi nucleici	Variazioni in trascrizione e traduzione	*	*
Metabolismo lipidico	Aumento attività esterasica	*	*
Trasporto	Alterazione ATPasi di membrana	*	

[1] Fosfo enol-piruvato carbossilasi, nella fotosintesi C4
(Da Wellburn, 1988)

aumentare la suscettibilità a fenomeni carenziali e questo spiegherebbe perché taluni sintomi dell'esposizione prolungata ricordano (e sono, anzi, da questi pressoché indistinguibili) quelli causati da carenze di manganese, ferro o zinco. Gli effetti sulla produzione che, di norma, accompagnano le fumigazioni a concentrazioni tossiche sono di tipo non soltanto quantitativo, ma anche qualitativo, come una riduzione nel tenore zuccherino dei frutti.

Anche nel caso di questi inquinanti sono state avanzate ipotesi di *effetti subliminali*. Trattamenti continui di piante di agrumi per 5 mesi con concentrazioni di 3-5 ppb di HF causano produzione di foglie più piccole, ritardano la fioritura e riducono le dimensioni dei frutti. Nessuno di questi effetti risulta, però, apprezzabile senza il confronto con tesi di controllo.

Importanti sono le interferenze sulle attività riproduttive: esse derivano da un'azione diretta sugli organi sessuali, in particolare lo stimma, sulla cui superficie sono stati misurati elevati livelli di accumulo. La nocività è dovuta al ruolo essenziale degli ioni calcio sulla germinazione del polline e sullo sviluppo del tubo. La risposta più frequente è una diminuzione della produzione di semi per la mancata fecondazione di ovuli. I difetti di accrescimento del frutto che accompagnano spesso altri eventi sembrano imputabili alla scarsa presenza di semi al loro interno e alle conseguenti deficienze ormoniche. La pericolosità dei fluoruri per le api e altri insetti pronubi si realizza prevalentemente attraverso l'ingestione di nettare e polline contaminati.

Scarsamente indagate, ma comunque dimostrate, sono le possibili alterazioni genotossiche, che si evidenziano in assenza di altri sintomi; sono state osservate aberrazioni cromosomiche nei soggetti esposti e anomalie fenotipiche nelle plantule nate da semi prodotti da questi. L'intensità dei fenomeni è correlata con la durata dell'esposizione. Come detto, il trasporto del fluoro dai tessuti in cui si concentra sembra, nella norma, improbabile; ciononostante, non sono da escludersi effetti sistemici. Per esempio, è stato osservato che l'accumulo di fluoruri induce la formazione di tille nei piccioli di geranio, così che si possono avere disturbi nelle funzioni di tessuti anche distanti dal sito del danno visibile.

Qualsiasi parametro ambientale che incida sulla vigoria delle piante può influenzare la risposta ai fluoruri. In generale, condizioni di *stress* (alta temperatura e carenza idrica, per esempio) riducono la concentrazione necessaria per la realizzazione degli effetti macroscopici. Le relazioni tra nutrizione minerale ed espressione dei sintomi sono complicate, dal momento che il calcio risulta l'elemento più importante; in genere, una sua carenza determina una maggiore suscettibilità. Specialmente durante la fecondazione, una deficienza può avere gravi ripercussioni perché, se il fluoro si lega a tutto il calcio disponibile, si ha arresto dello sviluppo del tubo germinativo del polline. Un caso interessante fu scoperto in Svizzera oltre cinquant'anni fa. In un'area inquinata da fluoruri, alcuni vigneti erano gravemente danneggiati, mentre altri, anche adiacenti a questi, risultavano asintomatici; le cause del fenomeno furono individuate nella presenza di modeste quantità di fluoroborato nei fertilizzanti distribuiti negli appezzamenti in cui comparivano i sintomi.

L'epoca dell'esposizione, in relazione specialmente allo stadio di sviluppo della pianta, può essere un fattore importante: per esempio, nelle conifere la maggiore sensibilità si ha nella fase di emergenza e allungamento degli aghi, dopo la quale anche specie molto suscettibili divengono meno vulnerabili. Analogamente, le piante di orzo sono molto più soggette allo *stress* da giovani che non da adulte. Sono stati segnalati effetti sinergici con altri inquinanti aerodispersi, in particolare SO_2 e O_3.

Qualche possibilità pratica di riduzione dei danni da fluoruri è connessa con l'efficacia di interventi preventivi con "acqua di calce", soluzione allo 0,5% di $Ca(OH)_2$ in acqua. Il motivo di questa azione risiede nella facile reazione del fluoro con il calcio, che così lo inattiva all'esterno della superficie vegetale. Nel caso della "sutura rossa morbida" dei frutti di pesco, trattamenti con cloruro di calcio (2% in acqua) allo stadio di indurimento del nocciolo sembrano in grado di prevenire, almeno parzialmente, il danno.

7.4 Sensibilità specifica e basi della resistenza

Specie, cultivar e, addirittura, cloni possono differire significativamente nella risposta ai fluoruri. Piante molto sensibili possono essere danneggiate da concentrazioni atmosferiche di HF inferiori a 0,1 ppb, mentre altre non mostrano effetti a livelli di gran lunga superiori.

La Tabella 24 riporta una scala di sensibilità all'inquinamento cronico da fluoruri, sebbene siano riconosciuti i limiti, in relazione alle numerose variabili che influiscono sul comportamento nei confronti di questi e degli altri inquinanti. Risposte diversificate ai fluoruri, infatti, sono state verificate in cultivar di varie specie, tra cui gladiolo, tulipano, mais, sorgo, arancio e rosa.

Poco indagati sono i meccanismi di resistenza: alla base del fenomeno non sembra esserci, di norma, l'esclusione, perché le piante poco sensibili accumulano senza danno elevati livelli di fluoruri (4.000 ppm nel caso del cotone); si tratterebbe, pertanto, di una tolleranza di tipo fisiologico, anche se non sembra verosimile la detossificazione a livello cellulare.

Processi di volatilizzazione e di lisciviazione da parte dell'acqua di pioggia sono possibili; è stata ipotizzata anche un'escrezione radicale. Strategia comune dei sistemi vegetali è quella di localizzare l'eccesso di F^- relegandolo in forma insolubile nei vacuoli cellulari degli organi caduchi; sono possibili anche accumuli nella corteccia.

I limitati effetti delle esposizioni intermittenti sono imputabili a una riduzione del contenuto in fluoruri nelle piante durante i periodi in cui non si ha presenza di contaminanti nell'aria. L'escrezione per via fogliare è stata accertata, anche se non ne sono chiari i meccanismi.

Tabella 24. Sensibilità relativa di specie vegetali ai fluoruri atmosferici

Sensibili	Resistenti
Acer negundo	*Camellia japonica*
Berberis vulgaris	*Cucumis sativus*
Diospyrus kaki	*Cucurbita pepo*
Freesia sp.	*Daucus carota*
Gladiolus sp.	*Fragaria vesca*
Larix occidentalis	*Helianthus annuus*
Pinus strobus	*Lolium perenne*
Pinus sylvestris	*Medicago sativa*
Prunus domestica	*Nicotiana tabacum*
*Prunus persica**	*Pisum sativum*
Pseudotsuga menziesii	*Pyrus communis*
Tulipa gesneriana	*Salix babylonica*
Vitis vinifera	*Solanum tuberosum*
Zea mays	*Tamerix gallica*

* frutti.
(Adattata da: Baldacci e Ceccarelli, 1971; Treshow e Pack, 1970; Weinstein, 1977)

Soggetti sensibili mostrano sintomi quando il fluoro raggiunge nei tessuti concentrazioni di poche decine di ppm. È importante osservare come in alcune specie (gladiolo, per esempio) sia dimostrato che l'accumulo di questo ione è maggiore nel materiale asintomatico (ciò è da mettere in relazione con il fatto che tessuti necrotici non assorbono più elemento).

Di norma, le foglie giovani sono maggiormente sensibili, ma questo fenomeno non appare correlabile con un accumulo superiore di fluoruri, in quanto livelli più alti si registrano sempre in quelle mature. Sono probabilmente le interferenze a carico della biosintesi dei pigmenti fogliari (in primo luogo le clorofille) che rendono molto suscettibili gli organi giovani.

Un possibile meccanismo di resistenza può essere basato sulla mancata traslocazione all'interno della foglia. Poiché si ritiene che l'assorbimento sia alquanto omogeneo su tutta la superficie, se i fluoruri non vengono trasferiti verso aree preferenziali (come si verifica nella norma) si hanno minori rischi di raggiungere livelli tossici.

Appare interessante la possibilità di adottare un metodo rapido per saggiare la suscettibilità ai fluoruri e per studiarne gli effetti metabolici e fisiologici. Invece di esporre le piante a HF gassoso ottenuto per evaporazione di soluzioni acquose dell'idracido in recipienti di plastica o di acciaio (come noto, a causa dell'aggressività del fluoro, nelle indagini con questo elemento non è possibile utilizzare oggetti in vetro), si riesce a riprodurre gli effetti immergendo foglie o piccioli recisi in soluzioni acquose di NaF.

7.5 Diagnosi dei danni

a. Su base sintomatica

Nonostante i sintomi indotti dai fluoruri atmosferici siano caratteristici, essi sono tutt'altro che specifici, per cui la diagnosi richiede non poca attenzione. Per quanto riguarda le necrosi fogliari, *stress* idrici (in particolare prolungati stati siccitosi e termici, Figura 167) sono responsabili della comparsa di sintomi difficilmente distinguibili da quelli dovuti all'azione dei fluoruri. Sugli agrumi, la clorosi

Fig. 167. Numerosi sono i fattori in grado di provocare sulle piante sintomi del tutto analoghi a quelli causati dai fluoruri; è questo il caso di *stress* da carenza idrica ed eccesso termico su ippocastano (*Aesculus hippocastanum*) (*a sinistra*) e su tiglio (*Tilia* sp.) (*a destra*). L'alterazione è nota come *leaf scorch* ("bruciore non parassitario")

Fig. 168. Carenza minerale su foglia di *Citrus*: i sintomi sono indistinguibili da quelli causati da esposizioni croniche ai fluoruri

che questi inducono è simile a quella da diversi stati carenziali (manganese, magnesio, zinco, Figura 168) così come da eccesso di boro. Persino un quadro macroscopico così caratteristico come la "sutura rossa morbida" delle pesche non è specifico del danno da fluoruri. Infatti, (*a*) il ritardato aborto di uno dei due ovuli nel frutto, (*b*) l'azione di diserbanti ad azione ormonica, quali i derivati dell'acido fenossiacetico (*2,4-D* e altri), se applicati durante la maturazione, e (*c*) una malattia di origine virale (provocata dal *Peach Red Suture Virus*, ceppo del *Peach Yellows Virus*), possono causare la comparsa lungo la sutura di aree che maturano in anticipo rispetto al resto del frutto. In questi casi è determinante, a fini diagnostici, l'analisi della distribuzione geografica dei sintomi nella pianta e nella popolazione vegetale. Diversi sono, poi, gli inquinanti che provocano sindromi fogliari simili a quelle indotte dai fluoruri; la SO_2 (vedi Figura 135), l'HCl (vedi Figura 175) e specialmente i cloruri sono i più importanti. In zone esposte all'azione dei venti, la diagnosi su base sintomatica è pressoché impossibile, a causa della difficile distinzione dei danni provocati da fluoruri e da aerosol salini (Fig. 184). Le indagini istochimiche sono di scarsa utilità a fini diagnostici, in conseguenza sia della scarsa specificità degli effetti sulle cellule causati dai fluoruri sia della mancanza di una colorazione selettiva in grado di evidenziarne la presenza.

b. Su base chimica

In relazione alla facilità con cui le piante tendono ad accumulare fluoruri dall'atmosfera e al fatto che in individui non esposti all'inquinamento il livello di questi ioni è assai basso (0,5-10 $\mu g\ g^{-1}$), i dati delle analisi dei tessuti sono utili a fini diagnostici. Occorre considerare i fattori che influenzano l'assorbimento e l'accumulo di questi contaminanti. Oltre alla sensibilità specifica (e cultivarietale), devono essere tenute presenti la natura chimica dell'agente tossico, lo stadio di sviluppo delle piante, gli aspetti meteorologici, il livello nutrizionale del terreno (o, più generalmente, la sua composizione chimica, con riferimento anche al contenuto in fluoruri) e altri parametri che influiscono sulla capacità della vegetazione di assorbire questi composti dall'aria. Per esempio, esposizioni intermittenti sembrano responsabili di accumulo in misura superiore a quelle continue e, in ogni caso, la concentrazione risulta il fattore più importante rispetto alla durata.

Numerosi esperimenti suggeriscono che il fenomeno può essere rappresentato da un'equazione del tipo:

$$\Delta F = K\,C\,t$$

in cui ΔF è l'aumento di fluoruri nella pianta (espresso in $\mu g\ g^{-1}$, peso secco), K è un coefficiente di accumulo (una sorta di "conduttanza totale"), C è la concentrazione di HF nell'aria (in $\mu g\ m^{-3}$) e t la durata dell'esposizione (in giorni). Il valore di K dipende dalla specie e dalla concentrazione di fluoruri nell'atmosfera, nonché dalla durata della fumigazione e dalle condizioni ambientali (velocità dell'aria); stime per alcune piante in diverse condizioni variano tra 1 e oltre 9 (Tabella 25). Ciò comporta che, senza prendere in esame le perdite dovute al dilavamento o all'abscissione fogliare o alla diluizione dell'inquinante nella nuova vegetazione, l'esposizione a 1 μg F m^{-3} porterebbe a un accumulo di circa 1-9 μg F g^{-1} (peso secco) giornaliero. In pratica, si deve considerare che è impossibile ipotizzare fumigazioni in condizioni naturali a concentrazioni costanti; anche quando la sorgente emette fluoruri a tasso invariato, sarà l'inevitabile turbolenza dell'aria a far oscillare i livelli a cui il recettore è esposto nel tempo.

Le piante assorbono modesti quantitativi di fluoruri presenti nel terreno, così che il fluoro è un costituente rinvenibile in quantità misurabili nei vegetali in qualunque ambiente crescano. I valori di base sono dell'ordine di alcune ppm (massimo 20), ma si conoscono casi di specie accumulatrici. Foglie di tè *(Camellia sinensis)* possono assimilare dal substrato fino a 1.300 ppm di fluoro; poiché circa i 2/3 di questo sono in forma solubile, una grande tazza di tè molto concentrato può contenere fino a circa 0,5 mg di tale alogeno! Pressoché analogo il comportamento accertato in *Fagopyrum esculentum*, capace di assorbire fluoro dal terreno e di raggiungere senza danni concentrazioni di 990 ppm. I tenori fogliari di piante cresciute in aree inquinate possono superare anche 1.000 ppm, con un incremento di parecchie centinaia di volte rispetto ai livelli ambientali.

Tabella 25. Coefficienti di accumulo (K) dei fluoruri di specie foraggere

Specie	Coefficiente
Dactylis glomerata	2,12
Phleum pratense	2,35
Medicago sativa	2,55
Festuca pratensis	3,65
Trifolium hybridum	3,70
Lolium perenne	3,82
Trifolium pratense	3,82
Trifolium incarnatum	4,05
Lolium multiflorum	4,25
Trifolium repens	6,10

I dati riportati rappresentano i valori medi ottenuti da sperimentazioni che prevedevano diverse concentrazioni di fluoruri e durate di esposizione.
(Adattata da Weinstein, 1977)

Importante, per la validità del risultato analitico, è il protocollo di campionamento del materiale: i fluoruri, infatti, come detto, tendono a concentrarsi all'apice e ai margini delle foglie. L'accuratezza delle analisi è, poi, determinante e, nel passato, questa indagine si è rivelata una delle più difficoltose della chimica inorganica. *Test* paralleli tra laboratori dimostrano che, quando variano gli operatori e i metodi, si ottengono differenze anche notevoli nei risultati relativi a materiale *standard.* Recenti progressi nella metodica (in particolare, la disponibilità di elettrodi specifici per determinazioni potenziometriche) hanno fortunatamente consentito di ridurre i tempi di esecuzione e di migliorare il livello di affidabilità dei dati. Le buone correlazioni con lo stato di inquinamento dell'aria, che sono di norma possibili con l'esame del contenuto in fluoruri dei tessuti, rendono questa tecnica di grande utilità anche nell'ambito delle esperienze di rilevamento biologico degli inquinanti atmosferici (vedi 13.4).

Capitolo 8
Etilene (C_2H_4)

L'etilene (C_2H_4) è un idrocarburo alifatico gassoso insaturo della serie olefinica, caratterizzato da grande reattività chimica, ed è l'unico che abbia effetti sulla vegetazione a concentrazioni ambiente dell'ordine di 1 ppm o inferiori; comunque, tali fenomeni sono individuabili solo con tecniche assai sofisticate. Anche l'acetilene (HC=CH) e il propilene ($H_2C{=}CH{-}CH_3$) hanno dimostrato di svolgere azione fitotossica, ma soltanto a livelli di 60-500 volte superiori a quelli dell'etilene: si tratta dei rari casi in cui idrocarburi sono in grado di interferire direttamente con le piante, senza sottostare a reazioni fotochimiche con gli NO_x.

L'etilene è un ormone vegetale (che, peraltro, presenta caratteristiche distintive dagli altri) e la sua presenza nell'atmosfera può causare sulle specie sensibili una serie di sintomi caratteristici. Le sue proprietà fitotossiche sono note sin dal 1871 e sono state inizialmente correlate con le emissioni degli impianti di riscaldamento delle serre; l'importanza di questo contaminante è stata, però, a lungo sottovalutata, in relazione anche alla scarsità di sorgenti. Inoltre, sostanze etilene-promotrici (*ethephon*, per esempio) sono comunemente impiegate in frutticoltura come fitoregolatori, allo scopo di agevolare il distacco dei frutti nelle operazioni di raccolta meccanizzata e in applicazioni industriali per accelerarne la maturazione dopo la raccolta.

8.1 Fonti e diffusione

L'etilene è prodotto dall'incompleta combustione di quasi tutti i composti organici. Pertanto, il traffico veicolare, gli impianti di riscaldamento domestico, le centrali termoelettriche e gli inceneritori di rifiuti urbani ne sono le principali fonti; si ritiene che persino nel fumo di sigaretta siano presenti concentrazioni sufficienti a indurre effetti percepibili nelle specie sensibili. Inoltre, anche alcune industrie petrolchimiche (manifatture di polietilene) sono responsabili dell'emissione di rilevanti quantità di questo inquinante. All'interno delle serre possono essere raggiunti, nei periodi invernali, livelli elevati, prodotti dagli impianti di riscaldamento; anche le attrezzature utilizzate per la "concimazione carbonica" ("carbonicazione calda") possono contribuire all'innalzamento della sua concentrazione. L'etilene, poi, viene emesso in tracce dalle piante. Solo in locali chiusi adibiti alla conservazione della frutta si possono, comunque, raggiungere concentrazioni allarmanti di origine naturale.

Le conoscenze relative ai livelli di questo gas presenti nell'atmosfera sono scarse, in relazione anche a difficoltà analitiche. Le punte più elevate sono state raggiunte in passato in California e hanno toccato 1,4 ppm, ma si tratta di dati limitati a sporadici episodi di eccezionale inquinamento.

8.2 Effetti fitotossici

L'etilene riveste molti ruoli nella biologia delle piante. Come accennato, è un fondamentale regolatore di crescita ("fitoeffettore"), che influenza numerose attività metaboliche. Alcuni dei principali processi da esso regolati sono: (*a*) allungamento apicale, (*b*) maturazione dei frutti, (*c*) senescenza, filloptosi e carpoptosi (*d*) induzione e sviluppo radicale.

Questo composto è prodotto dai vegetali anche in risposta a molti stati di sofferenza indotti da fattori biotici (malattie parassitarie, attacchi di insetti) e abiotici (siccità, basse temperature, radiazioni, traumi meccanici e alcuni inquinanti gassosi, come SO_2 e O_3); la sua sintesi è considerata un'attività metabolica delle cellule viventi: infatti, *stress* sufficienti a uccidere le cellule ne bloccano l'emissione. In queste condizioni, il suo precursore è la metionina e la sua funzione primaria (*etilene da stress*) è, verosimilmente, quella di accelerare il distacco degli organi colpiti.

È stato accertato anche che esso è implicato nella patogenesi di alcune malattie fungine con almeno tre possibili funzioni: (*1*) induzione di resistenza, in relazione a cambiamenti metabolici che si realizzano specialmente nel metabolismo fenolico; (*2*) produzione di alcuni effetti visibili (ingiallimenti fogliari, epinastia); (*3*) superamento della resistenza naturale.

La gamma di sintomi più frequentemente associati all'azione della molecola di origine esogena è certamente più vasta di quella ascrivibile ad altri inquinanti; essa comprende epinastia (distrofia, come conseguenza della diversa dilatazione delle cellule delle due superfici) e clorosi fogliari; irregolarità nella fioritura (anche in assenza di concomitanti sintomi sulle lamine) (Figg. 169 e 170); senescenza precoce; sviluppo abnorme di gemme laterali; abscissione delle gemme e dei fiori e filloptosi, risultato della rottura degli equilibri tra auxine ed etilene nel picciolo (le foglie cadono senza mostrare alcun sintomo apparente). L'inibizione dello sviluppo è, generalmente, una caratteristica che presentano le piante soggette a periodi di esposizione prolungati. La comparsa di necrosi fogliari è limitata ai casi più severi.

I quadri descritti si osservano anche nelle conifere e, salvo quelli relativi alla caduta di organi, sono spesso reversibili, potendo la pianta ristabilire – almeno in parte – i bilanci ormonali una volta cessata l'esposizione.

Tipico è l'effetto che si evidenzia sui fiori di alcune orchidee (*Cattleya* e *Phalaenopsis*): sono sufficienti esposizioni a 1-2 ppb per 24 ore, oppure a 50 ppb per 6 ore, perché compaiano estese lesioni (Fig. 171). L'alterazione, denominata "disseccamento dei sepali", rende incommerciabile il prodotto e ha provocato enormi perdite economiche ai floricoltori californiani, tanto che molte aziende hanno dovuto trasferirsi in aree lontane dalle zone metropolitane per poter continuare a produrre queste specie. In garofano e rosa, la sindrome (*sleepiness* per gli americani) comprende ripiegamento

Fig. 169. Effetti dell'esposizione all'etilene su una pianta di petunia (*Petunia nyctaginiflora*) (*a destra*); si noti, rispetto al controllo non trattato, il ridotto sviluppo e la mancata fioritura. (Per gentile concessione di A.C. Posthumus)

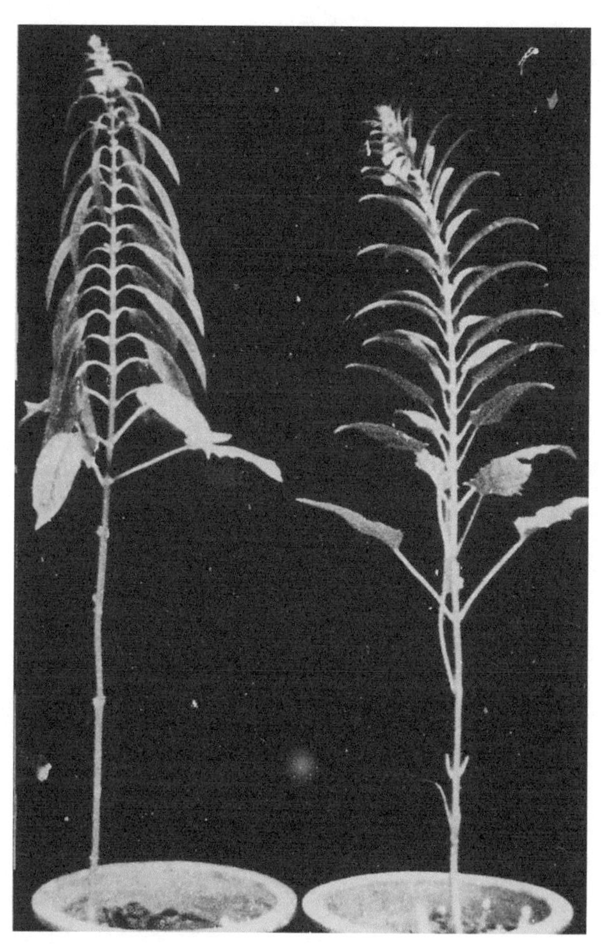

Fig. 170. Effetti dell'esposizione per 6 ore a 0,6 ppm di etilene su *Sesamum orientale* (*a sinistra*); *a destra*, pianta di controllo. (Per gentile concessione di S.W. Yu)

Fig. 171. Fiore di orchidea presentante disseccamento dei sepali (*dry sepal*) a seguito dell'esposizione all'etilene. (Per gentile concessione di O.C. Taylor)

verso il basso dei petali e mancata schiusura delle gemme.

Al momento, non è definito se le interazioni tra l'etilene e il suo recettore siano dovute alla formazione di un complesso dissociabile, che innescherebbe poi una serie di reazioni, oppure se le azioni fisiologiche siano incitate da metaboliti derivanti da reazioni tra l'agente tossico e il recettore. Nel primo caso, la molecola rimarrebbe inalterata, mentre nel secondo verrebbe metabolizzata.

8.3 Diagnosi dei danni

a. Su base sintomatica

Si tratta di un problema non facile, poiché nessuno dei sintomi provocati da esposizioni croniche all'etilene è caratteristico e soprattutto specifico. Si consideri, poi, che di norma la maggior parte degli effetti sono così poco evidenti, in condizioni di inquinamento non eccessive, che spesso essi sono identificabili soltanto confrontando piante allevate in ambienti esenti dal gas con altre omogenee soggette a inquinamento. Questo è, innanzitutto, il caso dei ritardi di sviluppo e della senescenza precoce. Talvolta, sono state utilizzate sofisticate tecniche di indagine in campo (riprese fotografiche temporizzate, per esempio). Anche per gli effetti macroscopici più facilmente identificabili sono numerose le possibilità di errore: stati carenziali, *stress* idrici e malattie parassitarie (come "tracheomicosi") sono i fattori che più facilmente provocano sindromi in una qualche misura confondibili con quelle da etilene.

b. Su base chimica

Nessun tipo di indagine analitica dei tessuti vegetali può essere di ausilio nella diagnosi del danno in questione.

Capitolo 9
Ammoniaca (NH_3)

L'ammoniaca (NH_3) reagisce rapidamente con acidi a formare sali di ammonio, che si trovano per lo più sotto forma di aerosol di fini particelle; si indica con NH_y la deposizione globale di NH_3 e ione ammonio (NH_4^+), che costituisce un tema ambientale rilevante in alcune aree nord-europee. NH_3 è un gas dotato di forti proprietà basiche, incolore, molto solubile in acqua, caratterizzato da odore pungente (percepibile già a circa 40 ppb) e assai irritante. Esso trova impiego per produrre fertilizzanti, HNO_3 (che viene utilizzato nella fabbricazione di esplosivi, quali TNT e nitroglicerina), fibre sintetiche (*nylon*) e plastiche. È anche un inquinante di scarsa pericolosità che, però, può divenire importante in particolari situazioni. La sua azione fitotossica è nota sin dal 1893, anche se le prime osservazioni furono relative a perdite nei sistemi di refrigerazione di ambienti adibiti alla conservazione di prodotti vegetali. Sono stati talvolta segnalati episodici rilasci accidentali da impianti industriali o da attività di trasporto di NH_3.

9.1 Fonti e diffusione

Le fonti che emettono NH_3 in atmosfera sono numerose e includono diverse attività industriali, la combustione del carbone (ogni tonnellata bruciata libera circa 1 kg di NH_3), la decomposizione di fertilizzanti azotati (in particolare urea), la volatilizzazione da escrementi animali (degradazione dell'urea presente nell'urina), la mineralizzazione della sostanza organica nel terreno. Stime relative all'Italia indicano in circa $550 \cdot 10^3$ t le emissioni annue globali, alle quali gli allevamenti contribuiscono con quasi $350 \cdot 10^3$ t, delle quali $220 \cdot 10^3$ t sono imputate ai bovini. Temperature elevate, pH alcalino, alti livelli di evaporazione e scarsa capacità di scambio cationico dei terreni sono i fattori che più favoriscono la volatilizzazione microbica della molecola.

Le concentrazioni ambiente sono dell'ordine di alcune ppb; NH_3 è il più importante gas alcalino presente in atmosfera e si ritiene che si trovi, in realtà, come solfato ammonico, $(NH_4)_2SO_4$, e, in misura minore, come nitrato ammonico, (NH_4NO_3). Questi composti formano minuscole gocce e, a seguito dell'evaporazione di acqua, possono dar luogo ad aerosol. Il tempo di residenza dell'NH_3 non sembra superare i 7 giorni. In aree remote la concentrazione è inferiore a 50 ppt, mentre vicino a zone caratterizzate da un'agricoltura intensiva i livelli possono essere superiori anche di tre ordini di grandezza. Il tasso annuo di deposito al suolo è dell'ordine di alcune decine di chilogrammi di azoto per ettaro. La soglia critica è di 8 $\mu g\ m^{-3}$ (circa 11 ppb) come media annuale, e viene raggiunta soltanto in corrispondenza di allevamenti animali intensivi.

9.2 Effetti fitotossici

Gli effetti sulle piante dipendono dal realizzarsi di diversi processi: (*a*) assorbimento; (*b*) detossificazione/assimilazione; (*c*) comparsa di danni, quando la quantità assorbita eccede quella detossificata; (*d*) alterazioni metaboliche, in relazione a (*b*); (*e*) conseguenze secondarie. Sono necessarie esposizioni di alcune ore a concentrazioni dell'ordine di 3 ppm per avere sintomi sulle specie più sensibili. In pratica, queste situazioni si realizzano soltanto a seguito di episodi accidentali di origine industriale. Come risultato si ha il rapido collasso dei tessuti. Il danno è tendenzialmente limitato alle regioni internervali e/o al margine della foglia (Fig. 172). In alcuni casi, le aree necrotiche – che possono assumere diverse tonalità cromatiche, dal bianco avorio al porpora, sino al bruno nerastro – sono circondate da un alone bruno-rossastro. Effetti subacuti spesso sono rappresentati da pigmentazioni antocianiche, "argentatura" e "bronzatura", che seguono la comparsa di clorosi. A causa della natura alcalina – come già accennato – dell'NH_3 in soluzione, il pH di per sé è stato indicato come la causa fondamentale della tossicità di questa sostanza, specialmente alle alte concentrazioni. Certamente, però, il

Fig. 172. Sintomi conseguenti a un'esposizione acuta all'ammoniaca su cavolo (*Brassica oleracea*) (*a sinistra*) e rabarbaro (*Rheum rhabarbarum*). (Per gentile concessione di L. De Temmerman)

danno alle cellule è conseguenza anche di reazioni del gas al loro interno.

Un effetto comunemente associato all'esposizione a questo inquinante è un rallentamento della respirazione e, in questo caso, sembra responsabile la molecola indissociata, piuttosto che lo ione ammonio. È ipotizzata, inoltre, un'influenza sulla permeabilità delle membrane, così come è accertata un'attività inibitoria sull'ossidazione di NADPH, con conseguente arresto del trasporto di elettroni dai substrati ossidati all'ossigeno. La fotossidazione dell'acqua (PSII) è impedita, a differenza delle reazioni del PSI.

L'azoto ammoniacale di origine atmosferica, una volta assorbito, può, comunque, finire incorporato in aminoacidi. L'NH_3 è ubiquitaria nelle piante: a titolo di esempio, da tempo si ipotizza che la molecola sia alla base dei danni alle foglie in condizioni di *stress* (termici, idrici, nutrizionali): in questo caso, l'NH_3 deriverebbe dalla decomposizione delle proteine. Inoltre, questa sostanza è ritenuta responsabile dell'espressione di sintomi in alcune malattie batteriche.

9.3 Diagnosi dei danni

a. Su base sintomatica

La scarsità di indagini sinora realizzate su questo inquinante minore non consente generalizzazioni. I sintomi dovuti a esposizioni acute sono, spesso, simili a quelli provocati da altri contaminanti (SO_2, NO_2, Cl_2) e la comparsa di "argentatura" o "bronzatura" sulle foglie può ricordare il danno da PAN (peraltro ritenuto rarissimo nelle nostre condizioni). Anche in questo caso, si devono tenere in considerazione nella diagnosi eventuali altri fattori biotici e abiotici responsabili di necrosi prevalentemente localizzate tra le nervature.

b. Su base chimica

Nessuna analisi dei tessuti vegetali può risultare utilizzabile, a fini diagnostici, per accertare l'effetto dell'NH_3 (vedi 2.6).

Capitolo 10
Cloro (Cl_2) e acido cloridrico (HCl)

Il cloro (Cl_2) e l'acido cloridrico (HCl) sono inquinanti di minima importanza, pericolosi soltanto nei dintorni delle fonti di emissione, che peraltro non sono frequenti. La fitotossicità del cloro a elevate concentrazioni fu osservata sin dalla sua scoperta nel 1774, a opera del farmacista svedese Scheele. Si tratta di un gas giallo-verdastro, di odore pungente caratteristico, percepibile già a 160 ppb; la sua concentrazione nell'aria varia con la distanza dal mare. L'HCl è un gas incolore, soffocante, la cui presenza è riconoscibile all'odorato a concentrazioni di circa 9 ppm; è un idracido fortissimo. La maggior parte dei casi acuti di danni alla vegetazione è in relazione a episodi accidentali.

10.1 Fonti e diffusione

Effetti fitotossici acuti si hanno in pratica soltanto in conseguenza di perdite di cloro da impianti industriali (tra l'altro, è utilizzato come decolorante e ossidante), da tubature che lo trasportano allo stato liquido e da contenitori destinati al trattamento di acque potabili, piscine o fanghi di depurazione di fognature. Anche le vetrerie, le raffinerie e gli impianti di incenerimento di sostanze clorurate (come i rifiuti solidi urbani) possono emettere l'inquinante; in questi ultimi casi, si tratta di contaminazioni di tipo cronico.

L'HCl è presente nelle esalazioni vulcaniche, originato dall'azione del vapor d'acqua (ad altissima temperatura) sui cloruri del magma. Questo inquinante è stato importante in passato, perché le fabbriche di soda e altri impianti industriali ne liberavano enormi quantitativi (Fig. 173). Già da tempo, però, l'adozione di idonei condensatori ha ridotto al minimo la presenza di vapori di acido negli scarichi gassosi di queste fonti. Oltre a essere rilasciato da fabbriche di vetri e di prodotti chimici e da raffinerie, questo gas risulta un importante sottoprodotto della combustione di ogni composto organico che contenga cloro o cloruri. Gli inceneritori di rifiuti solidi urbani (in cui si ritrovano elevate quantità di policloruri di vinile) vanno assumendo crescente importanza come fonti di HCl. Anche la combu-

Fig. 173. Una rappresentazione, datata 1875 (apparsa sul periodico "*The Graphic*"), relativa ai devastanti effetti sulla vegetazione dell'acido cloridrico emesso da impianti industriali per la preparazione della soda in Inghilterra

stione del carbone (che contiene in media lo 0,13% di cloruri) è un'importante sorgente di questo inquinante.

A differenza delle fonti di cloro, che sono prevalentemente di tipo occasionale e responsabili dell'emissione – in breve tempo – di rilevanti quantità, quelle dell'acido sono essenzialmente di tipo cronico, in un certo senso comparabili a quelle di fluoruri.

10.2 Effetti fitotossici

Nonostante l'accertata possibilità di emissioni prolungate di concentrazioni anche elevate di HCl, non si conoscono casi naturali di danni dovuti a esposizioni croniche; ciò è probabilmente da correlare con il fatto che oltre a questo inquinante vengono prodotte sempre anche altre sostanze, la cui azione può "mascherare" quella dell'HCl.

Concentrazioni ambiente dell'ordine di 100 ppb di cloro e di 3 ppm di HCl per alcune ore sono sufficienti per danneggiare le specie più sensibili. Anche se caratterizzate da una forte variabilità, le risposte macroscopiche più frequenti a esposizioni acute consistono in clorosi e necrosi marginali, punteggiature clorotiche e necrotiche sparse. Le Figure 174 e 175 illustrano i sintomi riscontrati su alcune piante. Anche se essi sono tipicamente localizzati all'estremità delle foglie nelle dicotiledoni e verso il loro apice nelle monocotiledoni e nelle conifere, è possibile che vengano interessati i tessuti internervali anche lungo le nervature principali, cosicché le aree rimaste verdi vengono ad assumere forma di "albero di Natale"; più precisamente, i due andamenti (marginale e internervale) possono manifestarsi su lamine diverse di uno stesso individuo, a seguito di una singola esposizione.

Il colore assunto dalle aree necrotiche può variare, a seconda della specie, dal bianco-avorio al marrone cuoio. Un alone scuro (bruno o violaceo) può separare i tessuti lesionati da quelli apparentemente sani. I sintomi sono generalmente visibili su entrambe le superfici fogliari. In talune piante, elevate concentrazioni provocano rapida filloptosi. Altre espressioni associate alla presenza di questi inqui-

Fig. 174. Danni acuti da cloro su nandina *(Nandina* sp.*)*. (Per gentile concessione di O.C. Taylor)

Fig. 175. Sintomi provocati da un'esposizione acuta accidentale all'acido cloridrico gassoso su (a) vite (*Vitis vinifera*), (b) *Robinia pseudo-acacia*, (c) olmo (*Ulmus* sp.)

nanti possono essere epinastia e "bronzatura". Nelle conifere si osserva quella manifestazione aspecifica, rappresentata dalla necrosi dell'apice degli aghi, già ripetutamente incontrata nel corso della trattazione di altri agenti tossici. Le foglie più giovani sono alquanto resistenti e gli effetti più severi sono stati riscontrati su quelle di media età.

Il cloro è un elemento micronutriente, del quale, comunque, non sono noti casi di carenza in quanto le necessità fisiologiche vengono soddisfatte dai livelli naturalmente presenti nell'aria e portati nel terreno dalle precipitazioni.

Molte sono le reazioni in cui sono coinvolti gli ioni Cl^-; eccessi sono responsabili della distruzione della clorofilla. A livello istologico, i primi effetti visibili dopo l'esposizione sono a carico dei cloroplasti, in cui si deforma e si lesiona la membrana. La plasmolisi e il distacco del protoplasto dalla parete precedono il collasso cellulare.

10.3 Diagnosi dei danni

a. Su base sintomatica

I sintomi indotti da esposizioni acute al cloro e all'HCl sono assai poco specifici. È soprattutto con quelli causati da altri gas tossici (in particolare SO_2, fluoruri, O_3, NH_3) che si hanno i maggiori rischi di confusione; gli effetti provocati dagli aerosol marini sono, poi, spesso identici a quelli in questione. Occorre, inoltre, considerare tutti quei fattori biotici e abiotici che sono stati chiamati in causa perché responsabili di sindromi confondibili con quelle provocate dai predetti contaminanti. La diagnosi del danno da questi inquinanti, in assenza di precise informazioni circa le emissioni in aria, è quasi impossibile, in considerazione anche delle relativamente scarse notizie disponibili circa la sensibilità specifica delle piante a queste molecole.

b. Su base chimica

L'accumulo di cloruri in piante esposte a cloro e ad HCl non è una caratteristica costante e, pertanto, la maggior parte dei ricercatori concorda nel non attribuire significativo valore diagnostico ai dati analitici. È frequente, addirittura, il caso in cui foglie asintomatiche contengono più cloruri di altre analoghe, prelevate sulla stessa pianta, mostranti effetti vistosi. Differenze nelle cinetiche di assorbimento in relazione alle condizioni fisiologiche possono spiegare il fenomeno, ma occorre anche segnalare che il contenuto in piante non sottoposte a *stress* varia entro un *range* piuttosto ampio (0,04-0,4%, su base secca).

Capitolo 11
Particolati

Come già accennato, l'atmosfera è un miscuglio eterogeneo di gas e di materiali solidi e liquidi sospesi, generalmente definiti "particolati". In termini di bilancio di massa, questi ultimi sono presenti solo in modestissima quantità ma, sulla base delle loro proprietà chimiche e fisiche, possono avere importanti effetti biologici. La maggior parte (circa il 90%) di essi è di origine naturale: aerosol di sali marini, emissioni vulcaniche e, soprattutto, polveri derivate dall'erosione del terreno sono le voci principali. La fonte antropica più significativa è rappresentata dai processi di combustione.

I particolati possono essere distinti in primari e secondari. I primi sono introdotti direttamente nell'ambiente e hanno un diametro aerodinamico dell'ordine di 1-20 μm; i secondi derivano da reazioni che si verificano nell'aria, che possono iniziare in fase gassosa o essere il risultato di interazioni tra gas e sostanze solide. Degni di nota sono tre gruppi di composti: solfati, nitrati e idrocarburi, le cui particelle hanno dimensioni medie dell'ordine di 0,01-1,0 μm. In conseguenza delle varie caratteristiche, la loro distribuzione si presenta in forma bimodale.

Per indicare quantitativamente il livello di contaminazione della componente solida si possono usare due unità di misura: kg ha^{-1} $anno^{-1}$ (*rateo di deposizione*) e μg (o mg) m^{-3} (*concentrazione*). Soltanto per avere indicazioni di massima, il carico di inquinanti solidi depositato annualmente in una zona inquinata può essere dell'ordine di parecchie centinaia di tonnellate a ettaro; in termini di concentrazione istantanea si hanno valori di alcune centinaia di microgrammi per metro cubo di aria.

I particolati raggiungono le piante attraverso diversi possibili processi: *sedimentazione* (sotto l'influenza della gravità), *impatto aerodinamico* (in conseguenza dei movimenti di turbolenza) e *deposito* (sotto la spinta delle precipitazioni); per materiali di dimensioni assai minute, assumono un ruolo anche i moti browniani e le forze elettrostatiche. Il primo fenomeno provoca il depositarsi sulle porzioni superiori degli organi vegetali ed è più importante per le particelle di grandi dimensioni; la velocità di sedimentazione varia con la densità e la forma del particolato, oltre che essere governata da altri fattori. Il secondo si realizza quando un flusso d'aria incontra un ostacolo (una foglia, per esempio) e si divide, ma le particelle in esso presenti tendono a proseguire il percorso rettilineo e impattano; l'efficienza di raccolta cresce con l'aumentare delle dimensioni di entrambi. Si ritiene che questa sia la forma più interessante di deposito nel caso in cui le particelle siano grandi almeno alcune decine di micrometri, quelle dell'ostacolo siano dell'ordine di centimetri, la velocità di impatto sia di metri al secondo e la superficie di impatto sia umida, tomentosa o in qualche modo ritentiva. Una volta depositatosi, il materiale può rimbalzare via oppure essere trattenuto, in maniera permanente o temporanea, per essere eventualmente rimosso in seguito. Maggiori probabilità che il rapporto sia prolungato si hanno quando i due soggetti a contatto (specialmente le foglie, che sono gli organi che meglio fungono da "impattatori") sono umidi.

Moltissime sono le sostanze che possono entrare nell'atmosfera sotto forma di particolati e, a causa di questa enorme varietà, le proprietà chimiche e biologiche di questi inquinanti non possono essere oggetto di discussione generale. La caratteristica principale che condiziona l'eventuale pericolosità per le piante è la solubilità (o meno) delle particelle solide. Un aspetto comune che contraddistingue il loro impatto ambientale è la dispersione della luce solare. Si calcola, per esempio, che in seguito a eruzioni vulcaniche la massa delle particelle liberate in aria possa portare a sensibili variazioni negative del bilancio termico della Terra: il Monte St. Helen, nello stato di Washington (Usa), nel Maggio 1980, provocò l'introduzione in atmosfera di almeno $400 \cdot 10^6$ t di ceneri, che salirono fino a 20 km di altezza e si dispersero in quasi tutto il globo. In virtù delle loro ridotte dimensioni (dell'ordine di pochi micrometri), queste possono restare sospese per tempi lunghissimi.

Ovviamente, l'inquinamento da sostanze solide e da aerosol presenta caratteristiche che lo rendono completamente diverso – anche per i risvolti fitotossici – da quello da gas. I principali gruppi che rientrano in questa categoria, e che possono avere riflessi sulle piante, sono le polveri, gli aerosol marini, i metalli pesanti, gli aerosol acidi e i fitofarmaci e diserbanti.

11.1 Polveri, aerosol e fuliggini

I costituenti atmosferici antropogenici solidi forse più importanti sono i derivati da attività industriali (in particolare, cementifici) e dalla combustione di carbone. Le conoscenze sugli effetti biologici delle polveri sono scarse, anche in relazione all'inevitabile eterogeneità delle diverse forme di contaminazione, per cui – essendo le caratteristiche chimiche dei componenti a determinare la fitotossicità degli inquinanti – non è facile generalizzare. Il diametro oscilla da frazioni di micrometro ad alcune centinaia di micrometri.

L'inquinamento in questione normalmente è di tipo cronico e i diversi organi epigei spesso finiscono per essere coperti di croste più o meno compatte. Le interferenze che ne derivano a livello metabolico per le foglie sono, in un certo senso, paragonabili a quelle causate dalla presenza di "fumaggini" di natura crittogamica. Grandi quantitativi di polveri, anche se inerti, comportano l'ostruzione, almeno parziale, delle aperture stomatiche (Fig. 176), con conseguenti riduzioni negli scambi gassosi tra foglia e ambiente; questo disturbo, insieme alla schermatura della radiazione solare, costituisce la principale causa delle alterazioni metaboliche che portano a riduzioni quali-quantitative di produttività. La temperatura delle foglie coperte di incrostazioni aumenta sensibilmente, fino anche di 10 °C.

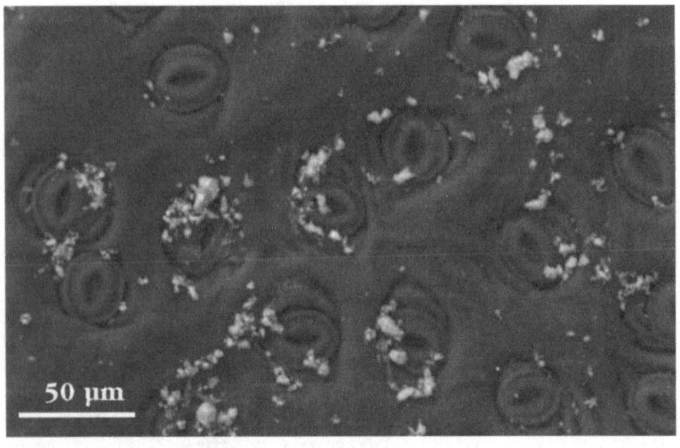

Fig. 176. Immagine al microscopio elettronico a scansione (SEM) di una superficie fogliare di pittosporo (*Pittosporum tobira*) ricoperta da particelle cementizie che invadono anche le aperture stomatiche

Notevole è pure l'impatto chimico: quando le particelle sono solubili, sono possibili anche effetti caustici a carico della cuticola e dell'epidermide oppure la penetrazione per via stomatica di soluzioni tossiche. Nel caso della polvere di cemento – costituita prevalentemente da ossido di calcio e, in misura inferiore, da ossidi di potassio e di sodio, oltre che da elementi minori – sono stati accertati diversi effetti fitotossici: per esempio, riduzioni di sviluppo, induzione di senescenza precoce, necrosi fogliari (Fig. 177) e filloptosi. Inoltre, alcuni componenti, come il silicato di calcio ($CaO{\cdot}SiO_2$) e l'alluminato di calcio ($CaO{\cdot}Al_2O_3$), idratandosi, formano gel colloidali che, cristallizzando e solidificando, possono dare luogo a una crosta compatta, che contribuisce a modificare il bilancio termico delle foglie. La penetrazione di soluzioni di cemento molto alcaline (il pH può superare 10) porta a danni irre-

Fig. 177. Effetti dell'esposizione a polveri emesse da un calcificio su aghi di pino domestico (*Pinus pinea*)

versibili. Si hanno anche variazioni chimiche a lungo termine nei terreni esposti a questi inquinanti, per cui le specie acidofile (come le conifere) possono venire a trovarsi svantaggiate. Un'elevata alcalinità del substrato comporta anche una riduzione nella disponibilità di diversi elementi nutritivi; per esempio, il calcio può legarsi con alcuni di questi e il complesso risultante è spesso non disponibile per le piante. Il fosforo, quando è presente come 3 $Ca_3(PO_4)_2 \cdot CaCO_3$ (e ciò dipende dal tenore in $CaCO_3$), non è assimilabile dalle radici. Un'eccezione a questo comportamento è rappresentata dal molibdeno, che però in suoli alcalini può risultare tossico.

Un ulteriore aspetto legato all'inquinamento da polveri può essere rappresentato dalla necessità di pulire i prodotti (frutti, per esempio) imbrattati da depositi solidi che li renderebbero incommerciabili (Fig. 178). Inoltre, un possibile effetto indiretto dei contaminanti solidi è l'eventualità che contengano sostanze (fluoruri, metalli) pericolose per gli animali che utilizzano le piante a scopo alimentare (vedi 15.1).

I particolati di origine secondaria più importanti sono quelli acidi originati da SO_2, che, in presenza di nuclei condensanti, produce aerosol di H_2SO_4. Anche NO_2 e NH_3 danno luogo alla stessa tipologia di composti, rispettivamente di HNO_3 (NO_2) e di nitrato di ammonio (NO_2 e NH_3 insieme). Altre specie chimiche possono essere interessate, come l'HCl, che, quando è emesso nel corso della combustione del carbone, può formare goccioline se l'umidità relativa supera valori dell'80%. Reazioni di questo tipo (specialmente quelle che

Fig. 178. Effetti della ricaduta di cenere vulcanica (Etna) su arancio (**a**), broccolo (**b**), cavolfiore (**c**, **d**). (Per gentile concessione di C. Zerbini). Il quadro ambientale è assai complesso, in funzione del tipo di organo interessato e della composizione delle particelle; gli agricoltori sono costretti a ripulire le piante con abbondanti getti d'acqua

portano alla sintesi di H_2SO_4) si venivano a creare nell'ambito dello *smog* definito "tipo Londra" (vedi Capitolo 3). Poco indagato è il danno che viene causato alla vegetazione, anche perché in condizioni naturali raramente tali aerosol rappresentano l'unica forma di inquinamento presente in una determinata area.

Le goccioline acide hanno dimensioni che variano in relazione all'umidità dell'aria (fino ad alcuni micrometri) e sono facilmente disperse dai venti, così che possono raggiungere anche zone relativamente distanti dai centri di formazione. Il loro impatto sulle foglie, specialmente se umide e con strato cuticolare poco spesso, provoca lesioni, di norma bifacciali, consistenti in minuscole aree necrotiche, tendenzialmente tondeggianti, con margine ben definito, sparse irregolarmente sulla lamina. I tessuti interessati collassano e, in breve, assumono una colorazione che può variare dal bianco-avorio sino al bruno nerastro. Il danno è, invece, modesto se la superficie è asciutta, in quanto le goccioline di acido tendono a rimanere sferiformi a causa della notevole tensione superficiale.

Infine, si segnala la possibilità che particelle di fuliggine (in inglese *acid smuts* e in francese *fumerons*) emesse da impianti di combustione esplichino, per le loro proprietà acide, azione fitotossica. Il problema è, in genere, localizzato nel raggio di pochi chilometri intorno alla sorgente, ma può assumere caratteristiche allarmanti per la notevole reattività, che può portare rapidamente a lesioni su manufatti (pietre, lamiere, tessuti) e sulla vegetazione. In determinate condizioni di esercizio, dal camino (le centrali termoelettriche a combustibili liquidi sono le fonti principali) vengono emesse, per lo più in maniera discontinua, particelle carboniose con scheletro cavo, denominate "cenosfere" (Fig. 179), di dimensioni

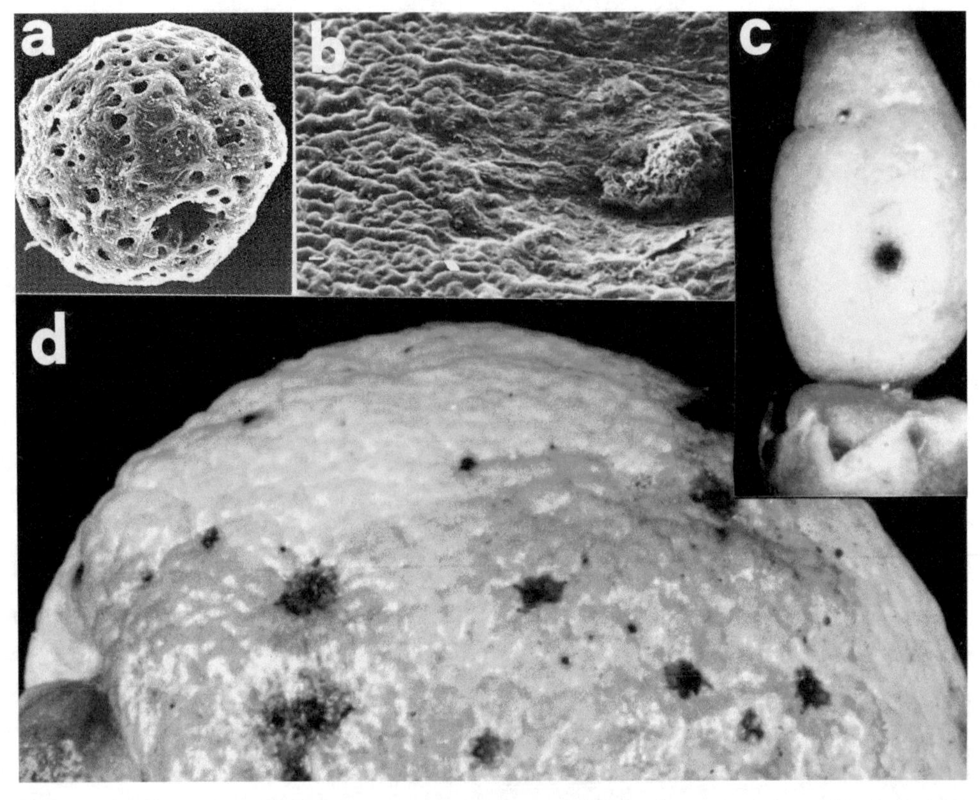

Fig. 179. Effetti fitotossici delle particelle fuligginose acide (*acid smuts*) emesse da impianti di combustione. (**a**) Particolare al microscopio elettronico a scansione di una particella: si noti la struttura spugnosa ("cenosfera"), di dimensioni 0,1-0,5 mm, che spesso si riempie di acidi. (**b**) Microfotografia elettronica di una lesione fogliare. (**c**) Frutticino di limone mostrante una tacca necrotica; in questi casi sono frequenti fenomeni di cascola. (**d**) Frutto di limone severamente danneggiato: il valore commerciale è compromesso. Negli agrumi il danno è aggravato dal fatto che si vengono a rompere le ghiandole che contengono olii essenziali, tossici; un tessuto suberoso si differenzia intorno alla lesione matura (il fenomeno è noto come "oleocellosi")

che superano alcune centinaia di micrometri (ma spesso aggregate a formare masse consistenti), intrise di acidi forti liquidi (per lo più H_2SO_4); quando esse raggiungono la superficie di una pianta sensibile, l'acido si spande e provoca lesioni caratteristiche, che deturpano gli organi colpiti (Fig. 180). L'effetto sulla vegetazione è prevalentemente di tipo qualitativo, perché le prestazioni produttive sono solo in minima parte alterate. Drammatiche sono le conseguenze per fiori e frutti.

Si conoscono specie, le cui foglie non manifestano sensibilità al problema, verosimilmente in relazione alla conformazione delle strutture cuticolari; tra queste, olivo, alloro, pino, oleandro, edera, rosa, garofano, pittosporo, camelia. Al contrario, quelle di tabacco, fagiolo, girasole, lattuga, cetriolo, spinacio e sedano subiscono effetti macroscopici nel volgere di 0,5-3 ore dal contatto con le particelle. L'entità della perdita economica dipende dal tipo di organo colpito e dalla sua destinazione economica; ortaggi da foglia e piante da fiore reciso danneggiati sono pressoché incommerciabili, anche se l'effetto biologico è circoscritto a poche lesioni. Nelle aree esposte a questo tipo di problema e nei casi in cui si volesse evitare di innescare annose controversie di natura legale per l'ottenimento del risarcimento del

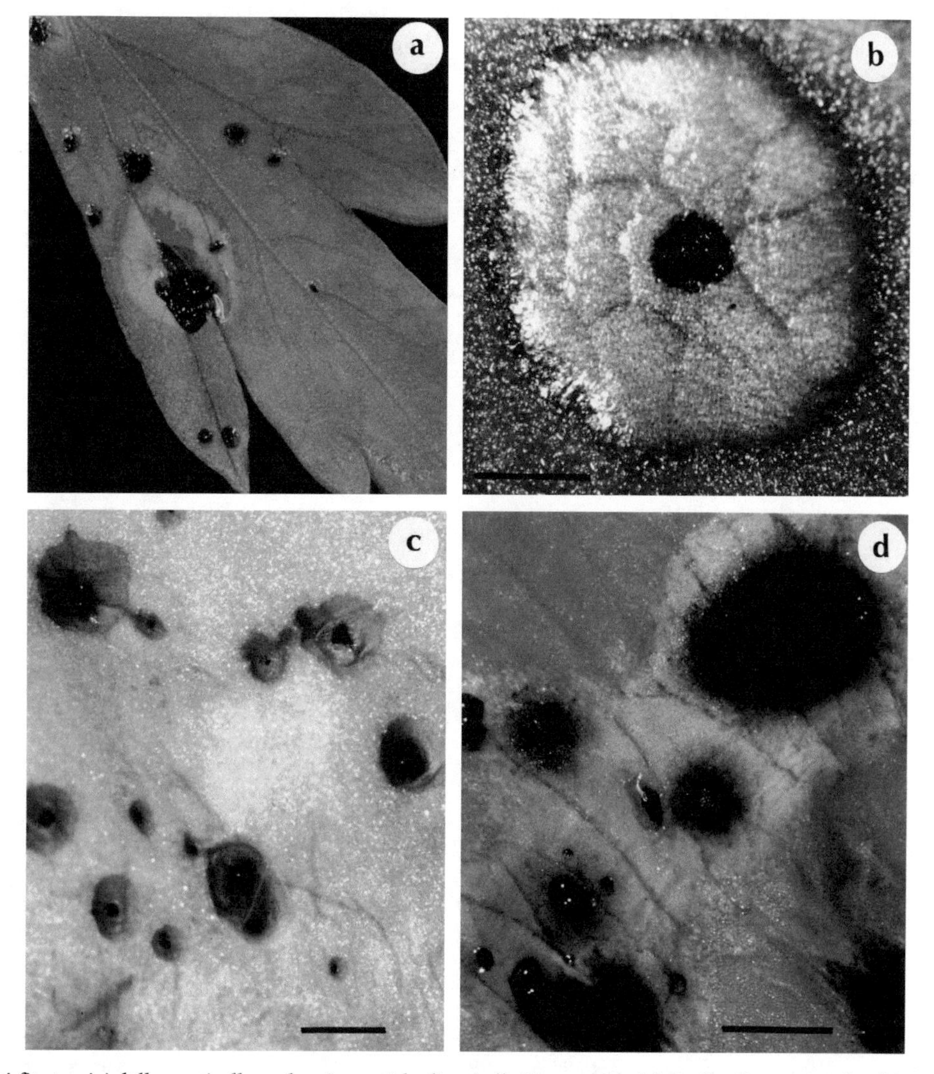

Fig. 180. Effetti fitotossici delle particelle carboniose acide di cui alla Figura 179. (**a**) Foglia di prezzemolo. (**b**) Particolare su foglia di ravanello e fiore di *Impatiens holstii* (**c**) e di rosa (**d**). La barra equivale a 1 mm. (Da Lorenzini *et al.*, 1988)

danno, si potrebbe indirizzare la produzione verso specifiche colture poco interessate da questa forma di inquinamento (cereali, piante industriali o da seme).

11.2 Metalli pesanti

Nella presente trattazione viene mantenuto il termine di "metalli pesanti", in quanto consolidato e tuttora universalmente utilizzato, nonostante da tempo la comunità scientifica abbia dimostrato l'esigenza di adottare terminologie più appropriate e accurate ("elementi in tracce", per esempio) per descrivere la materia in discussione. Vengono, pertanto, considerati quei metalli con densità superiore a 5,0 g cm^{-3} (ma alcuni Autori si riferiscono al numero atomico almeno pari a 20), che rivestono particolare interesse sotto il profilo della tossicologia umana e ambientale, e precisamente: alluminio (Al), cadmio (Cd), cromo (Cr), mercurio (Hg), nichel (Ni), piombo (Pb), rame (Cu), zinco (Zn). Il loro impatto biologico dipende dalla capacità di avere diversi stati di ossidazione (il che comporta elevata reattività), di saper catalizzare numerose reazioni, di dare origine a complessi e di avere affinità con i gruppi -SH degli aminoacidi; ne deriva un'azione tossica come veleni enzimatici. Inoltre, alcuni di essi (Cu, Cr, Ni) sono in grado di dare origine, all'interno delle cellule, alle ROS (vedi paragrafo 4.2). Essi sono altresì responsabili di interferenze nell'assimilazione e nel metabolismo di cationi essenziali per la nutrizione vegetale.

Le piante acquisiscono questi metalli attraverso le radici o – assai meno facilmente – per assorbimento fogliare (quest'ultimo fenomeno appare fortemente condizionato dal livello di integrità della cuticola, dipendente anche dall'età degli organi). Esistono rilevanti differenze tra le concentrazioni medie nel terreno e i ruoli ecologici di questi elementi, come sintetizzato nella Tabella 26. La frazione assimilabile può variare soprattutto in funzione del pH della soluzione del suolo e del suo contenuto in sostanza organica. Stabilire i livelli di base nel terreno e nelle piante è comunque impresa assai ardua; a puro titolo di esempio, nelle colonne di destra della stessa Tabella 26 si riportano altri dati descritti in letteratura. La vegetazione può, comunque, sopportare livelli significativi di molecole non ritenute "essenziali", senza che da ciò derivino conseguenze negative; in alcuni casi (Al, Cd, Cr, Pb) basse concentrazioni possono addirittura favorire la crescita o, comunque, provocare effetti desiderabili, in relazione ai complicati rapporti che intercorrono nella nutrizione minerale. Per quelli indispensabili, la cosiddetta "finestra di essenzialità" può essere anche ristretta (cioè i valo-

Tabella 26. Essenzialità per le piante superiori e distribuzione media nei suoli e nelle matrici vegetali (tutti i dati su base secca) degli elementi considerati

Elemento	Biologicamente essenziale	Contenuto nei suoli (*mg kg⁻¹*)	Contenuto nella "reference plant" (*mg kg⁻¹*)	Soglia di fitotossicità (*mg dm⁻³*)	Contenuto nel suolo (*mg kg⁻¹*) media	Contenuto nel suolo (*mg kg⁻¹*) *range*	Contenuto nelle piante agrarie (*mg kg⁻¹*)
Alluminio	No	71.000	80	0,1-30	71.000	10.000-300.000	–
Cadmio	No	0,01-3	0,05	0,2-9	0,06	0,01-0,7	0,2-0,8
Cromo	No	2-100	1,5	1	100	5-3.000	0,2-1,0
Mercurio	No	0,01-1	0,1	??	0,03	0,01-0,3	–
Nichel	No (?)	2-50	1,5	0,5-2	40	10-1.000	1
Piombo	No	0,1-200	1	3-20	10	2-200	0,1-10
Rame	Sì	1-80	10	0,5-8	20	2-100	4-15
Zinco	Sì	3-300	50	60-400	50	10-300	15-200

A proposito della cosiddetta *reference plant*, sono state sollevate critiche e perplessità che si possa riassumere in questi termini la complessa biodiversità costituita da ben 200.000 specie.
(Adattata da Markert, 1992 e da Lepp, 1981, le ultime tre colonne)

ri ottimali non sono molto distanti da quelli ritenuti nocivi).

In realtà, il concetto di "fitotossicità" si presta a varie possibili interpretazioni, in relazione ai criteri e ai parametri esaminati (presenza di sintomi, riduzioni significative di biomassa). Si segnala che nella maggior parte dei casi i dati disponibili derivano da esperienze in condizioni artificiali (per lo più in idroponica), così che la soglia viene indicata in un rapporto "massa/volume" riferito alla soluzione circolante; non sempre però la biodisponibilità verificata in queste condizioni è correlabile a quella tipica delle situazioni naturali (Cr è particolarmente tossico quando applicato in soluzione nutritiva, ma difficilmente nocivo quando presente nel terreno). È da aggiungere pure che molte conoscenze fisiologiche sono derivate da indagini su organelli isolati o colture cellulari e, quindi, non considerano i complessi meccanismi di assorbimento-traslocazione-detossificazione che caratterizzano questi tipi di interazione.

I terreni sono dotati di livelli "di base" di questi metalli, variabili in relazione ai fenomeni di pedogenesi e alle caratteristiche del substrato litologico. Le due fonti principali che immettono questi elementi in un sistema agrario sono: l'atmosfera (aerosol, particolati e precipitazioni, nei quali i metalli sono per lo più provenienti da combustioni; fitofarmaci inorganici applicati alle piante) e il terreno (*compost* da rifiuti solidi urbani, fanghi di risulta da depuratori, fertilizzanti e antiparassitari minerali); di norma, le entrate superano significativamente le uscite e il contributo delle attività umane è di gran lunga superiore a quello dei fenomeni naturali (tra i quali si segnalano le emanazioni vulcaniche e gli apporti di materiale terroso sospeso). Per quanto riguarda l'aria, alle sorgenti antropiche sono riconducibili la maggior parte delle emissioni di Pb, Cd, Zn, Ni e Hg (in ordine decrescente in termini relativi); per Cr, Cu e Al si ritengono invece preminenti le fonti naturali. Analisi comparate di materiali biologici e non (profili di ghiaccio polare, per esempio) indicano che negli ultimi due secoli i tenori "di base" di questi elementi sono significativamente aumentati e non solo nelle aree prossime ai punti di emissione.

Se si considera la via di assorbimento radicale, si deve tenere presente che i metalli pesanti sono presenti nel terreno come composti inorganici o sono legati alla sostanza organica, argille od ossidi metallici; ne derivano livelli di assunzione da parte dei vegetali relativamente bassi, peraltro dipendenti dal pH. Al riguardo, sembrano significativi i ruoli degli essudati radicali nella liberarazione dai citati complessi. Comunque, in condizioni "naturali" si ritiene che solo a Zn, Cu e Ni siano imputabili effetti fitotossici significativi; ovviamente lo scenario è diverso nel caso di ambienti estremi, come quelli contaminati da scarti industriali o minerari.

11.2.1 Effetti e meccanismi di fitotossicità

Requisito pressoché indispensabile per l'avvio di processi lesivi alla pianta è l'assorbimento dell'elemento, che può avvenire attraverso gli apparati radicali o per via fogliare (cuticolare o stomatica). Una volta penetrato, l'agente può andare incontro a fenomeni più o meno complessi di traslocazione, metabolizzazione, accumulo e confinamento, entrando – o meno – a far parte di percorsi funzionali. Esito finale di questi fenomeni può essere la tolleranza o l'espressione di fitotossicità, in forma subliminale ("danno invisibile") o manifesta (clorosi e, più eccezionalmente, necrosi di regioni fogliari, riduzione di biomassa). È noto come i sintomi che accompagnano la tossicità dei metalli pesanti non siano mai specifici (sono al massimo "di sospetto", e di diagnosi pressoché impossibile in condizioni di campo), trattandosi per lo più del risultato di complesse interferenze tra le attività metaboliche di composti diversi. D'altra parte, come più volte ricordato, non è necessario che si manifestino effetti macroscopici per il realizzarsi di disordini fisiologici seri e di significative riduzioni nelle prestazioni produttive (quanti- e qualitative) delle piante agrarie e naturali.

Le forze e i fattori che indirizzano verso l'una o l'altra delle possibili vie (tolleranza/tossicità) dipendono – come già riportato – dalle caratteristiche della specie chimica (se biologicamente essenziale, o no), dalle modalità di esposizione (dose, espressa come combinazione di "concentrazione per durata") e da caratteristiche relative alla pianta (suscettibilità su base genetica di specie/cultivar/ecotipi, sensibilità in relazione a caratteristiche ontogenetiche, stato sanitario e condizioni ecologiche e agronomiche, quali disponibilità di minerali e di acqua). Sono ben note differenze nella risposta di una popolazione di piante (cultivar di una specie), alla cui base si può trovare (vedi 1.8):

- esclusione: si tratta di non assorbire e traslocare l'agente chimico per via radicale (legandolo alle strutture di parete cellulare o emettendo specie chimiche ad azione chelante) e/o non consentirne la penetrazione fogliare;
- tolleranza: come (*a*) prevenzione dell'effetto nocivo (sintesi di fitochelatine; compartimentalizzazione vacuolare; sviluppo di sistemi enzimatici meno sensibili all'azione nociva; espulsione per guttazione o attraverso essudati radicali) e come (*b*) riparazione del danno, una volta che si è realizzato.

11.2.2 Alluminio

È il metallo più abbondante nella litosfera (e l'elemento al terzo posto in assoluto); la sua tossicità – peraltro rara in natura in suoli non acidi – sembra riconducibile all'induzione di stati di carenza di nutrienti essenziali (disturbi nell'assorbimento, trasporto e disponibilità di calcio, fosforo, ferro e altri). Le giovani radichette sono gli organi più sensibili: Al interferisce con la divisione cellulare negli apici, che quindi non si sviluppano regolarmente, con conseguenze anche sui processi di assorbimento di acqua. Fondamentale al riguardo risulta il pH della soluzione circolante, che – se inferiore a 5,0-5,5 – rende disponibile Al^{3+} in quantità. Alla rizotossicità di Al viene ricondotta la maggior parte dei danni alla vegetazione forestale recentemente attribuiti alle precipitazioni acide, nell'ambito del cosiddetto "deperimento di nuovo tipo" (vedi 12.3), proprio a seguito della sua aumentata biodisponibilità. Le foglie rimangono piccole e assumono una pigmentazione verde-scuro. Un ruolo determinante nei meccanismi di difesa risulta essere svolto a livello radicale dagli acidi organici (per esempio, citrico e malico) che immobilizzano il metallo. Si conoscono peraltro diverse strategie di tolleranza (in un caso le piante dirottano verso le porzioni epigee l'eccesso di Al radicale, in un altro risulta vero il contrario). Eccezionale interesse suscita, ancora una volta, il comportamento di *Camellia sinensis* (thè), le cui foglie senescenti accumulano sino a 30.000 ppm (cioè il 3% su base secca!) di Al, per lo più localizzandolo nelle cellule epidermiche a parete ispessita; in confronto, quelle giovani registrano valori dell'ordine di solo 100 ppm.

11.2.3 Cadmio

Sorgenti di Cd sono lavorazioni di metalli, impiego di fertilizzanti fosfatici, combustioni in genere, oltre a *compost* da rifiuti; tutti i processi industriali che prevedono l'impiego di Zn a livello "tecnico" implicano il rilascio anche di tracce di Cd, in quanto i due elementi sono di norma compresenti nei materiali grezzi (un rapporto indicativo è 1:450) e hanno numerose similitudini di ordine chimico e fisico. A seguito di assorbimento radicale, discrete quantità dell'elemento possono essere traslocate verso le porzioni epigee. Vi è interesse da parte delle autorità sanitarie su questo tema, poiché i livelli "ordinari" di Cd presenti nei cibi coprono già il 50% dell'assorbimento massimo ritenuto tollerabile per l'uomo.

La notevole mole di esperienze che hanno avuto per oggetto le interazioni cellulari consente di avere un quadro sufficientemente chiaro dei possibili destini metabolici di questo metallo. Le strategie difensive (in serie e in parallelo) nei confronti di esposizioni realistiche a Cd si basano su ben sette possibili linee di intervento, di seguito riassunte. Il meccanismo (*1*) prevede che esso sia legato e immobilizzato nella parete cellulare (dalle sostanze pectiche ed emicellulosiche): questi fenomeni possono ridurre, ma comunque non impediscono, il suo passaggio verso l'interno. Scatta quindi la possibilità (*2*) di una limitazione dei suoi movimenti attraverso il plasmalemma, anch'essa peraltro difficilmente risolutiva. Verosimilmente esclusiva dei batteri è l'azione (*3*) che si basa su un attivo efflusso ionico, che espelle Cd all'esterno della cellula. Viceversa, la strategia della chelazione (*4*) appare ben diffusa nelle piante vascolari: si tratta del sequestro di Cd nel citosol operato soprattutto da proteine o strutture peptidiche, ma anche da acidi organici (citrico, ossalico) o complessi inorganici (fosfati, solfuri). Il sistema di tolleranza oggi ritenuto dominante comprende la sintesi (enzimatica) di fitochelatine (complessi aminoacidici costituititi da acido glutammico-cisteina-glicina, nei quali i gruppi tiolici di cisteina chelano Cd e ne impediscono la libera circolazione nel citosol). Dovrebbe seguire (*5*) il trasferimento di questi complessi verso il vacuolo, in controgradiente, con consumi energetici notevoli e con il contributo di proteine trasportatrici; lì le fitochelatine si dissociano dal metallo e vengono degradate o tornano nel citosol a riprendere la loro funzione. Parallelamente, ioni Cd^{2+} sfuggiti al sequestro possono essere trasferiti nel vacuolo con un altro meccanismo di trasporto attivo, pH-dipendente (*6*) e possono quindi essere sottoposti a neutralizzazione grazie all'azione degli acidi organici, unitamente agli ioni di cui alla fase (*5*); il prodotto finale dovrebbe essere rappresentato da solfuro di Cd, insolubile. Un'ultima ipotesi (*7*) prevede che i complessi citosolici formatisi in (*4*) vengano espulsi verso l'esterno della cellula.

L'importanza fondamentale del processo (*4*) appare dimostrata dal fatto che mutanti di *Arabidopsis thaliana* carenti di attività fitochelatina-sintasi sono eccezionalmente sensibili a tracce di Cd presenti nel substrato, nei confronti delle quali le piante del *wild type* non subiscono alcun effetto nocivo. Il meccanismo che porta alla sintesi di fitochelatine è particolarmente efficiente ed è autoregolato: la fitochelatina-sintasi è sempre presente nel citosol, anche in assenza di metalli pesanti, ma si attiva solo in presenza di questi (allo stato libero o già legati a gruppi -SH) e dei precursori aminoacidici; una volta "catturati" tutti gli ioni liberi, la reazione di sintesi ha termine e l'enzima ritorna allo stato inattivo. La capacità di indurre la sintesi di fitochelatine è caratteristica di alcuni metalli pesanti (Cd, Cu, Hg, Pb, Zn), ma è assente in altri (Al, Cr, Ni) per i quali, comunque, sono noti fenomeni analoghi supportati da diverse molecole organiche. Infine, si ritiene che i fenomeni descritti non siano coinvolti nei fenomeni di "iperaccumulazione" di metalli individuati per alcune specie vegetali.

I meccanismi patogenetici di Cd sono decisamente complicati: per esempio, è stata verificata anche la sintesi di "proteine PR" e di *etilene da stress*. L'azione tossica prevalente sembra a carico delle radici, con interferenza nell'assorbimento di elementi essenziali. Come nel caso di eccesso di Zn, Cu, Ni, la clorosi fogliare indotta da Cd risulta dipendere da interazioni dirette o indirette (inibizione di assorbimento) con il ferro fogliare (apporti addizionali alleviano i sintomi); sono ipotizzati anche legami con la nutrizione fosfatica e con il metabolismo idrico. Sono noti casi nei quali il contenuto fogliare di Cd ha raggiunto 200 ppm senza conseguenze significative sul metabolismo. I "livelli critici" (intesi come valori di Cd nei tessuti fogliari associati a riduzioni di produttività del 25%) variano tra 2 ppm (riso) a 160 ppm (cavolo). Esistono, peraltro, significative differenze nei ritmi di assorbimento e traslocazione dell'elemento; per esempio, per spinacio il livello critico nelle foglie (75 ppm) è associato alla presenza di aggiunte di 4 ppm di Cd nel terreno, ma in pomodoro per raggiungere il valore di rifornimento (125 ppm) è necessario addizionare il substrato con ben 160 ppm di Cd.

11.2.4 Cromo

Questo elemento è presente nel terreno in una forma considerata "immobile", Cr(III), che dà luogo a idrossidi insolubili, e in una disponibile per l'assorbimento vegetale e dilavabile, Cr(VI). Significativi sono gli apporti di origine industriale (in primo luogo galvanotecniche e concerie, ma Cr è impiegato come additivo negli inibitori di corrosione ed è presente in inchiostri e coloranti). Cr(VI) è caratterizzato da un energico potere ossidante; una volta assorbito dalle radici, viene traslocato con molta difficoltà verso le porzioni epigee. Nella cellula vegetale, Cr(VI) sembra essere dapprima ridotto a Cr(III) e a sua volta chelato dai gruppi carbossilici di aminoacidi e proteine.

11.2.5 Mercurio

Sono significative le sorgenti naturali (di natura vulcanica e geotermica, specie nell'Italia centrale) di questo elemento, che è l'unico metallo esistente anche allo stato gassoso (e questo ne favorisce l'assorbimento fogliare nei periodi caldi). I contributi antropogenici comprendono combustioni e attività industriali specifiche. Sono noti casi nei quali piante spontanee cresciute in areali particolarmente ricchi di Hg (per esempio, il Monte Amiata, vera anomalia geologica da questo punto di vista) si presentano assolutamente normali, nonostante abbiano accumulato livelli significativi di Hg. La sintesi di composti aminoacidici "difensivi" (finalizzati a chelare Hg) è dimostrata da tempo.

11.2.6 Nichel

Si ritiene di individuare in un contenuto fogliare di Ni pari a circa 50 ppm (peso secco) la soglia di sopportabilità; si tratta di livelli del tutto fuori dal campo della normalità in ambiente. I meccanismi di chelazione non vedono coinvolte le fitochelatine, ma sono riferibili all'azione dell'aminoacido istidina e di acidi organici.

11.2.7 Piombo

Per molti anni questo elemento ha costituito il "modello" più utilizzato, un vero paradigma della contaminazione ambientale da metalli pesanti. Infatti, a lungo sono stati dominanti gli apporti antropici di Pb (il rapporto tra emissioni antropogeniche e naturali in atmosfera sfiorava 350), legati all'uso massiccio di additivi antidetonanti nelle benzine utilizzate per autotrazione: come conseguenza, i livelli dei suoli circostanti le vie di comunicazione vedevano aumentare di fattori anche superiori a 100 la presenza di questo elemento. Ora il quadro sta profondamente mutando, in relazione alla messa al bando delle benzine "super", anche se si prevede che persisteranno a lungo fenomeni di risospensione di aerosol di Pb a partire dai materiali depositatisi nel tempo. L'elemento è assai utilizzato dall'uomo ed è ubiquitario; per esempio, costituisce una presenza significativa nei materiali di risulta di attività di smaltimento di rifiuti e reflui.

Pb non appare essere un agente fitotossico di rilievo, essendo ritenuto "sostanzialmente immobile" nel terreno, e di fatto non assorbito in maniera significativa per via fogliare, mentre di gran lunga superiori sono le implicazioni di ordine igienico-sanitario. Eventualmente, nel caso di depositi superficiali, sarebbe interessante indagare eventuali effetti sulla microflora del filloplano. Per questo metallo sono da tempo noti meccanismi di assorbimento radicale, seguiti da efficienti attività di immobilizzazione citoplasmatica da parte dei dictiosomi (apparato del Golgi), con successiva "espulsione" e localizzazione nella parete cellulare. Appaiono scarsi i fenomeni di traslocazione dalle radici alle porzioni epigee.

11.2.8 Rame

Cu è elemento essenziale per ogni forma vivente, costituente di enzimi fondamentali nei processi di ossido-riduzione; è capace di scarsa mobilità nel terreno ed è facilmente immobilizzabile dalla sostanza organica. Si sospetta che gli organi maggiormente suscettibili all'eccesso di Cu siano gli apici radicali, e l'inibizione dell'allungamento ne è il sintomo più frequente. Per questo elemento sembra importante il meccanismo difensivo basato sull'immobilizzazione a livello della parete cellulare. I sintomi di fitotossicità sono aspecifici.

11.2.9 Zinco

È il metallo pesante dotato di maggiore mobilità geochimica. Presenze rilevanti di Zn nel substrato interferiscono con le molecole di Mg nella clorofilla. Altre funzioni coinvolte negativamente sono il trasporto floematico e la permeabilità di membrana.

11.3 Aerosol marini

Sotto l'azione combinata del vento e del frangersi delle onde sono lanciate in aria piccole gocce di acqua di mare; pertanto, la vegetazione costiera è da sempre sottoposta agli aerosol salini che sono spinti verso terra. Le specie più sensibili mostrano danni in conseguenza dell'esposizione, anche se per molto tempo si è ritenuto che le deformazioni subite dalle piante fossero conseguenti alla necrosi delle gemme provocata dall'elevata velocità dei venti. Già nel 1856, però, Pietro Cuppari (docente dell'Ateneo pisano) riportava nel Giornale Agrario Toscano: "*... ed il libeccio danneggia le coltivazioni, non tanto pel prosciugar che fa il suolo, quanto per le materie saline che deposita sulle piante. Gli alberi soprattutto sono nella loro vegetazione contrariati dai venti marini: sicché per questa cagione e per la compattezza del sotto-suolo, troppo superficialmente collocato, cotali vegetabili vi crescono rari e stentati*". È, ormai, chiarito che l'effetto negativo, in queste condizioni, è causato soprattutto dall'azione dei sali marini e del principale ione fitotossico contenuto nell'acqua di mare, il cloruro, che tende ad accumularsi nei tessuti fogliari. Lo stesso Cuppari pochi anni dopo aveva a raccomandare di "*piantare delle folte schiere di alberi da cima, come pini, cipressi, ecc. per proteggere le nostre coltivazioni dai venti, e massimamente dai salati*".

In effetti, la vegetazione costiera ha da sempre mostrato in una certa misura alterazioni riconducibili agli effetti tossici dei venti di origine marina (Fig. 181). Il quadro relativo a questa forma di inquinamento naturale si è rapidamente deteriorato negli ultimi decenni e le piante (specialmente quelle arboree e le pinete, in particolare) di numerose aree litoranee (per esempio, la costa tirrenica toscana) vanno soggette a gravi forme di deperimento che non sembrano essere semplicemente correlabili con l'azione nociva degli aerosol marini naturali (Fig. 182). Alcune ipotesi sono state avanzate per spiegare il fenomeno: (*a*) progressivo avanzamento del mare a scapito della spiaggia, con possibile contaminazione della falda acquifera; (*b*) degrado del sottobosco; (*c*) ruolo di agenti tossici atmosferici di origine industriale e urbana; (*d*) variazioni nel regime dei venti; (*e*) presenza di inquinanti (specialmente detergenti sintetici) nell'acqua.

L'aerosol marino è costituito da particelle solide e liquide disperse nell'aria in conseguenza spe-

Fig. 181. Un quadro del pittore fiorentino Guido Spadolini, intitolato "La via di Galafone, Vada" (1933), da cui si evince che fenomeni di tossicità degli aerosol marini sono presenti sulla costa toscana da lunghi anni. (Per gentile concessione della Fondazione Spadolini Nuova Antologia, Firenze)

Fig. 182. Significativa immagine dei disastrosi effetti dell'impatto degli aerosol marini sulla pineta di San Rossore, Pisa

cialmente del moto ondoso e delle correnti aeree; il meccanismo di formazione può essere schematizzato come riportato in Figura 183. In effetti, l'aerosol marino non proviene da tutta la massa di acqua, ma soltanto dallo strato più prossimo all'atmosfera (*top layer*), la cui composizione chimica può essere anche sostanzialmente diversa da quella delle regioni sottostanti. Infatti, sia gli idrocarburi che i detergenti sintetici tendono a disporsi in pellicole superficiali sottilissime e persistenti. Per esempio, nella zona di Marsiglia il rapporto "tensioattivi anionici/ioni sodio" risulta pari a $5{,}8 \cdot 10^{-3}$ nell'aerosol marino e a $0{,}1 \cdot 10^{-5}$ nell'acqua di mare, mentre quello "idrocarburi totali/ioni sodio" rispettivamente a $7{,}3 \cdot 10^{-2}$ (aerosol) e a $1{,}17 \cdot 10^{-5}$ (acqua marina).

La presenza degli inquinanti organici tende a modificare anche quantitativamente gli aerosol. I detergenti, infatti, aumentano il trasferimento di acqua in atmosfera, in virtù della loro bassa tensione superficiale, che comporta la formazione di un numero maggiore di bolle a parità di volume di aria. Un effetto contrario è accertato per gli idrocarburi. È interessante osservare come il rapporto tra ioni nei sali depositati vari con l'aumentare della distanza dal mare; in particolare, scende rapidamente quello Na/Ca.

I quadri sintomatici che presentano le piante esposte a concentrazioni tossiche di aerosol sono alquanto caratteristici: dapprima si osserva allessatura e clorosi e successivamente necrosi, localizzate al margine o all'apice delle foglie (Figg. 184-186); essi denotano accumulo di sali nelle regioni periferiche,

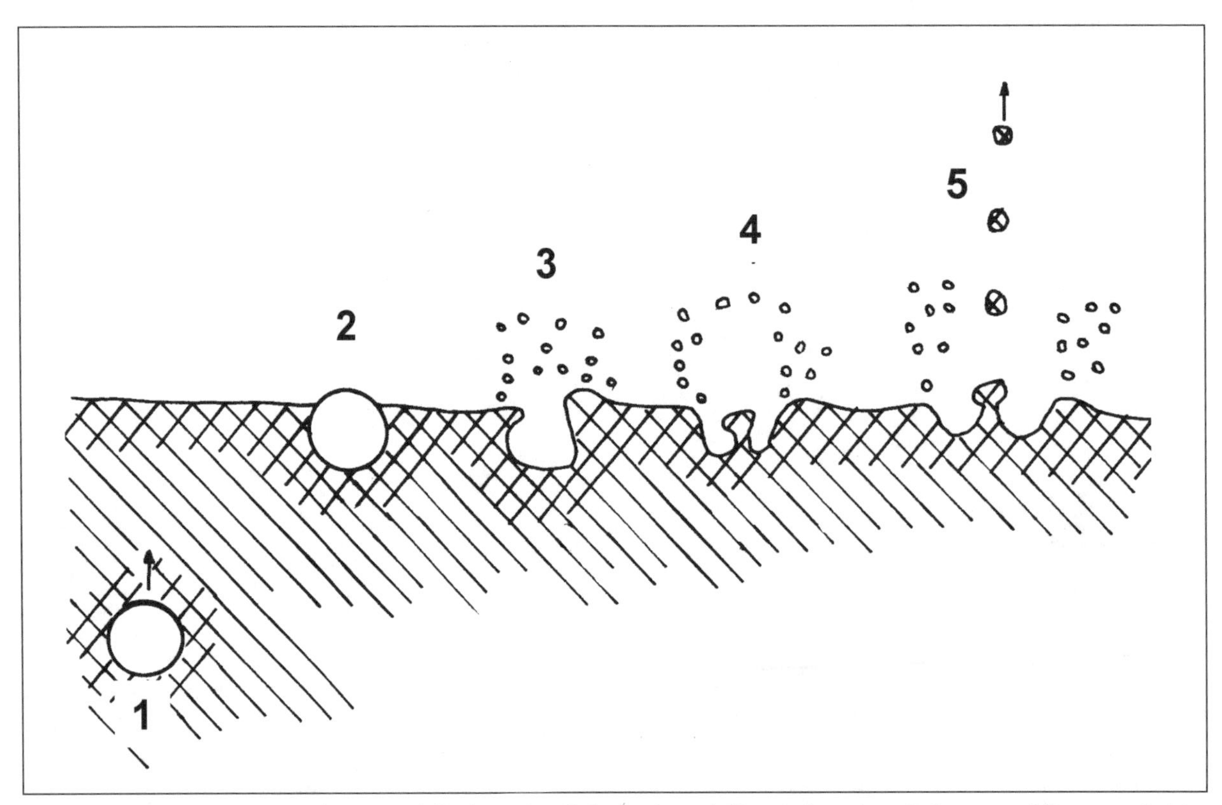

Fig. 183. Rappresentazione schematica della dinamica di formazione dell'aerosol marino. (Adattato e ridisegnato da Mac Intyre, secondo Lapucci *et al.*, 1972). (1) Una bolla d'aria (diametro medio circa 1 μm) risale verso la superficie con velocità di 10 cm s^{-1}; tali sferule si originano durante il moto ondoso e soprattutto dall'accrescimento di microbolle di gas disciolti nella massa di acqua; indicativamente, il loro volume è 0,5 μl e la superficie è 3 mm^2, pari a $3 \cdot 10^{13}$ molecole di acqua, con una tensione di superficie di 2 erg. (2) Quando una bolla raggiunge la superficie si differenzia una cuticola superficiale, spessa 2 μm e costituita da $3 \cdot 10^{12}$ molecole di acqua. (3) e (4) Si ha quindi la formazione di numerose (fino a 20) goccioline del diametro di 1-20 μm, provenienti dalla cuticola superficiale, che sono trasportate dal vento e rappresentano i principali componenti dell'aerosol marino. (5) Pressoché contemporaneamente si formano anche gocce più grosse (diametro 100 μm) dal fondo della bolla; esse contengono circa 30 ng di sali, vengono espulse con velocità di 10 m s^{-1} e raggiungono un'altezza di 12 cm dalla superficie, ma ricadono generalmente in mare

del resto facilmente verificabile per via analitica. La colorazione delle aree necrotiche può variare dal bianco-avorio (come nell'erba medica e nell'oleandro), all'ocra *(Evonymus japonicus)*, al marrone scuro (alloro, leccio), al violaceo (edera), sino al nerastro (pero). La lesione è, di solito, ben delimitata e, talvolta, circondata da una cornice di altra tonalità (come nel caso dell'alloro, Figura 184). In alcune

Fig. 184. Effetti fitotossici degli aerosol marini: alloro (*Laurus nobilis*) (*a sinistra*) e leccio (*Quercus ilex*) (*a destra*). Si noti la successione di "ondate" a seguito di esposizioni seriali

Fig. 185. Pianta di palma nana (*Chamaerops humilis*) severamente danneggiata dall'aerosol marino

Fig. 186. Effetti dell'aerosol marino su una pianta di bambù (*Bambusia* sp.)

specie (girasole, pomodoro) si evidenzia un margine clorotico tra i tessuti necrotici e quelli apparentemente sani. Nei soggetti più sensibili si può avere anche la morte di gemme e di germogli, nonché la caduta delle foglie più danneggiate. Le piante sottoposte a continue esposizioni finiscono con l'assumere uno sviluppo asimmetrico ("a bandiera", vedi Figura 32), in quanto le porzioni non esposte direttamente ai venti marini non subiscono danni rilevanti. Si calcola che in una siepe sul fronte rivolto al mare si abbia deposito di sali in misura superiore di almeno quattro volte rispetto a quello protetto. I sintomi sono ovviamente più severi nelle parti esposte (Fig. 187); qualsiasi ostacolo, naturale o artificiale, che si frappone al percorso dei venti può proteggere la vegetazione (Figg. 188 e 189). Gli effetti tossici sono limitati agli organi direttamente investiti e non si ha traslocazione delle sostanze assorbite da foglia a foglia, né verso quelle formatesi dopo l'esposizione.

Netto è il gradiente dell'intensità delle espressioni macroscopiche: allontanandosi dal mare il danno diminuisce e, di norma, si esaurisce nell'ambito di alcune centinaia di metri in relazione al carico inquinante, che varia in funzione, soprattutto, della velocità del venti (Tabella 27). Sono possibili anche episodi eccezionali che interessano la vegetazione di aree distanti diverse decine di chilometri dalla costa.

Per quanto riguarda i meccanismi di fitotossicità, nel caso degli aerosol di sola acqua marina, come accennato, si ritiene che il danno sia dovuto principalmente all'eccessivo accumulo di ioni Cl^-. Per le piante di fagiolo è stato accertato, per esempio, che iniziano a manifestarsi sintomi di tossicità (clorosi)

Fig. 188. Per proteggere le piante più sensibili al vento salino si può ricorrere a protezioni di varia natura; l'aspetto estetico, ovviamente, non può che risentirne

Fig. 189. Una strategia comunemente adottata dai progettisti del verde ornamentale consiste nel prevedere frangivento naturali (specie tolleranti all'aerosol salino) a protezione delle ornamentali da fiore suscettibili

Fig. 187. Lungo il litorale i danni da aerosol sono tipicamente localizzati sulle porzioni esposte direttamente ai venti marini, come nel caso di questa aiuola di tagete (*Tagetes patula*)

Tabella 27. Livelli di sedimentazione dei sali marini in relazione alla distanza dalla linea di costa

Distanza dalla costa (*m*)	Sali ($\mu g\ m^{-2}\ s^{-1}$)
20	35,7
50	22,3
200	11,5
580	4,0

I campioni erano raccolti solo quando i venti provenivano dal mare e avevano velocità compresa tra 8 e 16 km orari.
(Da dati di Moser, 1979)

quando nelle foglie viene raggiunta la concentrazione del 2,6-3% (peso secco), indipendentemente dalla durata dell'esposizione e dal contenuto salino degli aerosol. Vi sono evidenze fisiopatologiche che elevate concentrazioni di sali influenzino le attività metaboliche prima della comparsa di effetti visibili; in particolare, si osserva una riduzione del contenuto in azoto totale e un aumento degli aminoacidi liberi e degli zuccheri solubili. L'assorbimento dei sali è quasi esclusivamente stomatico, ma la presenza di lesioni nella cuticola lo incrementa. Analogamente, in una specie notevolmente resistente come *Pittosporum tobira,* il taglio trasversale delle foglie (che si può verificare nella potatura di piante allevate a siepe) provoca l'entrata di forti quantità di sali, come evidenziato dalla comparsa di estese necrosi a partire dalla superficie esposta, che sono invece assenti nelle foglie tagliate ma non esposte agli aerosol.

La localizzazione dei sintomi al margine delle lamine può essere il risultato di alcuni possibili meccanismi: (*a*) maggiore accumulo delle particelle in corrispondenza dei bordi; (*b*) traslocazione dei cloruri, assorbiti uniformemente su tutta la superficie, verso le estremità, come si verifica nel caso dei fluoruri atmosferici; (*c*) maggiore sensibilità di questi tessuti rispetto agli altri. A favore della seconda ipotesi sta il fatto che, talvolta, esposizioni successive portano alla formazione di necrosi apico-marginali progressivamente estendentisi verso il centro della foglia, con chiara distinzione delle varie fasi (aspetto delle necrosi del tipo "a ondate successive", vedi Figura 184).

L'azione tossica dei sali presenti normalmente nell'acqua di mare porta alla rapida morte cellulare. Certamente, la presenza di detergenti (= tensioattivi) aumenta la penetrazione di sali, abbassando la tensione di superficie delle soluzioni. Scarse sono, invece, le indicazioni di un'azione tossica diretta degli idrocarburi eventualmente presenti nell'acqua marina. Ancora da definire è il ruolo della smerigliatura operata dalle particelle solide (sabbia) di sovente presenti negli aerosol; la produzione di microlesioni facilita la penetrazione di sali e di sostanze tossiche.

Un lavaggio con acqua, che segua di poco l'esposizione agli aerosol, può ridurre anche notevolmente i rischi di un'azione fitotossica, come già noto da tempo. D'altra parte, l'elevata umidità favorisce l'assorbimento di sali da parte delle foglie; la penetrazione dei cloruri si protrae per tutto il tempo di esposizione, se l'umidità relativa è mantenuta all'80%, mentre per valori del 60% è limitata alle prime ore. L'esame microscopico delle lamine fogliari indica che nel primo caso si formano minuscole gocce sulla superficie, mentre, nel secondo, si formano cristalli.

Scarse sono, al momento, le conoscenze sulla resistenza a questa forma di inquinamento (Tabella 28). I principali fattori che possono influenzare la risposta sono:

- età: le cere delle foglie delle piante giovani non sono completamente sviluppate e consentono maggiore penetrazione dei sali; inoltre, gli individui con apparato radicale incompleto risultano più sensibili agli *stress* idrici conseguenti all'accumulo di sali;
- struttura della superficie fogliare: se essa è pubescente, tende a impattare le particelle in misura superiore;
- cere cuticolari: le foglie con uno strato ceroso più spesso assorbono meno ioni Cl^- e Na^+ di quelle con cuticola più ridotta;

Tabella 28. Sensibilità relativa di specie vegetali agli aerosol marini osservata sul litorale toscano

Sensibili	Resistenti
Hedera helix	*Agave americana*
Jasminum officinale	*Aucuba japonica*
Juglans regia	*Buxus sempervirens*
Lagerstroemia indica	*Chenopodium murale*
Laurus nobilis	*Cupressus macrocarpa*
Nerium oleander	*Cupressus sempervirens*
Phaseolus vulgaris	*Cynodon dactylon*
Pinus pinea	*Erianthus ravennae*
Platanus x *acerifolia*	*Erica* sp.
Prunus armeniaca	*Malva sylvestris*
Prunus avium	*Opunthia ficus-indica*
Prunus laurocerasus	*Pistacia lentiscus*
Prunus persica	*Pittosporum tobira*
Pyrus communis	*Spartium junceum*
Robinia pseudo-acacia	*Taraxacum officinale*
Rubus sp.	*Thuja orientalis*

- condizioni della pianta: i soggetti in buone condizioni di vigore (fertilizzazione, irrigazioni) sopportano meglio l'azione degli aerosol;
- fattori ambientali: le piante assorbono maggiormente i cloruri a bassa temperatura e progressivamente meno con il suo aumentare; questo effetto potrebbe essere correlato con la produzione di cere cuticolari, che è maggiore in estate; anche le caratteristiche di bagnabilità possono variare in relazione alle modificazioni strutturali connesse con la temperatura.

Sotto il profilo diagnostico, i sintomi indotti da esposizioni ad aerosol marini sono tipici, ma non sufficientemente caratteristici per poter costituire, da soli, prova di questa forma di inquinamento. Sia i danni da fluoruri, sia quelli provocati dal cloro, e soprattutto dall'HCl, sono generalmente del tutto identici a quelli in oggetto, per non parlare di fitopatie dovute a *stress* termici e idrici. L'elemento diagnostico fondamentale è costituito in questo caso dalla distribuzione geografica dei sintomi: le lesioni in oggetto sono concentrate nelle porzioni esposte al mare o, comunque, non riparate da ostacoli. L'analisi dei tessuti per il contenuto in cloruri risulta decisiva.

Meritano di essere ricordati due ulteriori casi. Il primo è quello relativo all'impatto sugli organi aerei di aerosol composti dai sali (cloruro di calcio e/o di sodio) utilizzati in inverno per prevenire il congelamento delle sedi stradali (vedi Figura 63**d**). Essi creano già grossi problemi nel terreno in relazione al loro ruscellamento e all'immissione nella soluzione circolante; possono essere causa di danni a seguito del trasporto aereo (conseguente al passaggio dei veicoli che sollevano sospensioni) e il meccanismo è, per molti versi, identico a quello dei sali marini. La peculiare epoca in cui si concentra questo tipo di inquinamento fa sì che per le specie caducifoglie assumano fondamentale importanza, ai fini della loro suscettibilità, le caratteristiche delle gemme, in particolare se sono, o meno, immerse nella corteccia o se resinose. Infine, un problema analogo è provocato da certi impianti di raffreddamento dei corpi idrici prima della reimmissione in ambiente in diverse attività industriali e di produzione di energia: le torri emettono un miscuglio di aria calda, vapore e minutissime gocce di acqua e, se quella di circolazione è salata (se ne può impiegare anche di mare), si vengono a formare aerosol salini che possono essere trasportati anche a lunghe distanze (vedi Figura 63**c**). Ovviamente, anche un eccesso di salinità dell'acqua di irrigazione può portare a manifestazioni sintomatiche analoghe a quelle in oggetto (Fig. 190).

Fig. 190. Piante di mandarino irrigate con acqua ricca in cloruri e mostranti le caratteristiche necrosi fogliari apicali

11.4 Fitofarmaci e diserbanti

Esulano dai temi pertinenti il presente volume gli aspetti relativi agli effetti fitotossici di fitofarmaci e diserbanti applicati intenzionalmente alle colture. Questi problemi – peraltro molto diffusi nella pratica – sono in relazione a numerosi fattori (tipo di pianta e suo stadio di sviluppo, concentrazione del prodotto ed eventuale sua miscelazione con altri, condizioni ambientali, ecc.) e non possono essere considerati aspetti dell'inquinamento atmosferico. Al contrario, costituiscono un vero e proprio fenomeno di contaminazione dell'aria quei casi in cui tali composti interessano accidentalmente e con effetti nocivi piante che non costituivano il "bersaglio" del trattamento, ma che sono raggiunte a seguito di deriva operata dal vento di frazioni volatili o di aerosol.

Per avere idea dell'importanza, anche in termini economici, dell'inquinamento da fitofarmaci e diserbanti, si consideri che valutazioni americane collocano questo gruppo di sostanze al quarto posto nella graduatoria degli agenti fitotossici più dannosi, dopo O_3 (di gran lunga il più importante), SO_2, ossidanti escluso l'O_3 (e quindi NO_x e PAN) e prima dei fluoruri. L'esempio più noto e frequente, per lo meno nelle nostre zone, è quello relativo ai diserbanti ad azione ormonica derivati dall'*acido 2,4-diclorofenossiacetico* (*2,4-D*), un tempo distribuiti anche con mezzi aerei. Questi prodotti, molto volatili ed efficaci sulle specie sensibili anche in dosi ridottissime, vengono utilizzati per il diserbo primaverile dei cereali, essendo dotati di buona selettività per le monocotiledoni. Alcune dicotiledoni (in particolare vite, pomodoro, cotone, *Acer negundo*) sono estremamente sensibili alla loro azione, sì da essere danneggiate semplicemente da tracce, che le raggiungono per fenomeni di deriva da campi trattati, distanti anche chilometri (Tabella 29). Si consideri che per la vite si possono avere effetti nocivi a concentrazioni dell'ordine di alcune parti per miliardo! Si calcola che un grammo di *2,4-D* possa provocare conseguenze negative su tutte le piante di cotone presenti in 10 ettari, e siano sufficienti 15 g per alterarle irreversibilmente. Problemi di questo tipo si vengono a creare anche quando per i trattamenti antiparassitari (anticrittogamici e insetticidi) vengono usate pompe e serbatoi in precedenza utilizzati per diserbare i cereali; è buona norma disporre di attrezzature diverse per questi impieghi.

Tabella 29. Sensibilità di specie vegetali ai diserbanti derivati dal 2,4-D

Sensibili	Resistenti
Acer negundo	*Brassica oleracea*
Acer platanoides	*Chamaerops humilis*
Ailanthus altissima	*Cupressus sempervirens*
Lycopersicon esculetum	*Laurus nobilis*
Nicotiana tabacum	*Magnolia grandiflora*
Platanus x *acerifolia*	*Pinus pinea*
Salix sp.	*Pyrus communis*
Tilia sp.	*Rosmarinus officinalis*
Vitis vinifera	*Thuja orientalis*

(Adattata da Heck *et al.*, 1970 e da osservazioni personali degli Autori)

L'azione tossica del *2,4-D* si manifesta in modo caratteristico: le lamine fogliari si ispessiscono, i margini si ripiegano verso il basso e presentano profonde dentature, lo sviluppo si riduce; assai vistosi sono i sintomi a carico delle nervature, che divengono più pronunciate e tendono ad assumere una conformazione "a ventaglio", con fenomeni di laciniatura e "prezzemolatura" (Fig. 191).

Fig. 191. Vistose deformazioni del lembo fogliare di vite (*Vitis vinifera*), interessanti specialmente la geometria delle nervature, a seguito dell'esposizione accidentale a tracce di un diserbante a base di *2,4-D* applicato a un campo di cereali poco distante; sintomi simili sono provocati dal virus dell'"arricciamento fogliare" (*Grapevine Fan Leaf Virus*). Il danno in questione è alquanto frequente su molte specie, anche orticole, in serra e in pieno campo. La sindrome comprende ripiegamenti delle foglie e degli apici vegetativi e mancata espansione delle nuove foglie, che rimangono sottili ed allungate, si deformano al margine e mostrano apici appuntiti. Le nervature sono molto evidenti, chiare e si presentano parallele. L'origine dell'erbicida che provoca questi effetti spesso non è facilmente individuabile. Possibili fonti sono: *(a)* deriva da campi trattati con il diserbante, *(b)* fitofarmaci e fertilizzanti contaminati durante l'immagazzinamento e *(c)* terreno, attrezzature per l'irrorazione, attrezzi, vestiti e guanti inquinati da un precedente trattamento con l'erbicida

Anche i frutti possono essere molto sensibili: sugli acini di vite compaiono estese necrosi; sulle pesche si differenziano, lungo la sutura, aree in cui la maturazione è accelerata, molto simili a quelle descritte a proposito del danno da fluoruri ("sutura rossa morbida", vedi Figura 165). Nelle conifere – alquanto resistenti – si osservano frequentemente necrosi e "avvitamento" degli aghi. Importante è l'epoca della ripresa vegetativa in relazione al momento del trattamento diserbante, perché le piante a riposo non sono danneggiate. I meccanismi tossici si realizzano, infatti, a seguito di alterazione degli equilibri tra regolatori di crescita, per cui viene impedito il normale sviluppo e la differenziazione delle cellule. Quelle meristematiche, in cui si verificano questi disturbi, continuano a ingrossare, ma non si dividono, né si allungano; viceversa, le mature ricominciano a dividersi e il citoplasma ritorna a stadi di immaturità. In quelle interessate, inoltre, aumenta il numero di ribosomi, da cui derivano ulteriori fenomeni di incremento di sviluppo.

Capitolo 12
Precipitazioni acide

Già nel 1852 il chimico inglese Angus R. Smith aveva scoperto una correlazione tra la presenza di inquinanti atmosferici nell'area di Manchester e l'acidità delle precipitazioni; vent'anni dopo usò il termine "pioggia acida" *(acid rain)* in un volume dedicato all'argomento. Questo lavoro è rimasto pressoché ignorato sino al 1967, quando il pedologo svedese Odén segnalò lo stesso fenomeno e il suo progressivo incremento, fino a coinvolgere vaste aree geografiche, profetizzandone l'impatto negativo su terreni, acque, vegetazione e materiali.

L'interesse nei confronti di questo particolare aspetto dell'inquinamento atmosferico è da allora in costante, sensibile aumento e coinvolge anche l'opinione pubblica (Fig. 192), in relazione alla potenziale notevole dannosità per l'ambiente e per le non facili soluzioni attuabili concretamente. Per lungo tempo questo ha rappresentato il tema ecologico più discusso nel Nord America e in Europa, anche con notevole coinvolgimento dei movimenti popolari (Fig. 193); da qualche anno l'attenzione sembra essersi ridotta. Certamente, gli argomenti più rilevanti sono quelli dell'impatto sui corpi d'acqua dolce: effetti negativi sulle uova delle specie ittiche più sensibili si riscontrano già quando la pioggia abbassa il pH di fiumi e laghi a circa 5.

Fig. 192. Un esempio dell'interessamento dei mezzi di informazione nei confronti dei problemi dell'acidificazione ambientale

Fig. 193. L'acidificazione ambientale ha costituito uno dei temi maggiormente affrontati dai gruppi ambientalisti

12.1 Meccanismi di formazione

In assenza di inquinanti il pH dell'acqua di pioggia, condizionato dall'acido carbonico formato dalla CO_2 ambientale, rientra nel *range* di 5,4-6,0. Per convenzione, si definiscono "acide" le precipitazioni atmosferiche con valori inferiori a 5,6. Come noto, essendo la scala del pH logaritmica, lo spostamento di un punto implica la variazione del carico acido di 10 volte. Il pH delle piogge e delle precipitazioni nevose che interessano l'Europa settentrionale (in particolare la Scandinavia) e le regioni Nord-Est degli Usa, nonché quelle adiacenti del Canada, è spesso compreso tra 3,0 e 5,5. Nel corso di un eccezionale evento è stato registrato un valore pari a 1,5! Situazioni preoccupanti, anche se relativamente meno gravi, sono presenti anche nell'Europa centrale e in altre aree. Per quanto riguarda il nostro Paese, la punta massima risulta essere pari a 3,2 ed è stata registrata nell'Italia settentrionale. La Figura 194 riassume la situazione per la città di Pisa.

I principali responsabili dell'acidificazione delle precipitazioni sono gli SO_x (in particolare la SO_2) e gli NO_x presenti nell'aria, che portano alla formazione rispettivamente di H_2SO_4 e HNO_3. Il rapporto NO_x/SO_2 nell'acqua di pioggia è in costante aumento sin dall'ultimo dopoguerra: ciò è in relazione – almeno in parte – alla diffusione dei veicoli a motore, responsabili dell'emissione di composti azotati. Tra i componenti minori sono talvolta importanti l'HCl e alcuni acidi organici. La presenza di cloruri può derivare anche da un'origine marina dei costituenti delle precipitazioni, ma le fonti antropiche sono, di gran lunga, le effettive responsabili del fenomeno, che è caratterizzato dal manifestarsi spesso a distanze anche notevoli (parecchie centinaia di chilometri) dalle sorgenti di inquinanti.

Uno dei motivi che ha accentuato il problema è stato il progressivo aumento dell'altezza dei camini

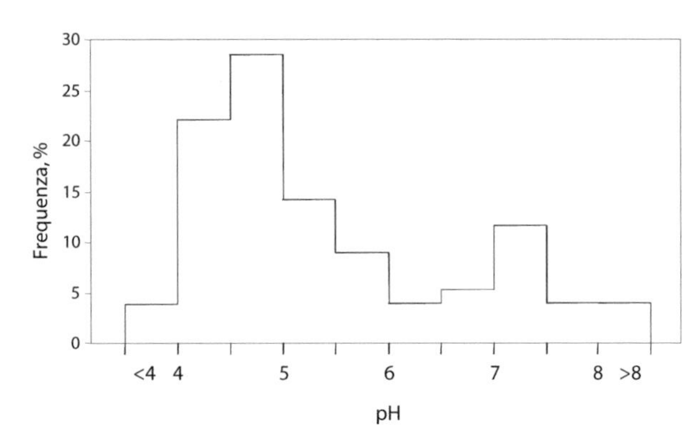

Fig. 194. Distribuzione del pH degli eventi di precipitazione nella città di Pisa tra febbraio 1988 e dicembre 1990. (Disegnato da dati di Ciacchini *et al.*, 1992)

Fig. 195. Due classici esempi della "filosofia dei camini alti" che ha comportato la progressiva elevazione dell'altezza delle emissioni di inquinanti; i casi si riferiscono a centrali termoelettriche, che nel tempo hanno presentato ciminiere sempre più elevate (l'ultima sfiora i 260 m)

degli impianti industriali e di produzione di energia (Fig. 195): ciò ha comportato la riduzione degli effetti degli effluenti a breve distanza dal punto di emissione, ma nello stesso tempo ha determinato che gli inquinanti raggiungano aree sempre più estese. Interessante, in merito, è un aforisma inglese che recita che "*dilution is not solution*" ("la diluizione non è la soluzione"). Negli Usa, riferendosi alla sola origine antropica, il 15% degli NO_x e un terzo della SO_2 emessi in atmosfera provengono da ciminiere alte almeno 150 m (Fig. 196). Ciò implica il loro inserimento in complessi meccanismi di circolazione atmosferica che inducono fenomeni di *import-export*: per esempio, si ritiene che la maggior parte degli acidi che giungono in Scandinavia provengano dalle aree industriali della Gran Bretagna e dell'Europa continentale. Si tratta, verosimilmente, del principale caso di inquinamento internazionale, le cui ripercussioni potrebbero essere importanti anche sul piano politico; per esempio, la materia ha creato in passato momenti di tensione tra Usa e Canada e tra Gran Bretagna e Paesi scandinavi, alimentando anche iniziative scientifiche e pubblicistiche specialistiche (Figg. 197 e 198).

Fig. 197. In Scandinavia il problema dell'acidificazione delle precipitazioni ha alimentato movimenti di pensiero e attività ambientalistiche di rilievo; per esempio, in Svezia è stato creato un "Segretariato per la pioggia acida" che pubblica un bollettino ("*Acid news*"), al quale collaborano ricercatori, divulgatori e artisti

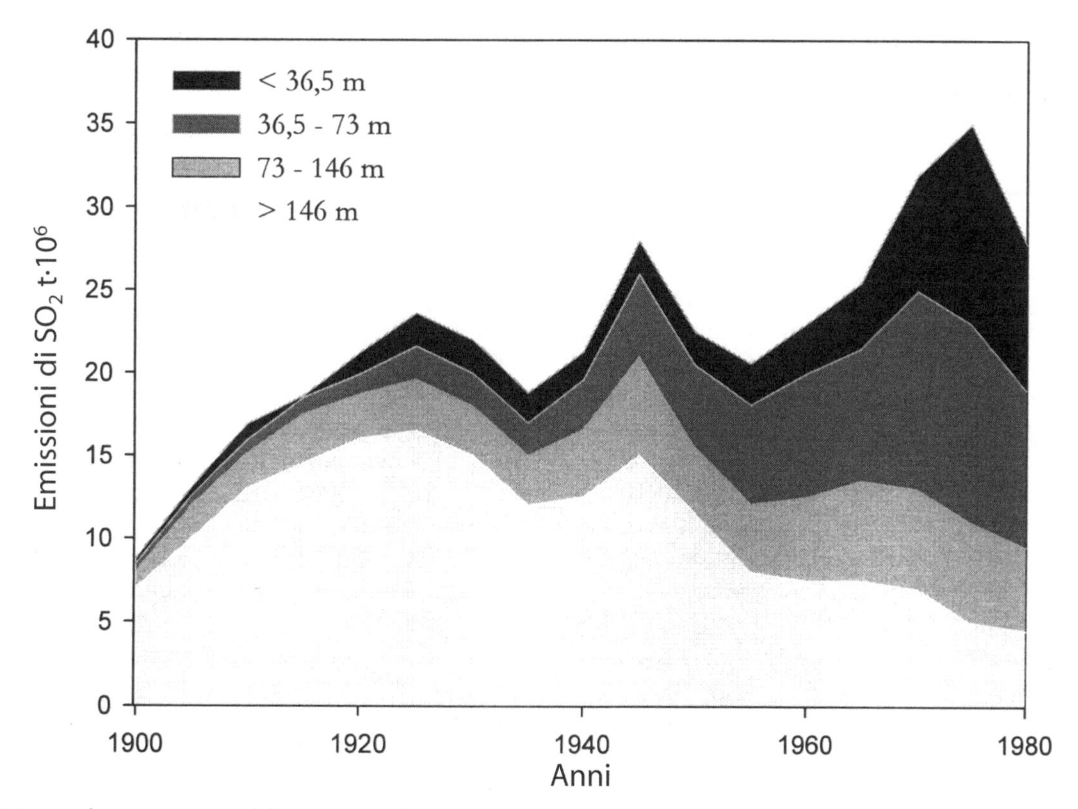

Fig. 196. Andamento storico delle emissioni di anidride solforosa negli Usa da sorgenti antropogeniche, in relazione all'altezza del camino. (Disegnato da dati del *National Acid Precipitation Assessment Program*)

Fig. 198. Non mancano le vignette satiriche nella *newsletter* "*Acid news*" (questa è disegnata da Thord Norman): il deperimento delle foreste attribuito all'inquinamento delle piogge è uno dei temi maggiormente trattati; fortissima è la polemica con la Gran Bretagna, accusata di esportare acidità

Fig. 199. Particolare di una foglia di senape (*Sinapis alba*) presentante necrosi a seguito dell'esposizione a una "pioggia acida" simulata (pH 2,8); sintomi di questo tipo non sono comunque osservati in condizioni naturali. (Per gentile concessione di J.S. Jacobson)

12.2 Effetti fitotossici

Le conseguenze dirette delle piogge acide sono rare e non rappresentano certamente la componente più preoccupante del problema. Il danno interessa le strutture di protezione superficiale, in primo luogo la cuticola, che può essere erosa. La severità degli effetti dipende dalle caratteristiche delle foglie (innanzitutto, dallo spessore e dalla composizione della cuticola, dall'eventuale presenza di tricomi, ecc.). Le aree circostanti gli stomi sono spesso le maggiormente colpite, anche se non è accertato se ciò derivi da una loro maggiore sensibilità oppure semplicemente dal fatto che la pioggia tende a raccogliersi in queste depressioni.

Le lesioni cuticolari comportano una duplice conseguenza: da una parte, le sostanze acide portate dall'acqua diffondono nelle cellule epidermiche e vi esplicano azione tossica, da cui può derivare la formazione di aree necrotiche sulle foglie (Fig. 199); dall'altra, si hanno perdite per lisciviazione di elementi nutritivi minerali (in particolare potassio, calcio e magnesio) e molecole organiche, nonché squilibri nel bilancio idrico dovuti a un flusso evaporativo non controllato. Sono note anche interferenze nei processi riproduttivi, in particolare a carico della germinazione del polline.

Complessi sono anche i potenziali effetti indiretti. L'erosione della cuticola comporta una maggiore vulnerabilità alla siccità e ad altri fattori di *stress*. Si possono avere anche alterazioni nelle interazioni ospite-parassita, a causa dell'influenza sia sulla pianta sia sui microrganismi. I principali sono, però, quelli conseguenti al progressivo abbassamento del pH del suolo: è stato stimato che in 10-20 anni si possa avere, in prossimità di un'importante fonte di SO_2, la riduzione di una unità.

L'aumentata biodisponibilità di certi ioni (in primo luogo, alluminio; Fig. 200) e quella minore di altri (calcio, magnesio, potassio) che conseguono all'acidificazione del terreno possono determinare alterazioni di grande portata. In particolare, la tossicità dell'alluminio è un importante fattore limitante lo sviluppo delle piante a pH inferiore a 5,0, ma può verificarsi già a 5,5; simili sono i dati relativi al manganese. Gli equilibri microbici nei terreni acidificati vengono sconvolti e si possono avere ripercussioni negative a livello dei rizobi azotofissatori e delle micorrize. Anche l'attività della microfauna può essere compromessa; per esempio, i lombrichi non sopportano pH inferiori a 4,4. I problemi sono maggiori nei climi fred-

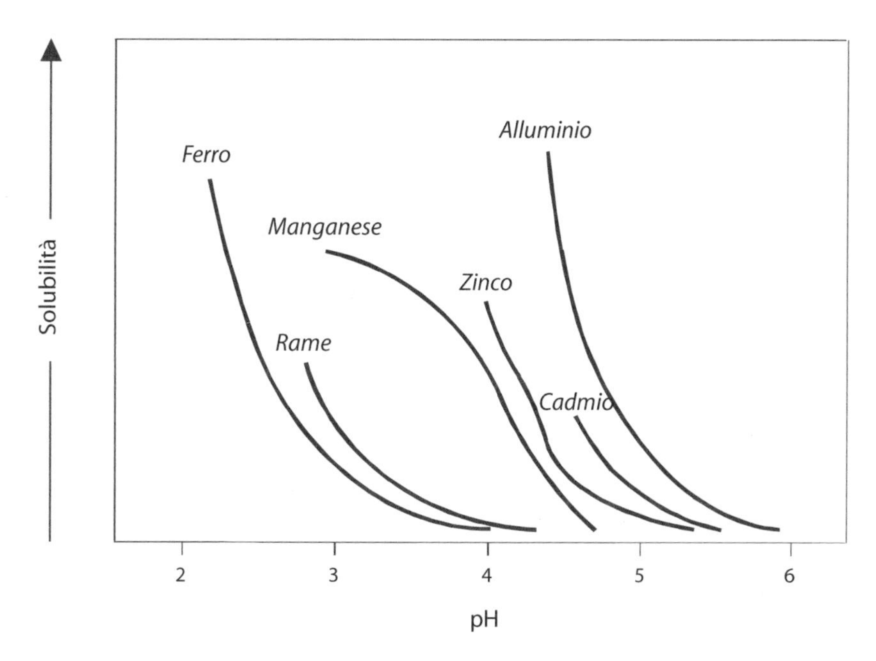

Fig. 200. Rilascio di metalli nel terreno in relazione al pH; si noti il notevole incremento di biodisponibilità dell'alluminio (e del manganese) al ridursi della reazione di un solo punto. (Ridisegnato da Elvingson e Ågren, 2004)

di, in quanto le sostanze acide tendono ad accumularsi nella coltre nevosa e all'inizio del disgelo si ha un rapido aumento di acidità nelle acque e nei suoli. In linea generale, l'impatto risulta più grave negli ecosistemi naturali rispetto a quelli agrari (in cui la somministrazione di ammendanti e di fertilizzanti è pratica comune), negli ambienti con terreni sabbiosi, poco tamponati e con scarsa capacità di scambio cationico, nelle aree con elevata piovosità e sulle piante erbacee rispetto a quelle arboree.

È possibile che l'influenza sulle piante sia, in certe condizioni, anche in parte positiva, in relazione all'aumentata disponibilità di taluni ioni nel terreno e agli apporti di zolfo e azoto dall'atmosfera. Lo studio di questi problemi non è certamente facile: la difficoltà maggiore risiede nella necessità di estrapolare i risultati di ricerche relativamente brevi, in confronto agli effetti a lungo termine di variazioni anche modeste negli equilibri chimici (e biologici) del suolo e delle acque. Sicuramente dannose, in ogni caso, sono le conseguenze a carico dell'ittiofauna dei laghi e dei fiumi, specialmente a causa della tossicità dell'alluminio liberato dal terreno. Si consideri che in Scandinavia da tempo si procede a calcitazioni (aggiunta di sostanze alcaline) dei corpi idrici per mezzo di motolance ed elicotteri, e sono addirittura in programma lavori di selezione di salmonidi tolleranti alle condizioni di acidità.

12.3 Il "deperimento forestale di nuovo tipo"

Dalla fine degli anni '70 situazioni di sofferenza della vegetazione forestale hanno interessato vaste aree dell'Europa centrale e del Nord America, con caratteristiche preoccupanti e inedite. Per esempio, è sorprendente la simultaneità e la rapidità di comparsa del fenomeno (denominato in Germania *Waldsterben*) che ha coinvolto numerose specie (conifere e latifoglie) in regioni diverse per caratteristiche climatiche, geologiche e pedologiche. Nessuno dei fattori di *stress* "classici" (di natura biotica o abiotica) può – quantomeno da solo – essere individuato come responsabile.

I sintomi più ricorrenti sono raggruppabili in:

- riduzioni di accrescimento (ipoplasie): decolorazione e riduzione di superficie fogliare, senescenza precoce, "trasparenza" della chioma, biomassa radicale diminuita, arresto dello sviluppo diametrale;

- anomalie di accrescimento: abscissione di foglie verdi e iperplasie (produzione di gemme avventizie, eccessiva fioritura e fruttificazione);
- *deficit* idrico, a seguito di alterazioni nel bilancio dell'acqua.

La Figura 201 illustra il fenomeno sull'abete rosso.

Il problema ha coinvolto la comunità scientifica anche sotto la spinta dell'opinione pubblica (Fig. 202) e delle forze politiche (è stato questo uno dei temi che ha contribuito alla nascita dei partiti di matrice ambientalista, a cominciare dalla Germania); nessuna ipotesi definitiva è stata formulata e, anzi, la materia ha rappresentato un complesso banco di scontro per una generazione di ricercatori. Diverse sono le teorie generali che trovano un certo consenso per spiegare almeno qualche frazione della sindrome, alla quale verosimilmente concorrono anche fattori climatici e altri legati alla gestione selvicolturale, nonché interazioni secondarie con organismi nocivi. L'eziologia chimica prevede soprattutto:

- acidificazione ambientale ("precipitazioni acide") e conseguente tossicità per le radici dell'alluminio presente nel terreno;
- effetti dell'O_3 troposferico;
- carenze di magnesio;
- eccesso di nutrienti (azoto nitrico o ammoniacale);
- alterazioni generali di funzioni metaboliche;
- presenza di sostanze aero-diffuse capaci di modificare le caratteristiche di crescita (in un campione di aria prelevato in ambiente forestale sono state rintracciate 400 sostanze organiche).

Sono state condotte nel tempo numerose campagne di valutazione dello stato di salute delle foreste e dei boschi europei e numerosi casi sono stati attribuiti a "cause non note". Negli Usa alcuni gravi problemi fitopatologici su vasta scala, quali il "decli-

Fig. 201. Severo ingiallimento degli aghi giovani di abete rosso (*Picea abies*), uno dei tanti aspetti del "deperimento di nuovo tipo" che da anni sta affliggendo il patrimonio forestale europeo e nord-americano

Fig. 202. "*Le foreste morenti dell'Europa*": questo è il tema di una copertina che il settimanale "*Time*" ha dedicato al problema del "deperimento di nuovo tipo"

no" di *Picea abies*, *Acer saccharum* e faggio, sono stati correlati a un complesso fitotossico in cui le piogge acide verosimilmente svolgono un ruolo importante. Per quanto riguarda l'Italia, l'acidificazione delle precipitazioni è stato uno dei fattori chiamati in causa per spiegare il fenomeno della "moria" dell'abete bianco a Vallombrosa, in Toscana. In realtà, la quasi totalità degli studiosi è concorde nell'individuare in una serie di cause – piuttosto che in un singolo specifico fattore – i motivi del deperimento. In proposito, Paul Manion ha classificato la materia distinguendo i fattori in:

- *predisponenti*: agiscono per periodi lunghi e indeboliscono le piante, specialmente quelle che crescono in condizioni ambientali non ottimali, destabilizzando l'ecosistema;
- *incitanti*: di natura fisica, chimica o biologica, intervengono con intensità variabile, in genere per periodi non lunghi;
- *contribuenti*: spesso organismi nocivi che infieriscono su soggetti debilitati.

Il quadro è complicato e richiede approfondimenti. Il ruolo dell'inquinamento ambientale nei fenomeni in questione è certo, ma ascrivere automaticamente a esso tutti i sintomi di deperimento "da cause non note" appare scientificamente arbitrario e non produttivo ai fini dell'individuazione degli effettivi responsabili del degrado.

Parte terza

Il monitoraggio biologico degli inquinanti

Capitolo 13

I vegetali quali indicatori biologici dell'inquinamento atmosferico

Per "monitoraggio" s'intende la misurazione di parametri finalizzata alla descrizione dello stato e delle condizioni di un sistema nel tempo. L'esigenza di conoscere la composizione dell'aria in termini qualitativi e quantitativi, in funzione della presenza di inquinanti, è facilmente accettata; ciò in relazione all'opportunità di intraprendere iniziative tese ai seguenti obiettivi:

- *compiti di allarme*: per i contaminanti "normati" (sottoposti, cioè, a valutazione tossicologica e regolamentati da provvedimenti di tipo legislativo) si rende necessario procedere all'accertamento del rispetto dei limiti legali;
- *analisi del territorio e pianificazione*: informazioni sulla distribuzione spazio-temporale degli agenti nocivi potrebbero rappresentare un elemento-chiave nei processi decisionali relativi, per esempio, alla localizzazione di aree residenziali, impianti industriali, ospedali, luoghi riservati agli anziani, ecc.;
- *verifica dei risultati delle misure di intervento*: conseguentemente al primo punto, si tratta di valutare su base oggettiva gli esiti di provvedimenti finalizzati alla riduzione delle emissioni (chiusura al traffico di un centro urbano, adozione di tecnologie specifiche come l'applicazione di sistemi di filtrazione);
- *studio delle tendenze*: l'evoluzione nel tempo della concentrazione di un composto tossico può essere seguita, consentendo l'individuazione di andamenti;
- *aspetti tossicologici e forensi*: procedimenti di ordine penale o civile rendono necessario accertare la presenza di determinate sostanze nell'ambiente e la loro origine.

Storicamente, questi compiti sono stati affidati a metodiche di natura chimica o chimico-fisica. Nel caso dell'aria, l'elemento centrale del sistema di monitoraggio è un apparato, fisso (le cosiddette "centraline", Figura 203) o mobile (Fig. 204), che

Fig. 203. Stazioni automatiche ("centraline") per il monitoraggio degli inquinanti atmosferici

Fig. 204. Mezzo mobile per l'analisi dell'inquinamento atmosferico. Gli analizzatori contenuti in esso sono analoghi a quelli presenti nelle stazioni fisse

cattura attivamente (in continuo) campioni di aria, li analizza secondo protocolli specifici (per esempio, per O_3 la reazione è l'assorbimento di una radiazione UV a 254 nm; per SO_2 è l'emissione di fluorescenza a seguito di eccitazione nell'UV) e fornisce un dato analogico o digitale – in relazione anche a un sistema di calibrazione – che viene trasdotto all'esterno su *display*, carta o supporto magnetico. Passaggi successivi sono procedure di validazione dei dati e di elaborazione (medie, esuberi, ecc.).

Date queste premesse, emerge come gli analizzatori automatici presentino le seguenti caratteristiche:

- specificità di azione: misurano quantitativamente un singolo componente atmosferico ("*trovano quello che noi chiediamo loro di cercare*"): ogni apparecchio è finalizzato all'analisi di un determinato inquinante;
- alta risoluzione, ma nessuna memoria pregressa: non è possibile avere indicazioni su episodi accaduti prima della messa in esercizio del sistema;
- costi di acquisizione e di manutenzione non indifferenti, legati alla complessità delle strumentazioni e all'esigenza di controlli costanti; è richiesta energia elettrica per il loro funzionamento e ciò può comportare difficoltà logistiche in località remote;
- l'impianto di reti di monitoraggio è costoso e la sua gestione richiede personale altamente qualificato;
- le informazioni che questi sistemi di analisi forniscono sono dati numerici (concentrazione media di un inquinante, per esempio) che di fatto sono alla portata dei soli specialisti; il cittadino comune fatica a seguire la materia e viene scarsamente coinvolto, anche se talvolta i *mass media* si impegnano a rendere in una certa misura accessibili le notizie (Fig. 205).
- le metodiche sono standardizzate e codificate, così è possibile verificare il rispetto dei limiti normativi.

Inoltre, occorre segnalare che in nessun caso la semplice conoscenza del dato analitico autorizza a derivare conseguenze di ordine biologico per i bersagli esposti; in altre parole, l'effetto è dipendente non solo dalla presenza di uno specifico agente chimico, ma anche dalle interazioni che coinvolgono altri fattori (sinergismo con altre sostanze, parametri ambientali).

Recentemente si è assistito a un ritorno di interesse nei confronti dei "campionatori passivi", i quali presentano bassi costi di esercizio, ma forniscono risposte di scarsa utilità in termini biologici, in quanto relative all'intero carico inquinante, senza

Fig. 205. Da tempo anche i quotidiani dedicano spazi alle informazioni di carattere ambientale, ovviamente applicando linguaggi e metodiche comunicative adatte al grande pubblico

indicazioni dei valori massimi e della distribuzione nelle 24 ore.

Sulla base di quanto sopra accennato, è giustificato il fatto che al sistema convenzionale di monitoraggio si affianchino metodiche innovative, fondate sulla valutazione delle risposte di specifici organismi. La notevole sensibilità di molte specie vegetali a numerosi contaminanti, la tipicità dei sintomi che alcune di queste presentano quando vengono esposte, le variazioni nella composizione floristica che ne conseguono e la possibilità che alcune sostanze si accumulino nei tessuti sono i principali fattori che consentono l'impiego delle piante come indicatori biologici della salute ambientale.

Sono questi i presupposti del "monitoraggio biologico" (o "biomonitoraggio"), una cui definizione potrebbe essere la seguente: "*l'impiego di un organismo (o di parte di esso o di una società di essi) per ottenere informazioni sulla qualità del suo ambiente*". In analogia a quanto sopra riportato, i principali caratteri sono così riassumibili:

- fornisce una risposta integrata degli effetti dell'ambiente (inquinato) sugli esseri viventi;
- può dare utili indicazioni su fenomeni di contaminazione avvenuti nel passato;
- presenta modesti costi di impianto e di esercizio e non richiede l'accesso alla rete elettrica;
- consente l'allestimento di sistemi di monitoraggio con distribuzione geografica capillare;
- molte delle informazioni che fornisce sono facilmente accessibili anche ai non specialisti e il loro potenziale didattico è notevole;
- purtroppo, al momento, sono scarsi i criteri di standardizzazione e la maggior parte dei protocolli non sono stati riconosciuti legalmente.

Appaiono, pertanto, evidenti i caratteri complementari tra monitoraggio convenzionale e biologico, come riassunti in Figura 206. È da sottolineare il ruolo centrale dell'opinione pubblica nel sistema. È solo il caso di segnalare che applicazioni delle metodiche "a bassa tecnologia" sono ampiamente diffuse in diversi settori ambientali e tossicologici, quali la valutazione della qualità delle acque correnti con il censimento dei macroinvertebrati bentonici e l'utilizzo dell'"ape-*test*". Analisi *on-line* della qualità delle acque potabili sono condotte dai gestori degli acquedotti con pesci tenuti in cattività e sospensioni di batteri bioluminescenti (per es. *Photobacterium*, *Vibrio*).

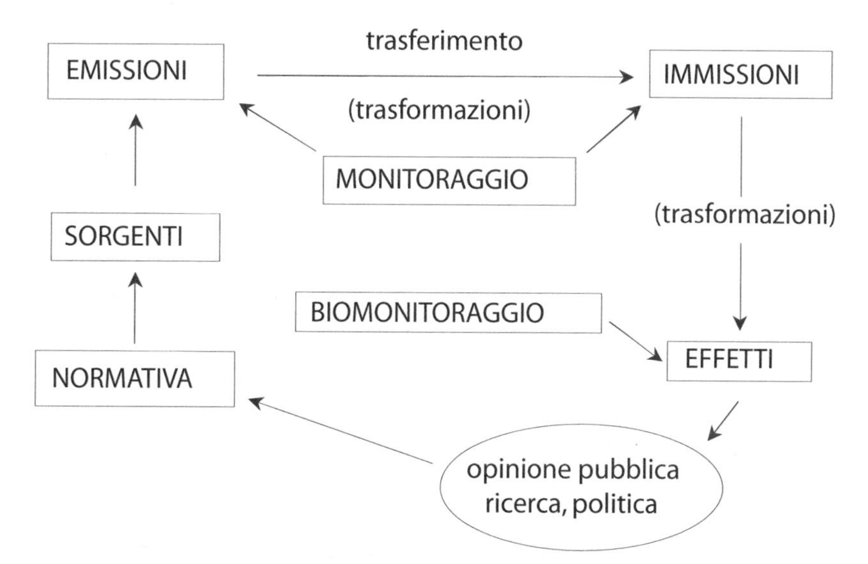

Fig. 206. Il complesso sistema che lega le sorgenti di inquinanti, le sostanze liberate nell'ambiente, i loro effetti e le azioni di regolamentazione in relazione alle attività di monitoraggio convenzionale e di quello biologico

Quando, nel 1995, un attentato chimico paralizzò la metropolitana di Tokio, sono stati gli esiti di *test* biologici (la sopravvivenza di canarini in gabbia, tecnica del resto usata da sempre dai minatori per scopi analoghi!) a garantire che l'atmosfera non era più inquinata, e questo nonostante gli ingenti mezzi tecnologici a disposizione, nessuno dei quali in grado di fornire risposte definitive. Analogamente, le truppe Usa, durante le operazioni belliche in Iraq nel 2003, si garantivano dell'assenza di agenti chimici nell'aria esaminando il comportamento dei piccioni. Nello stesso anno il governo thailandese ha utilizzato cavie animali per scongiurare il rischio di avvelenamento del cibo destinato al Presidente degli Usa, Bush, in visita di stato.

L'argomento può rappresentare uno spunto utile da inserire nel rapporto "scienza-politica". Come argutamente evidenzia Nimis, di fronte a un problema di natura "tecnica" lo scienziato fornisce informazioni *hard* (cioè, certe e definitive) che il politico può utilizzare per prendere decisioni più o meno *soft* (in relazione all'esigenza di non perdere di vista anche aspetti sociali, "di immagine", ecc.). Nel campo delle scienze ambientali, invece, di norma si verifica il contrario: il politico si trova di fronte a decisioni drastiche (provvedimenti di chiusura di un impianto o di limitazione del traffico) sulla base di informazioni vaghe provenienti dal mondo della ricerca.

13.1 Le tecniche di biomonitoraggio

L'articolata gamma delle possibili interazioni tra inquinanti e specie vegetali – in relazione alla notevole differenza di risposta che organismi diversi presentano nei confronti di uno *stress* chimico – consente vari approcci metodologici. In particolare, si distinguono:

- *indicatori di reazione* (i veri e propri "bioindicatori"): si tratta di individui eccezionalmente sensibili a una determinata sostanza fitotossica (e possibilmente resistenti ad altri fattori nocivi) i quali manifestano quadri sintomatici tipici e caratteristici quando esposti a livelli anche bassi; la risposta deve essere rapida, riproducibile e ripetibile, univoca, facilmente quantificabile e correlabile da un punto di vista quantitativo con il composto;
- *bioaccumulatori*: soggetti particolarmente resistenti a un inquinante che sopportano senza conseguenza l'esposizione prolungata e – nel caso che sia persistente – lo accumulano in funzione della sua concentrazione ambientale; poiché nella maggior parte dei casi si tratta di fenomeni passivi, sarebbe più opportuno esprimersi in termini di "biodeposimetri"; l'analisi (convenzionale) del contenuto elementare dei tessuti consente di trarre indicazioni circa la presenza della molecola in oggetto;
- *indicatori di presenza*: sfruttando il differente grado di resistenza/sensibilità di diverse specie nei confronti di un fattore di *stress* chimico viene studiata la distribuzione geografica comparata di determinate unità tassonomiche valutando i livelli di biodiversità (le specie sensibili si rarefanno e quelle resistenti aumentano in relazione al carico inquinante; vedi 1.12).

Inoltre, in relazione alle modalità operative, il biomonitoraggio può essere:

- *passivo*: se basato sull'utilizzazione (osservazione diretta e/o analisi chimica dei tessuti) di materiale vegetale presente naturalmente nell'ambiente;
- *attivo*: se prevede l'introduzione deliberata nell'area di studio di individui selezionati e standardizzati.

Vantaggi e svantaggi dei due metodi dipendono da fattori operazionali, in relazione ai numerosi parametri che condizionano la risposta di un organismo a un contaminante. Il primo approccio è più economico e fornisce indicazioni più realistiche, ma è esposto a fattori imponderabili ed è meno riproducibile.

13.2 L'impiego delle piante "indicatrici"

La possibilità di condurre indagini fondate sull'interpretazione di specifici sintomi sulle piante per avere indicazioni dell'inquinamento dell'aria è stata ipotizzata da tempo, e, già nei primi anni del XX secolo, Ruston condusse osservazioni in questo senso in alcune aree industriali della Gran Bretagna. È sua un'affermazione che da sempre ha rappresentato un punto di riferimento per gli studiosi della materia: "*la visione di una pianta deperiente per colpa dell'inquinamento può essere molto coinvolgente per un amministratore*".

Numerose sono state le applicazioni pratiche di questa metodologia, che può essere utile, tra l'altro, anche per stimolare adeguatamente l'azione pubblica in considerazione dei possibili effetti vistosi che taluni contaminanti possono provocare sulla vegetazione. Si deve addirittura considerare che le prime iniziative legislative in materia ambientale furono connesse con la dimostrazione degli effetti fitotossici degli inquinanti; il fallimento di una coltura agraria e la morte delle piante costituivano (e costituiscono) un indubbio fattore di allarme, in contrasto a mal dimostrabili ripercussioni negative sulla salute umana.

Il metodo in questione è basato sull'individuazione e valutazione di sintomi tipici presenti su adatte specie vegetali, che vengono definite "indicatrici", "sentinella" o "spia". Tali piante, coltivate o spontanee, devono rispondere con manifestazioni macroscopiche specifiche a concentrazioni molto basse di un dato agente chimico. In sintesi, i principali requisiti che dovrebbe possedere una buona indicatrice sono: (*a*) essere largamente distribuita nell'area geografica interessata; (*b*) avere un ciclo vegetativo il più lungo possibile; (*c*) essere ben adattata all'ambiente e dotata di buona rusticità, non essendo utilizzabili proficuamente allo scopo quelle specie che vanno facilmente soggette a danni da fattori biotici e abiotici.

Naturalmente – sia per l'individuazione del materiale più idoneo, sia per la valutazione delle concentrazioni-soglia per la comparsa di sintomi, sia, infine, per l'elaborazione di eventuali modelli di correlazione tra danno subìto dalle piante e dose dell'agente tossico – sono necessari esperimenti in condizioni controllate.

Essendo le indagini di questo tipo basate sulla "lettura" di effetti visibili, occorre che l'operatore sia perfettamente a conoscenza non solo delle diverse possibili espressioni sintomatiche indotte sulle varie specie dagli inquinanti, ma anche dei numerosi parametri che influenzano la risposta delle piante, nonché degli agenti eventualmente responsabili di danni in qualche misura simili.

Una delle difficoltà maggiori nella diagnosi della fitotossicità degli inquinanti è legata alla possibilità che la contemporanea presenza di più sostanze porti alla formazione di sindromi miste. Per questo motivo, un'indicatrice ottimale dovrebbe, da una parte, essere molto sensibile a una determinata molecola tossica (e, come detto, mostrare sintomi tipici e facilmente identificabili) e, dall'altra, essere molto resistente agli altri contaminanti che potrebbero provocare la comparsa di danni simili a quelli dovuti alla sostanza in questione.

Sotto il profilo del rilevamento biologico, le manifestazioni acute sono ovviamente più facili da individuare. Infatti, salvo eccezioni (i composti del fluoro, per esempio), quelle croniche sono raramente attribuibili con certezza all'azione di un composto piuttosto che di un altro. È, comunque, possibile avere indicazioni circa la presenza di concentrazioni relativamente modeste di inquinanti allevando idonee piante in cabine ventilate con aria ambiente, in confronto ad altre mantenute nelle identiche condizioni, ma in aria filtrata e quindi depurata dai contaminanti (vedi 1.3).

La diagnosi dell'inquinamento basata sull'osservazione dei sintomi sulla vegetazione nativa può dimostrarsi utile specialmente nei casi di episodi accidentali, in cui si verificano situazioni di eccezionale gravità. La valutazione delle risposte del maggior numero di specie disponibile e il confronto con quanto noto in letteratura (andamento dei sintomi, sensibilità specifica, ecc.) può fornire utili e conclusive indicazioni circa gli aspetti qualitativi del fenomeno (tipo di contaminanti coinvolti), mentre più arduo e spesso impossibile è, in questi casi, avanzare ipotesi sui dati quantitativi (concentrazione delle sostanze).

La lettura dei sintomi può essere effettuata anche a una certa distanza di tempo dall'episodio di inquinamento, in quanto la ripresa dei vegetali non si realizza prima di alcune settimane; anche se la fitomassa che si forma successivamente alla fumigazione non manifesta danni, sugli organi (in particolare foglie) presenti al momento del fatto rimangono a lungo le alterazioni, a meno che essi non cadano.

Di gran lunga più complete sono le informazioni che si possono trarre dall'analisi dei dati ottenuti con l'impiego di reti di stazioni biologiche in cui vengono allevate appositamente piante specifiche ("biomonitoraggio attivo"). Le tappe fondamentali da seguire per la creazione di un sistema vivente di rilevamento della qualità dell'aria possono essere riassunte come segue:

- individuazione delle piante indicatrici (specie e cultivar) in relazione sia agli inquinanti che si intende ricercare, sia alle loro possibilità di adattamento climatico;
- localizzazione delle stazioni, in connessione con le possibili fonti di contaminazione (è necessario prevedere anche postazioni in aree rurali o comunque lontane da ogni possibile sorgente per

poter individuare eventuali fenomeni di trasporto a distanza e per disporre di informazioni relative alle condizioni di riferimento della vegetazione;

- messa a punto di condizioni colturali *standard* per le piante indicatrici (età e modalità di allevamento in ambiente esente da agenti chimici, tipo di substrato, apporti idrici, ecc.);
- identificazione di semplici, ma idonei, parametri numerici per la valutazione degli effetti sulle varie specie; essi possono essere basati su dati misurati (la percentuale di area fogliare necrotizzata) oppure su scale patometriche sintetiche del tipo 0-5 o 0-10, in cui a zero corrisponde assenza di danno e al valore massimo la quasi totalità dell'area lesionata (vedi Figura 36); in questi casi occorre coniugare la rapidità di intervento, il suo costo e la qualità del dato raccolto;
- la selezione e l'addestramento del personale e l'allestimento di un manuale operativo completo; è necessario tenere presente che l'impiego di collaboratori introduce numerosi elementi di variabilità, la cui eliminazione totale è impossibile;
- la raccolta sistematica dei dati con cadenza periodica (per esempio, settimanale) e la sostituzione a intervalli programmati del materiale vegetale;
- la validazione ed elaborazione dei dati di campagna, con la compilazione di mappe di isodistribuzione degli effetti degli inquinanti in esame.

Per il successo di questo tipo di esperienze è necessario che le piante abbiano autonomia idrica di almeno una settimana (o, comunque, correlata con la cadenza dei sopralluoghi); anche l'opportunità della loro protezione dal vento e dagli animali (ma anche dai vandali!) deve essere adeguatamente presa in considerazione. La Figura 207 illustra una tipica stazione di biomonitoraggio collocata in ambiente urbano.

Esistono numerosi esempi di indagini basate sull'interpretazione della risposta di idonee piante indicatrici. A parte rari casi in cui queste ricerche si sono svolte in un'ottica globale, prendendo in esame tutti i principali inquinanti e interessando interi Paesi (e quello olandese, che verrà descritto nel paragrafo 13.5, è certamente l'esempio migliore), di norma studi di questo tipo sono stati finalizzati a rilevare la presenza e la distribuzione di un singolo componente atmosferico.

Fig. 207. Stazione di biomonitoraggio degli inquinanti aerodispersi nel centro di Firenze

13.3 Biomonitoraggio dell'ozono troposferico

Nonostante la bontà del principio, le applicazioni pratiche di monitoraggio biologico degli inquinanti aerodiffusi sono state relativamente scarse, in relazione ai diversi fattori limitanti che saranno in seguito esaminati. Senza dubbio, l'esempio che meglio sintetizza le possibilità anche operative delle metodiche in oggetto è rappresentato dalla cv. Bel-W3 di tabacco, usata sin dal 1962 per il rilevamento degli effetti dell'O_3. Essa presenta interessanti aspetti, a cominciare dall'elevata sensibilità all'agente ossidante, essendo sufficienti esposizioni di poche ore a concentrazioni dell'ordine di 40 ppb per provocare la comparsa di lesioni tipiche (Fig. 208); è da segnalare che proprio 40 ppb è considerata la soglia discriminante tra i livelli di O_3 naturali e quelli derivanti da attività fotochimica.

I sintomi sono costituiti da necrosi bifacciali tondeggianti, del diametro di alcuni millimetri, a contorno netto. La pianta produce in continuazione nuove foglie durante la stagione vegetativa e quelle a diverso stadio di maturità variano nella sensibilità, così che gli effetti macroscopici sono inequivocabili (vedi Figura 54). Le lesioni sono facilmente identificabili e quantificabili, ed è possibile individuare se siano di vecchia o nuova formazione (il loro colore schiarisce da nerastro a bianco-avorio in pochi giorni, Figura 208c); la risposta è di tipo quantitativo, essendo possibile una correlazione tra indice di danno fogliare (che è in rapporto alla superficie necrotizzata) e dose a cui le piante sono esposte. Le foglie disseccate rimangono attaccate allo stelo, così come si verifica per i processi di senescenza fisiologica. Di norma, si affiancano alle piante della cv. Bel-W3 individui della Bel-B (resistenti) e della cv. Bel-C (a risposta intermedia) allo scopo di avere la certezza che le lesioni che compaiono eventualmente sulle indicatrici siano effettivamente attribuibili all'O_3.

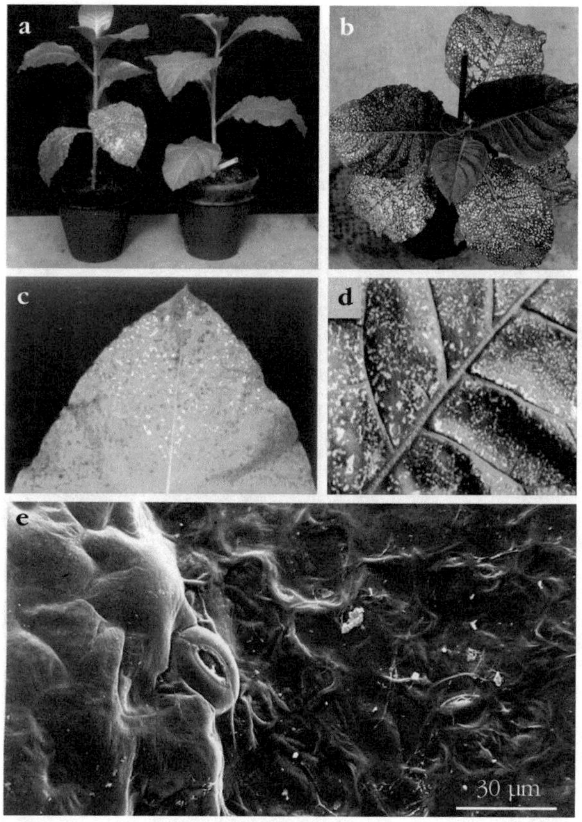

L'interesse è accresciuto a causa delle esigenze climatiche della pianta, che sono perfettamente compatibili con i periodi in cui maggiore è il rischio da O_3, e dal fatto che la distribuzione geografica di questo inquinante impone campagne di monitoraggio con molti punti di prelievo; per esempio, in Toscana sono operative poco più di una quindicina di stazioni, per lo più localizzate in ambienti urbani, ma l'inquinamento da O_3 è diffuso ampiamente nel territorio.

È stato con indagini biologiche, affiancate dall'elaborazione dei dati di alcune stazioni di analisi chimico-fisica, che si è accertato, per esempio, il trasporto a lunghissima distanza (parecchie centinaia di chilometri) dell'O_3 prodotto nell'enorme area metropolitana tra Washington D.C. e New York City sino all'isola di Nantucket, nell'oceano Atlantico; esperienze analoghe condotte sul litorale tirrenico hanno messo in evidenza fenomeni di trasporto dalla costa alle isole dell'arcipelago toscano (Fig. 209). Tra i numerosi esempi di indagini di questo tipo si possono citare quelli relativi alla Gran Bretagna, a Israele, alla Danimarca, all'Australia, agli Usa, nonché a ripetute esperienze nazionali realizzate anche in collaborazione con autorità ambientali, pubbliche amministrazioni, società private, gruppi ambien-

Fig. 208. Biomonitoraggio dell'ozono troposferico con piante supersensibili di tabacco (*Nicotiana tabacum* cv. Bel-W3). (**a**) Pianta adulta esposta per una settimana all'aria ambiente (*a sinistra*) in confronto a una mantenuta in aria filtrata. (**b**) Vista dall'alto: si noti la peculiare distribuzione dei sintomi nelle foglie di diversa età. (**c**) Confronto tra lesioni fresche (di colore più scuro) e mature. (**d**) Dettaglio di una foglia. (**e**) Particolare al microscopio elettronico a scansione di una lesione

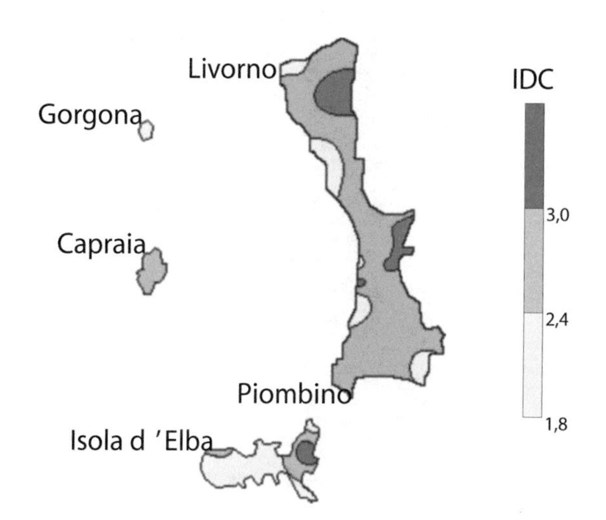

Fig. 209. Un'esperienza di biomonitoraggio dell'ozono con distribuzione dei valori di indice di danno cotiledonare (IDC) su tabacco Bel-W3 nella Provincia di Livorno (vedi Figura 233)

talisti e istituzioni scolastiche, anche nell'ambito di programmi di educazione ambientale (vedi 13.3.1).

Anche se il rilevamento dei dati di campagna può essere effettuato mediante l'interpretazione di fotografie di foglie con sintomi o con tecniche più sofisticate di elaborazione dell'immagine, di norma la valutazione dell'intensità delle lesioni si realizza in campo in modo sintetico, con l'attribuzione di ogni foglia a una classe in relazione alla percentuale di area coperta da necrosi; specifici atlanti iconografici (Fig. 210) rappresentano un utile elemento di supporto. Il metodo è veloce e non distruttivo e non richiede particolari livelli di professionalità, anche se – trattandosi di una valutazione visiva – presenta forti rischi di soggettività.

Le foglie giovani (sino a una lunghezza di 6-7 cm) sono esenti dal danno; in quelle in via di maturazione sono solo le regioni distali a presentare sintomi, mentre nelle mature sono le aree prossimali. È da rilevare che questa asimmetria della distribuzione delle lesioni comporta alcune illusioni ottiche, così che è importante che l'operatore si ponga sempre nella stessa posizione rispetto all'asse della pianta. Questi problemi possono essere, comunque, risolti con un adeguato addestramento del personale.

Il metodo operativo maggiormente seguito è quello messo a punto dai ricercatori dell'*Imperial College* di Londra, basato sulla determinazione dell'indice di danno fogliare (*Leaf Injury Index*, LII). In sintesi, ciascuna foglia viene identificata (con un

Fig. 210. Riferimenti *standard* per la stima del danno fogliare indotto dall'ozono sulla bioindicatrice tabacco cv. Bel-W3. Sono previste sette classi di intensità delle necrosi, oltre alla "classe 0" (assenza di sintomi). (**a**) "Classe 1": <5% di area fogliare lesionata. (**b**) "Classe 2": 5-10%. (**c**) "Classe 3": 10-15%. (**d**) "Classe 4": 15-20%. (**e**), (**f**) "Classe 5": 20-30%; sono raffigurate due foglie che presentano diversa distribuzione delle aree necrotiche, in funzione dell'età al momento dell'esposizione. (**g**) "Classe 6": 30-40%. (**h**) "Classe 7": > 40%

numero): ciò permette di seguire nel tempo l'evoluzione dell'intensità dei sintomi; essa viene "letta" ogni settimana e le viene assegnato un indice in relazione alla diffusione delle necrosi, che viene registrato in un'apposita scheda. Ogni volta viene calcolato il LII di ciascuna pianta, applicando la formula:

$$LII = \left(\frac{\sum_{1}^{N}(C_n - C_{n-1})}{N} \right)$$

in cui:

LII: *Leaf Injury Index*;

N: numero delle foglie esaminate nella settimana *n-1* e che presentavano un indice non superiore a 2 (questo per evitare che venga valutato il fenomeno del collasso "spontaneo" in foglie molto lesionate, nelle quali si ha coalescenza di necrosi adiacenti anche in assenza di ulteriori esposizioni all'O_3);

C_n: valutazione della foglia alla settimana *n*;

C_{n-1}: valutazione della foglia alla settimana *n-1*.

Il processo di valutazione dei dati e della successiva loro validazione deve tenere conto delle caratteristiche di *precisione* e di *accuratezza* degli operatori. La precisione è definita come la dispersione dei risultati ottenuti da un metodo quando vengono analizzati diversi replicati dello stesso campione omogeneo; essa viene distinta in *ripetibilità* (lo stesso operatore in breve tempo valuta più replicati, nelle stesse condizioni) e *riproducibilità* (risultati ottenuti da operatori diversi, nel tempo). L'accuratezza è definibile come la misura del grado di concordanza tra il valore reale di un campione e quello determinato dal metodo in oggetto.

Un fenomeno ricorrente nelle valutazioni quantitative delle risposte fogliari delle piante bioindicatrici è la sovrastima delle porzioni "minoritarie". Infatti, in ossequio alla legge di Weber-Fechner, la quale afferma che la risposta di un organismo a uno stimolo è funzione lineare del suo logaritmo, l'occhio leggerebbe in termini non lineari (accade lo stesso fenomeno per gli altri sensi), tendendo a dare maggiore risalto a poche lesioni necrotiche presenti su una superficie uniforme (sovrastima delle classi inferiori di danno) e a poche aree verdi residuali in una foglia severamente danneggiata (sottostima delle classi superiori). Come già accennato, questo comporta la necessità di un idoneo addestramento degli operatori. Recentemente, la metodica dell'esposizione della cv. Bel-W3 di tabacco per il monitoraggio dell'O_3 è stata standardizzata dall'Associazione degli ingegneri tedeschi, VDI (*Verein Deutscher Ingenieure*).

13.3.1 Il biomonitoraggio dell'ozono troposferico nei programmi di educazione ambientale

Indubbiamente negli ultimi anni si è sviluppata una crescente sensibilità alle problematiche ambientali. Ciò scaturisce dalla consapevolezza, acquisita grazie alle giustificate preoccupazioni del mondo scientifico e riportate dai *mass media*, che le risorse ambientali non sono inesauribili e, quindi, dalla necessità di una loro salvaguardia per le future generazioni. Sono sempre più all'ordine del giorno notizie su cambiamenti climatici, catastrofi ecologiche e sull'enorme squilibrio demografico tra i paesi industrializzati e quelli in via di sviluppo e sulle relative conseguenze. A livello mondiale è stata presa coscienza della gravità dei problemi e dell'esigenza di cercare soluzioni alle conseguenze negative derivanti dal progresso economico-sociale sin qui operato, proponendo anche azioni concrete.

Lo sviluppo sostenibile – dopo la Conferenza di Rio de Janeiro del 1992, nella quale si sono riuniti 160 Paesi per discutere su aspetti ambientali – costituisce un impegno prioritario. Tali tematiche sono state riprese a Johannesburg nel 2002. L'Organizzazione delle Nazioni Unite, il trattato di Maastricht, il Libro Bianco di Jacques Delors, per citare alcuni esempi, sottolineano come sia indispensabile promuovere azioni per formare nei cittadini la consapevolezza di un corretto uso delle risorse ambientali. La *Carta delle città europee per un modello urbano sostenibile* (Aalborg, Danimarca, 27 maggio 1994) sottolinea il ruolo fondamentale delle città nello sviluppo della società; essa auspica (punto 14) "*la messa a punto di meccanismi che contribuiscano ad accrescere la consapevolezza dei problemi e prevedano la partecipazione dei cittadini*". Inoltre, prevede di basare le attività decisionali e di controllo "*su diversi tipi di indicatori, compresi quelli relativi alla qualità dell'ambiente urbano*". In questi termini, il monitoraggio biologico degli inquinanti aerodispersi risponde in pieno alla necessità di un coinvolgimento dell'opinione pubblica nelle questioni ecologiche.

Si parla sempre di più – e con maggior insistenza – di educazione ambientale come modalità e strumento per raggiungere una maggiore sensibilità in tutti i settori della società e per gettare le basi di una piena coscienza e un'attiva partecipazione dei singoli alla salvaguardia dell'ambiente. Anche interventi ludici sono ritenuti utili allo scopo (Fig. 211).

In Italia, dopo la nascita nel 1986 del Ministero dell'Ambiente, sono state intraprese intese istituzionali per il coordinamento delle iniziative nel campo dell'educazione ambientale. La stessa legge istitutiva del Ministero stabilisce l'esigenza di sensibilizzare l'opinione pubblica su queste problematiche anche attraverso la scuola e di concerto con il Ministero della Pubblica Istruzione. L'ultimo protocollo di collaborazione tra i due Ministeri è del 1996 e tende a favorire una corretta conoscenza di questa tematica nel mondo scolastico e un comportamento responsabile e attivo verso il comune patrimonio ambientale. Il Ministero dell'Ambiente ha, inoltre, avviato con i Programmi triennali di tutela ambientale 1989/91 e 1994/96 e con il programma INFEA (*INformazione Formazione Educazione Ambientale*) un progetto coordinato di interventi nei settori dell'informazione e dell'educazione ambientale, che costituiscono strumenti operativi indispensabili per operare i processi di cambiamento nell'ambito della sostenibilità dello sviluppo, così come indicato nell'Agenda XXI sottoscritta a Rio de Janeiro nel 1992.

Fig. 211. In Gran Bretagna, da anni, sono in vendita giochi a sfondo ecologico per sensibilizzare i ragazzi alle tematiche ambientali

Il programma INFEA si basa sulla consapevolezza che la ricchezza e la varietà delle iniziative e dell'offerta educativa è una risorsa preziosa, da coltivare e incentivare ulteriormente ma non di per sé sufficiente a radicare e integrare, in modo stabile e permanente, l'azione educativa nei processi di trasformazione sociale e culturale. Le finalità sono migliorare la qualità della comunicazione e della cooperazione tra i diversi soggetti impegnati e la capacità di interagire produttivamente tra loro e di apprendere dall'esperienza propria e altrui. Inoltre, agli studenti viene offerta la possibilità di sentirsi parte di una comunità, dove tutti sono partecipi come "investigatori" e studiosi a diversi livelli di esperienza e di conoscenza. Come accennato, il progetto è rivolto a studenti di età diverse, ma la comunità comprende anche insegnanti, adulti e istituzioni pubbliche e private che si occupano di tematiche ambientali.

In realtà, l'educazione ambientale è un settore di studi pedagogici e di pratiche di intervento piuttosto recente. Secondo il concetto (in verità non sempre vero) che "*più si è informati e più ci si comporta responsabilmente*", l'obiettivo è quello di creare una sensibilità verso i problemi del pianeta che, come dice uno *slogan* molto fortunato, "*non è nostro, ma lo abbiamo avuto in prestito dai nostri figli*".

Ecco, allora, che gli scopi fondamentali diventano quelli di sviluppare la conoscenza dell'uomo in modo tale che egli riesca ad analizzare i vari aspetti del contesto spaziale, ne conosca le caratteristiche, comprenda sempre più profondamente i modi attraverso i quali salvaguardare e sviluppare le risorse di varia natura presenti in esso. Le iniziative nell'ambito di tali tematiche in questi ultimi anni sono sempre maggiori. Occorre ricordare al riguardo le campagne per le raccolte differenziate dei rifiuti, i cittadini che adottano monumenti o opere d'arte, i piani regolatori delle città che cominciano a porsi i problemi di vivibilità e del recupero dei centri urbani, l'integrazione dei disabili, l'accoglienza degli immigrati, ecc. Il concetto di educazione ambientale si evolve allora verso quello di *educazione allo svi-*

luppo sostenibile, che non può essere limitato semplicemente a nuova materia d'insegnamento – circoscritta al solo tempo scolastico – ma deve contribuire a "*ricostruire il senso di identità e le radici di appartenenza, dei singoli e dei gruppi, a sviluppare il senso civico e di responsabilità verso la* res publica, *a diffondere la cultura della partecipazione e della cura per la qualità del proprio ambiente, creando anche un rapporto affettivo tra le persone, la comunità ed il territorio*" (art. 7 della Carta dei princìpi dell'educazione ambientale approvata al convegno di Fiuggi il 24 Aprile 1997).

Sulla scia del progetto INFEA sono nati centri di formazione in tutta Italia, l'obiettivo comune dei quali è avvicinare il mondo scolastico (ma non solo) all'ambiente e introdurlo attraverso un'attiva partecipazione degli alunni alle problematiche connesse. Sono ampiamente noti programmi di lavoro in cui gli studenti sono coinvolti in azioni sperimentali volte a scoprire le strette relazioni tra attività umane e mutamenti climatici. Tra queste, si cita il progetto "Vivere l'aria", in cui gli studenti hanno preso parte, costruendo in proprio gli strumenti, a esperimenti atti a dimostrare la presenza, la costituzione chimica e le proprietà fisiche dell'atmosfera. Nella stessa occasione sono state affrontate le tematiche dell'inquinamento ambientale. Nel sito del CREDA (*Centro di Ricerca, Educazione, Documentazione Ambientale*) del Parco di Monza sono illustrati alcuni progetti di didattica ambientale volti ad avvicinare gli studenti al proprio territorio: attraverso il tatto, la vista, l'olfatto e l'udito la classe scopre i segreti degli ambienti e degli ecosistemi presenti nei pressi della scuola. La Regione Lombardia, in collaborazione con il LEA (*Laboratorio territoriale di Educazione Ambientale "Laura Conti"*, gestito dall'Università di Milano) ha dato vita a una serie di attività in ambiente fluviale (monitoraggio dei macroinvertebrati).

Nel progetto di educazione ambientale della scuola media di Trecate (Novara) gli studenti sono stati coinvolti in un'indagine sulla qualità dell'aria tramite il monitoraggio dei licheni. Attraverso prove sperimentali (analisi della struttura interna ed esterna dei licheni, formazione di anidridi e acidi, osservazione al microscopio delle alghe, ecc.), sono stati acquisiti i concetti di base del biomonitoraggio delle precipitazioni acide e della realizzazione di una carta della qualità ambientale del territorio, attraverso il conteggio delle specie licheniche e l'elaborazione dell'indice di biodiversità lichenica.

Un altro studio sull'inquinamento atmosferico ha visto coinvolte trenta scuole nella zona di Cork (Dublino, Irlanda): sono state esaminate la distribuzione lichenica, l'abbondanza di lieviti su foglie di frassino e l'acidità delle piogge. Ogni istituto era provvisto di un *kit* contenente istruzioni dettagliate, informazioni di base, un manuale per l'identificazione dei licheni e tutto l'equipaggiamento necessario per il rilevamento. Con i dati raccolti gli studenti sono stati in grado di descrivere la qualità dell'aria nella zona studiata attraverso la costruzione di carte tematiche. Con l'aiuto di decine di scuole in tutta Europa è stata effettuata una campagna di monitoraggio con i lieviti fogliari per la valutazione della qualità dell'aria. A esse è stato fornito un *set* di istruzioni e manuali d'informazione sulle tecniche di biomonitoraggio. Gli studenti hanno avuto il compito di raccogliere, nei giorni prestabiliti, le foglie dalle specie di piante prescelte, le quali sono state, poi, trattate secondo un protocollo specifico per valutare il numero delle colonie formatisi.

Nell'estate del 2000, l'Istituto del paesaggio e dell'ecologia delle piante (Università di Hohenheim, Germania) ha dato vita a un progetto all'interno del programma *EuroBionet* (finanziato dalla UE) in collaborazione con sei scuole e con l'ufficio ambientale di Ditzingen (vicino a Stoccarda). Presso le sedi scolastiche sono state installate le stazioni di monitoraggio costituite dai bioindicatori tabacco, pioppo e loglio. Gli studenti e gli insegnanti hanno giocato un ruolo decisivo nel progetto, in quanto responsabili del mantenimento delle piante e della valutazione dei danni.

Dalla partecipazione della Regione Umbria al progetto INFEA nasce il *Centro Regionale per l'Informazione, la Documentazione e l'Educazione Ambientale* (CRIDEA), che si propone come soggetto per il coordinamento funzionale tra le strutture pubbliche e private, le associazioni e tutti coloro che operano nei campi suddetti. Questa struttura ha promosso, con lo *slogan "gestire il presente – preservare il futuro – divenire eco-cittadini"*, il progetto Eco@tlante, che mira a ottenere carte tematiche ambientali con la collaborazione di istituzioni pubbliche, università (di Perugia, Pisa e Trieste) e privati. L'attività è rivolta agli studenti, dalle scuole materne alle superiori, e ai cittadini in genere. Tra gli altri, lo scopo è stato quello di introdurre i ragazzi alle tematiche del biomonitoraggio degli inquinanti atmosferici, coinvolgendoli come "attori principali" nella campagna di valutazione del rischio O_3. Inizialmente è stata elaborata una scheda – diffusa a mezzo *Internet* a tutti i soggetti partecipanti – con l'intento di spiegare in toni facilmente comprensibili le problematiche legate all'inquinamento e le tecniche di biomonitoraggio utilizzate a livello nazionale e internazionale. In dettaglio, la scheda evidenzia: le differenze tra l'O_3 in stratosfera ("amico") e quello in troposfera ("nemico"); quali sono i soggetti a rischio e, in particolare, gli effetti negativi sulle piante; l'uso delle specie vegetali come "spie" della presenza del contaminante. Vengono, poi, schematizzate le fasi di preparazione dei bioindicatori (vedi 13.9). Il linguaggio è adeguato agli utilizzatori, ricco di metafore ("ozono cattivo e buono", ecc.) e associato a illustrazioni e stimoli visivi allo scopo di facilitare l'apprendimento dei concetti-chiave della metodica. Il progetto, poi, è stato presentato agli insegnanti; questa fase ha rivestito un ruolo fondamentale, avendo avuto la funzione di fornire ai docenti gli strumenti necessari ad affrontare le tematiche con gli alunni. L'attività operativa ha coinvolto oltre 1.000 studenti di una cinquantina di scuole. Dall'elaborazione dei dati ottenuti è stato possibile costruire la carta tematica regionale, che evidenzia una situazione generale degna di attenzione ma non particolarmente critica (occorre tener presente che è stato monitorato solo il periodo iniziale della stagione fotochimica, e quello della mancata possibilità di lavorare con le scuole durante l'estate è un forte limite allo sviluppo di programmi di questo genere). Iniziative del genere sono state ripetute in diversi contesti (Figg. 212 e 213).

Fig. 212. I progetti di educazione ambientale basati sul biomonitoraggio dell'ozono costituiscono un esempio completo di *problem solving*, coinvolgendo competenze di base e applicate che – in relazione all'età degli allievi – spaziano dalla botanica all'ecologia, dalla geografia alla matematica e informatica (trattamento dati), dalla chimica ambientale alla navigazione in *Internet*, con il ricorso a tecniche cine-fotografiche e di restituzione cartografica, e così via. L'immagine descrive alcuni degli elaborati prodotti dagli alunni di una scuola elementare toscana impegnati in una esperienza nell'ambito del progetto INFEA

13.4 L'impiego di piante "accumulatrici"

Già è stato segnalato che il comportamento degli inquinanti una volta assorbiti dalla pianta può essere variabile e, di conseguenza, i dati relativi alle analisi chimiche dei tessuti hanno valenza diversa. In sintesi, tra i composti che reagiscono appena penetrati e vengono decomposti e metabolizzati (per esempio, PAN e O_3) e quelli che si accumulano, ma danno luogo ad anioni o cationi normalmente presenti nei vegetali (alcuni anche in concentrazioni elevate, come nel caso di SO_2, NO_x, NH_3, HCl), si può affermare che, nella maggior parte dei casi, non è possibile risalire al tipo di sostanze presenti nell'aria.

Eccezioni a questa regola sono, come già descritto, i composti del fluoro (vedi 7.5 *b*), i metalli pesanti (elementi in tracce; vedi 11.2) e gli idrocarburi policiclici aromatici (IPA, o PAH). Ed è appunto per questi inquinanti – peraltro assai importanti per i loro riflessi sul piano igienico-sanitario – che è possibile utilizzare idonee piante (appunto "accumulatrici") al fine di avere indicazioni circa il livello di contaminazione dell'aria (Fig. 214). I meccanismi fisiologici alla base del diverso com-

Fig. 213. Il sito della *European Environment Agency* (http://ecoagents.eea.eu.int) ospita programmi di educazione ambientale, nell'ambito della formazione degli "ecoagenti"

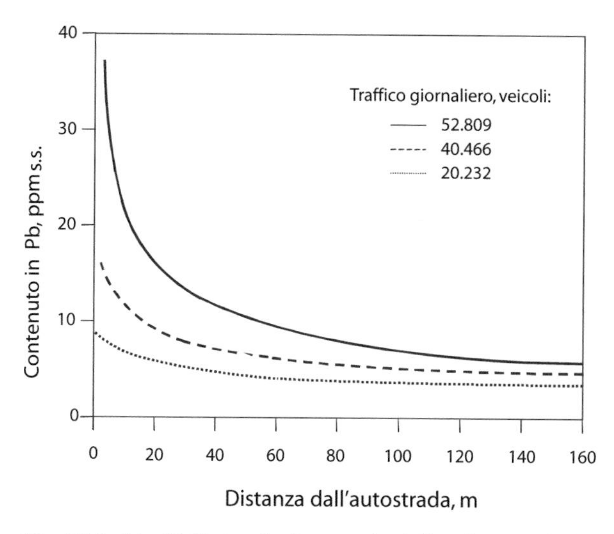

Fig. 214. Livelli di piombo in campioni di *Lolium multiflorum* prelevati nelle adiacenze di vie di comunicazione a diversa densità di traffico; i dati si riferiscono a campioni prelevati nel 1989, quando era diffuso l'utilizzo di benzine contenenti Pb-tetraetile. (Da Ferretti *et al.*, 1995)

portamento ai metalli sono complessi. È dalla fine del XVI secolo che sono note le particolari affinità di determinate specie per certi elementi, e sono anche state descritte utilizzazioni di queste per le prospezioni geologiche.

In realtà, le applicazioni correnti delle bioaccumulatrici non possono essere di norma ricondotte al fenomeno noto come "iperaccumulo", in base al quale un determinato soggetto viene a ritrovarsi con un contenuto elementare superiore anche di tre ordini di grandezza rispetto alla media degli altri vegetali che crescono nella stessa area, di norma in conseguenza di ben definiti meccanismi di interazione chimica. Sono, infatti, noti casi di accumulatori specifici, in genere ecotipi adattatisi ad ambienti particolari (per Ni si conoscono piante che contengono decine di migliaia di ppm – cioè alcuni punti percentuali, su base secca – dell'elemento!). Nelle attività di biomonitoraggio, in genere, si tratta di fenomeni più semplici, basati per lo più sull'intercettazione "passiva" del materiale aerodisperso.

Nel caso dei metalli pesanti e di sostanze organiche persistenti vengono impiegati con buon successo anche muschi e licheni (Fig. 215), che spesso vengono preferiti per le loro eccezionali capacità ritentive di materiali dall'atmosfera in relazione alla facilità con cui questi vegetali assorbono sostanze dell'aria attraverso tutta la superficie del tallo (sprovvista di cuticola) e quindi l'assenza di strutture di protezione e selezione, nonché l'impossibilità di liberarsi periodicamente delle porzioni vecchie o intossicate. Infatti, essi non creano problemi nell'interpretazione dei dati, come invece si può verificare nel caso delle piante superiori, che possono assorbire metalli anche per via radicale. È possibile operare anche con la tecnica del trapianto, prelevando talli da zone "pulite" ed esponendoli all'aria in ambienti inquinati per periodi prefissati: nel caso dei muschi, è talvolta usato materiale (specie di *Sphagnum* o *Hypnum)* raccolto in aree remote, lavato in acqua, seccato all'aria e quindi esposto in condizioni *standard* (altezza da terra, ecc.) in reti di *nylon* (Fig. 216).

L'impiego di accumulatori vegetali è valido anche per la verifica dell'efficienza di misure atte a ridurre l'inquinamento (Figg. 217-219); inoltre, è possibile, per esempio utilizzando materiale di erbario (Fig. 220) o sondaggi in substrati organici antichi (Fig. 221), confrontare dati storici; naturalmente, in questi casi occorre prestare la massima attenzione nell'interpretazione dei risultati, in relazione alle molteplici fonti di incertezza legate al campionamento. Per esempio, tra campioni prelevati davanti e dietro una barriera vegetale lungo una via di traffico, il contenuto in certi metalli può variare di un ordine di grandezza. Sono state descritte anche attività di bio-

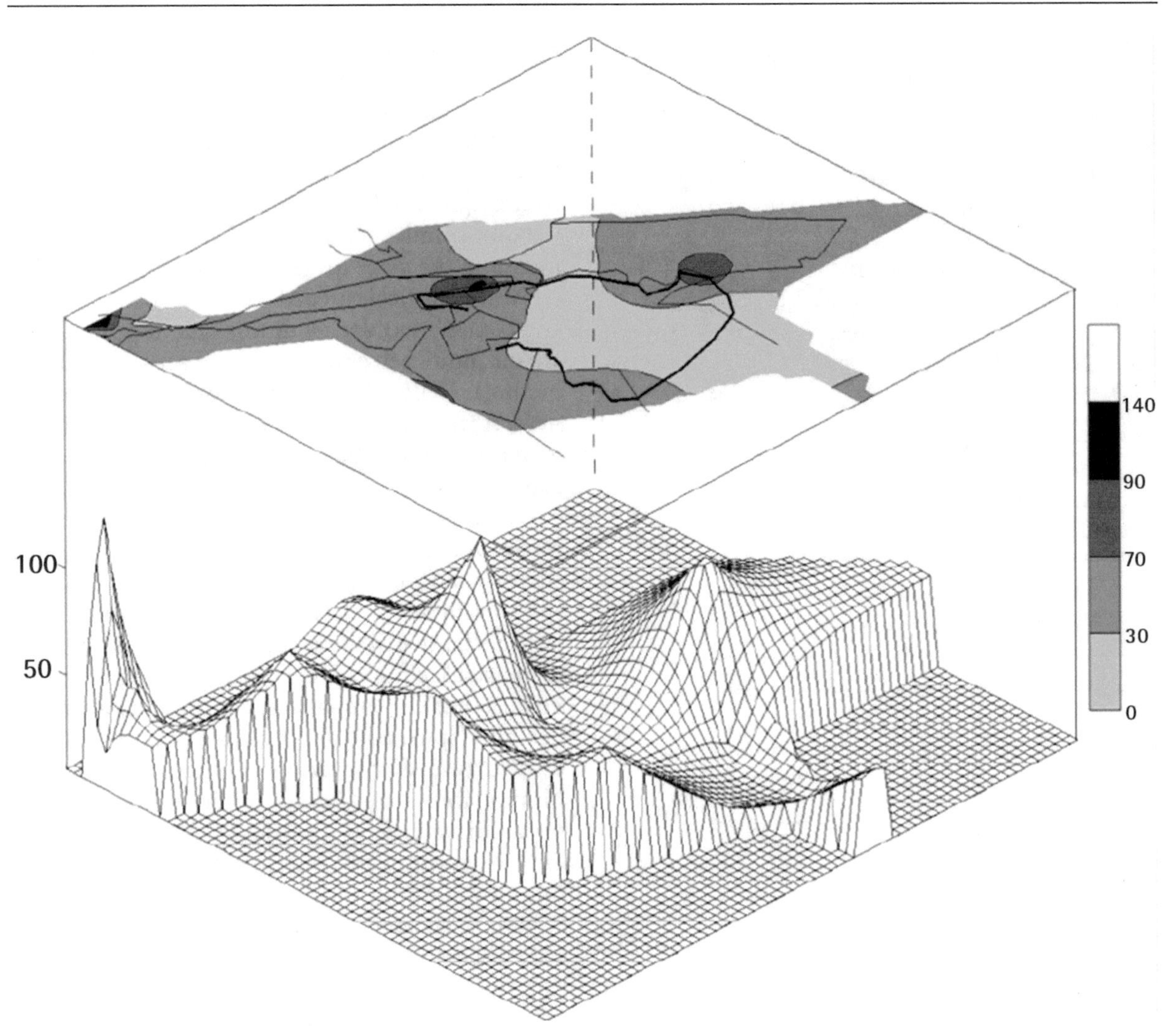

Fig. 215. Isoplete e mappa tridimensionale della distribuzione di piombo (in ppm, s.s.) in campioni del lichene *Parmelia caperata* nell'ambiente urbano di Siena; la linea spessa individua l'antica cinta muraria. (Da Bargagli *et al.*, 1997)

monitoraggio basate sulla raccolta e analisi dei carpofori di macrofunghi e di cortecce di alberi.

A dimostrazione della "vivacità intellettuale" che contraddistingue le attività di biomonitoraggio, si può segnalare la recente utilizzazione di specie spontanee del Genere *Tillandsia* (*Bromeliaceae*) note come "piante dell'aria" o "volanti" neotropicali, epifitiche, sprovviste di apparato radicale, che vivono "sganciate" dal terreno (per esempio, attaccate ai cavi elettrici) e sono caratterizzate da un'eccezionale capacità di ricavare acqua e sostanze nutritive dall'atmosfera. Questa monocotiledone, che ha cicli assai lunghi, ben si presta a intrappolare materiale inquinante aerodisperso, senza rischi di interferenze con l'assorbimento radicale.

La qualità del dato finale (presenza di una sostanza nella/sulla matrice vegetale) dipende da una serie di passaggi in successione. In particolare, dopo la definizione del problema scientifico e la pianificazione, i momenti analitici chiave sono di seguito riportati:

- *campionamento rappresentativo*: si tratta della tappa fondamentale, da cui può dipendere un errore anche del 1.000%: occorre tenere in considerazione le variabili genetiche, ontogenetiche, edafiche e microclimatiche, i fenomeni di tra-

Fig. 216. Stazione per il biomonitoraggio di sostanze persistenti mediante bioaccumulo su matrice di muschio

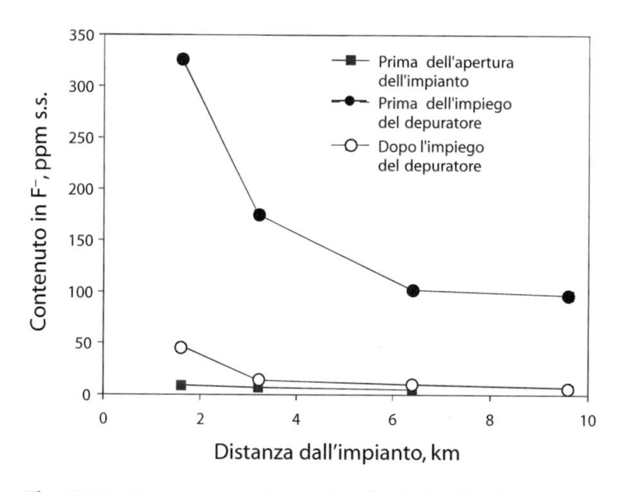

Fig. 217. Contenuto in fluoruri delle foglie di ciliegio prelevate a diverse distanze da un impianto per la produzione dell'alluminio nell'Oregon (Usa). (Disegnato da dati di Compton, 1970, riportati da Lorenzini, 1981)

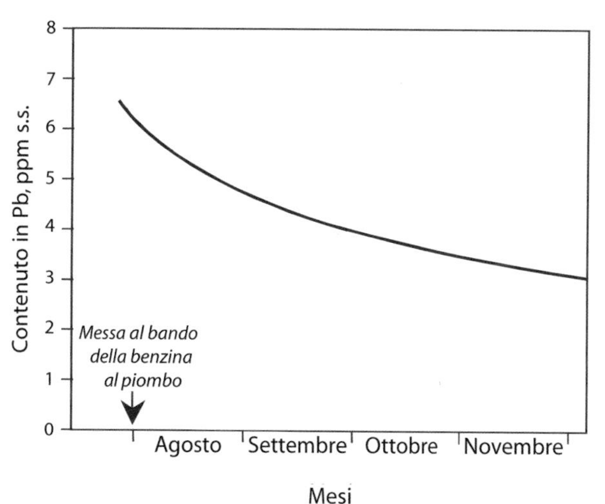

Fig. 218. Effetti della messa fuori legge delle benzine additivate al piombo sulla presenza di questo metallo nelle graminacee foraggere a Valencia (Spagna). (Disegnato da dati del progetto *EuroBionet*)

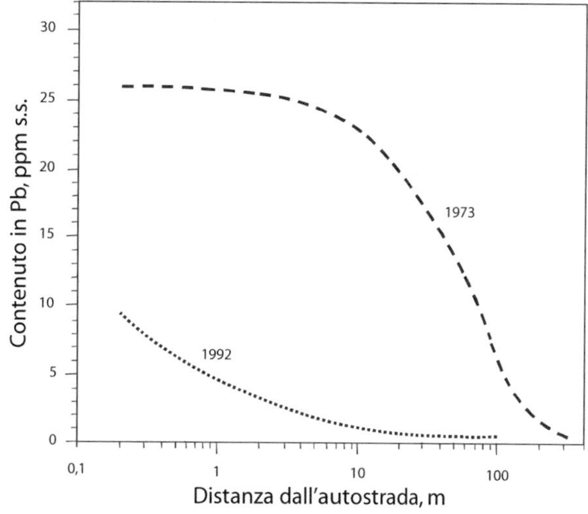

Fig. 219. Presenza di piombo su campioni di graminacee foraggere prelevate in aree adiacenti all'autostrada A8 a Stoccarda (Germania) prima e dopo l'introduzione dei convertitori catalitici di gas di scarico (1984); si consideri che tra il 1973 e il 1992 la densità di traffico nel tratto interessato è passata da 34.000 a 61.000 veicoli al giorno. (Ridisegnato da Helmers *et al.*, 1995)

sporto interno e di compartimentazione; sono elementi essenziali della strategia di campionamento la selezione della pianta e dei suoi organi e il momento del prelievo. L'architettura del ve-

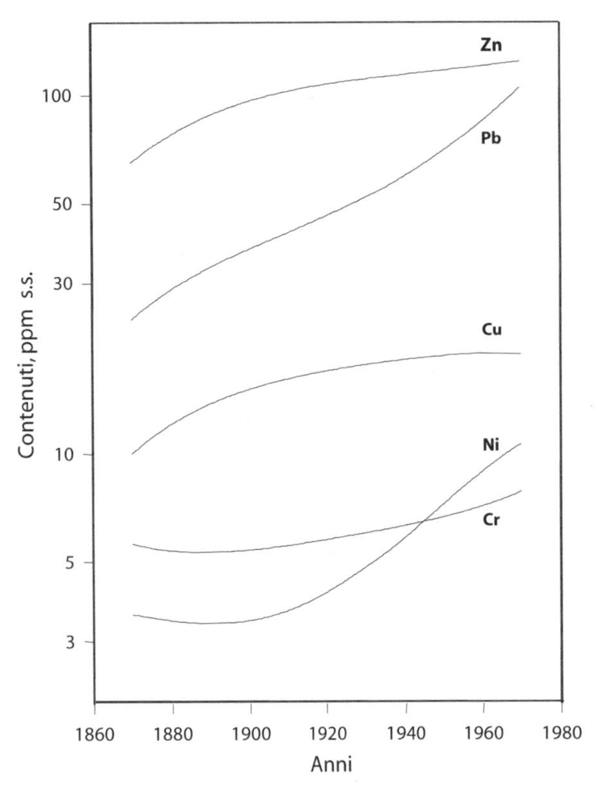

Fig. 220. Concentrazione di cinque elementi in campioni del muschio *Hypnum cupressiforme* raccolti a Skane (Svezia meridionale) nel periodo 1860-1968. (Ridisegnato da dati di Ruehling, 1968, riportati da Steubing e Jäger, 1982). Si noti la scala logaritmica sulle ascisse

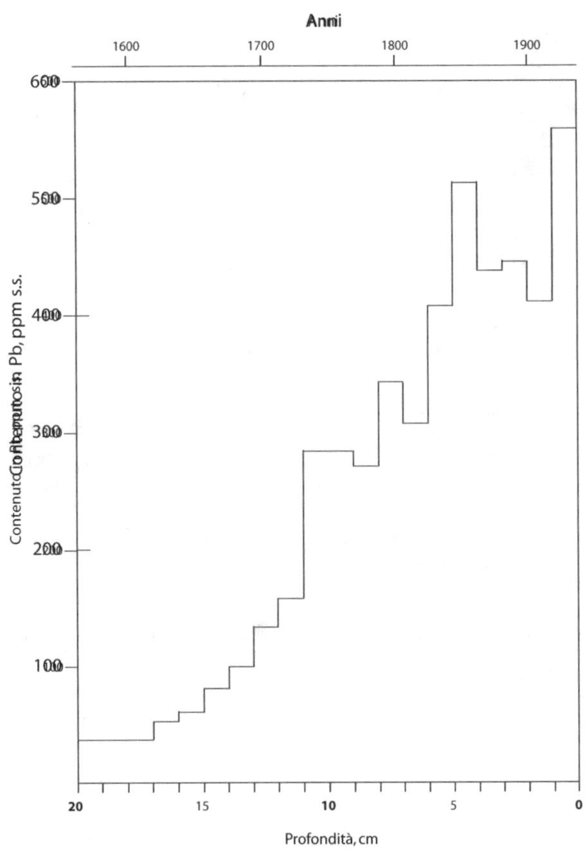

Fig. 221. Concentrazione in piombo lungo un profilo verticale di torba nel Derbyshire (GB). (Disegnato da dati riportati da Steubing e Jäger, 1982)

getale deve essere tenuta in adeguata considerazione (Fig. 222); le "regole fondamentali" in materia sono quelle che prevedono che (*a*) il campione prelevato dovrebbe avere la medesima composizione chimica della popolazione originale; (*b*) la probabilità di essere prescelto dovrebbe essere la stessa per ciascun individuo/organo; (*c*) maggiori sono il grado di dispersione degli individui e la dimensione della popolazione, maggiore deve essere l'impegno richiesto per il campionamento; precauzioni da assumere sono quelle relative alla "randomizzazione" del prelievo e alla prevenzione della contaminazione del materiale;

- *preparazione del campione*: rappresenta la seconda fase critica, alla quale viene ascritto un errore del 100-300%: i primi interventi sono di natura fisica (pulizia, lavaggio, asciugatura, omogeneizzazione e frazionamento); seguono passaggi chimici (incenerimento, decomposizione) che preparano il campione all'analisi;
- *misurazione strumentale*: è ritenuto il passaggio a minor rischio di errore (inferiore al 20%), a condizione che vengano osservate le buone pratiche di laboratorio; valgono in materia le classiche norme che prevedono, tra l'altro, il ricorso a materiale *standard* di riferimento e l'intercalibrazione tra centri diversi; devono essere impediti fenomeni di contaminazione e di perdita;
- *valutazione e interpretazione dei dati*: la massa dei risultati analitici deve essere sintetizzata (anche in forma grafica) e resa accessibile al committente, in relazione agli obiettivi della campagna; eventuali rapporti causa-effetto dovrebbero essere evidenziati; la stima degli errori è intorno al 50%.

Per decifrare il contributo delle attività antropiche nella distribuzione geografica di una molecola è necessario individuare il ruolo dei fenomeni naturali, in particolare l'erosione del suolo. Pertanto, si prende come riferimento un elemento (allumi-

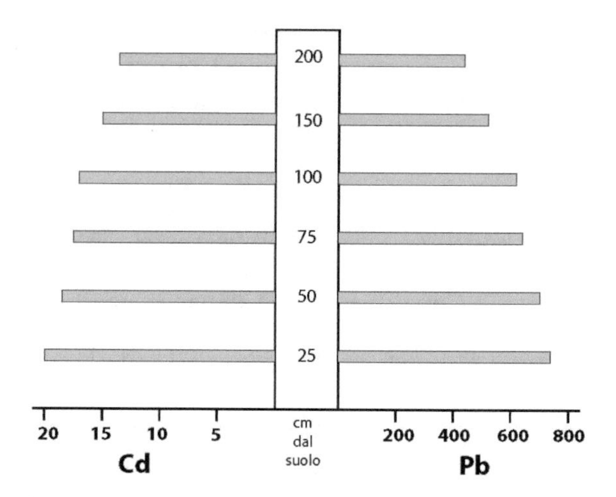

Fig. 222. Concentrazione di piombo e cadmio in aghi di 2 anni di abete, raccolti a un metro dal bordo di una strada polacca, in relazione all'altezza di campionamento; i dati sono in ppm, s.s.. (Disegnato da Mankovska, 1977)

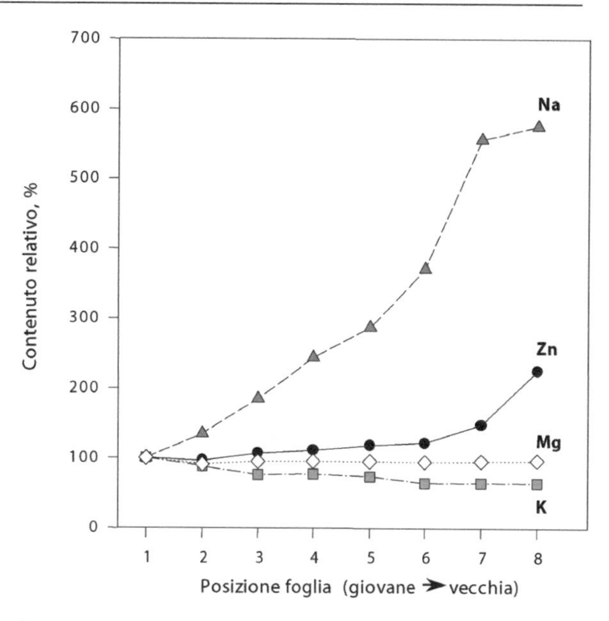

Fig. 223. Dipendenza dall'età fogliare delle concentrazioni di elementi nelle foglie lavate di *Ulmus scabra*; le differenze tra le foglie numero 1 e 8 sono statisticamente significative per K (probabilità di errore inferiore a 0,001), Mg (< 0,05), Na (<0,01), Zn (0,001). (Da dati di Ernst, 1995)

nio o silicio) di origine tipicamente tellurica ("crostale") e si determina il "fattore di arricchimento" come segue:

$$FA_i = \frac{\dfrac{A_i}{A_{Si}}}{\dfrac{S_i}{S_{Si}}}$$

in cui:

FA_i: fattore di arricchimento dell'elemento *i*;
A_i: concentrazione di *i* nel campione;
A_{Si}: concentrazione di silicio nel campione;
S_i: concentrazione di *i* nel suolo;
S_{Si}: concentrazione di silicio nel suolo.

Per definizione, il fattore di arricchimento del silicio è 1; valori inferiori a 5 sono tipici degli elementi derivati dal terreno, mentre quelli superiori a 10 suggeriscono il contributo di sorgenti antropiche.

Per discriminare il materiale semplicemente aderente alla superficie fogliare da quello effettivamente assorbito è possibile su una frazione del campione operare un lavaggio con acqua acidulata, allo scopo di rimuovere i contaminanti esterni.

Il valore del dato analitico deve essere considerato in relazione a fenomeni naturali di fluttuazione stagionale degli elementi nei tessuti fogliari e di disomogenea distribuzione nei vari organi, in funzione alla loro età (Fig. 223).

Di una certa utilità può risultare il confronto con misure di riferimento; per esempio, è stata proposta una *reference plant*, in analogia con il *reference man*, per individuare il campo di variabilità della composizione elementare dei vegetali.

13.5 La rete olandese di rilevamento biologico degli inquinanti atmosferici

L'esempio più completo di indagini basate sull'impiego di indicatori di reazione e accumulatori per la determinazione degli effetti degli inquinanti atmosferici è stato senza dubbio quello realizzato in Olanda dall'*Instituut voor Plantenziektenkundid Onderzoek* di Wageningen, al quale hanno collaborato diverse istituzioni pubbliche, tra cui i Ministeri della Sanità e del Traffico. L'attività, che si è protratta per una quindicina d'anni, era basata su rilievi settimanali dei sintomi presenti su piante indicatrici e su prelievi periodici e successive analisi chimiche di accumulatrici dislocate in oltre quaranta stazioni distribuite in maniera razionale nel territorio nazionale. Il materiale vegetale (Tabella 30) era allevato in substrato *standard* in contenitori di plastica con candele di ceramica porose poste nel terreno e collegate con la riserva idrica per un approvvigionamento di acqua automatico e regolare. In questi "gruppi di coltivazione" tutte le indicatrici e accumulatrici potevano essere allevate senza difficoltà, adattando il numero di candele porose per contenitore alle esigenze delle singole specie. Contemporaneamente, in ciascun punto erano presenti piante di tre età.

Le stazioni per il rilevamento di effetti acuti e per la raccolta dei contaminanti accumulabili erano costituite da appezzamenti della superficie di circa 100 m^2, recintati e protetti da rete frangivento. Gli effetti di tipo cronico sono stati valutati comparando alcuni parametri biologici, in soggetti allevati in coppie di cabine abbinate a ventilazione forzata, di cui una alimentata con aria ambiente e l'altra dotata di sistema di filtrazione. Al programma erano dedicate cinque persone a tempo pieno.

Diversi erano i criteri utilizzati per la valutazione dei sintomi sulle indicatrici. Per esempio, nel caso dell'O_3 su tabacco cv. Bel-W3 erano previste sette classi in base alla percentuale di area fogliare danneggiata, mentre per i fluoruri veniva misurata la lunghezza della necrosi apicale presente sulle lamine di gladiolo cv. Snow Princess (in estate) e di tulipano cv. Blue Parrot (in primavera) (Fig. 224). Gli effetti dell'etilene su petunia sono stati stimati misurando il diametro medio dei fiori, mentre per le altre indicatrici si utilizzava una scala di valori da 0 (nessun sintomo) a 4 (danno severo).

Tabella 30. Piante indicatrici e accumulatrici utilizzate in Olanda per il rilevamento degli inquinanti atmosferici. In epoca più recente le cultivar di gladiolo sono state sostituite da Lavendel Puff (sensibile) e Amsterdam (accumulatrice)

Specie	Cultivar	Sintomi	Inquinante
Gladiolus gandavensis	Snow Princess (*a*) Flowersong (*b*)	Necrosi fogliare (Fig. 224) (*a*) oppure accumulo fluoruri (analisi chimica) (*b*)	HF (e altri composti del fluoro)
Tulipa gesneriana	Blue Parrot (*a*) Preludium (*b*)		
Urtica urens *Poa annua*		Bronzatura a banda delle foglie (Fig. 122)	PAN
Nicotiana tabacum (*a*)	Bel-W3	Necrosi fogliare puntiforme (Fig. 210) (*a*) oppure	O_3
Spinacia oleracea (*b*)	Subito Dinamo	estesa (*b*)	
Petunia nyctaginiflora	White Joy	Aborto gemme fiorali (Fig. 169), riduzione diametro fiori	C_2H_4
Solanum tuberosum	Bintje	Riduzione dimensione dei tuberi	
Medicago sativa *Fagopyrum esculentum*	Du Puits	Clorosi e necrosi fogliari internervali (Fig. 136)	SO_2
Spinacia oleracea *Nicotiana rustica*	Subito, Dinamo	Necrosi fogliari internervali	NO_2
Lolium multiflorum	Optima	Accumulo elementi e analisi chimica	HF, Cd, Mn, Pb, Zn

(Da Lorenzini, 1981)

Fig. 224. Sintomi indotti dai fluoruri atmosferici sulle piante "indicatrici" utilizzate nella rete olandese di biorilevamento. *A sinistra*: tulipano cv. Blue Parrot; *a destra*: gladiolo cv. Snow Princess

13.6 Indagini sulla distribuzione geografica dei licheni

I licheni sono ampiamente diffusi nell'ambiente (dall'equatore ai poli), dal momento che presentano buone doti di adattamento. Particolarmente frequenti sono quelli che vivono sulla corteccia degli alberi (Fig. 225). Già nel 1869 Grindon suggerì che il declino della flora lichenica del Lancashire poteva essere attribuito all'inquinamento atmosferico e, intorno a quegli anni, la diversa abbondanza di questi *taxa* sugli alberi di Parigi rispetto alla campagna circostante fu correlata alla scarsa qualità dell'aria; è del 1898 la prima descrizione (abate Hue, a Parigi) di un "deserto lichenico". È già stata segnalata la grande sensibilità dei licheni alla SO_2 (vedi Capitolo 6); più generalmente essi (o per lo meno la maggior parte) sono sensibili, oltre che a questo, ad altri inquinanti, così che aree fortemente contaminate non consentono il loro sviluppo. Si parla dei già citati "deserti lichenici" epifitici per indicare tale situazione frequente in aree urbane e industriali. Gilbert ha affermato che "*coloro che soffrono di disturbi dell'apparato respiratorio dovrebbero cercare di vivere in aree che presentano una ricca flora lichenica*".

Fig. 225. Abbondanti colonizzazioni licheniche sulla corteccia di platano

Camillo Sbarbaro (1888-1967), poeta e autorevole lichenologo ligure, scrisse: ".. *il lichene prospera dalla regione delle nubi agli spruzzi di mare. Scala le vette dove nessun altro vegetale attecchisce. Non lo scoraggia il deserto, non lo sfratta il ghiacciaio, non i tropici o il circolo polare. Sfida il buio della caverna e si arricchisce nel cratere del vulcano. Teme solo la vicinanza dell'uomo…*".

In pratica, però, il lavoro di valutazione dello stato di contaminazione atmosferica di una regione in base alla distribuzione geografica dei licheni e alla relativa caduta di biodiversità non si presenta facile. Innanzitutto, nessun sintomo specifico può consentire di abbinare un danno subìto da una specie a un certo inquinante. La risposta è esclusivamente di tipo quantitativo ("aria più o meno inquinata") e non è qualitativa (natura dei contaminanti presenti). La rarefazione delle specie è ben dimostrata: per esempio, nell'area romana, dalle 430 censite nel 1940 si è passati alle 69 del 1987. A Londra sono presenti circa 10 specie (Fig. 226).

Sulla base della più volte ricordata sensibilità dei licheni alla SO_2 si è a lungo teso ad attribuire a questa sostanza la scomparsa o la rarefazione delle popolazioni licheniche in una certa zona, e quindi a ricavare dalle indagini biologiche indicazioni sui presunti livelli di questo gas. Ancora trascurati sono gli effetti sulla biologia lichenica dell'O_3, l'inquinante più diffuso in ambiente urbano. Studi recenti condotti nelle province di Massa Carrara e di Lucca dimostrano la mancanza di correlazione tra l'indice di distribuzione lichenica e quello di danno fogliare osservato sulla cv. Bel-W3 di tabacco, super sensibile all'ossidante, a indicare che il primo tipo di approccio non è utilizzabile per il monitoraggio dell'O_3.

Inoltre, la distribuzione naturale di questi organismi è condizionata da numerosi e talvolta poco noti fattori, tra cui dominano il microclima, le caratteristiche del substrato (si opera sempre con licheni epifiti, per cui sono importanti l'età della pianta "ospite" e la reazione della corteccia), eventuali trattamenti fitoiatrici, ecc. Poiché i processi di colonizzazione lichenica sono generalmente molto lenti, può verificarsi che, in una determinata area, il ritorno alla normalità – una volta cessato l'inquinamento – sia ritardato di parecchi anni. Al riguardo, una delle specie più pronte a rispondere al miglioramento della qualità dell'aria è *Lecanora muralis*, per la quale è stata dimostrata una colonizzazione di ben 9 km^2 all'anno.

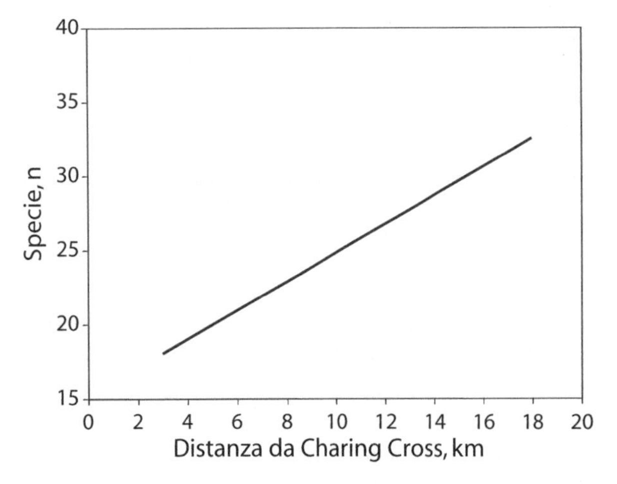

Fig. 226. Aumento della biodiversità lichenica nell'area londinese in relazione alla distanza dalla stazione di Charing Cross. (Da dati di Bell *et al.*, in Klumpp *et al.*, 2004)

Occorre poi considerare che non è facile, a prima vista, distinguere i licheni attivi da quelli non vitali. Di grande utilità in questo tipo di indagini è la possibilità di confrontare i dati ottenuti (per esempio, riferiti alla distribuzione e frequenza di una o più specie) con quelli relativi a molti anni prima che l'inquinamento avesse avuto effetto. Le principali tecniche utilizzabili per questi lavori sono il censimento di determinate specie licheniche (vale a dire la valutazione della loro presenza nello spazio) e la "mappatura" di aree (cioè la classificazione della flora, in base alla sua abbondanza).

Sull'argomento sono noti moltissimi lavori sperimentali (migliaia sono le pubblicazioni specialistiche) e le indagini sinora realizzate hanno interessato sia aree relativamente ristrette (per esempio, alcune province o comuni, come La Spezia, o aree ancora più circoscritte), sia intere regioni (come il Veneto) e nazioni, come l'Olanda e la Gran Bretagna. Grazie all'interazione tra strutture universitarie (in Italia un ruolo trainante è svolto dai Dipartimenti di Biologia di Trieste e di Scienze Ambientali di Siena) e agenzie territoriali per l'ambiente, sono stati svolti seminari e corsi di addestramento, e la materia sta attirando sempre maggiori interessi. Non è impensabile prevedere in tempi ragionevolmente brevi un mappaggio del territorio nazionale. È frequente il coinvolgimento di studenti in queste campagne: da citare il caso della Gran Bretagna, che ha visto la partecipazione attiva di migliaia di giovani.

Il metodo a lungo utilizzato prevede l'elaborazione di un indice (*Index of Atmospheric Purity*, IAP) che permette la valutazione della ricchezza delle specie licheniche senza elementi di soggettività in fase di cattura dei dati e di elaborazione successiva. Esso – convenzionalmente indicato come "svizzero" – si basa sull'analisi dei licheni epifiti su alberi per lo più a scorza acida, come aceri, tigli, bagolari, querce (almeno tre per sito di campionamento) in determinate stazioni, rappresentative del territorio. È fondamentale l'assenza di evidenti fenomeni di disturbo (vicinanza a manufatti, lesioni, ecc.).

Le seguenti caratteristiche delle piante devono essere rispettate:

- il tronco deve essere lineare e non eccessivamente inclinato (massimo 10°) per evitare fenomeni di eutrofizzazione disomogenea;
- la circonferenza deve essere almeno di 70 cm per avere certezza che la flora lichenica non è di recente formazione.

L'indagine prevede queste fasi:

- con l'ausilio di un reticolo di fili di *nylon*, supportato da uno scheletro in legno, delle dimensioni di 0,15 m^2 (10 maglie rettangolari di 10 x 15 cm) si individuano tutte le specie, unitamente alla loro frequenza, data dal numero di unità (quadranti) del telaio nelle quali sono presenti (Figg. 227 e 228); l'area di saggio è posta a 120-200 cm dal suolo, nella zona di massima copertura lichenica;
- per ogni pianta si viene a determinare l'IAP come somma delle frequenze di tutte le specie presenti; per ognuna, la frequenza sarà compresa tra 0 e 10;
- si procede quindi alla stima dell'IAP per ogni stazione come media di tutti i valori IAP dei singoli alberi.

I dati così ottenuti sono elaborati per fornire mappe che prevedono l'interpolazione dei valori discreti per ottenere dati continui su tutta l'area in studio. Di norma, a diverse fasce di valori IAP si attribuiscono colori differenti (Fig. 229) e definizioni di salute ambientale; tali criteri sono comunque puramente indicativi e possono variare con gli Autori. Inoltre, la materia ha subito interessanti sviluppi, con approfondite discussioni della comunità scientifica internazionale; sono di recente pubblicazione le "Linee Guida Europee per la mappatura della diversità lichenica come indicatore di *stress* ambientali", in cui sono riportati i metodi standardizzati riguardanti disegno sperimentale, procedure di campionamento e calcolo del valore di diversità lichenica (LDV, *Lichen Diversity Values*).

Purtroppo, non sempre da queste indagini si possono trarre definitive conclusioni circa le relazioni causa/effetto. Come detto, la semplice assenza di una specie da un *habitat* può non avere significato ecologico, a meno di conoscere se la specie sia stata in precedenza presente e i fattori che ne hanno causato l'eliminazione. Per esempio, l'aridità che caratterizza il microclima urbano verosimilmente svolge qualche ruolo nel determinismo del "deserto lichenico". In Veneto è stata individuata una correlazione inversa tra incidenza del tumore polmonare nei residenti maschi di età inferiore a 55 anni e la biodiversità lichenica.

Fig. 227. Applicazione sulla corteccia di un albero del reticolo *standard* impiegato per il rilevamento floristico delle comunità licheniche epicorticicole

Uno dei vantaggi del metodo descritto è che si presta ad applicazioni durante l'intero corso dell'anno, e non richiede un'approfondita conoscenza della sistematica dei licheni (sono note quasi 20.000 specie!) ma soltanto la capacità di individuare specie differenti.

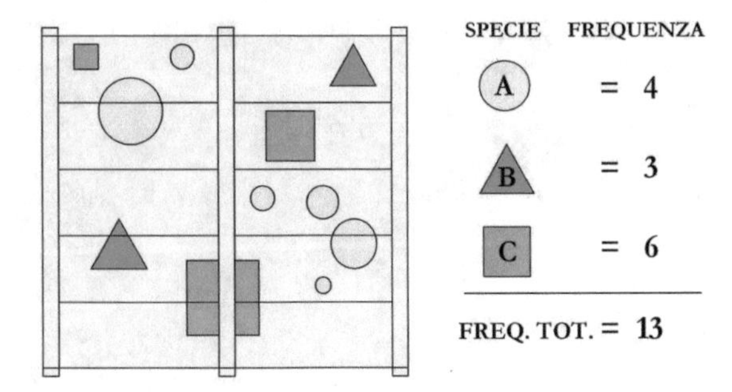

Fig. 228. Esemplificazione del rilevamento delle comunità licheniche epicorticicole. (Ridisegnato da Pieralli e Traquandi, 1991)

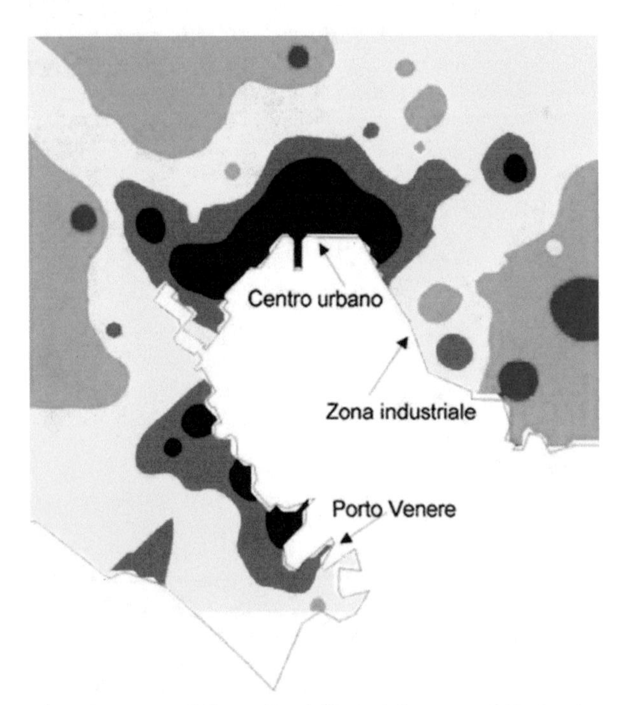

Fig. 229. Carta della qualità dell'aria del comune della Spezia, ottenuta mediante indagine sulla presenza dei licheni epifiti; le aree diversamente colorate presentano differenti livelli di IAP (*Index of Atmospheric Purity*). (Da Bellio e Gasparo, 1995). Ai colori vengono attribuite le seguenti classificazioni ambientali: *nero*: IAP inferiore a 5, deserto lichenico; *rosso*: IAP tra 5 e 10, qualità dell'aria deteriorata; *giallo*: IAP tra 10 e 20, qualità relativamente deteriorata; *verde*: IAP tra 20 e 30, qualità discreta; *blu*: IAP superiore a 30, qualità buona

È stata proposta anche una tecnica basata sul prelievo di licheni epifiti (compreso un disco di corteccia del substrato) da aree non contaminate e sulla loro successiva esposizione nelle zone in studio; lo sviluppo e le condizioni dei licheni trapiantati possono anche essere seguite a mezzo di idonee tecniche fotografiche (per esempio con pellicole all'infrarosso).

13.7 Tecniche di telerilevamento (*remote sensing*)

Le indagini di telerilevamento ambientale con riprese fotografiche da aeromobili e da satelliti hanno consentito di verificare come queste tecniche siano di grande utilità pure per interpretare gli effetti degli inquinanti atmosferici sulle piante in aree anche vastissime. Infatti, la vegetazione in condizioni di *stress* risponde in maniera diversa rispetto a quella sana in diverse bande dello spettro elettromagnetico. Dei vari tipi di pellicole generalmente impiegate per le riprese aeree, quelle a colori all'infrarosso vicino ("falso colore") sono ritenute le migliori per determinare la presenza di effetti biologici di contaminanti ambientali, in quanto le piante che mostrano riduzioni delle funzioni fisiologiche perdono di norma riflettanza all'infrarosso (Fig. 230).

Fig. 230. Un'immagine aerea in "falso colore" di una copertura vegetale: i toni di rosso si riferiscono a varie gradazioni di verde

Come noto, la clorofilla assorbe una grande frazione della radiazione visibile che cade su di essa, ma riflette quasi tutta la componente infrarossa. Inoltre, la dispersione atmosferica della luce provocata dalla presenza di particelle solide, fumo, vapore acqueo e inquinanti gassosi interferisce solo scarsamente sulle prestazioni delle pellicole all'infrarosso, che hanno una buona capacità "penetrante". Ciò deriva del fatto che il fenomeno si verifica specialmente nelle bande a corta lunghezza d'onda, escluse dalle pellicole in questione.

L'importanza di queste metodiche risiede anche nel fatto che consentono l'individuazione pure di effetti "invisibili", o comunque scarsamente apprezzabili a occhio nudo. Con le normali pellicole a colori le piante interessate da uno o più inquinanti possono essere distinte da quelle sane soltanto quando si hanno sintomi. In generale, la colorazione rossastra della vegetazione normale vira verso il magenta, porpora e verde, a mano a mano che la perdita di riflettanza all'infrarosso aumenta. Al contrario, la riflettività nella regione del verde tende a crescere con la diminuzione delle funzioni fisiologiche delle foglie.

Le tecniche di telerilevamento si prestano efficacemente per il controllo di aree estese e possibilmente omogenee (foreste, per esempio). Le difficoltà maggiori consistono nell'interpretazione corretta delle foto aeree (generalmente si scattano contemporaneamente varie immagini su diverse bande spettrali, utilizzando un complesso di apparecchi fotografici ad assi paralleli) al fine di escludere altre cause di danno e di individuare gli inquinanti responsabili degli effetti osservati. Le risposte delle piante sotto *stress* non risultano specifiche, e pertanto si rende necessario procedere a controlli a terra di siti campione.

13.8 Altri approcci

Meritano almeno un accenno alcune affascinanti prospettive legate ad altri tipi di approccio. Per esempio, è possibile individuare gli effetti a lungo termine sullo sviluppo di piante forestali di concentrazioni anche basse di inquinanti atmosferici con tecniche dendrocronologiche, in particolare mediante l'analisi delle cerchie annuali (Fig. 231). Ciò è in relazione al fatto che gli effetti negativi dei contaminanti, specie a carico dei processi fotosintetici,

Fig. 231. Cerchie annuali legnose in una sezione di abete: gli specialisti correlano le variazioni di accrescimento con le condizioni ambientali; è anche possibile analizzare separatamente i contenuti minerali, anno per anno

si traducono in riduzioni dello sviluppo diametrale. Già Leonardo da Vinci, nel suo "*Trattato di pittura*" annotava che "*... li circuli delli rami degli alberi segati mostrano il numero delli suoi anni e quali furono più umidi e più secchi secondo la maggiore o minore loro grossezza*". Più in generale, si riconosce una corrispondenza tra accrescimento arboreo annuo e fattori ambientali (in senso lato). L'analisi prevede il campionamento (mediante "carotaggio") e la misurazione degli anelli con precisa datazione degli strati, in modo da ottenere una stima anno-per-anno dello sviluppo delle specie considerate. Ovviamente, molte sono le variabili in grado di influire sull'accrescimento radiale delle piante, ma è possibile distinguere gli effetti delle fluttuazioni climatiche di breve periodo, che provocano variazioni ad alta frequenza, da quelli degli inquinanti atmosferici, che appaiono nelle serie delle larghezze degli anelli come variazioni a bassa frequenza, della durata di almeno una decade. Non facili, ma comunque interessanti, poi, sono le indagini chimiche sulla presenza di elementi nelle varie cerchie legnose (Fig. 232).

Ancora in tema di monitoraggio biologico, è stato verificato che il flusso corticale di alcune

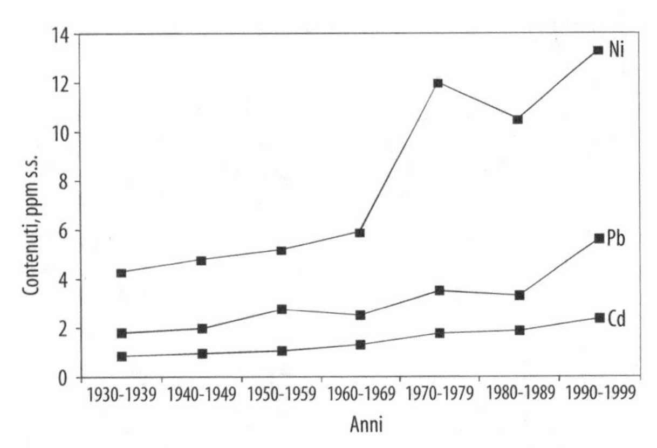

Fig. 232. Concentrazioni medie di metalli negli anelli legnosi di piante di *Larix decidua* in Val d'Aosta (dal 1930 al 1999). (Ridisegnato da Orlandi *et al.*, 2002)

specie arboree è caratterizzato da un basso pH dovuto alla presenza di ioni di H_2SO_4, HCl e HNO_3 (questi ultimi derivanti parzialmente dagli NO_x originatisi dai processi di combustione), capace di aumentare l'acidità del suolo nelle immediate vicinanze dell'albero. Questa prerogativa può essere utilizzata per confrontare flussi corticali di piante residenti in città con quelli provenienti da zone suburbane. Analogamente, ci sono evidenze che il pH della corteccia sia correlato ai livelli di SO_2 nell'aria. Anche le proprietà magnetiche delle foglie possono essere utilizzate nelle tecniche di biomonitoraggio: un'esperienza condotta a Roma nel 2002 ha mostrato che elevate concentrazioni di particelle magnetiche di maggiori dimensioni sono riscontrate in soggetti arborei situati lungo strade intensamente transitate, indicando come questo parametro sia correlato all'inquinamento da emissioni di veicoli a motore.

Esistono, poi, metodiche basate su *test* di mutagenesi su piante del genere *Tradescantia*: dopo l'esposizione nell'ambiente da saggiare viene osservata l'eventuale presenza di micronuclei allo stadio di tetrade pollinica, indice di insorgenza di rotture cromosomiche. In quest'ottica, anche analisi molto sensibili per l'individuazione di alterazioni al DNA, quali il *comet test* (*single cell gel electrophoresis assay*) potrebbero rivelarsi di utilità.

I biosensori, strumenti analitici in grado di esprimere sotto forma di segnale elettrico la concentrazione di uno specifico substrato, sono costituiti da diverse componenti tra di loro connesse a formare un'unità inseparabile: il recettore (sistema di riconoscimento), rappresentato da una biomolecola isolata da un organismo vivente, in grado di riconoscere in maniera selettiva la sostanza da analizzare e dare vita a un segnale, che viene recepito da un trasduttore per essere amplificato e registrato da un terzo elemento. Enzimi, microrganismi, cellule eucarioti e acidi nucleici sono esempi della varietà che caratterizza la componente biologica. Scarse sembrano, invece, le prospettive legate all'utilizzazione di dati analitici di parametri biochimici di campioni vegetali, in relazione alla scarsa specificità: è questo, per esempio, il caso di attività enzimatiche (in particolare perossidasi).

13.9 Un'analisi critica delle tecniche di biomonitoraggio

I bioindicatori costituiscono un utile strumento di indagine ambientale, che ben si integra con i tradizionali metodi chimico-fisici. Ne sia riprova il fatto che l'Unione Europea ha lanciato a partire dagli anni '90 progetti pilota finalizzati alla caratterizzazione della qualità dell'aria urbana con metodi basati sull'impiego di piante vascolari. Rimane, però, diffusa la sensazione che queste attività siano esposte a troppi fattori di incertezza e di rischio, in confronto ai metodi ormai consolidati. In sintesi, alcuni degli elementi in discussione sono di seguito descritti:

- la carenza di adeguati criteri di standardizzazione, dalle modalità di scelta del materiale a quelle di allevamento e di esposizione, sino a quelle di valutazione degli effetti; l'istituzione di centri specializzati per la conservazione del germoplasma, l'organizzazione di corsi di formazione per tecnici, la compilazione di manuali operativi sono alcune tappe obbligatorie per lo sviluppo e la definitiva affermazione del biomonitoraggio; in questo contesto devono trovare spazio anche processi di valutazione della qualità dei dati;
- la modesta comprensione che gli amministratori dimostrano nei confronti di queste tecniche, in relazione al fatto che il settore del monitoraggio ambientale è storicamente dominato dai chimici;

- gli scarsi interessi economici che il biomonitoraggio lascia intravedere;
- effettivi limiti logistici, quali la possibilità di operare solo in determinati periodi dell'anno e la mancanza di adeguati bioindicatori per importanti inquinanti.

In realtà, i fenomeni biologici sono caratterizzati da un alto grado di variabilità intrinseca dovuto alla complessità del soggetto. Il problema dell'incertezza (e quindi della qualità dei dati) è un aspetto epistemologico fondamentale per le scienze ambientali, e deve trovare una caratterizzazione matematica.

Un fattore operativo di notevole limitazione, per esempio nelle campagne di monitoraggio dell'O_3 con le piante di tabacco, è costituito dalle dimensioni delle piante adulte e dalla fragilità delle loro foglie, che rendono talvolta difficoltoso l'impianto simultaneo di stazioni su aree estese. Per ovviare a questi inconvenienti è stato sviluppato un sistema basato sull'impiego di germinelli di tabacco, allevati in piastre per colture di tessuti (Figg. 233 e 234), sfruttando il fatto che la sensibilità dei cotiledoni e delle prime foglie in espansione (lunghezza anche inferiore a 1 cm) è ben correlabile a quella delle foglie mature. Oltre alla maneggevolezza e alla facilità di trasporto, il metodo, che è stato predisposto in forma di pratico *kit*, offre il vantaggio di poter disporre, in uno spazio concentrato, di un ampio numero di individui (in una piastra sono ospitati 24 germinelli), così che la ricchezza di dati compensa in parte la loro discreta variabilità.

Fig. 233. Una recente applicazione del biomonitoraggio: un *kit* miniaturizzato costituito da una piastra per colture di tessuti, nei cui pozzetti sono ospitati germinelli (1-2 settimane di vita) di tabacco supersensibile (cv. Bel-W3). (Da Lorenzini, 1994)

Come già accennato, di norma la risposta dei bioindicatori è costituita dalla comparsa sulle foglie di lesioni necrotiche, che devono essere quantificate. Poiché in condizioni di campo si opera mediante scale di comparazione sintetiche, può sussistere una certa limitazione alla ripetibilità e riproducibilità dei dati, legata a fenomeni di soggettività; si rende pertanto utile un'adeguata selezione e istruzione degli operatori, nonché la disponibilità di manuali di riferimento.

Un esperimento condotto in campo risalente agli anni '80 ha rivelato l'esistenza di un ampio *range* di variabilità nella sensibilità all'O_3 da parte di genotipi di *Trifolium repens* (trifoglio bianco) appartenenti alla linea commerciale Regal. La propagazione vegetativa delle piante di trifoglio selezionate ha portato all'individuazione di due cloni a risposta differenziale: l'NC-S (O_3-sensibile) e l'NC-R (O_3-resistente) (vedi 1.3), che sono stati successivamente saggiati per la loro utilità come bioindicatori. La particolarità del sistema è quella di mostrare, in presenza di O_3, una differenza misurabile in termini di produzione di biomassa epigea, caratteristica che lo rende unico quando associata a una scarsa dipendenza dagli altri fattori che concorrono alla crescita della pianta. A titolo di esempio: il rapporto è 0,8 quando la media delle 12 ore è circa 60 ppb, e scende a 0,5 per medie di 80 ppb. La Figura 235 illustra la relazione in termini di AOT40 (vedi 1.10).

In nord Europa il trifoglio è stato individuato da tempo come un adeguato bioindicatore del livello di O_3 troposferico, in grado di sostituire l'impiego della cv. Bel-W3 di tabacco laddove le basse temperature non ne permettono l'utilizzazione. Il suo ampio areale di diffusione e la possibilità di una misura oggettiva del danno costituiscono caratteristiche ottimali per l'impiego su vasta scala. L'adozione del sistema da parte del gruppo di lavoro dell'UNECE ICP-*Vegetation* ha portato all'installazione di varie aree sperimentali anche in Italia. Ogni anno, dal 1996, talee dei due cloni vengono esposte in aria ambiente, secondo un protocollo comune a 32 gruppi di ricerca presenti in tutta Europa e Nord America.

Numerose esperienze hanno focalizzato l'attenzione sul comportamento differenziale dei due cloni, escludendo possibili effetti di sovrapposizione, in termini di biomassa e sintomi, dovuti a fattori biotici (virus) e abiotici (presenza di altri inquinanti, fattori climatici). Il loro sviluppo è

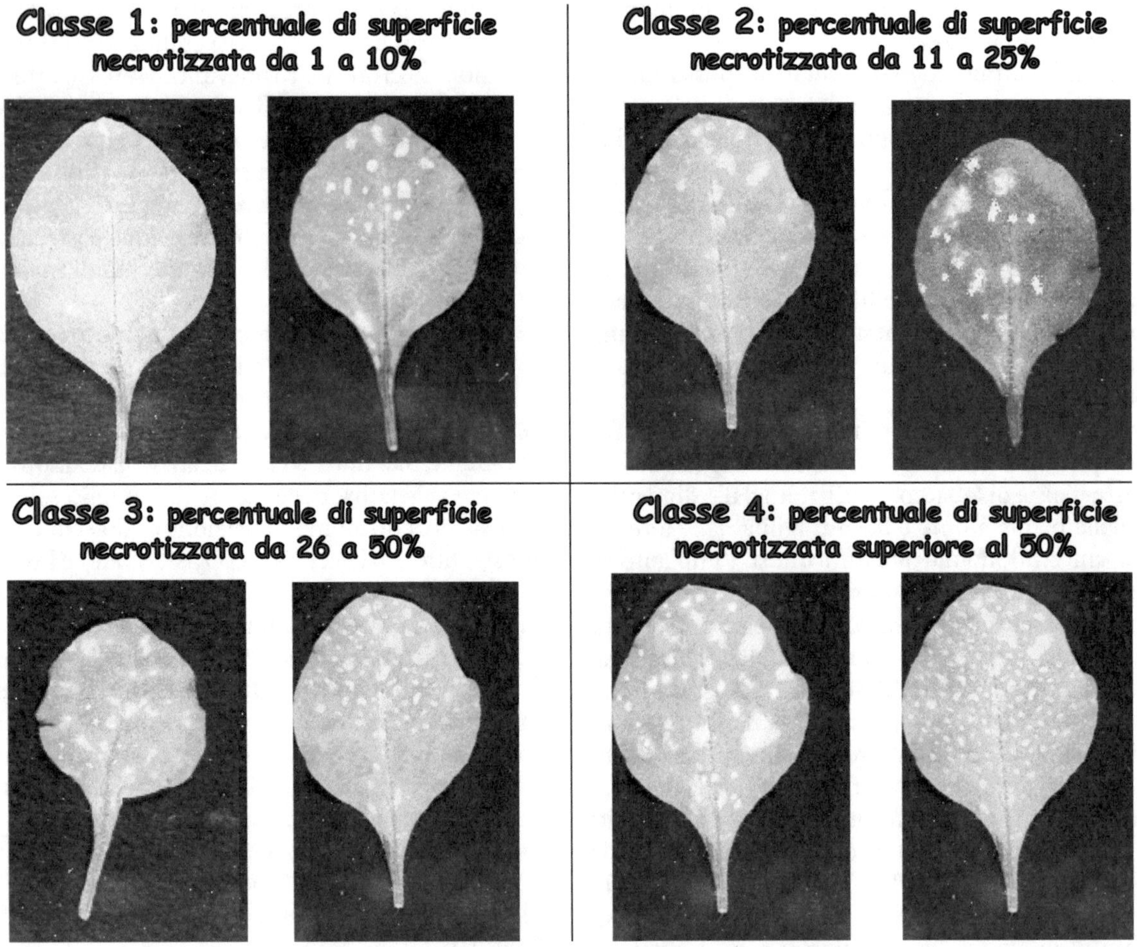

Classe 1: percentuale di superficie necrotizzata da 1 a 10%
Classe 2: percentuale di superficie necrotizzata da 11 a 25%
Classe 3: percentuale di superficie necrotizzata da 26 a 50%
Classe 4: percentuale di superficie necrotizzata superiore al 50%

Fig. 234. Scala patometrica per la valutazione dei sintomi da ozono sui germinelli di tabacco Bel-W3 (vedi Figura 233)

1,2
1,0
0,8
0,6
0,4
0,2
0,0
0 2 4 6 8 10 12 14 16 18
Rapporto NC-S/NC-R
AOT40, ppm·h

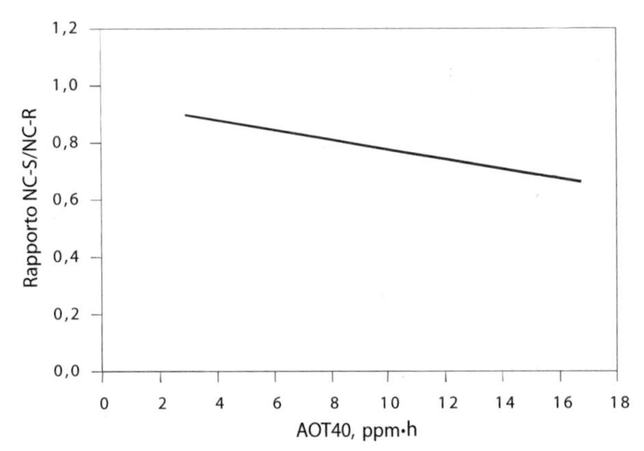

Fig. 235. Relazione tra il rapporto tra la biomassa epigea dei cloni di trifoglio bianco NC-S (sensibile all'ozono) e NC-R (resistente) e la dose di ozono accumulata sopra la soglia di 40 ppb nel corso di tre periodi di 28 giorni. (Dati *International Cooperative Programme on effects of air pollution on crops*, Nottingham)

stato valutato in relazione alle modalità di allevamento in OTC e pieno campo. La variazione del rapporto della biomassa epigea prodotta NC-S/NC-R rispetto alle concentrazioni di O_3 ha indicato che il comportamento nei due ambienti è simile. L'aspetto di maggior interesse ha riguardato la variabilità di quei fattori che sono direttamente correlati alla presenza dello *stress*, quali l'aumento della percentuale di foglie danneggiate, la diminuzione della quantità di clorofilla e, soprattutto, di biomassa prodotta. Di fondamentale importanza è la dimostrazione di una correlazione significativa tra il rapporto NC-S/NC-R e la concentrazione di O_3, che si è dimostrato generalmente maggiore dove più bassi sono i livelli dell'inquinante, e minore nel caso opposto. Modelli matematici di predizione causa-effetto legati alla presenza di fattori ambientali di disturbo nella variabilità della risposta all'O_3 sono di particolare attualità. Conseguente a uno studio di questo tipo è la teoria della presenza di un effetto *carry-over*, che presuppone un'azione cumulativa dell'O_3 sulla pianta dovuta a precedenti esposizioni all'inquinante. Le migliori correlazioni tra l'esposizione all'O_3 e il rapporto NC-S/NC-R sono state evidenziate analizzando dati provenienti da campionamenti per anni successivi in singole postazioni, piuttosto che da zone diverse, e utilizzando la dose dell'inquinante effettivamente assorbita dalla foglia.

Nella cv. Regal era stato inizialmente rilevato che, a seguito di trattamenti con O_3, la conduttanza stomatica aumentava maggiormente nel clone resistente rispetto al sensibile, rivelando in quest'ultimo una chiusura degli stomi probabilmente indotta da un accumulo di CO_2 nella camera sottostomatica conseguente a una minore fissazione a livello del mesofillo (meccanismo a *feedback*). Successivamente è stato evidenziato che NC-S ha un'area fogliare totale inferiore rispetto a NC-R, dipendente da un minor numero di foglie che, però, presentano una maggiore superficie. Il peso specifico della foglia e il tasso di assimilazione netto è risultato maggiore nel clone resistente, così come l'uso cumulativo dell'acqua, mentre l'uso dell'acqua per unità di superficie è risultato superiore nel clone sensibile, indicando, in questo caso, una maggiore conduttanza stomatica della foglia e, quindi, una maggior penetrazione dell'O_3. Queste differenze non risultano dipendenti da alterazioni nella densità stomatica.

Sono state gettate anche le prime basi per l'investigazione dei meccanismi molecolari legati alla risposta di sensibilità/resistenza dei due cloni. A seguito di trattamenti cronici, sono state riscontrate minime variazioni significative nell'attività di enzimi tipici delle reazioni da ferita o di ipersensibilità (isoenzimi della superossido dismutasi e catalasi) e un accumulo di polipeptidi a basso peso molecolare che è risultato maggiore e più veloce in NC-R. L'identità di queste proteine è ignota, in quanto è la prima volta che esse vengono associate allo *stress* da O_3 nelle piante, ma possono essere comparate a quelle notoriamente indotte, in assenza di sintomi, in altre specie (fenilalanina ammonioliasi e perossidasi, soprattutto). L'O_3 sembra, inoltre, avere un effetto sul *pool* delle poliammine, incrementando la concentrazione di putrescina e spermidina nel clone sensibile col procedere del trattamento e anche in dipendenza dell'età della pianta.

Da un lato, quindi, poiché l'ingresso dell'inquinante risulterebbe maggiore nel genotipo tollerante, la conduttanza stomatica non può essere la principale discriminante nella sensibilità attraverso la limitazione dell'assorbimento di O_3. Processi biochimici sarebbero evidentemente coinvolti nella tolleranza allo *stress* ossidativo. Dall'altro, invece, la risposta differenziale dei due cloni sarebbe correlabile, almeno in parte, a differenze nella morfologia fogliare e nell'efficienza dell'uso dell'acqua, come già è stato individuato per altre specie erbacee indagate per la risposta all'O_3. È evidente, comunque, come nel caso del trifoglio il meccanismo di difesa dallo *stress* cronico funzioni presumibilmente riparando *deficit* metabolici che vanno a mobilitare le risorse energetiche a scapito dell'accrescimento.

L'altro aspetto giudicato in parte limitante è di tipo logistico, legato all'esigenza di produrre in continuazione le piante indicatrici in idonee condizioni. Ciò richiede indubbiamente una non indifferente mole di lavoro e la necessità di disporre di adeguati spazi per l'allevamento del materiale in aria filtrata. Una soluzione a tali problemi sarebbe costituita da bioindicatori perenni, per esempio specie legnose. Al riguardo è in via di caratterizzazione il comportamento differenziale all'O_3 di cloni di pioppo, essendo evidente come le differenze di risposta in termini macroscopici riflettano un'articolata serie di diversità biochimiche (vedi 4.5). Indubbiamente, poi, dovrebbero essere maggiormente curate le modalità di esposizione del materiale vegetale, mettendo a punto sistemi standardizzati (Fig. 236).

Infine, un accenno al problema del controllo della qualità delle procedure di monitoraggio biologico, condizione essenziale per un riconoscimento ufficiale delle metodiche. Un programma di "garanzia di qualità" (*Quality Assurance*, ovvero tutte le attività pianificate e sistematiche, attuate nell'ambito di un sistema qualità e di cui, per quanto occorre, viene data dimostrazione, messe in atto per dare adeguata confidenza che un'entità soddisferà i requisiti per la qualità), essenziale per integrare a livello di sistema gli aspetti del controllo di qualità, prevede le seguenti attività:

- gestione per la qualità (*Quality Management*): si parte dal corretto progetto della campagna, per garantire che le iniziative giuste siano realizzate nella maniera idonea;

- garanzia della qualità (*Quality Assurance*): valutazione della qualità dei dati, in relazione al rispetto delle procedure operative *standard*;
- controllo della qualità (*Quality Control*): addestramento del personale, calibrazione e verifica del metodo, allo scopo di garantire che i dati siano raccolti correttamente;
- valutazione della qualità (*Quality Evaluation*): analisi statistiche dei dati, in termini di precisione e accuratezza.

Fig. 236. Una delle stazioni di biomonitoraggio attivate lungo l'autostrada A-32 Torino-Bardonecchia, con *Holcus lanatus* (per la cattura dei metalli pesanti) e *Brassica oleracea* cv. Nagoja (per l'accumulo di idrocarburi aromatici policiclici). Si può notare sul basamento a sinistra la stazione trasmittente (GSM) che collega le 18 biocentraline alla stazione di controllo remoto deputata alla gestione del sistema. (Foto CENTRO-Torino). Il sistema è basato sul principio della coltura aeroponica e garantisce approvvigionamento di nutrienti alle radici per mezzo di un sistema di atomizzatori di soluzione minerale termostatata. Viene pertanto impedito ogni eventuale assorbimento radicale dal substrato di sostanze non nutritive

Parte Quarta

Rimozione degli inquinanti da parte delle piante

Capitolo 14
Attività detossificante dei vegetali

Nell'articolato panorama delle interazioni tra vegetali e inquinanti, un posto importante è occupato dagli aspetti relativi all'attività detossificante ascrivibile alle piante, che intervengono come fattori attivi e passivi nella depurazione dell'atmosfera. L'argomento non è nuovo: già nel 1882 Antonio Stoppani nelle sue "*Conferenze su Acqua ed Aria*" considerava il regno vegetale una " ... *forza tellurica ordinata al mantenimento della purezza dell'atmosfera*", e ben un secolo prima il georgofilo Gaetano Palloni aveva tenuto un'appassionata lettura "*sulle cause più generali che diminuiscono o distruggono la respirabilità dell'aria atmosferica e dei mezzi che impiega la natura per restituirgliela mediante la vegetazione*". Da sempre è noto che la presenza di spazi verdi aumenta la commerciabilità e il valore degli immobili, anche in virtù di questi aspetti (Fig. 237) e la materia è di dominio pubblico (Fig. 238).

Agendo semplicemente come entità fisiche, le piante modificano la circolazione dei venti e riducono la permanenza delle sostanze aerodisperse favorendone la sedimentazione o comunque l'assorbimento da parte del terreno, che finisce con l'accoglierne la maggior quantità. Analisi in parallelo dei livelli di inquinanti gassosi rispettivamente sopra e

Fig. 237. Una pubblicità del 1920 che magnifica la "città giardino" di Welwyn (Gran Bretagna), ove – grazie al verde – si vive e si lavora in un ambiente ideale

Fig. 238. Un'immagine pubblicitaria dei giorni nostri: un'associazione ambientalista richiama l'attenzione sull'opportunità di combattere l'inquinamento piantando alberi

sotto la copertura vegetale evidenziano differenze significative (Fig. 239).

Anche l'adsorbimento da parte delle superfici dei vegetali è notevole. Per esempio, un esemplare adulto di *Acer saccharum* può rimuovere per questa via, in una stagione vegetativa, 60 mg di Cd, 140 mg di Cr, 5,8 g di Pb e 820 mg di Ni. È da segnalare in proposito il ruolo delle barriere verdi, per esempio lungo le arterie di traffico: quando le benzine non erano "verdi", il contenuto in Pb delle foglie veniva abbattuto di un ordine di grandezza nel materiale campionato al di là della fascia vegetale. In questo caso, comunque, si ha soltanto un trasferimento dell'inquinante dal comparto aria al sistema pianta-suolo.

Importante, per i suoi risvolti di natura biologica, è il fenomeno dell'eliminazione degli inquinanti a seguito di assorbimento e successiva metabolizzazione. Salvo talune eccezioni (fluoro e metalli pesanti), questo evento comporta la loro rimozione e la trasformazione in sostanze innocue o addirittura benèfiche per gli organismi (si pensi ai solfati e ai nitrati). Come accennato, tale azione detossificante è condizionata da un numero elevato di variabili. In primo luogo, sono le concentrazioni relativamente modeste di contaminanti che meglio vengono neutralizzate. Il ruolo dei fattori ambientali sull'assorbimento è già stato discusso; in particolare, in condizioni umide il tasso di rimozione può aumentare anche di 10 volte in relazione al fatto che l'intera superficie della pianta (foglie, fusto, rami) è coinvolta.

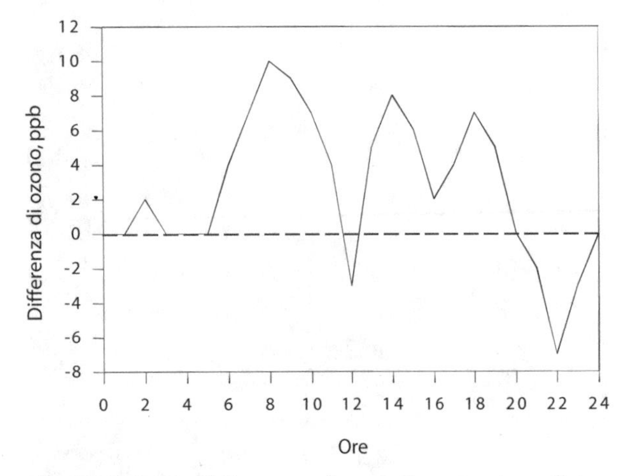

Fig. 239. Ruolo della vegetazione nella sottrazione di inquinanti dall'atmosfera: il grafico mostra le differenze di concentrazioni di ozono in campioni di aria prelevati sopra e sotto la chioma di piante di *Prunus cerasifera*. (Da Lorenzini e Nali, 1995)

Un fattore fondamentale è quello relativo alla genetica delle piante. Naturalmente, le specie resistenti sono da preferirsi nelle aree inquinate; paradossalmente, però, se la loro resistenza deriva da un meccanismo di esclusione dell'inquinante (vedi 1.8.1), il contributo di questi individui nella rimozione attiva è pressoché nullo. L'ideale è, pertanto, rappresentato da piante fisiologicamente resistenti (cioè tolleranti), in grado di assorbire e quindi neutralizzare i contaminanti. La ricerca non è ancora riuscita a prendere adeguatamente in considerazione quest'ultimo aspetto, che – se appare in linea teorica attuabile – deve tenere conto del fatto che nelle aree urbane e in quelle industriali gli inquinanti pericolosi sono sempre in numero rilevante. Al momento, la preoccupazione principale degli studiosi che operano nel settore del miglioramento delle piante da inserire negli ambienti urbani sembra rivolta verso l'individuazione di materiale resistente, senza però avere cognizione delle basi di questo fenomeno.

L'azione di "filtro biologico" ("aerodepurazione" o "aerofiltrazione") presenta indubbiamente costi metabolici anche in assenza di corrispondenti manifestazioni sintomatiche. Rimane la constatazione che la diffusione di piante idonee costituisce un valido approccio alla riduzione degli effetti nocivi degli inquinanti sugli esseri viventi.

Per avere indicazioni di natura quantitativa sull'entità dell'asportazione di contaminanti atmosferici è importante conoscere i dati relativi ai ritmi di assorbimento; purtroppo, la determinazione di questo parametro è difficoltosa. Per esempio, 1 km^2 di erba medica risulta capace di rimuovere annualmente $3{,}6 \cdot 10^4$ kg di NO_2, mentre per la soia si sono accertati valori di $2{,}0 \cdot 10^3$ kg di NH_3. Più numerosi sono, invece, i dati ottenuti dall'elaborazione di modelli. Un ettaro di foresta può asportare (tra terreno e vegetazione) annualmente $9{,}6 \cdot 10^4$ t di O_3, 748 t di SO_2, 2,2 t di CO, 0,38 t di NO_x, 0,17 t di PAN e tanta CO_2 quanta quella emessa da un'auto che percorre oltre 83.000 km. E se ogni famiglia statunitense piantasse un albero, la CO_2 totale sarebbe ridotta ogni anno di 500 t! Ovviamente, il ruolo della vegetazione nella rimozione di questa molecola è fondamentale nell'ambito dei bilanci di massa. Sono state anche proposte iniziative finalizzate a valutare il ruolo delle piante nel risanamento della qualità ambientale in ambienti confinati (interni di edifici e, addirittura, astronavi).

La vegetazione è anche un importante intercettore di idrocarburi aromatici policiclici: raccoglie circa il 40% delle emissioni in ambiente urbano e il 4% in contesti rurali.

Ancora poco indagata, ma certamente meritevole di attenzione, è la rimozione delle polveri fini e ultrafini (PM_{10}, $PM_{2,5}$), in quanto facilmente inalabili dagli esseri umani. Sulla superficie fogliare di una pianta urbana se ne ritrovano in gran quantità (Figg. 240 e 241); in realtà, l'analisi del materiale rinvenibile su tali strutture consente interessanti scoperte (Fig. 242).

Infine, merita di essere accennato un altro aspetto di questo tema: la presenza di vegetazione – specialmente arborea – nei pressi delle stazioni di campionamento e di analisi dell'aria con metodologie chimiche o chimico-fisiche può portare a sottostime delle concentrazioni di inquinanti (Fig. 243): è, infatti, errato estrapolare i dati di strumenti collocati in zone ricche di verde ad altre aree che non lo sono.

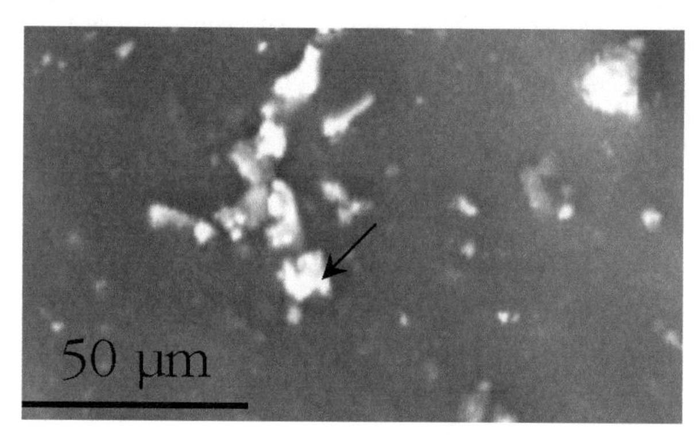

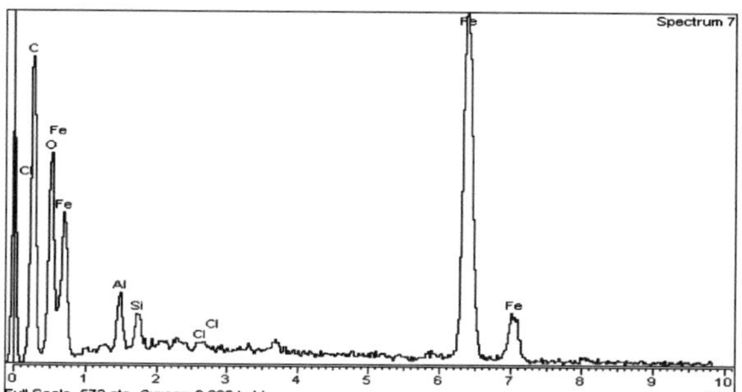

Fig. 240. Immagine al microscopio elettronico a scansione (SEM) con microanalisi a diffrazione a raggi X della superficie fogliare di *Pittosporum tobira* in ambiente urbano; viene mostrato, *in basso*, lo spettro elementare della particella indicata dalla freccia. La vegetazione svolge un ruolo significativo nell'intercettazione delle polveri sottili aerodiffuse

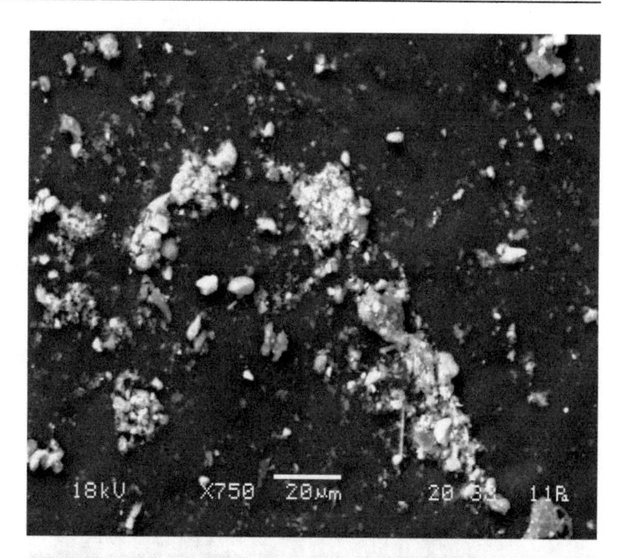

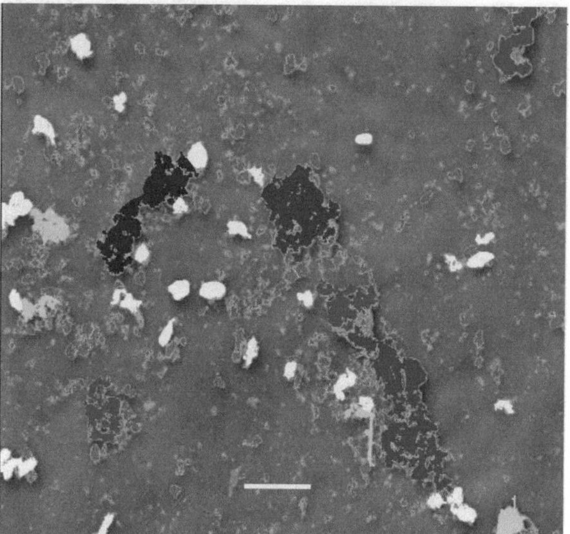

Classification

File View

Class	Objects	% Objects	Mean Diameter (max)	Mean Diameter (min)	Mean Diameter (mean)
1	775	94.743279	1.0677741	.64591056	.85886079
2	33	4.0342298	6.4230776	2.6400690	4.3013897
3	4	.48899755	11.862929	4.1114073	8.0785885
4	3	.36674815	16.247343	6.2292290	11.549685
5	0	0	0	0	0
6	1	.12224939	23.068007	15.331065	18.692829
7	1	.12224939	33.496601	5.6929755	22.156988
8	1	.12224939	47.386692	11.686107	26.369867

Fig. 241. Ancora un'immagine al SEM, con analizzatore di immagini, relativa alla presenza di polveri sottili sulla superficie fogliare di pittosporo

Fig. 242. Una panoramica del materiale che si rinviene su una foglia. *In alto*: particelle di sabbia; *al centro*: cristalli di NaCl (origine marina); *in basso*: granuli di polline (nello specifico, di girasole)

Fig. 243. Stazione di campionamento e analisi degli inquinanti collocata al di sotto di una fitta copertura vegetale: i dati saranno certamente falsati e sottostimati a causa dell'azione filtrante della chioma degli alberi

Parte Quinta

I vegetali come elemento di intossicazione nella catena alimentare

Capitolo 15
Potenzialità tossiche dei vegetali nella catena trofica

Nel valutare gli effetti dell'inquinamento atmosferico sulle piante si rende necessario trattare anche gli aspetti legati al loro ruolo nel veicolamento nella catena trofica di elementi potenzialmente tossici. Infatti, la dieta solida costituisce una voce rilevante nell'assunzione quotidiana di sostanze nocive da parte degli animali.

Trascurando la frazione assorbita direttamente per via dermale, si può concentrare l'attenzione su quelle inalate e ingerite; ogni giorno un uomo medio (70 kg di peso) ha un'attività respiratoria che porta ad assumere 15-20 m^3 di aria, 2 l di acqua, 250 g di alimenti di origine animale e 1 kg di vegetali. La contaminazione atmosferica riguarda non soltanto quest'ultimo aspetto, dal momento che – a sua volta – il bestiame è in misura esclusiva o prevalente erbivoro. È questo uno dei temi tossicologici più attuali: un *cocktail* di microdosi di sostanze xenobiotiche di varia natura raggiunge sistematicamente – attraverso diverse vie – il nostro organismo; sono possibili interazioni tra molecole, con la sintesi di nuovi composti il cui significato per la salute umana è spesso ignoto.

Il problema coinvolge gli inquinanti persistenti e riguarda i prodotti allo stato fresco, lavorati o trasformati, compresi i derivati (miele, per esempio). Sono principalmente tre gli argomenti meritevoli di interesse, rappresentati rispettivamente dalla contaminazione da: (*a*) fluoruri, (*b*) metalli pesanti, (*c*) radionuclidi. Rimane da segnalare la carenza di informazioni in merito all'accumulo di inquinanti organici.

15.1 Fluoruri

L'intossicazione da fluoro ("fluorosi") negli animali può avere varia origine: (*a*) professionale (lavoratori in settori industriali specifici); (*b*) geologica (ingestione di acque e vegetali a contatto con substrati ricchi di fluoruri); (*c*) da inquinamento aereo (da piante contaminate da emissioni industriali e ricadute vulcaniche).

Gli animali ingeriscono senza danno piccole quantità di fluoruri nella loro dieta e modesti apporti sono addirittura benèfici. Nel caso dell'uomo, è noto come in molte zone si provveda ad aggiungere fluoro nell'acqua potabile per la prevenzione della carie dentaria. Il confine tra le dosi nocive e quelle utili è, comunque, piuttosto ristretto.

La prima evidenza di tossicità sul bestiame è rinvenibile nella letteratura islandese di due secoli fa. A seguito dell'eruzione del vulcano Hekla (che provocò nel breve termine conseguenze catastrofiche, con la morte di oltre 200.000 animali), la vegetazione di vaste aree fu contaminata da ceneri e numerosi capi andarono nel tempo soggetti a disturbi che sono oggi riconosciuti come tipiche conseguenze dell'ingestione di elevati quantitativi di fluoruri. I danni si esplicano specialmente a livello dell'apparato scheletrico, in conseguenza della grande reattività dell'elemento con il calcio (lo ione F^- rimpiazza i gruppi idrossilici e converte l'apatite in fluoroapatite), con manifestazione di alcuni quadri sintomatici tipici, di seguito sintetizzati:

- *lesioni dentarie*: gli ameloblasti, che producono la matrice organica dello smalto, sono ridotti nelle dimensioni e si viene a formare una struttura anormale, che non raggiunge una regolare calcificazione; queste anomalie portano a riduzione dello spessore dello smalto e ad altre conseguenze, come difetti nella linea di attrito, e si manifestano negli animali esposti nel periodo dello sviluppo;
- *effetti sulle ossa:* sono variabili e comprendono esostosi, calcificazione delle inserzioni dei tendini, porosità della superficie;
- *difficoltà deambulatorie*: tipicamente intermittenti, interessano in tempi successivi i diversi arti;
- *alterazioni sistemiche*: perdita di appetito, diminuzione di peso e di produttività (latte, per esempio) sono i sintomi cronici che, di norma, si affiancano a quelli precedentemente descritti; la riduzione di fertilità, spesso associata alla sindrome in osservazioni di casi naturali, non è stata confermata in esperimenti controllati.

L'ordine di sensibilità degli animali domestici a queste patie è: bovini da latte > bovini da carne > ovini > suini > pollame > tacchini; animali malnutriti ne vanno maggiormente soggetti.

L'inquinamento dei foraggi è la causa più frequente di queste manifestazioni patologiche, in quanto oltre il 90% del fluoro totale assorbito proviene appunto da questa fonte. È stato proposto che, allo scopo di evitare danni al bestiame, il contenuto di questo elemento nelle foraggere non debba eccedere medie annue di 40 ppm (peso secco), sulla base di campionamenti mensili e non superare 60 ppm per oltre due mesi consecutivi o eccedere 80 ppm per oltre un mese. Non si è ancora in condizione di specificare la soglia di tossicità per gli animali e non sono chiariti i meccanismi che ne regolano l'accumulo nei vegetali. Il livello in queste piante sottoposte all'inquinamento risulta, di norma, molto variabile nel tempo, potendosi rilevare differenze di quasi 10 volte da una stagione all'altra. In generale, la concentrazione è minore nei periodi di maggiore sviluppo (primavera-estate), in quanto si ha diluizione nella biomassa in rapido accrescimento. Le varie specie hanno diversa tendenza all'incorporamento di fluoruri, come evidenziato dalla variabilità dei relativi coefficienti di accumulo (K) (vedi Tabella 25). Le caratteristiche del terreno, l'eventuale impiego di fertilizzanti e di acque di irrigazione sono altri fattori concorrenti a determinarne l'accumulo. Per una corretta interpretazione dei dati analitici, occorre procedere a un razionale campionamento del materiale; per ogni area in studio è necessario prelevare almeno 25 unità di raccolta, a intervalli uguali lungo un percorso a "W".

Sensibili differenze si riscontrano confrontando esposizioni continuate e intermittenti e tali variazioni sono accentuate ulteriormente dalla concentrazione degli inquinanti. In *Phleum pratense* e *Trifolium pratense* fumigazioni discontinue con HF provocano maggiore accumulo di fluoruri, rispetto a quelle continue, quando le dosi comparabili sono ottenute raddoppiando la concentrazione nelle esposizioni intermittenti. Quando, però, viene impiegata la stessa concentrazione e queste ultime sono prolungate nel tempo per raggiungere la stessa dose delle altre, la maggiore quantità si riscontra nel materiale esposto in modo continuo. Non vi è possibilità di valutare il fenomeno in base alle manifestazioni sintomatiche: molte specie da pascolo possono assumere diverse centinaia di ppm di fluoro senza mostrare alcun effetto conclamato.

Al problema concorrono anche le forme particellate che, di solito, interessano poco per la fitotossicità, in quanto facilmente asportabili; tuttavia esse, nonostante il fatto che tra il 70 e il 100% dei fluoruri depositati in forma solida sulla superficie fogliare siano rimovibili con un semplice lavaggio, sono ingerite dagli animali prima che tale circostanza si verifichi.

Scarsi, ma comunque non allarmanti, sono i dati relativi al tenore in fluoro in prodotti di origine animale. Per esempio, in soggetti cresciuti vicino a un'importante sorgente di inquinanti il contenuto nel latte è risultato doppio rispetto al normale e soltanto nel guscio delle uova di gallina si sono registrati livelli sensibilmente superiori (9 volte) alla norma, mentre il tuorlo è apparso regolare.

Un altro aspetto rilevante degli effetti sugli animali erbivori è conseguente alle possibili trasformazioni organiche che i fluoruri possono subire nei tessuti vegetali. È stato accertato sin dal 1944 che il più importante principio tossico di una pianta sudafricana assai velenosa, *Dichapetalum cymosum*, è un fluoroacetato, e al momento sono oltre una ventina le specie dimostratesi capaci di sintetizzare, in condizioni naturali, acido monofluoroacetico (FCH_2COOH), che è un efficace rodenticida. Tra esse, tutte tipiche dell'emisfero australe (Australia, Sud America e Africa), figurano *Palicourea marcgravii*, *Acacia georginae* e diverse specie dei generi *Gastrolobium*, *Oxylobium*, *Dichapetalum*. La loro tossicità nei confronti del bestiame e dell'uomo ha portato alla scoperta dei costituenti nocivi e alla teoria della "sintesi letale": in presenza di fluoruri inorganici si ha biosintesi di fluoroacetato (peraltro poco tossico); il suo modo di azione *in vivo* è conseguente alla conversione a monofluorocitrato nel corpo degli animali per condensazione con l'acido ossalacetico, che blocca il ciclo di Krebs, inibendo l'aconitato-idratasi (aconitasi) (Fig. 244); ciò porta all'accumulo di citrato in alcuni tessuti, specialmente cuore e reni, e al blocco del metabolismo energetico. La potenziale tossicità di questa molecola è deducibile dai valori di DL_{50}: 1 mg kg^{-1} (peso vivo) nel caso del cavallo e 0,35 mg kg^{-1} per la cavia. Si consideri che la normativa italiana sui fitofarmaci classificava in prima classe tossicologica (e sottoponeva a regime speciale di vendita e di applicazione) i prodotti con DL_{50} inferiore a 50 mg di principio attivo kg^{-1} di peso vivo (la legislazione corrente ha modificato le denominazioni, ma ha conservato lo spirito della precedente) e, secondo una classica interpretazione

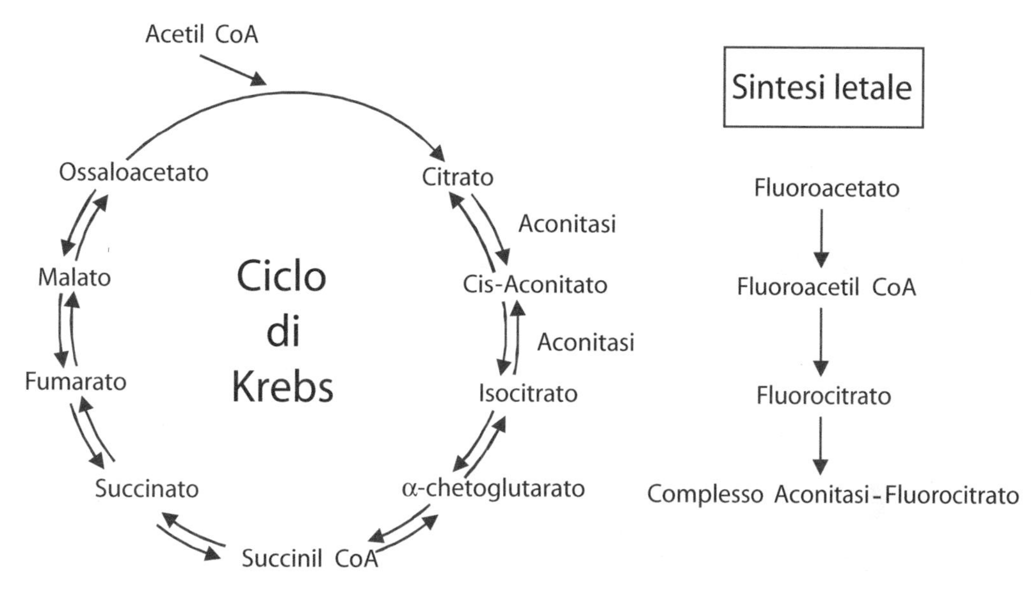

Fig. 244. Ciclo di Krebs normale (*a sinistra*) e interrotto a seguito della formazione di fluorocitrato da fluoroacetato attraverso la "sintesi letale" (*a destra*)

dei dati di tossicità animale acuta, una sostanza è definita "supertossica" se il valore di questo parametro non supera 5 mg kg^{-1}.

Nelle piante non sembra che la cosiddetta "sintesi letale" si realizzi, probabilmente perché la citrato sintetasi non ha per il fluoroacetil-CoA la stessa affinità che ha per l'acetil-CoA; inoltre, le aconitasi vegetali sono meno sensibili al fluoroacetato rispetto a quelle animali. Pertanto, la formazione di composti fluoro-organici nei vegetali potrebbe avere luogo senza che venga alterata la loro normale fisiologia. Altri composti fluoro-organici presenti in alcune di queste specie, in particolare acidi carbossilici fluorurati (fluoro-oleico e fluoro-palmitico) provocano gravi effetti sulle funzioni cardiache dei mammiferi e sul loro sistema nervoso centrale. La localizzazione di queste molecole è assai varia: i semi ne possono contenere grossi quantitativi, ma le concentrazioni più elevate sono di norma riscontrate in fusti, foglie e radici; il sito di biosintesi può variare con la specie. Sono, altresì, noti meccanismi di detossificazione: enzimi specifici che rompono il legame C-F, formazione di cristalli confinati nella corteccia delle radici e del fusto ed essudazioni fogliari cerose.

Gli studi su queste specie tossiche, condotti in ambienti non inquinati e per lo più in presenza di bassi livelli di fluoro nel terreno, hanno accertato che si possono raggiungere nelle piante (non necessariamente nelle foglie) apprezzabili livelli dell'elemento in forma organica anche se esse hanno accumulato solo modeste quantità di fluoruri.

Tuttora da definire è la questione se la sintesi di acidi fluoro-organici sia limitata a relativamente poche specie vegetali o, invece, non sia più generalizzata. La risposta a questo interrogativo è importante, sia per comprendere i meccanismi alla base del fenomeno, sia, soprattutto, per valutare i potenziali rischi connessi con la contaminazione ambientale da fluoruri. Il tema è, comunque, di non facile trattazione, in relazione a specifiche difficoltà operative. Diversi ricercatori hanno, in ogni caso, dimostrato che questi composti esistono in molte piante esposte a fluoruri atmosferici. Per esempio, sulla base delle differenze nei dati tra le analisi di tessuti fogliari di ciliegio prima e dopo l'estrazione in etere, è stato accertato che, in un campione, circa il 26% del fluoro totale era in forma organica. Comunque, i livelli di composti organici tossici del fluoro eventualmente presenti nei foraggi contaminati da fluoruri atmosferici non risultano rappresentare un serio pericolo.

15.2 Metalli pesanti

La localizzazione dei metalli pesanti nei tessuti, una volta assorbiti dalle piante (vedi 11.2), assume una certa rilevanza nel determinarne il destino tossicologico. Comunque sia, si pone il problema di esprimere un "giudizio di accettabilità" del materiale vegetale, al fine di evitare rischi di intossicazione per il consumatore. Mancano, al riguardo, *standard* di legge riconosciuti per l'individuazione dei residui massimi accettabili di questi elementi nelle derrate. Per formulare un parere – peraltro di valore informale – si può ricorrere a un'elaborazione che consenta di derivare il residuo massimo accettabile, una volta noto l'*Acceptable Daily Intake* (ADI) della sostanza (espresso in mg di sostanza per kg di peso vivo dell'animale), così come stabilito da WHO-FAO. È questa, per esempio, la procedura seguita nel percorso registrativo di nuovi fitofarmaci.

In particolare, si tratta di disporre dei dati di ADI (ottenuti a seguito di prove di lungo termine con animali, previa applicazione di idonei coefficienti di sicurezza) e rapportarli a un'ipotetica dieta *standard*. Semplici passaggi aritmetici consentono di ottenere i dati relativi alla concentrazione massima tollerabile (o, per usare la terminologia specifica dei fitofarmaci, "Massimo Residuo Limite", MRL) in riferimento sia al peso fresco che alla sostanza secca. A fini puramente indicativi, si può assumere un valore orientativo compreso tra 5 e 10 per il rapporto tra sostanza fresca e secca nei prodotti ortofrutticoli. Per un maggiore realismo tossicologico, nella procedura dovrebbero essere anche presi in esame i fenomeni di eliminazione naturale di questi elementi, che in alcuni casi sono molto efficaci.

Si riportano di seguito indicazioni in merito ad alcuni dei metalli pesanti che più frequentemente sono rinvenibili nella dieta.

15.2.1 Piombo

A causa della sua diffusione in natura e dei suoi numerosi usi industriali, questo elemento è da tempo sistematicamente presente nell'alimentazione umana e rappresenta il caso più complesso di contaminazione ambientale da metalli. Come evidenziato in Figura 245, il Pb – del quale non è nota alcuna funzione biologica utile – raggiunge l'organismo umano soprattutto (ma non esclusivamente) attraverso

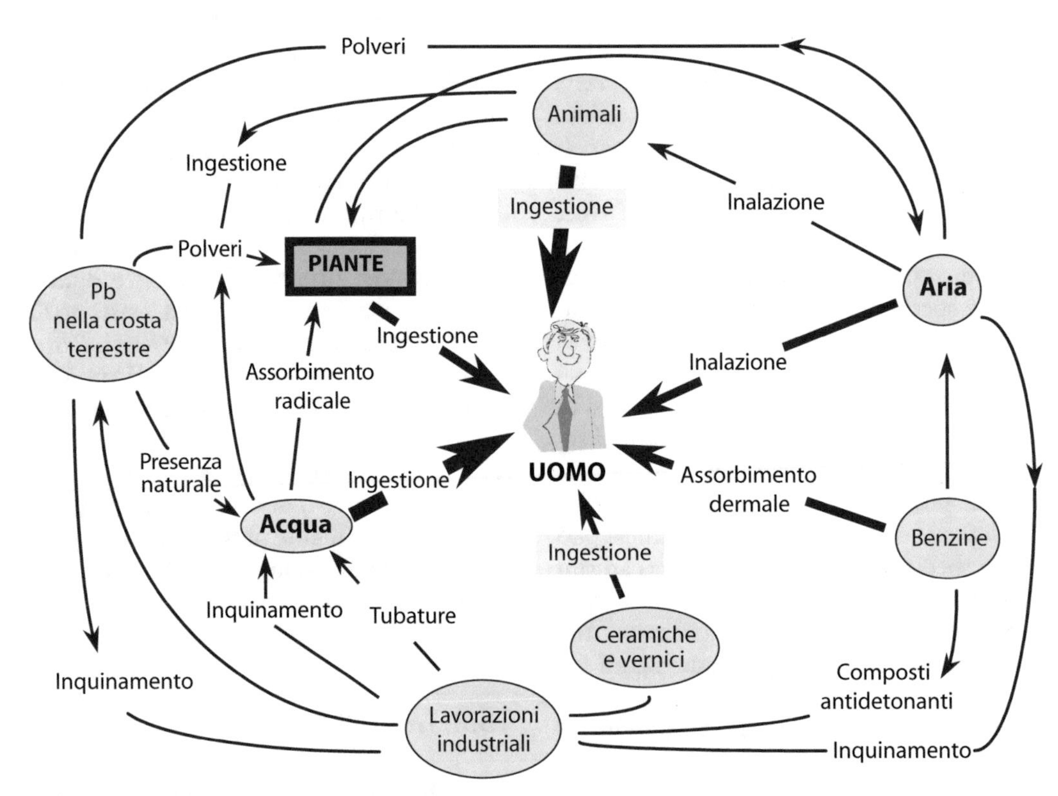

Fig. 245. Vie di esposizione dell'organismo umano al piombo. La principale forma di assunzione è con la dieta. La dimensione delle frecce è funzione dell'importanza del passaggio. La voce "benzina" era relativa alla presenza di composti Pb-organici, ora banditi

la dieta, per lo più solida. Nel cibo quotidiano di un adulto sono presenti 0,2-0,3 mg di questo elemento, la maggior parte del quale (90%), comunque, viene rapidamente espulso, per lo più attraverso le feci. Le ossa rappresentano il sito primario di concentrazione, ma livelli significativi si rinvengono in molti organi, nel sangue, nei capelli e anche nella placenta.

Dei numerosi usi industriali che fanno del piombo un elemento così ubiquitario (vernici, smalti per ceramiche, tubazioni, accumulatori), quello che ha maggiormente contribuito per lunghi anni alla sua diffusione ambientale è l'impiego di suoi composti organici (Pb-tetraetile e Pb-tetrametile) con funzioni antidetonanti nelle benzine per veicoli per autotrazione. Fortunatamente, anche in Italia l'impiego di questi carburanti è da tempo bandito, a seguito dell'introduzione della "benzina verde", la quale – comunque – non appare priva di controindicazioni ambientali. Anni fa un litro di benzina "super" conteneva sino a 500 mg di Pb, la maggior parte del quale dopo la combustione era liberato in atmosfera in forma inorganica (alogenuri, solfato, carbonato), idrosolubile e in minuscole particelle (inferiori a 5 μm). Il pulviscolo autostradale conteneva oltre l'1% di Pb in peso. Per ogni 100 km percorsi da un veicolo si aveva un rilascio di 3-4 g di Pb, così che in una via di comunicazione con densità di traffico di 24.000 veicoli al giorno erano liberati annualmente all'incirca 300 kg di Pb per chilometro (Fig. 246). Il problema ambientale persisterà comunque a lungo, in quanto la risospensione di pulviscolo inquinato continuerà a movimentare Pb in atmosfera.

La *reference plant* contiene 1 ppm di Pb (sul secco), ma nei pressi di importanti vie di comunicazione si sono rinvenuti valori dell'ordine di 500 volte superiori. L'ADI risulta 0,43 mg, per cui si ritiene opportuno concentrare l'attenzione sui campioni che presentino livelli superiori a 5 ppm (sul secco). Quantità dell'ordine di 0,5 g sono considerate letali per l'organismo umano. La legislazione canadese pone come limite massimo consentito negli ortaggi freschi 2 ppm.

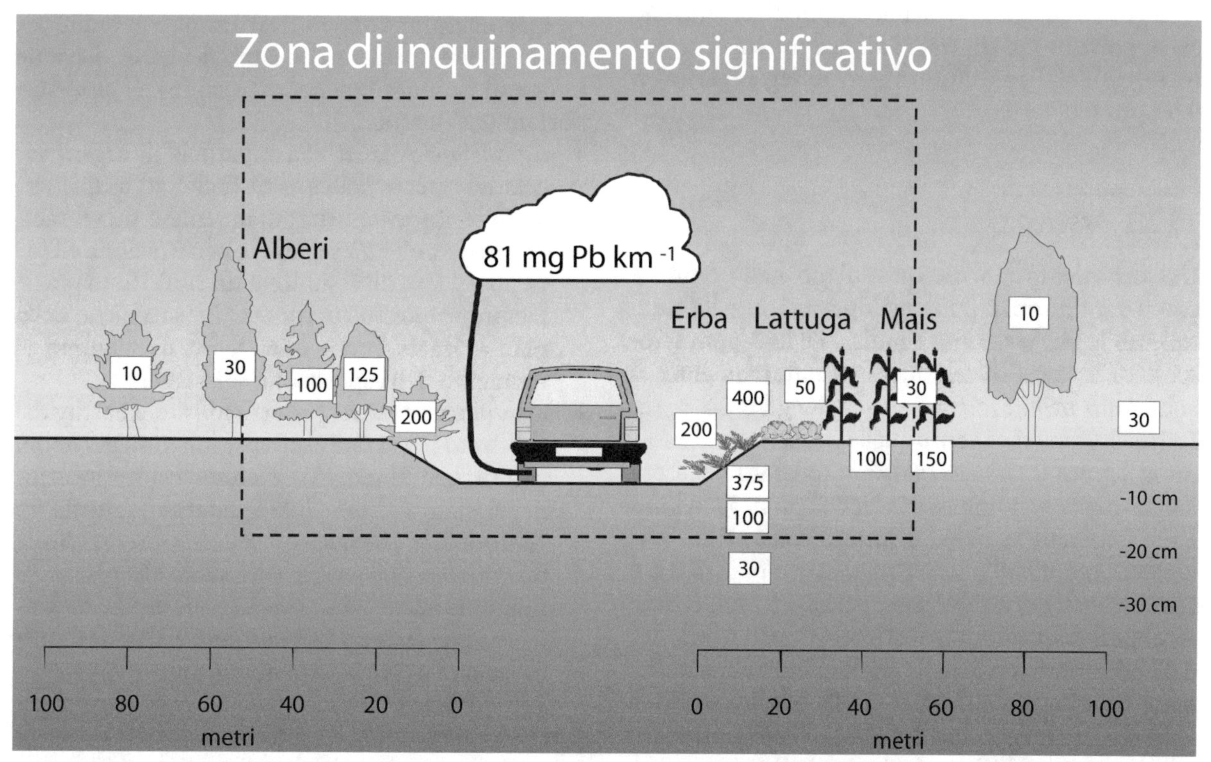

Fig. 246. Schema della distribuzione del piombo emesso dai veicoli nei comparti atmosferico, vegetale e tellurico a partire da una via di traffico caratterizzata da un flusso di 24.000 veicoli al giorno; i dati (espressi in ppm, s.s.) sono relativi a una situazione precedente all'introduzione della "benzina verde". (Ridisegnato da Smith, 1981). In Italia il 2,5% del territorio è occupato da infrastrutture viarie

15.2.2 Mercurio

La presenza di questo elemento negli alimenti è nota da una settantina d'anni, ma è stato solo dagli anni '60 che si è iniziato a stabilire *standard* di accettabilità; l'ADI risulta di 0,043 mg. Su base settimanale, il PTWI (*Provisional Tolerable Weekly Intake*) per un adulto è fissato in 0,3 mg di Hg totale, di cui non oltre 0,2 mg possono essere rappresentati da metil-mercurio (peraltro non presente in concentrazioni significative nei vegetali superiori). La dieta *standard* prevede l'ingestione quotidiana di 0,02 mg, a cui fa fronte, tra l'altro, un'escrezione urinaria di 0,015 mg; l'MRL è di 0,1 ppm (fresco). Sono pochi gli esempi di legislazione internazionale disponibili. Per esempio, in Finlandia il limite per i funghi è fissato in 0,8 ppm (fresco). La Nuova Zelanda indica in 0,03 ppm il contenuto massimo per frutta e ortaggi freschi. In Italia particolare attenzione è stata rivolta al problema della contaminazione dei prodotti ittici. Valori *standard* di concentrazione nei vegetali spaziano tra 0,01 e 0,1 ppm (sul secco). Il *National Research Council* statunitense fissa il limite massimo tollerabile per l'alimentazione di animali domestici in 2 ppm. Si ritiene che sia opportuno concentrare l'attenzione sui campioni vegetali che presentino valori di Hg superiori a 0,5 ppm (sul secco).

15.2.3 Arsenico

L'assorbimento globale quotidiano nell'uomo in condizioni normali può raggiungere 1 mg; il limite tollerabile per le derrate è indicabile in 3 ppm (fresco). In assenza di fenomeni di inquinamento, il contenuto negli ortaggi può raggiungere 1,3 ppm. La legislazione canadese e quella neozelandese fissano in 1 ppm il residuo massimo tollerato negli ortaggi; quella statunitense indica 3 ppm. In alcuni Paesi (ma non in Italia) è tuttora consentito l'impiego di insetticidi e anticrittogamici a base di As, e i limiti legali dei residui sono pari a 3,5 ppm (come As_2O_3). Il contenuto normale nei vegetali spazia tra 0,01 e 3 ppm (secco); nelle piante la forma pentavalente è molto più diffusa di quella trivalente, che è ritenuta maggiormente tossica. La *reference plant* contiene 0,1 ppm di As (sul secco). L'argomento è complicato dalle accertate proprietà cancerogene di questo elemento; rimane aperta anche la questione della sua metilazione. Si ritiene opportuno concentrare l'attenzione sui campioni di vegetali destinati all'alimentazione che presentino valori di As superiori a 1 ppm (sul secco).

15.3 Radionuclidi

Le piante intercettano i radionuclidi (elementi con nucleo atomico instabile, che si disintegra emettendo radiazioni per raggiungere un nuovo equilibrio) aerodispersi, ma li assorbono anche dal terreno, costituendo il primo anello di catene alimentari che possono portare a concentrazioni elevate di questi elementi nei tessuti animali. L'argomento ha rivestito notevole interesse in passato in relazione al *fall-out* di esplosioni nucleari in atmosfera a scopi militari. Oggi sono i pericoli connessi con incidenti in centrali atomiche a rappresentare la maggiore minaccia, come dimostrato dall'episodio di Chernobyl (26 aprile 1986) che impose alle autorità sanitarie l'adozione di misure cautelative. In diversi Paesi dell'est europeo alcune attività agricole e la raccolta dei funghi sono tuttora soggette a restrizioni.

La contaminazione radioattiva può avvenire secondo due meccanismi, il primo dei quali rilevante in fase di ricaduta (nel breve periodo) e l'altro importante nel tempo:

- *deposizione passiva*, alla superficie di organi vegetativi, specie nel caso di foglie ad ampia superficie, disposte orizzontalmente e presentanti peli e tricomi; può seguire la penetrazione all'interno dei tessuti; assumono un ruolo fondamentale in proposito caratteristiche specifiche della pianta, legate anche allo stadio di sviluppo al momento dell'esposizione (Fig. 247);
- *assorbimento attivo*, per via radicale, a partire dal substrato (ove i radioisotopi giungono per lo più con l'acqua di pioggia) e successiva traslocazione; ciascun radionuclide è caratterizzato da un "fattore di trasferimento" che esprime l'intensità dei processi di passaggio dal suolo alla pianta, in relazione anche alla capacità delle argille di trattenere gli elementi in questione e alla loro localizzazione nel profilo pedologico.

L'importanza tossicologica dei radionuclidi dipende soprattutto da tre fattori:

(*a*) *natura e intensità del decadimento radioattivo*, in termini di massa ed energia delle particelle prodotte spontaneamente (*alfa* – due protoni e due

Fig. 247. Autoradiografie di piante di *Vicia sativa* (**b**) e di *Trifolium* sp. (**d**), in confronto alle immagini normali (**a** e **c**), raccolte in Grecia nell'area di Salonicco due settimane dopo l'incidente nucleare di Chernobyl. (Per gentile concessione di T. Sawidis). Il materiale è stato esposto alla pellicola a raggi X per due mesi; si noti la presenza di *hot spots*, di varia dimensione e attività, costituiti prevalentemente da ^{103}Rubidio e ^{140}Bario

neutroni, cioè un nucleo di elio; *beta* – un elettrone; oltre ai *raggi gamma* – quanto di radiazione elettromagnetica, in genere abbinata ai decadimenti α e β). L'intensità è misurata in *Bequerel* (Bq): numero di atomi che si disintegrano in un secondo; in passato si utilizzava il *Curie* (Ci = numero di disintegrazioni per secondo di un grammo di radio; 1 Ci = $3{,}7 \cdot 10^{10}$ Bq; 1 Bq = $2{,}7 \cdot 10^{-11}$ Ci). Poiché, però, Bq individua solo la frequenza della disintegrazione nucleare (e non la sua natura), è utile conoscere la quantità di radiazione che causa in 1 kg di tessuto l'assorbimento di energia pari a 1 *Joule* (questa unità è il *Gray*, Gy) e le modalità con le quali questa energia è impartita ai tessuti (*Sievert*, Sv; 1 Sv = dose assorbita di qualsiasi radiazione ionizzante che ha la stessa efficacia biologica di 1 Gy di raggi X).

(*b*) *periodo di dimezzamento* (emivita), vale a dire il periodo necessario perché si disintegri la metà della quantità iniziale di atomi; la curva segue un profilo esponenziale e dopo un passaggio di 10 emivite la radioattività di un isotopo non è considerata più significativamente diversa dai livelli "di fondo"; il tempo di dimezzamento biologico si differenzia da quello fisico, in quanto tiene anche conto del metabolismo dell'organismo (per esempio, meccanismi di espulsione) ed è in genere minore, in funzione dei normali ricambi.

(*c*) *caratteristiche biochimiche*: nel caso di elementi essenziali, i loro radioisotopi seguono il medesimo destino metabolico delle forme stabili (e, per esempio, si possono accumulare in siti specifici, come lo iodio nella tiroide); radioisotopi non essenziali possono essere "analoghi biochimici" di elementi biologicamente irrinunciabili e seguirne i percorsi fisiologici negli organismi. È questo il caso di ^{137}Cesio, traslocato da foglie a frutti, in quanto chimicamente simile al potassio. Sono possibili anche migrazioni dal legno dell'anno precedente verso la nuova vegetazione.

Di seguito vengono sintetizzati alcuni aspetti relativi ai radioelementi più importanti:

- ^{131}Iodio: il periodo medio di dimezzamento biologico è indicato in 3,5-6 giorni e si ritiene che venga rapidamente assorbito per via fogliare e poco traslocato nella pianta, anche se è possibile una parziale espulsione;
- ^{137}Cesio e ^{134}Cesio: altamente mobili nei vegetali, vengono facilmente incorporati dalle foglie e dalle radici (anche se sono tenacemente trattenuti dalla sostanza organica) e hanno un'emivita fisica di 30 e 2 anni, rispettivamente; fortunatamente, però, il tempo di dimezzamento biologico è di poche decine di giorni (105 negli adulti e 19 negli infanti, per ^{137}Cs);
- ^{90}Stronzio: facilmente assorbito, presenta scarsa attitudine alla traslocazione e un periodo di dimezzamento di 28 anni.

Parte Sesta

I vegetali come produttori di inquinanti

Capitolo 16
Emissioni di idrocarburi da parte delle piante

In tempi recenti è stata acquisita una notevole massa di informazioni relative a un nuovo (e in parte inquietante) fenomeno: le piante come "produttrici" di sostanze inquinanti. È uno l'argomento che sta attirando l'attenzione: la liberazione da parte di molte specie di idrocarburi volatili, che possono contribuire alla formazione dello *smog* fotochimico (vedi Capitolo 3).

Da sempre l'interesse è stato concentrato sui precursori antropogenici dello *smog* e il traffico veicolare è considerato universalmente la preponderante sorgente di contaminazione. Il coinvolgimento di idrocarburi naturali in questi fenomeni è stato verificato anche sulla spinta di una serie di dimostrazioni di tipo empirico. Per esempio, all'inizio del secolo XIX negli Usa sono stati descritti danni a carico degli aghi di *Pinus strobus*, che oggi siamo pressoché certi essere attribuibili all'O_3. Una cinquantina di anni fa si è cominciato a parlare di "nebbie blu" in aree forestali remote e verosimilmente non interessate da inquinamento antropico; in effetti un tale fenomeno era stato riportato nientemeno che da Leonardo da Vinci. L'ipotesi dominante è che particelle di dimensioni submicrometriche derivate dall'ossidazione di idrocarburi emessi dalle piante agiscano da nuclei di condensazione.

Le acquisizioni degli ultimi anni meritano attenzione: indagini nella città di Atlanta (Georgia, Usa) indicano che, anche nell'ipotesi (peraltro irrealizzabile) di un'eliminazione totale degli idrocarburi antropogenici, le sostanze biogeniche (in presenza di NO_x prodotti dalle attività di combustione) sarebbero sufficienti a rendere difficile il rispetto degli *standard* igienico-sanitari per quanto riguarda gli ossidanti dell'aria. Il ruolo dei composti organici volatili di origine naturale potrebbe forse contribuire a spiegare almeno in parte i motivi degli scarsi risultati ottenuti recentemente in termini di qualità ambientale, nonostante le discrete riduzioni nelle emissioni legate alle attività umane.

Sono molte le piante che liberano idrocarburi volatili che possono partecipare – al pari (ma, verosimilmente, anche con maggiore efficienza) di quelli di natura antropica – alla catena di reazioni che portano alla formazione e all'accumulo di O_3 e di altre molecole rilevanti sotto il profilo tossicologico. Solo di isoprene, si stimano tassi di emissione che possono raggiungere valori annui dell'ordine di 30 kg km^{-2}.

Oltre 70 sono gli idrocarburi prodotti dalle piante agrarie, forestali e naturali, anche se l'80-90% di questa emissione è rappresentata da pochissime specie chimiche. L'attenzione è centrata soprattutto su isoprene, ovvero $CH_2=C(CH_3)-CH=CH_2$, monoterpeni (terpenoidi C_{10}, costituiti da due unità isopreniche) e sesquiterpeni (C_{15}, tre unità isopreniche). Non sono note funzioni di questi composti essenziali per la vita delle piante, ma essi dovrebbero svolgere un ruolo dinamico nelle strategie adattative a situazioni di sofferenza; tra le ipotesi dominano quelle relative a un effetto protettivo dai parassiti e dallo *stress* termico (l'isoprene si può dissolvere nelle membrane e modificarne la risposta alle alte temperature) e a una minore attrazione da parte degli erbivori. La sintesi di queste sostanze è governata da fattori genetici ma influenzata dalle condizioni ambientali, in particolare intensità luminosa e temperatura; l'isoprene è prodotto nel cloroplasto in presenza di luce (e quindi soltanto di giorno) ed è emesso immediatamente per volatilizzazione, mentre i monoterpeni sono liberati sia di giorno sia di notte e possono essere conservati in tessuti specializzati. Taluni di questi aspetti sono ulteriormente preoccupanti, poiché temperatura e radiazione solare sono positivamente correlati con l'attività fotochimica dei precursori dello *smog*.

Ci sono ampie variazioni nella capacità di produrre idrocarburi, con determinate correlazioni biologiche. Per meglio apprezzare la variabilità interspecifica si considerino i seguenti aspetti chemiotassonomici:

- non tutte le specie vegetali emettono gli idrocarburi in questione; per esempio, su circa 400 famiglie indagate soltanto una cinquantina producono significativi livelli di monoterpeni;
- quelli liberati nelle ore notturne (come parte dei monoterpeni) non sono verosimilmente implicati nelle reazioni fotochimiche, in quanto facilmente ossidati prima del sorgere del sole;

- a parità di condizioni ambientali, la produzione unitaria (cioè per unità di superficie fogliare e di tempo) è notevolmente variabile, passando da valori orari irrilevanti a oltre 170 $\mu g\ g^{-1}$ di tessuto fogliare secco per l'isoprene, e a quasi 30 $\mu g\ g^{-1}$ di tessuto fogliare secco per i monoterpeni;
- questi dati unitari vanno poi rapportati all'effettiva biomassa fogliare globale della pianta, che presenta oscillazioni ampie: si passa da una media per albero di circa 33 kg per *Picea abies* a 1 kg per *Robinia pseudo-acacia*;
- non tutti hanno lo stesso "Potenziale di Ozono-Formazione" (POF); in base alla vita media e alla reattività, si ritiene che quelli biogenici siano di gran lunga più reattivi rispetto a una tipica miscela di composti antropogenici; il POF (grammi di O_3 prodotti per ogni grammo di molecola) è stimato in 9,1 per l'isoprene e 3,3 per l'α-pinene.

Date queste premesse, è possibile valutare il POF per ogni specie vegetale sulla base della seguente equazione:

$$POF_{(specie)} = B\ [(E_{iso} \cdot R_{iso}) + (E_{mono} \cdot R_{mono})]$$

in cui:

B: fattore di biomassa

E_{iso} e E_{mono}: tassi di emissione di massa specie-specifici rispettivamente per isoprene e monoterpeni, per unità di peso fogliare e di tempo;

R_{iso} e R_{mono}: fattori di reattività per isoprene e monoterpeni.

Si possono allora sviluppare modelli matematici nei quali si ammette che la presenza di NO_x e le condizioni meteorologiche non costituiscono fattore limitante alla formazione di O_3 per via fotochimica. Le emissioni di isoprene avvengono soltanto nelle ore diurne e vengono tutte considerate nel modello; per i monoterpeni si valutano le frazioni prodotte tra le ore 9 e le 19.

Sono disponibili le prime classificazioni delle piante in base al loro POF; a fianco di specie che non emettono idrocarburi (o, comunque, sono responsabili della produzione di meno di 1 g O_3 per albero al giorno), ve ne sono altre a medio (1-10 g O_3) ed elevato impatto (oltre 10 g O_3). Uno studio riferito alla vegetazione californiana ha indicato che, su 377 specie saggiate, il 36% era a "basso impatto". Nelle Tabelle 31, 32 e 33 sono riportate alcune delle piante esaminate che interessano per le loro applicazioni in materia di verde urbano.

Comunque, il rapporto tra O_3 e idrocarburi biogenici è assai complesso: questi, infatti, contribuiscono pure alla diretta distruzione delle molecole di O_3, per reazione diretta (e, in questo caso, divengono sorgenti di ossidi di carbonio!). Ed è pure dimostrato che le piante soggette a O_3 producono maggiori quantità di sostanze organiche volatili!

Simulazioni matematiche relative a diversi "scenari" di riforestazione urbana segnalano che l'effetto *netto* in termini di abbattimento dell'O_3 è positivo soltanto se si scelgono specie con scarso POF. Ovviamente, questo non potrà che essere uno dei (numerosi) parametri da considerare nella scelta delle specie idonee per la piantagione su vasta scala in ambienti urbani. Non si dimentichi, poi, che i vegetali contribuiscono attivamente all'abbattimento dell'inquinamento secondo meccanismi diversi (assorbimento stomatico e successiva metabolizzazione, reazioni di superficie) e con un potenziale specie-specifico tutto da decifrare. Il passo successivo della ricerca è costituito da una valutazione comparata delle capacità di produzione e degradazione dell'O_3.

Tabella 31. Stima dei fattori relativi alla massa fogliare fresca di alcune specie ornamentali legnose

Specie	Densità fogliare (*g m^{-3}*)	Volume chioma (*m^3 pianta^{-1}*)	Massa individuale (*kg pianta^{-1}*)
Cedrus deodara	920	87	80,0
Cupressus sempervirens	5100	3	15,3
Lagerstroemia indica	950	14	13,3
Magnolia grandiflora	350	31	10,9
Nerium oleander	230	12	2,8
Pittosporum tobira	2700	1	2,7
Robinia pseudo-acacia	19	50	1,0

(Da Benjamin e Winer, 1998)

Tabella 32. Tassi di emissione di isoprene e monoterpeni di alcune specie vegetali

Specie	Isoprene	Monoterpeni
Arundo donax	38,6	-
Cupressus sempervirens	0,0	0,1
Liquidambar styraciflua	34,0	3,5
Myrtus communis	136,7	0,3
Picea abies	0,3	3,1
Populus tremula	51,0	4,6
Quercus ilex	< 0,1	58,0
Robinia pseudo-acacia	13,5	4,7
Salix babylonica	115,0	-

I dati sono normalizzati (per una radiazione luminosa fotosinteticamente attiva di 1000 μmol m^{-2} s^{-1} e una temperatura di 30 °C) e sono espressi in μg g (p.s. foglia)$^{-1}$ h^{-1}.
Il simbolo "-" indica che il valore non è stato determinato.
(Da dati di Kesselmeier e Staudt, 1999)

Tabella 33. Alberi e arbusti ornamentali distinti in base al loro potenziale di ozono-formazione (POF)

Potenziale di ozono-formazione, *g O_3 pianta^{-1} giorno^{-1}*		
< 1	< 10	> 10
Acer negundo	*Abies concolor*	*Eucalyptus globulus*
Arbutus unedo	*Ceratonia siliqua*	*Liquidambar styraciflua*
Cupressus sempervirens	*Liriodendron tulipifera*	*Phoenix canariensis*
Juniperus occidentalis	*Magnolia grandiflora*	*Phoenix dactilifera*
Lagerstroemia indica	*Myrtus communis*	*Picea abies*
Laurus nobilis	*Pinus pinaster*	*Populus tremuloides*
Nerium oleander	*Pinus sylvestris*	*Quercus ilex*
Olea europaea	*Platanus* x *acerifolia*	*Quersus robur*
Pinus pinea	*Pseudotsuga menziesii*	*Quercus suber*
Pittosporum tobira	*Quercus rubra*	*Salix babylonica*
Robinia pseudo-acacia	*Sequoia sempervirens*	*Washingtonia robusta*

Le specie sono elencate in ordine alfabetico.
(Dati di Benjamin *et al.*, 1996)

Parte settima

Riferimenti bibliografici e Indice

Bibliografia relativa alle fonti delle tabelle e delle figure

Allegrini I, Brocco D (1995) Responses of plants to air pollution: biological and economic aspects, G Lorenzini e GF Soldatini (Eds), Agric Medit Special Issue, Pacini, Pisa

Ashmore M, Dalpra C (1985) London Environmental Bulletin, 3(2):4-5

Baldacci E, Ceccarelli V (1971) L'inquinamento dell'aria. F Siniscalco e G Elias (Eds) PEG, Milano

Bargagli R, Nimis PL, Monaci F (1997) J Trace Elements Med Biol, 11:173-175

Baroni Fornasiero R, Medeghini Bonatti P, Lorenzini G, Nali C, Sgarbi E (1995) Responses of plants to air pollution: biological and economic aspects. G Lorenzini e GF Soldatini (Eds), Agric Medit Special Issue, Pacini, Pisa

Bellio MG, Gasparo D (1995) Responses of plants to air pollution: biological and economic aspects. G Lorenzini e GF Soldatini (Eds), Agric Medit Special Issue, Pacini, Pisa

Benjamin MT, Sudol M, Bloch L, Winer AM (1996) Atmosph Environ, 30:1437-1452

Benjamin MT, Winer AM (1998) Atmosph Environ, 32:53-68

Black CR, Black V (1979) Plant, Cell & Environm, 2:329-333

Bobrov A (1955) Am J Bot, 42: 467-474

Brizi U (1903) Staz Sperim Agric Ital, 36:279-377

Bray EA, Bailey-Serres J, Weretilnyk E (2003) Biochimica e biologia molecolare delle piante. Buchanan BB, Gruissem W, Jones RL (Eds). Zanichelli, Bologna

Bytnerowicz A, Olszyk DM, Kats G, Dawson PJ, Wolf J, Thompson CR (1987) Agric, Ecosyst & Environm, 20:37-47

Castagna A, Nali C, Ciompi S, Lorenzini G, Soldatini GF, Ranieri A (2001) New Phytol, 152:223-229

Ciacchini G, Salutini A, Fruzzetti R, Giaconi V (1992) Inquinamento, 34(10):76-83

Clapp BW (1994) An environmental history of Britain since the industrial revolution. Longman, London

Cohen JB, Ruston AG (1925) Smoke: a study of town air. Arnold, London

De Cormis L, Bonte J (1981) Les effets du dioxyde de soufre sur les végétaux supérieurs. Mason, Paris

Duncan P, Laxen H, Thompson MA (1987) Environm. Pollut, 43:103-114

Elvingson P, Ågren C (2004) Air and the environment. Swedish NGO Secretariat on Acid Rain, Stockholm

Ernst WHO (1995) Sci Tot Envir, 176: 15-24

Farrar JF, Relton J, Rutter AJ (1977) Environm Pollut, 14:63-68

Ferretti M, Cenni E, Bussotti F, Batistoni P (1995) Chemistry & Ecology, 11:213-228

Freedman B (1989) Environmental ecology. Academic Press, San Diego

Fuhrer J (1996) Critical levels for ozone in Europe. UN-ECE Workshop Report, University of Kuopio

Gabelmann WH (1970) HortScience, 5:250-252

Gordon AG, Gorham E (1963) Can J Bot, 41:1063-1078

Greenhalgh WJ, Brown GS (1984) 2nd Australiasan Fluoride Workshop, Geelong, Victoria

Guderian R (1977) Air pollution. Phytotoxicity of acidic gases and its significance in air pollution control. Springer-Verlag, Berlin

Guderian R, Kueppers K (1980) Proceed. Symposium on effects of air pollutants on mediterranean and temperate forest ecosystems, Riverside, PR Miller (Eds)

Heagle AS (1979) Environm. Pollut, 19:1-10

Heagle AS, McLaughlin MR, Miller JE, Joyner RL, Spruill SE (1991) New Phytol, 119:61-68

Heck WW, Daines RH, Hindawi IJ (1970) Recognition of air pollution injury to vegetation: a pictorial atlas, JS Jacobson e AC Hill (Eds). APCA, Pittsburgh

Heck WW, Taylor OC, Adams R, Bingham G, Miller J, Preston E, Weinstein L (1982) J Air Pollut Control Assoc, 32: 353-361

Heggestad HE, Heck WW (1971) Adv Agron, 23:11-145

Helmers E, Wilk G, Wippler J (1995) Chemosphere, 30:89-101

Hill AC (1966) J Air Pollut. Control Assoc, 19:331-336
Hueve K, Dittrich A, Kindermann G, Slovik S, Heber U (1995) Planta, 195:578-585
Hughes PR (1988) Plant stress-insect interactions, EA Heinrichs (Eds). J Wiley & Sons, New York
Kärenlampi L, Skärby L (Eds) (1996) Critical levels for ozone. University of Kuopio
Keller T (1982) Eur J For Path, 12:399-406
Kesselmerier J, Staudt M (1999) J Atmosph Chem, 33:23-88
Klumpp A, Ansel W, Klumpp G (2004) Urban air pollution, bioindication and environmental awareness. Cuviller, Gottingen
Kolb TE, Fredericksen TS, Steiner KC, Skelly JM (1997) Environm Pollut, 98:195-208
Kozlowski TT (1985) Sulfur dioxide and vegetation, WE Winner, HA Mooney, RA Goldstein (Eds), Stanford Univ Press, Stanford
Lapucci PL, Gellini R, Paiero P (1972) Ann Accad It Sc Forest, 21:323-358
Lepp NW (1981) Effects of heavy metal pollution on plants. Applied Sci Publ, London
Lorenzini G (1981) Inf Agr, 37:17191-17201
Lorenzini G (1993) Medit, 4(2):53-59
Lorenzini G (1994) Appl Biochem & Biotechn, 48:1-4
Lorenzini G, Farina R, Guidi L (1990) Environm Pollut, 68:1-14
Lorenzini G, Guidi L (1992) Adv Hortic Sci, 6:28-32
Lorenzini G, Medeghini Bonatti P, Nali C, Baroni Fornasiero R (1994) Physiol Molec Pl Path, 45:263-279
Lorenzini G, Mimmack A, Ashmore MR (1985) Riv Pat Veg, 21:13-27
Lorenzini G, Nali C (1995) Int J Biometeor, 39:1-4
Lorenzini G, Nali C (2002) Recent research developments in plant biology, 2:67-76
Lorenzini G, Nali C, Panicucci A (1994) Atmosph Environm, 28:3155-3164
Lorenzini G, Panattoni A, Guidi L (1987) Inf Fitop, 38(3):41-48
Lorenzini G, Panattoni A, Schenone G (1988) Water, Air & Soil Pollut, 42 47-56
Lorenzini G, Panicucci A (1994) Bull Environm Contamin Toxicol, 52:802-809
Lorenzini G, Schenone G (1989) Inquinamento, 31(12):44-52
Magill PL, Golden FR, Ackley C (1956) Air pollution handbook. McGraw-Hill, New York
Mahlotra SS, Blauel RA (1980) Diagnosis of air pollutant and natural stress symptoms on natural vegetation in Western Canada. Information Report NOR-X-228, Environment Canada, Edmonton
Mankovska B (1977) Biologia, 32:477-489
Markert B (1992) Vegetatio, 103:1-30
Milchunas DG, Lauenroth WK (1984) The effects of SO_2 on a grassland, WK Lauenroth e EM (Eds). Preston, Springer-Verlag, New York
Moser BC (1979) Phytopath, 60:1002-1006
Musselmann RC, Younglove T, McCool PM (1994) Atmosph Envir, 28:2727-2731
Nali C, Ferretti M, Pellegrini M, Lorenzini G (2001) Environm Monitor Assessm, 69:159-174
Nali C, Pucciariello C, Lorenzini G (2002) Water, Air, & Soil Pollut, 141:337-347
Noggle JC, Meagher JF, Jones US (1986) Sulfur in agriculture, MA Tabatai (Eds). Am Soc Agron, Madison
Olszyk DM, Cabrera H, Thompson CR (1988) J Air Pollut Cont Assoc, 38:928-931
Orlandi M, Pelfini M, Pavan M, Santilli M, Colombini MP (2002) Microchem J, 73:237-244
Pieralli P, Traquandi S (1991) I licheni. Guide all'aria pura. Ed Tosca, Firenze
Roberts TM (1984) Phil Trans R Soc Lond B, 305:299-316
Rosenberg CR, Hutnik RJ, Davis DD (1979) Environm. Pollut, 19:307-317
Schenone G, Lorenzini G (1992) Agric Ecosyst Environ, 38:51-59
Skärby L (1996) Critical levels for ozone in Europe. UN-ECE Workshop Report, University of Kuopio
Smith WH (1981) Air pollution and forests. Springer-Verlag, New York
Steubing L, Jäger H-J (1982) Monitoring air pollutants with plants. Dr W Junk, The Hague
Sun EJ (1994) Pl Dis, 78:436-440
Taylor OC, Mac Lean DC (1970) Recognition of air pollution injury to vegetation: a pictorial atlas, JS Jacobson e AC Hill (Eds). APCA, Pittsburgh
Treshow M, Pack MR (1970) Recognition of air pollution injury to vegetation: a pictorial atlas, JS Jacobson e AC Hill (Eds). APCA, Pittsburgh

Van Haut H (1961) Staub, 21:52-56
Weinstein LW (1977) J Occupat Medic, 19:49-78
Weinstein LW, Davison A (2003) Fluorides in the environment. CABI, Wallingford, 2003
Wellburn A (1988) Air pollution and acid rain: the biological impact. Longman, London
Zhao FJ, McGrath SP, Crosland AR, Salmon SE (1995) J Sci Food Agric, 68:507-514

Ulteriori letture

I testi di carattere generale o che comunque trattano diversi argomenti sono collocati nel capitolo al quale maggiormente si riferiscono

Capitolo 1

Agrawal SH, Agrawal M (Eds) (1999) Environmental pollution and plant responses. Lewis, Boca Raton. ISBN 1-56670-341-7

Alscher RG, Wellburn AR (Eds) (1994) Plant responses to the gaseous environment. Chapman & Hall, London. ISBN 0-412-58170-1

Boubel RW, Fox DL, Turner DB, Stern AC (1994) Fundamentals of air pollution. Academic Press, San Diego. ISBN 0-12-118930-9

Brimblecombe P (1986) Air composition and chemistry. Cambridge University Press, Cambridge. ISBN 0-521-25516-X

Brimblecombe P (Ed) (2003) The effects of air pollution on the built environment. Imperial College Press, London. ISBN 1-86094-291-1

Cosmacini G (1994) Storia della medicina e della sanità nell'Italia contemporanea. Laterza, Roma. ISNM 88-420-4451-2

Daessler H-G, Boertiz S (Eds) (1988) Air pollution and its influence on vegetation. Junk, Dordrecht. ISBN 90-6193-619-5

DeEll JR, Toivonen PMA (Eds) (2003) Practical applications of chlorophyll fluorescence in plant biology. Kluwer, Boston. ISBN 1-4020-7440-9

De Kok LJ, Stulen I (Eds) (1998) Responses of plant metabolism to air pollution and global change. Backhuys, Leiden. ISBN 90-73348-95-1

Emberson L, Ashmore M, Murray F (Eds) (2003) Air pollution impacts on crops and forests. Imperial College Press, London. ISBN 1-86094-292-X

Godish T (1991) Air quality. Lewis, Chelsea. ISBN 0-87371-368-0

Heck WW, Taylor OC, Tingey DT (Eds) (1988) Assessment of crop loss from air pollutants. Elsevier, London. ISBN 1-85166-244-8

Krupa SV (1997) Air pollution, people, and plants. APS Press, St Paul. ISBN 0-89054-175-2

Legge AH, Krupa SV (Eds) (1986) Air pollutants and their effects on the terrestrial ecosystem. J Wiley & Sons, New York. ISBN 0-471-08312-7

Lorenzini G, Soldatini GF (Eds) (1995) Responses of plants to air pollution: biological and economic aspects. Pacini, Pisa. ISBN 88-7781-109-9

Mooney H, Winner WW, Pell EJ, Chu E (Eds) (1991) Response of plants to multiple stresses. Academic Press, San Diego. ISBN 0-12-505355-X

Mudd JB, Kozlowski TT (Eds) (1975) Responses of plants to air pollution. Academic Press, New York. ISBN 0-12-509450-7

Nriagu JO (Ed) (1992) Gaseous pollutants: characterization and cycling. J Wiley & Sons, New York. ISBN 0-471-54898-7

Papageorgiou GC, Govindjee (Eds) (2004) - Chlorophyll a fluorescence. A signature of photosynthesis. Springer, Dordrecht. ISBN 1-4020-3217-X

Orcutt DM, Nilsen ET (1996) The physiology of plants under stress. J Wiley & Sons, New York. ISBN 0-471-03152-6

Percy KE, Cape JN, Jagels R, Simpson CJ (Eds) (1994) Air pollutants and the leaf cuticle. Springer, Berlin. ISBN 3-540-58146-4

Perry RH, Green DW (Eds) (1998) Perry's Chemical Engineers' Handbook, MacGraw-Hill, Singapore. ISBN 0-07-1159982-7

Polelli M (1989) Valutazione di impatto ambientale: aspetti teorici, procedure e casi di studio. REDA, Roma

Sozzi R, Georgiadis T, Valentini M (2002) Introduzione alla turbolenza atmosferica. Pitagora, Bologna. ISBN 9-788837-11325-4

Teller A, Mathy P, Jeffers JNR (1992) Responses of forest ecosystems to environmental changes. Elsevier, London. ISBN 1-85166-878-0

Treshow M, Anderson FK (Eds) (1991) Plant stress from air pollution. J Wiley & Sons, Chichester. ISBN 0-471-92374-5

Troyanowsky C (Ed) (1985) Air pollution and plants. VCH, Weiheim. ISBN 3-527-26310-1

Weeber K-W (1990) Smog sull'Attica. Garzanti, Milano. ISBN 88-11-54898-5

Capitoli 2, 3, 4 e 5

Ballarin Denti A (Ed) (1997) L'inquinamento da ozono. Fondazione Lombardia Ambiente, Milano. ISBN 88-8134-030-5

Colbeck I, Mackenzie AR (1994) Air pollution by photochemical oxidants. Elsevier, Amsterdam. ISBN 0-444-88542-0

Eberhardt MK (2000) Reactive oxygen metabolites. CRC, Boca Raton. ISBN 0-8493-0891-7

Guderian R (Ed) (1985) Air pollution by photochemical oxidants. Springer, Berlin. ISBN 3-540-13966-4

Kärenlampi L, Skärby L (Eds) (1996) Critical levels for ozone in Europe: testing and finalizing the concepts. Kuopio University Printing Office, Kuopio. ISBN 951-780-653-1

Innes JL, Skelly JM, Schaub M (2001) Ozone and broadleaved species. Haupt, Berna. ISBN 3-258-06384-2

Inzé D, Van Montagu M (Eds) (2002) Oxidative stress in plants. Taylor & Francis, London. ISBN 0-415-27214-9

Lefohn AS (1991) Surface level ozone exposures and their effects on vegetation. Lewis, Chelsea. ISBN 0-87371-169-6

McKee DJ (Ed) (1994) Tropospheric ozone. Human health and agricultural impacts. Lewis, Boca Raton. ISBN 0-87371-475-X

Nriagu JO, Simmons MS (Eds) (1994) Environmental oxidants. J Wiley & Sons, New York. ISBN 0-471-57928-9

Pleijel H (1999) Ground-level ozone: a threat to vegetation. Swedish Environmental Protection Agency, Stockholm. ISBN 91-620-4970-4

Poluzzi V, Deserti M, Fuzzi S (Eds) (1998) Ozono e smog fotochimico. Maggioli, Rimini. ISBN 88-387-1243-3

Roshchina VV e Roshchina VD (2003) Ozone and the plant cell. Kluwer, Dordrecht. ISBN 1-420-1420-1

Sandermann H (Ed) (2004) Molecular ecotoxicology of plants. Springer, Berlin. ISBN 3-540-00952-3

Schneider T, Grant L (Eds) (1982) Air pollution by nitrogen oxides. Elsevier, Amsterdam. ISBN 0-444-42127-0

Schneider T, Lee SD, Wolters GJR, Grant L (1989) Atmospheric ozone research and its policy implications. Elsevier, Amsterdam. ISBN 0-444-87266-3

Capitolo 6

De Cormis L, Bonte J (1981) Les effets du dioxyde de soufre sur les végétaux supérieurs. Mason, Paris. ISBN 2-225-74096-8

Guderian R (1977) Air pollution. Springer Verlag, Berlin. ISBN 3-540-08030-9

Lauenroth WK, Preston EM (Eds) (1984) The effect of SO_2 on a grassland. Springer, New York. ISBN 0-387-90943-5

Shriner DS, Richmond CR, Lindberg SE (1980) Atmospheric sulfur deposition. Ann Arbor Sci Publ, Ann Arbor. ISBN 0-250-40380-3

Tabatabai MA (Ed) (1986) Sulfur in agriculture. American Society Agronomy, Madison. ISBN 0-89118-089-3

Van Haut H, Stratmann H (1970) Color-plate atlas of the effects of sulfur dioxide on plants. Verlag W Girardet, Essen

Winner WE, Mooney HA, Goldstein RA (1985) Sulfur dioxide and vegetation. Stanford Univ Press, Stanford. ISBN 0-8047-1234-4

Capitolo 7

Doley D (1986) Plant-fluoride relationships. Inkata, Melbourne. ISBN 0-909605-36-X

Murray F (1982) Fluoride emissions. Their monitoring and effects on vegetation and ecosystems. Academic Press, Sydney. ISBN 0-12-511980-1

Treshow M (1970) Environment and plant response. McGraw-Hill, New York. ISBN 07-065134-5

Weinstein LW, Davison A (2003) Fluorides in the environment: effects on plants and animals. CABI, Wallingford. ISBN 0-85199683-3

Capitoli 8, 9, 10 e 11

Bargagli R (1998) Trace elements in terrestrial plants: an ecophysiological approach to biomonitoring and biorecovery. Springer, Berlin. ISBN 3-540-64551-9

Flagler RB (Ed) (1998) Recognition of air pollution injury to vegetation: a pictorial atlas. Second Edition. Air & Waste Management Association, Pittsburgh, ISBN 0-923204-14-8

Jacobson JS, Hill AC (Eds) (1970) Recognition of air pollution injury to vegetation: a pictorial atlas. Air Pollution Control Association, Pittsburgh.

Krupa SV (2003) Environmental Pollution, 124:179-221

Lepp NW (1981) Effects of heavy metal pollution on plants. Vol 1: Effects of trace metals on

plant function. Applied Sci Publ, London. ISBN 0-85334-959-2
Lorenzini G (2001) Principi di fitoiatria. Edagricole, Bologna. ISBN 88-506-0032-1
Taylor HJ, Ashmore MR, Bell JNB (1986) Air pollution injury to vegetation. IEHO, London. ISBN 0-900103-30-2
Treshow M (Ed) (1984) Air pollution and plant life. J Wiley & Sons, Chichester. ISBN 0-471-90103-2
Vighi M, Bacci E (1998) Ecotossicologia. UTET, Torino. ISBN 88-02-05371-5

Capitolo 12

AAVV (2003) Ozone and forest ecosystems in Italy. Annali Istituto Sperimentale Selvicoltura, Arezzo, 30, suppl 1. ISBN 0390-0010
Cape JN (Ed) (1988) Early diagnosis of forest decline. Natural Environment Research Council e Institute of Terrestrial Ecology, Penicuik. ISBN 1-870393-07-4
Elliot TC, Schwieger RG (Eds) (1984) The acid rain sourcebook. McGraw-Hill, New York. ISBN 0-07-606540-5
Elvingson P, Ågren C (2004) Air and the environment. Swedish NGO Secretariat on Acid Rain, Stockholm. ISBN 91-973691-7-9
Innes JL, Haron JL (2000) Air pollution and the forests of developing and rapidly industrializing regions. CABI, Wallingford. ISBN 0-85199-481-4
Innes JL, Oleksyn J (2000) Forest dynamics in heavily polluted regions. CABI, Wallingford. ISBN 0-85199-376-1
Karnosky DF, Percy KE, Chappelka AH, Simpson C, Pikkarainen J (Eds) (2003) Air pollution, global change and forests in the new millennium. Elsevier, Amsterdam. ISBN 0-08-044317-6
Kennedy IR (1986) Acid soil and acid rain. J Wiley & Sons, New York. ISBN 0-471-91251-4
Linthurst RA (1984) Direct and indirect effects of acidic deposition on vegetation. Butterworth, Boston. ISBN 0-250-40570-9
Manion PD (1981) Tree disease concepts. Prentice-Hall, Englewood Cliff. ISBN 0-13-930701-X
Massara M, Scarselli S (1997) Licheni e inquinamento atmosferico. Regione Piemonte, Assessorato Ambiente, Torino
Morselli L (Ed) (1991) Deposizioni acide. Maggioli, Rimini. ISBN 88-387-0114-8
NEGTAP (National Expert Group on Transboundary Air Pollution) (2001) Transboundary air pollution: acidification, eutrophication and ground-level ozone in the UK. ISBN 1-870393-61-9 (*http://www.nvu.ac.uk/negtap/*)
Wellburn A (1988) Air pollution and acid rain: the biological impact. Longman, Harlow. ISBN 0-470-20887-2
White JC (Ed) (1988) Acid rain. Elsevier, New York. ISBN 0-444-01277-X

Capitolo 13

ANPA (Agenzia Nazionale per la Protezione dell'Ambiente) (1999) Atti del *workshop* "Biomonitoraggio della qualità dell'aria sul territorio nazionale". ISBN 88-448-0021-7
Bonotto S, Nobili R, Revoltella RP (Eds) (1992) Biological indicators for environmental monitoring. Serono, Roma. ISBN 88-85974-02-3
Burton MAS (1986) Biological monitoring of environmental contaminants (plants). King's College, London. ISBN 0-905918-29-0
Heggestad HE (1991) Environm. Pollut 74:264-291
Jeffrey DW, Madden B (Eds) (1991) Bioindicators and environmental management. Academic Press, London. ISBN 0-12-382590-3
Markert B (Ed) (1993) Plants as biomonitors. VCH, Weinheim. ISBN 3-527-30001-5
Munawar M, Haenninen O, Roy S, Munawar N, Kärenlampi L, Brown D (Eds) (1995) Bioindicators of environmental health. SPB, Amsterdam. ISBN 90-5103-116-5
Nimis PL, Schedegger C, Wolseley PA (Eds) (2002) Monitoring with lichens, monitoring lichens. Kluwer, Dordrecht. ISBN 1-4020-0430-3
Pieralli P, Traquandi S (1991) I licheni. Guide all'aria pura. Ed Tosca, Firenze. ISBN 88-7209-006-7
Salanki J, Jeffrey D, Hughes GM (Eds) (1994) Biological monitoring of the environment. CAB International, Wallingford. ISBN 0-85198-893-8
Steubing L, Jaeger HJ (Eds) (1982) Monitoring of air pollutants by plants. Methods and problems. Junk, The Hague. ISBN 90-6193-947-X
VDI (Verein Deutscher Ingenieure) (2003) Biological measuring techniques for the determination and evaluation of the effects of air pollutants (bioindication). Determination and

evaluation of the phytotoxic effect of photooxidants. Method of the standardised tobacco exposure. VDI 3957/6/6. VDI, Düsseldorf. ICS 13.040.20

Capitolo 14

Omasa K, Saji H, Youssefian S, Kondo N (Eds) (2002) Air pollution and plant biotechnology. Springer, Tokyo. ISBN 4-431-70216-4

Sasek V, Glaser JA, Baveye P (Eds) (2003) The utilization of bioremediation to reduce soil contamination: problems and solutions. Kluwer, Dordrecht. ISBN 1-4020-1141-5

Smith WH (1981) Air pollution and forests. Springer, New York. ISBN 0-387-90501-4

Capitolo 15

Lepp NW (1981) Effects of heavy metal pollution on plants. Applied Sci Publ, London. ISBN 0-85334-923-1

Reilly C (1980) Metal contamination of food. Applied Sci Publ, London. ISBN 0-85334-905-3

Weinstein LW (1977) J Occupat Med, 19:49-78

Capitolo 16

Benjamin MT, Sudol M, Bloch L, Winer AM (1996) Atmosph Environ, 30:1437-1452

Kesselmerier J, Staudt M (1999) J Atmosph Chem 33:23-88

Taha H (1996) Atmosph Environ, 30:3423-3430

Siti Internet

http://www.ace.mmu.ac.uk/eae/

Una ricca sorgente di informazioni per tutte le età sull'inquinamento atmosferico e i suoi effetti. Per ogni argomento trattato il percorso si snoda in due vie, in base alla preparazione del lettore

http://www.acidrain.org/links.htm

Oltre a un'aggiornata *newsletter* vi si trova un elenco esteso di collegamenti a siti riguardanti l'inquinamento atmosferico

http://www.airmonitoring.utah.gov/

Fornisce informazioni relative alla qualità dell'aria dello Stato dell'Utah. Utili sono le mappe interattive e gli archivi delle concentrazioni orarie

http://www.airquality.co.uk/archive/index.php

Vi si trovano risposte a domande come: cosa causa l'inquinamento dell'aria, quali sono gli effetti e come si può intervenire

http://www.apat.gov.it

Una parte di questo sito è dedicata all'argomento "aria": emissioni, qualità, inquinamento atmosferico transfrontaliero (O_3 troposferico), fonti di contaminazione *indoor*. Sono presi in esame una serie di agenti tossici chimici e ne vengono analizzati gli effetti

http://www.ars.usda.gov/is/kids/environment/story5/ozoneframe.htm

È il sito del Dipartimento dell'Agricoltura statunitense, che comprende un settore dedicato alla didattica ambientale. In esso si trova una scheda che illustra, con linguaggio idoneo, gli effetti dell'O_3 sulla vegetazione

http://www.biomonitoraggio.info

Portale gestito dall'Università di Pisa, in italiano. Oltre agli aspetti generali dell'inquinamento da O_3, affronta il tema del biomonitoraggio con piante vascolari, anche nell'ambito di programmi di educazione ambientale; interessante la galleria fotografica riguardante gli effetti macroscopici del danno da O_3 su piante spontanee e coltivate. Numerosi i collegamenti ad altri siti di settore

http://www.ces.ncsu.edu/depts/pp/notes/Ozone/ozone.html

Comprende un'introduzione sull'inquinamento da O_3, soffermandosi sugli effetti sulla vegetazione; ampia è la gamma delle immagini riportate

http://www.defra.gov.uk/environment/climatechange/schools/index.htm

Strutturato appositamente per la consultazione da parte di studenti, genitori e insegnanti, contiene informazioni soprattutto sul tema del riscaldamento globale

http://www.eea.eu.int/main html
All'interno del sito della *European Environment Agency*, settore "aria", vengono trattati i temi dell'acidificazione, del cambiamento climatico e dell'O_3; apprezzabile la sezione *EEA for kids* dedicata ai più piccoli (con giochi e quiz); giocando si diventa "agenti ecologici"

http://www.emissionstrategies.com
Specifico per gli aspetti riguardanti le emissioni di NO_x ed SO_2

http://www.envirohealthaction.org/pollution/health effects/
Focalizzato soprattutto sugli effetti dell'inquinamento dell'aria sulla salute umana

http://www.epa.gov
"*To protect human health and the environment*": questa è la *mission* della *Environmental Protection Agency* Usa. Oltre a importanti nozioni sui principali inquinanti atmosferici (O_3, piogge acide, COV), molto interessanti risultano le mappe interattive relative alla qualità dell'aria negli Stati Uniti. Sono presenti settori dedicati alla didattica ambientale, con percorsi per studenti (*Environmental kids club*) e insegnanti (*Teacher center*)

http://www.fhmozone.net/
Si occupa di biomonitoraggio dell'O_3: che cosa sono i bioindicatori e quali sono le specie sensibili all'inquinante. I risultati dei programmi di biomonitoraggio sono mostrati in forma cartografica. Merita una "navigata" la sezione in cui vengono illustrati i sintomi da O_3 su numerose specie coltivate e spontanee

http://www.flanet.org/cambiarearia/
È il sito della Fondazione Lombardia per l'Ambiente; la tematica dell'inquinamento atmosferico viene affrontata in modo semplice ma efficace. La sezione di educazione ambientale si basa su un percorso informativo/interattivo mediante il quale gli alunni guidati dall'insegnante imparano a conoscere l'elemento "aria", effettuando anche veri e propri esperimenti

http://www.fluoridealert.org
Tutto sui fluoruri: caratteristiche di questo tipo di inquinamento e i suoi effetti sull'uomo e sui vegetali. Ampia la "carrellata" sugli articoli e sui testi riguardanti l'argomento

http://icpvegetation.ceh.ac.uk/
È il sito ufficiale del gruppo di lavoro, che accoglie studiosi europei e statunitensi, sugli effetti dell'inquinamento atmosferico (specialmente O_3) sulla vegetazione spontanea e coltivata. Contiene gli ultimi aggiornamenti sul dibattuto argomento dell'AOT40

http://www.inquinamento.com
Oltre agli aspetti generali sull'inquinamento e sugli effetti sulla salute umana, il sito comprende tutte le informazioni in materia di legislazione europea e nazionale in campo ambientale

http://www.minambiente.it
Nel settore "inquinamento atmosferico" si trovano una serie di nozioni generali sull'argomento, l'ultimo rapporto sullo stato dell'ambiente in Italia e la normativa vigente. È presente un percorso didattico costituito da testi appositi scaricabili dalla rete

http://www.ncl.ac.uk/airweb
Tutto (o quasi) sugli effetti dell'inquinamento dell'aria sulle piante, con particolare riferimento all'O_3, ai fluoruri e all'SO_2

http://www.nonsoloaria.com
All'interno si trovano indicazioni sulla normativa italiana e internazionale in materia di inquinamento atmosferico e notizie sul monitoraggio degli inquinanti e sui sistemi di abbattimento

http://www.umwelt-schweiz.ch
Si segnala un'agenda nutrita con informazioni su convegni, seminari, conferenze, manifestazioni, esposizioni sulle tematiche dell'inquinamento ambientale

http://www.europa.eu.int/comm/environment/air/cafe steering group.htm
Viene trattata la qualità dell'aria in Europa. Estesa è la lista delle pubblicazioni sull'argomento

http://www.uni-hohenheim.de/eurobionet/kurzindex.html
È il sito della Rete europea per il monitoraggio della qualità dell'aria tramite piante bioindicatrici

(LIFE99 ENV/D/000453), cui hanno partecipato 11 città europee, coordinate dall'Università di Hohenheim. I dati raccolti sono stati utilizzati per creare una procedura standard di analisi per tutte le città partecipanti, al fine di avere un quadro della situazione in Europa. Il progetto ha dedicato particolare attenzione all'informazione e alla sensibilizzazione dei cittadini

http://www.uni-hohenheim.de/biostress
Riporta i risultati dell'attività di ricerca sugli effetti del cambiamento climatico sulla biodiversità negli ecosistemi erbacei seminaturali

http://www.unionepetrolifera.it
Excursus sui problemi relativi alle emissioni di SO_2 ed NO_x in Italia e sulle direzioni intraprese per la protezione delle piante e della salute umana

http://www.users.argonet.co.uk/users/jmgray/eu-map.pdf
Contiene il manuale operativo per il biomonitoraggio basato sulla biodiversità lichenica: Asta J, Erhardt W, Ferretti M, Fornasier F, Kirschbaum U, Nimis PL, Purvis OW, Pirintos S, Scheidegger C, Van Haluwyn C, Wirth V (2002) *European guideline for mapping lichen diversità as an indicator of environmental stress*

http://wads.le.ac.uk/ieh/apred/index.htm
Contiene un *database* riportante informazioni sulle attività di ricerca sull'inquinamento atmosferico presenti in Gran Bretagna

http://www.wsl.ch
Tutto sugli effetti dell'O_3 sulle foreste: attività di ricerca, pubblicazioni recenti, manifestazioni sull'argomento, nonché quiz

Indice analitico

Printed in the United States
By Bookmasters